电路与电机

主　编　贾玉坤　潘建峰
副主编　傅军平　沈姝君　翁海明

北京理工大学出版社
BEIJING INSTITUTE OF TECHNOLOGY PRESS

内 容 提 要

“电路与电机”为机电类的专业基础课程，其任务是使学生具备从事机电类专业职业工种必需的电工通用技术基本知识、基本方法和基本技能，并为学习后续课程，提高全面素质，形成综合职业能力打下基础。具体内容包括：直流电路的安装、测试与分析；交流电路安装测试；安全用电技术；常用低压电器的选择与拆装；控制技术在三相异步电动机中的应用，囊括了电工基础理论、低压电器及电机控制等。本书以学生的就业为导向，由学校（杭州职业技术学院）、企业（浙江省特种设备科学研究院）和行业专家组成教材编写组，合作共同开发编写。

本书可作为高等职业教育电气自动化、机电一体化等专业的教学用书，也可供相关技术人员参考。

图书在版编目（CIP）数据

电路与电机 / 贾玉坤，潘建峰主编. —北京：北京理工大学出版社，2020.9
ISBN 978－7－5682－9117－0

Ⅰ.①电…　Ⅱ.①贾…　②潘…　Ⅲ.①电路理论②电机学　Ⅳ.①TM

中国版本图书馆 CIP 数据核字（2020）第 189766 号

出版发行 / 北京理工大学出版社有限责任公司
社　　址 / 北京市海淀区中关村南大街 5 号
邮　　编 / 100081
电　　话 / （010）68914775（总编室）
（010）82562903（教材售后服务热线）
（010）68948351（其他图书服务热线）
网　　址 / http：//www. bitpress. com. cn
经　　销 / 全国各地新华书店
印　　刷 / 三河市天利华印刷装订有限公司
开　　本 / 787 毫米×1092 毫米　1/16
印　　张 / 17
字　　数 / 402 千字
版　　次 / 2020 年 9 月第 1 版　2020 年 9 月第 1 次印刷
定　　价 / 69.00 元

责任编辑 / 张鑫星
文案编辑 / 张鑫星
责任校对 / 周瑞红
责任印制 / 施胜娟

前言

根据教育部最新颁布的高等职业学校专业教学标准的文件精神，结合高职教育要以就业为导向、以培养一线科技实用型人才为目标、以培养学生的职业素质为任务的指导思想，在深入开展项目化课改的基础上，编写了本教材。

本书在编写过程中始终坚持“以能力为本位，以就业为导向”，充分体现任务引领、岗位职业能力为主线的课程设计思想。考虑到“电路与电机”作为机电类的专业基础课程，其任务是使学生具备从事机电类专业职业工种必需的电工通用技术基本知识、基本方法和基本技能，并为学习后续课程，提高全面素质，形成综合职业能力打下基础。

本书具有以下特点：

(1) 本书按照项目化教学组织方式进行，为了更好的围绕项目开展教学，在内容的编写上打破章节的概念，按项目所需进行精心组合，内容深入浅出，概念清晰，重点突出，通俗易懂。

(2) 本书以学生的就业为导向，由学校（杭州职业技术学院）、企业（浙江省特种设备科学研究院）和行业专家组成教材编写组，合作共同开发编写。

(3) 全书由五个项目展开，即：直流电路的安装、测试与分析；交流电路安装测试；安全用电技术；常用低压电器的选择与拆装；控制技术在三相异步电动机中的应用。囊括了电工基础理论、低压电器及电机控制等。

(4) 本书技能训练旨在培养学生的动手能力，所选项目充分考虑了电工技能的要求和知识体系，具有很强的通用性、针对性、趣味性和实用性，且采用“理论学习”“Multisim 仿真”“试验台操作验证”三位一体的方式对理论知识进行双向验证，将所学知识全部贯穿起来。本书可作为高等职业教育电气自动化、机电一体化等专业的教学用书，也可供相关技术人员参考。

本书由杭州职业技术学院贾玉坤、杭州职业技术学院潘建峰担任主编，由浙江省特种设备科学研究院傅军平、杭州职业技术学院沈姝君、杭州职业技术学院翁海明担任副主编，共同负责编写工作，全书由沈姝君、翁海明、崔富义、周海丹、贾中楠整理定稿。

由于编者水平有限，书中难免存在一些缺点、疏漏及不足，恳请读者批评指正。

编　者

目
Contents
录

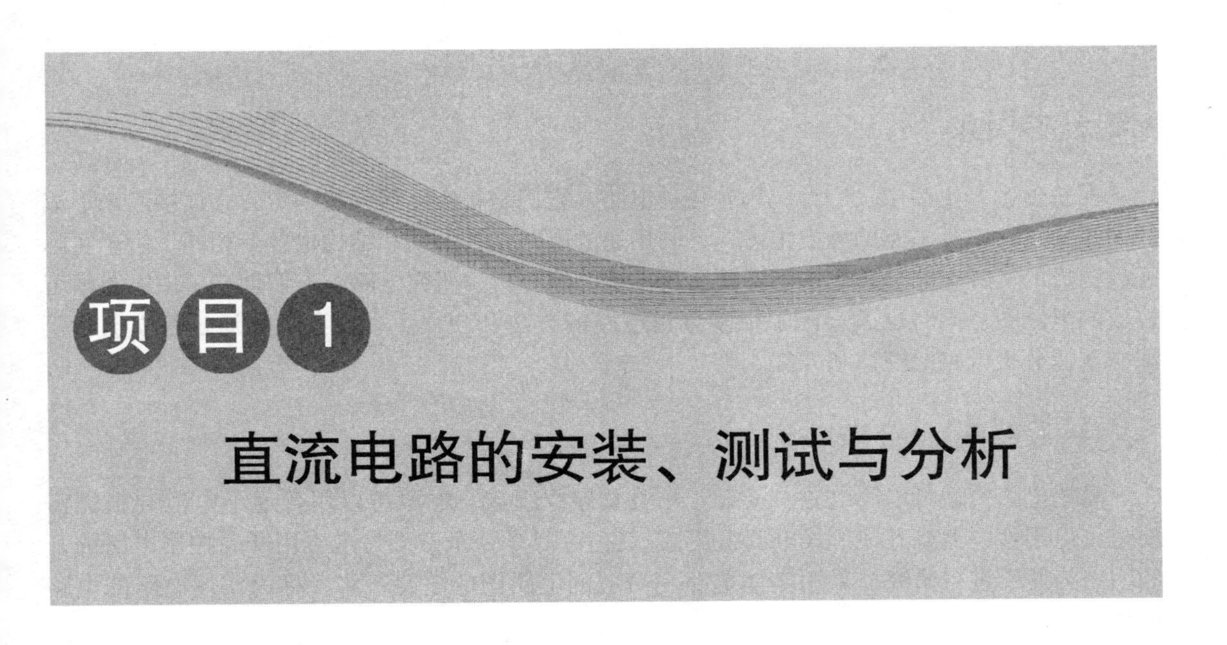

项目1 直流电路的安装、测试与分析

近来随着对直流调压技术的推广，直流电以其稳定的特点广泛应用于各种电子仪器，电解、电镀、直流电力拖动等方面。现在工业上利用各种现代化的控制技术，电机的转速和稳定性都得到良好的控制。在电力输电方面，直流输电以其输电容量大、稳定性好、控制调节灵活等优点受到电力部门的欢迎，为电能高效传输开辟了广阔的前景。

直流电路是实际应用电路的基础，通过直流电路知识的学习，掌握电路分析的基本方法、原理，进而能应用到解决实际电路的问题中。电路仿真软件的出现，极大地提高了电路的设计和故障的分析等解决实际电路问题的效率，同时，仿真软件的使用也是一种很有效的学习电路知识的方法。

任务1.1　建立直流电路模型

教学目标

知识目标：

(1) 了解电路的组成及各部分的作用。

(2) 了解电路中的基本物理量，并掌握其计算方法。

(3) 了解构成电路的基本元件。

技能目标：

(1) 掌握测量电路基本参数的方法。

(2) 学会搭建简单的电路图，并能根据电路图连接实物电路。

素养目标：

(1) 沟通、协作能力；观察、信息收集能力。

（2）分析总结能力，良好的职业道德和严谨的工作作风。

任务引入

在日常生产生活中，广泛应用着各种电路，它们是将实际器件按一定方式连接起来形成的电流通路。实际电路的种类很多，不同用途的电路，其形式和结构也各不相同。由于实际元件构成的实际电路分析起来不方便，为了更好地分析、研究电路，人们创造了由电路模型构成的电路图，同时也摸索出了很多分析电路的方法和规律。本任务就是通过建立电路模型，掌握分析电路的规律和方法。

任务分析

简单电路模型可以用电源、负载、开关及导线组成，电源可以用普通干电池（根据需要也可以用蓄电池或其他形式电源替代），负荷可以是一个微型灯泡，用开关控制电路的开和闭。为便于进行研究，采用实体电路相对应的电路图的电路行为，称为实体电路的电路模型。

电路模型中的所有元件均为理想电路元件。实际电路元件的电特性是多元的、复杂的，而理想电路元件的电特性是精确的、唯一的。每个理想元件用一个符号来表示，该符号指示该元件（或组件）的行为。例如，按照惯例，在电池符号中较长线代表了每个单元的正极，电池的电压通常指定在旁边。

相关知识

1.1.1 电路与电路模型

1. 电路及电路组成

电路是为实现和完成人们的某种需求，由电源、导线、开关及负载等电气设备或元器件组合起来，能使电流流通的整体，简单地说，电路就是电流的通路。电路的主要作用有两个方面：一是能实现电能的传输、分配和转换，如图 1－1 所示；二是能实现信号的传递和处理，如图 1－2 所示。

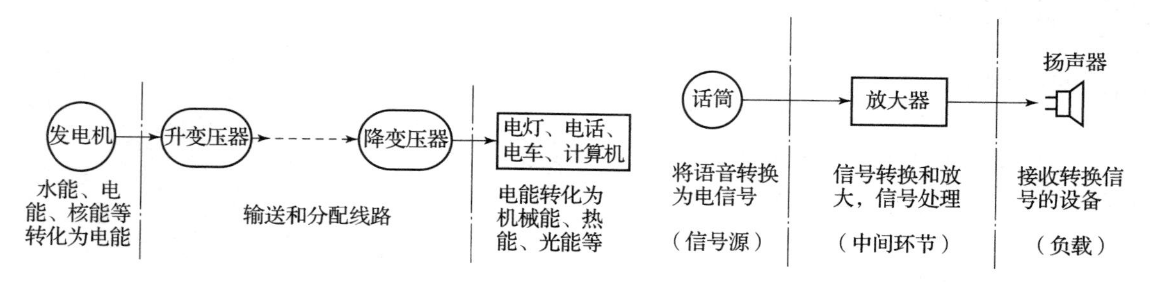

图 1－1 电能的传输、分配和转换

图 1－2 信号的传递和处理

电流经过的路径就是电路。例如，在日常生活中，把一个灯泡通过开关、导线和干电池连接起来，就组成了一个照明电路，如图 1－3 所示，在这个电路中，把开关合上，电路中就有电流通过，然后灯泡就亮起来了。

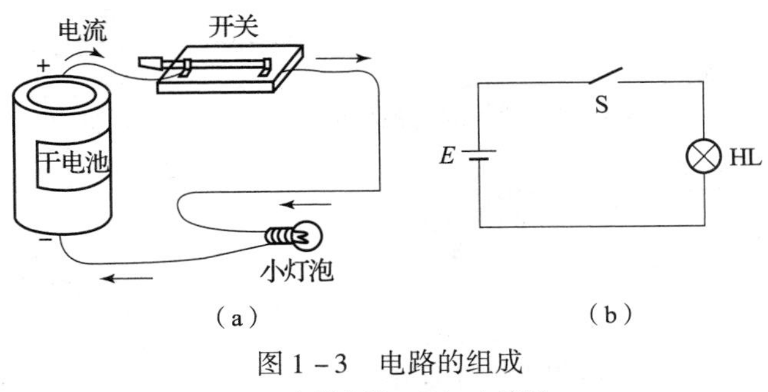

（a）　　（b）

图1－3　电路的组成

（a）实际电路；（b）电路图

任何一个完整的实际电路，不论其结构和作用如何，通常总是由电源、负载和中间环节（导线和开关）等基本部分组成。

1）电源

电源是供给电能的设备，它把其他形式的能量转换成电能，例如，发电机、蓄电池、光电池等都是电源。发电机是将机械能转换成电能，蓄电池是将化学能转换成电能，光电池是将光能转换成电能。

2）负载

负载是应用电能的装置，它把电能转换成其他形式的能量。例如，电灯泡、电炉、电动机等都是负载，电灯泡是将电能转换成光能，电炉是将电能转换成热能，电动机是将电能转换成机械能。

3）导线和开关

导线是用来连接电源和负载的元件，开关是控制电路接通和断开的装置。电路中根据需要还装配有其他辅助设备，例如，测量用仪表（电流表、电压表），保护用元件（熔丝）等。

2. 电路模型及电路图

图1－3（a）所示为用电气设备的实物图形表示的实际电路。它的优点是很直观，但画起来很复杂，不便于分析和研究。因此，在分析和研究电路时，总是把这些实际设备抽象成一些理想化的模型，用规定的图形符号表示，如图1－3（b）所示。这种用统一规定的图形符号画出的电路模型图称为电路图。

实际的电气元件和设备的种类很多，如各种电源、电阻器、电感器、变压器、电子管、晶体管和固体组件等，它们发挥各自的作用，共同实现电路功能。这些电气元件和设备在工作运行中所发生的物理过程很复杂，因此，为了研究电路的特性和功能，必须对电路进行科学抽象，用一些模型来代替实际电气元件和设备的外部功能，这种模型称为电路模型。构成电路模型的元件称为理想电路元件，也称为电路元件或者模型元件。

理想电路元件分为两类：一类是有实际的元件与它对应，如电阻器、电感器、电容器、电压源和电流源等；另一类是没有直接与它相对应的实际电路元件，但是它们的某种组合却能反映出实际电气元件和设备的主要特性和外部功能，如受控源等。图1－4所示为电工电子技术中常用的几种理想元件的电路符号。

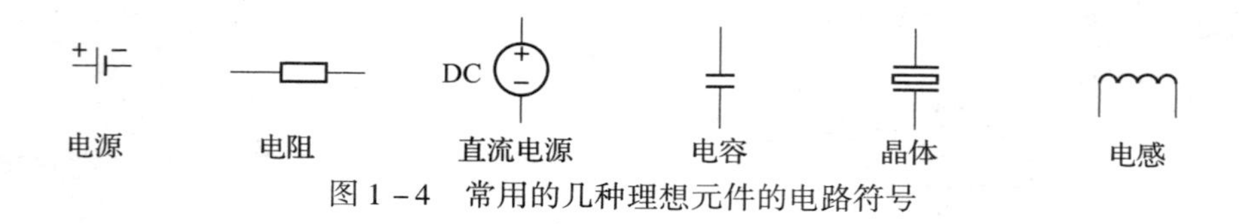

图 1 - 4　常用的几种理想元件的电路符号

1.1.2　描述电路的基本物理量

1. 电流及方向

1）电流的形成

要了解电流的实质，应从物质内部结构进行分析。任何物质都是由分子组成的，分子是由原子组成的，而原子又是由带正电的原子核和带负电的电子组成的。在通常状况下，原子核所带的正电荷数等于核外电子所带的负电荷数，所以原子是中性的，不显电性，物质也不显电性。

电流是由于电荷的定向移动形成的。在金属导体中，电子在外电场作用下有规则地运动就形成了电流。而在某些液体或气体中，电流则是由于正离子或负离子在电场力作用下有规则地运动而形成的。

2）电流的方向

在不同的导电物质中，形成电流的运动电荷可以是正电荷，也可以是负电荷，甚至两者都有。习惯上把正电荷移动的方向规定为电流的正方向。

在分析或计算电路时，常常要确定电流的方向。但当电路比较复杂时，某段电路中电流的实际方向往往难以确定，此时可以先假定电流的参考方向，然后列方程求解，当解出的电为正值时，就表示电流方向与参考方向一致，如图 1 - 5（a）所示；反之，当电流为负值时，就表示电流方向与参考方向相反，如图 1 - 5（b）所示。

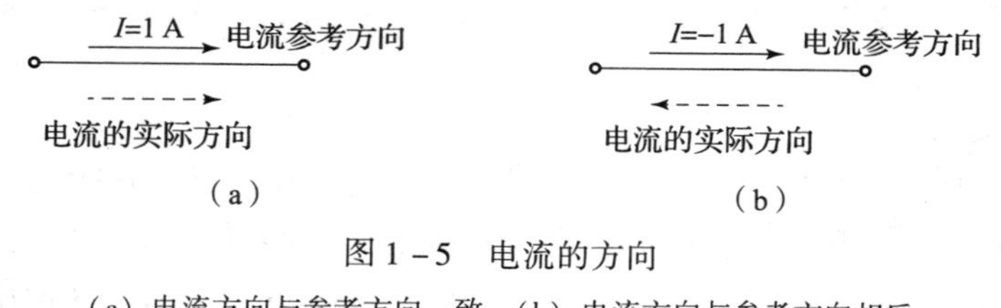

图 1 - 5　电流的方向

（a）电流方向与参考方向一致；（b）电流方向与参考方向相反

3）电流的大小

电流的大小取决于在规定时间内通过导体横截面的电荷量的多少。在相同时间内通过导体横截面的电荷量越多，就表示流过该导体的电流越强，反之越弱。

通常用单位时间内通过导体横截面的电荷量来表示电流的大小，以字母“I”表示。若在 t s 内通过导体横截面的电荷量为 q，则电流可表示为

$$I=\frac{q}{t}$$

电流的单位是安培，简称安，用符号“A”表示；电荷量的单位是库仑，简称库，用符号“C”表示。若在 t s 内通过导体横截面的电荷量为 1 C，则导体中的电流就是 1 A。电流的常用单位还有千安（kA）、毫安（mA）和微安（μA），其换算关系为

$$1\ \text{kA} = 1\times10^3\ \text{A}$$
$$1\ \text{A} = 1\times10^3\ \text{mA}$$
$$1\ \text{mA} = 1\times10^3\ \mu\text{A}$$

电流分直流和交流两大类。凡大小和方向都不随时间变化的电流称为直流；凡大小和方向都随时间变化的电流称为交流。

交流电流的大小是随时间变化的，可以在一个很短的时间 t 内研究它的大小。在时间 t 内，若通过导体横截面的电荷量是 q，则瞬时电流强度为

$$i = \frac{\Delta q}{\Delta t}$$

一个实际电路中电流的大小可以用电流表（安培表）进行测量，测量时应注意以下几点：

（1）对交、直流电流应分别采用交流电流表和直流电流表进行测量。

（2）电流表必须串接到被测量的电路中。

（3）直流电流表壳接线柱上标明的“+”“-”记号，应和电路的极性相一致，不能接错，否则指针要反转，既影响正常测量，也容易损坏电流表。直流电流表的接法如图1-6所示。

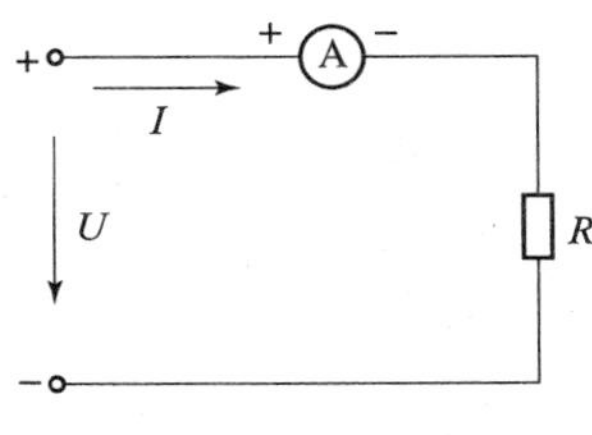

图1-6　直流电流表的接法

（4）合理选择电流表的量程。如果量程选用不当，例如，用小量程去测量大电流就会烧坏电流表；若用大量程去测量小电流，就会影响测量的准确度。在进行电流测量时，一般要先估计被测电流的大小，再选择电流表的量程。若一时无法估计，可先用电流表的最大量程挡，若指针偏转不到1/3刻度时，再改用较小量程挡去测量，直到测得正确数值为止。

【例1-1】　某导体在0.5 min的时间内均匀通过导体横截面的电荷量为120 C，求导体中的电流。

解

$$I = \frac{q}{t} = \frac{120}{60\times0.5} = 4\ (\text{A})$$

特别提示：

在电路分析计算时，对电流可以人为规定方向，称为参考方向。因为在复杂电路中很难事先判断定出元件中物理量的实际方向，在实际分析计算时可以按以下步骤进行：

（1）在电路分析前先任意设定一个正方向（用箭头），作为参考方向。

（2）根据电路的定律、定理，列出物理量间相互关系的代数表达式。

（3）根据计算结果确定实际方向。

若计算结果为正，则实际方向与假设的参考方向一致；若计算结果为负，则实际方向与参考方向相反；若未标参考方向，则结果的正、负无意义。

4）直流电流

像普通干电池电源那样：电流流动方向不变的电流称为直流，用符号“DC”表示。直流是用直流发电机（交流电动机驱动）产生的。交流电通过硅整流器整流也可以产生直流，但这不是完全的直流电，其中或多或少有交流脉动成分。与之相区别，像电池电源这样发出的直流电称之为稳恒直流电，如图1-7所示。

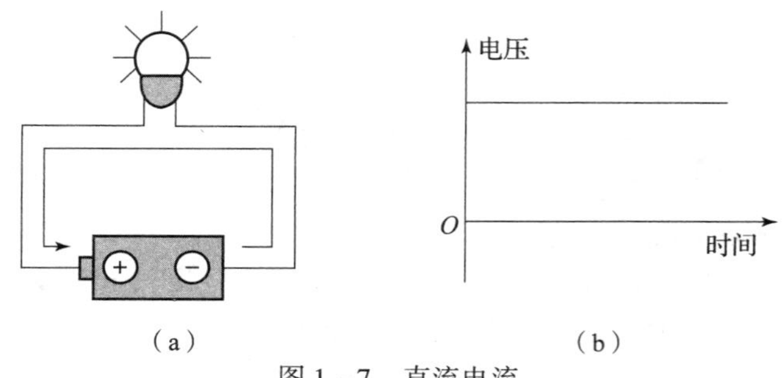

图 1－7　直流电流

图 1－7（a）中用箭头标出的是电子的流动方向，电流的方向与之相反。

5）交流电流

电压大小和电流流动方向随时间变化的电流为交变电流，简称交流，用符号“AC”表示。其中，按正弦曲线波形变化的交流电称为正弦交流电，如图 1－8 所示。

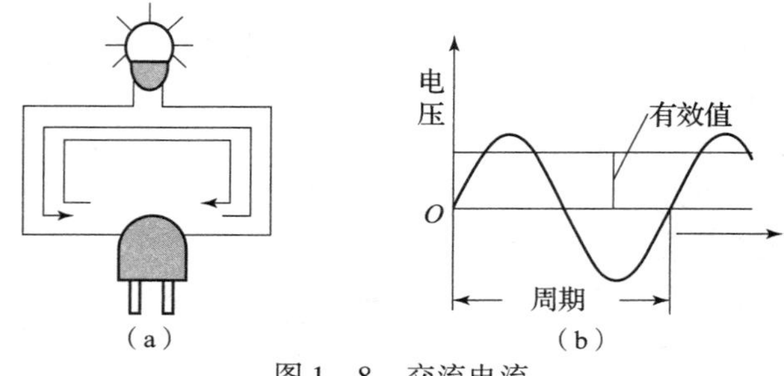

图 1－8　交流电流

除正弦交流电外，还有按方波、三角波等变化的交流信号。

特别提示：

交流电的优点是利用变压器可以很容易地对交流电压大小进行变换，其原理在后边进行分析。

2. 电压与电位

1）电压

就像水从高的位置往低的位置流动一样，电流从高电位向低电位流动，如图 1－9 所示。

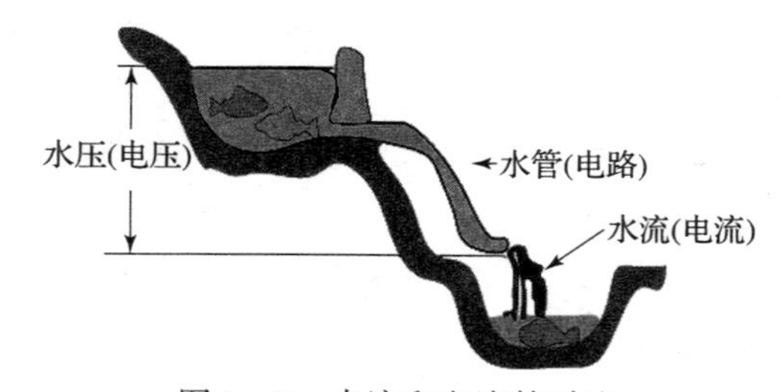

图 1－9　水流和电流的对比

为了让电子流动，必须要有电压。和水位类似，电位的差称为电位差。为使电子能流动，作为推动的力量——电位差一般被称作电压，用 U 表示，电压的标准单位是伏特（V），常用的单位还有 kV、mV、μV 等。各单位之间的换算关系是：1 kV＝1 000 V；1 V＝1 000 mV；1 mV＝1 000 μV。

和用箭头表示电流的参考方向类似，在电路分析计算前可以在电路图上标示电压的方向，称为参考方向。电压参考方向的表示方式除可用极性“+”“-”表示外，还可用双下标或箭头表示。

电压是用来衡量电场力推动电荷运动，对电荷做功能力大小的物理量。电路中 A、B 两点之间的电压在数值上等于电场力把单位正电荷从 A 点移动到 B 点所做的功。若电场力移动的电荷量为 q，所做的功为 W，则 A 与 B 点之间的电压为

$$U_{AB}=\frac{W}{q}$$

式中，W 为电场力把正电荷从 A 点移到 B 点所做的功（J）；q 为被移动的正电荷的电荷量（C）；U_{AB}为 A、B 两点的电压（V）。

在直流电路中，任意两点的电压一般不随时间变化而变化，其值恒定，称为恒定电压或直流电压，用大写字母“U”表示。在交流电路中，任意两点之间的电压随时间变化而变化，电压有瞬时值、峰值和有效值的概念。例如：照明电路用电为 220 V，指的是交流电压的有效值为 220 V。

2）电位

电路中某点至参考点的电压称为电位。通常设参考点的电位为零。某点电位为正，说明该点电位比参考点高；某点电位为负，说明该点电位比参考点低。电压常用双下标表示，而电位则用单下标表示，电位的单位也是伏特（V）。

设置参考电位的另一个原因是为了简化电路图，当电路中只有两三个元器件时，问题较简单，但可以想象，一个现代的电视机甚至是一个无线电接收器的最终完成图是相当复杂的，所以必须用一种方法来减少显示电路中连接线路的数量。具体做法就是设置一个电路连接的共同点作为参考点来供所有的电气进行测量，这个公共的电气连接点被称为“接地参考”（ground reference）或简称为接地（ground），用符号“⏚”表示。电路图中标有接地符号的部分被认定为在电气上相互连接，尽管大多并没有明确的连接显示。

有时，电路常常是在金属底盘上安放的，这种情况下，机箱除提供电路的机械支撑外，本身就可以作为常用的电气接地面。

【例 1-2】　在如图 1-10 所示的电路中，o 为参考点，各元件上电压分别为 $U_{S1}=20$ V，$U_{S2}=4$ V，$U_1=8$ V，$U_2=2$ V，$U_3=5$ V，$U_4=1$ V。试求：U_{ac}、U_{bd}、U_{be}和 U_{ae}。

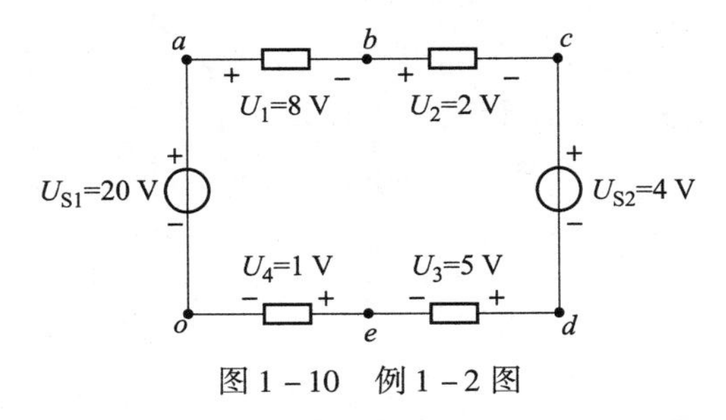

图 1-10　例 1-2 图

解：选 o 点为参考点，所以 o 点的电位 $V_o=0$，其他各点到参考点的电位分别为

$$V_a=U_{S1}=20\ \text{V}$$

$$V_b=-U_1+U_{S1}=-8+20=12\ (\text{V})$$

$$V_c = -U_2 - U_1 + U_{S1} = -2-8+20=10\ (\mathrm{V})$$
$$V_d = U_3 + U_4 = 5+1=6\ (\mathrm{V})$$
$$V_e = U_4 = 1\ \mathrm{V}$$

可求出两点间电压分别为

$$U_{ac} = V_a - V_c = 20-10=10\ (\mathrm{V})$$
$$U_{bd} = V_b - V_d = 12-6=6\ (\mathrm{V})$$
$$U_{be} = V_b - V_e = 12-1=11\ (\mathrm{V})$$
$$U_{ac} = V_a - V_c = 20-1=19\ (\mathrm{V})$$

3）电压的参考方向

电压指电路中两点之间的电位差，由此可知，电压是矢量（即有方向的量），需要指定参考方向。如同需要对电流选定参考方向一样，在分析、计算电路问题时，往往难以预知一段电路两端电压的实际方向，因此可先选定一个方向作为电压的参考方向。如图 1－11 所示，一段电路规定 A 为高电位点，用“＋”表示，B 为低电位点，用“－”表示，即选取该段电路电压的参考方向从 A 指向 B。当电压的实际方向与参考方向一致时，电压为正值，如图 1－11（a）所示；当电压的实际方向与参考方向不一致时，电压为负值，如图 1－11（b）所示。

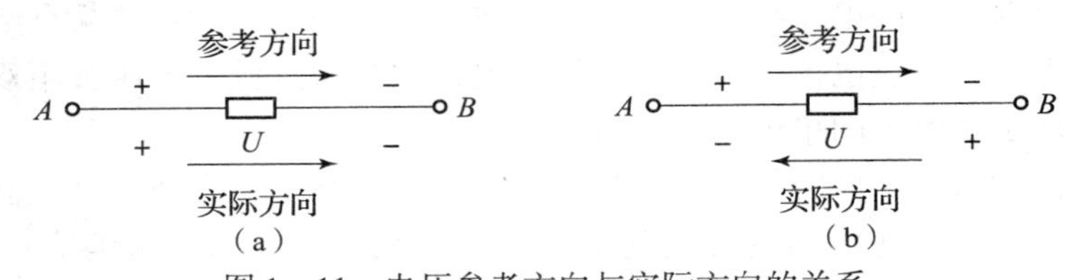

图 1－11　电压参考方向与实际方向的关系

（a）$U>0$；（b）$U<0$

这样，引入电压的参考方向之后，电压是一个代数量。借助电压的正、负值，并结合它的参考方向，就能够确定电压的实际方向。电压的参考方向可以用以下两种方法来表示：

（1）用“＋”“－”号分别表示假设的高电位点和低电位点。

（2）用双下标字母表示，如 U_{AB} 第一个下标字母 A 表示假设的高电位点，第二个下标字母 B 表示假设的低电位点。

在实际应用中电路两点间电压的实际方向常用一种表示极性的方法来表示，高电位用“＋”表示；反之，低电位点用“－”表示。

在电路分析中，电流和电压的参考方向都是人为指定的，彼此之间互不相关。但为了分析方便起见，对于同一段电路的电流和电压往往采用彼此关联的参考方向。图 1－12（a）和图 1－12（b）分别所示为关联参考方向和非关联参考方向。

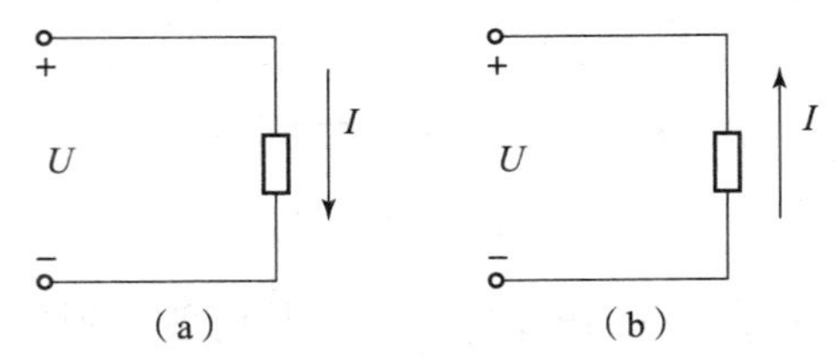

图 1－12　电流、电压的关联参考方向与非关联参考方向

（a）关联参考方向；（b）非关联参考方向

电流、电压的关联参考方向是指电流与电压的参考方向一致，即电流的流向是从电压的高位点流向电压的低位点。

电流、电压参考方向的几点说明如下：

(1) 电流、电压的实际方向是客观存在的，有时容易确定，有时难以确定。它们的参考方向是由于需要人为确定的，在电路分析和计算过程中，以参考方向为基础。

(2) 同一段电路中，电流参考方向选择不同，其数值相等但符号相反，电压的情况也一样，因此，电流值、电压值的正负只有在选定参考方向的情况下才有意义。

(3) 在电路分析和计算中必须先标出电流和电压的参考方向，才能进行分析和计算。

(4) 为了方便分析电路，电路上的电流和电压一般选择关联的参考方向。

4) 电压的测量

电路中任意两点之间的电压大小，可用电压表进行测量，测量时应注意以下几点：

(1) 对交、直流电压应分别采用交流电压表和直流电压表。

(2) 电压表必须并联在被测电路的两端。

(3) 直流电压表表壳接线柱上标明的“+”“-”记号应和被测两点的电位相一致，即“+”端接高电位，“-”端接低电位，接反则电压表显示负值。直流电压表的接法如图1-13所示。

(4) 合理选择电压表的量程，其方法和电流表相同。

【例1-3】 某一电路如图1-14所示，各段电路的电流、电压的参考方向均已标注在图中。

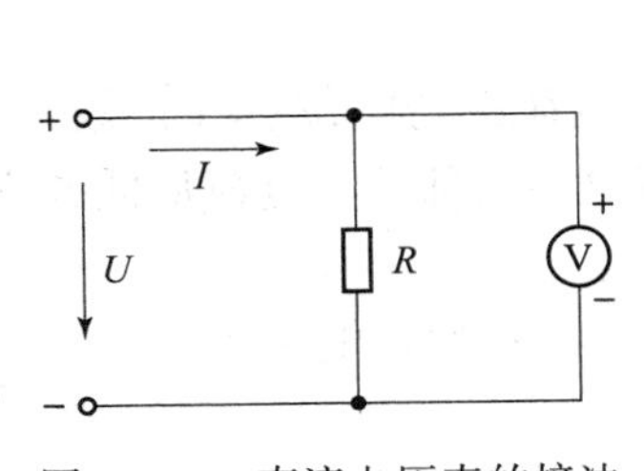

图1-13 直流电压表的接法

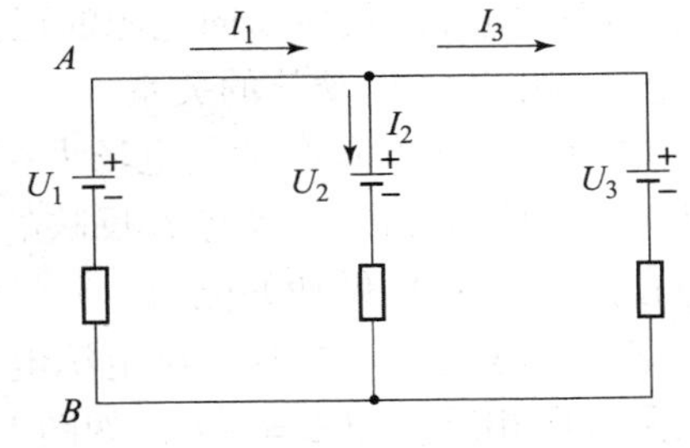

图1-14 例1-3的电路图

(1) 指出哪一段电路的电流与电压是关联参考方向？哪一段是非关联参考方向？

(2) 已知 $I_1=4$ A，$I_2=-3$ A，$U_1=-20$ V，指出各段电流的实际方向是什么？

(3) 由 (2) 中的已知条件判断 AB 段电压的实际方向是什么？

解：

(1) U_2 和 I_2、U_3 和 I_3 是非关联参考方向，U_1 和 I_1 是关联参考方向。

(2) 从已知条件可知，电流 I_1、I_3 为正值，表示它们的实际方向与参考方向相同，I_2 为负值表示它的实际方向与参考方向相反。

(3) 从已知条件可知，U_1 为负值，表示它的实际方向与图示的参考方向相反，即 B 点是实际的高电位点，A 点是实际的低电位点，该段电压的实际方向是从 B 点到 A 点。

3. 电动势

1) 电动势的基本概念

电动势是描述电源性质的重要物理量。在电源外部电路中，电场力把正电荷由高电位经过负载移动到低电位，那么，在电源内部电路中，也必定有一种力能够不断地把正电荷从低电位移到高电位，这种力称为电源力。

在电源内部，电源力不断地把正电荷从低电位移到高电位。在这个过程中，电源力要反抗电场力做功，这个做功过程就是电源将其他形式的能转换成电能的过程。对于不同的电源，电源力做功的性质和大小不同，把这种衡量电源力做功能力大小的物理量称为电源电动势。

在电源内部，电源力把正电荷从低电位（负极）移到高电位（正极）反抗电场力所做的功 W 与被移动电荷的电荷量 q 的比值就是电源电动势，用公式表示为

$$E = \frac{W}{q}$$

式中，E 为电源电动势（V）；W 为电源力所做的功（J）。

不同的电源由于电源力的来源不同能量转换的形式也不同。化学电动势（干电池、纽扣电池、蓄电池等）的电源力是一种化学作用，电动势的大小取决于化学作用的种类，与电池的大小无关，如干电池无论是 1 号、2 号、5 号，其电动势都是 1.5 V。发电机的电源力是磁场运动电荷的作用力，光生电动势（光电池）的电源力来源于光电效应。

2）电动势的参考方向

电动势的作用是把正电荷从低电位点移动到高电位点，使正电荷的电势能增加，所以规定电动势的实际方向是由低电位指向高电位，即从电源的负极指向电源的正极。在电路中，电源的极性和电动势的数值一般都是已知的，所以一般电动势的参考方向都取与实际方向相同的方向，即由电源的负极指向电源的正极。

3）电源端电压与电动势的关系

（1）电源端电压 U 反映的是电场力在外电路将正电荷由高电位点（正极）移向低电位点（负极）做功的能力。电动势 E 反映的是电源力将电源内部的正电荷从低电位点（负极）移向高电位点（正极）做功的能力。

（2）若不考虑电源内损耗，则电源电动势在数值上与它的端电压相等，但实际方向相反，即 $E = -U$，如图 1－15 所示。

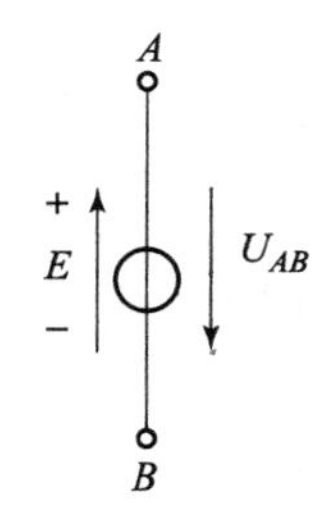

图 1－15　电动势与端电压的关系

电源对电路的作用效果可以用电动势来表示，也可以用电压表来表示，电动势 E 和电压 U_{AB} 反映的是同一件事，所以，在很多情况下，常常不是用电动势 E 而是用电源正负极之间的电压来表示电源的作用效果。

4. 电功与电功率

电功，简单地说就是电流所做的功。电流在经过电气设备时会发生能量的转换，能量转换的大小就是电源所做功的大小，用符号“W”表示，单位为焦耳（J）。能量转换的速率就是电功率，即单位时间内电气设备能量转换的大小，简称为功率。

电功率的符号用“P”表示，单位为瓦（W）。在电流、电压关联参考方向下，电功率的计算公式为

$$P = \frac{W}{t}$$

$P>0$ 时表示元件消耗的功率，$P<0$ 时表示元件发出的电功率，即当 U 与 I 的实际方向相同时，表明该元件消耗功率；反之，当 U 与 I 的实际方向相反时，表明该元件发出电功率。

通常所说的微波炉 1 000 W、白炽灯 60 W 等指的是这些用电器的电功率，即电器在单位时间内消耗的电能，而日常所说的“一度电”，是指电功率为 1 kW 的用电器用 1 h 所消耗的电能，又称千瓦时。

【例 1－4】 某直流电路如图 1－16 所示，取参考方向与实际方向相同，一直电路的电流 $I=0.8$ A，元件 1 两端的电压 $U_1=3$ V，元件 2 两端的电压 $U_2=-1$ V，元件 3 两端的电压 $U_3=-2$ V。求 3 个元件的电功率，并指出是消耗电功率还是发出电功率。

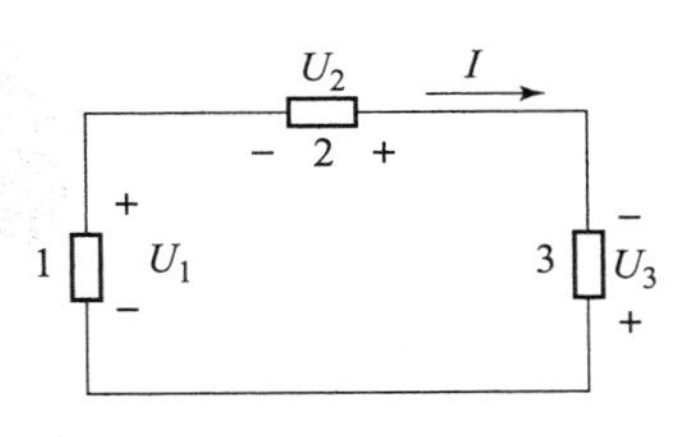

图 1－16　例 1－4 电路图

解：

元件 1：$P_1=U_1\times I_1=3\text{ V}\times 0.8\text{ A}=2.4\text{ W}$

$P_1>0$ 元件 1 消耗电功率；

元件 2：$P_2=U_2\times I_2=(-1)\text{ V}\times 0.8\text{ A}=-0.8\text{ W}$

$P_2<0$ 元件 2 发出电功率；

元件 3：$P_3=U_3\times I_3=(-2)\text{ V}\times 0.8\text{ A}=-1.6\text{ W}$

$P_3<0$ 元件 3 发出电功率。

常用电器（如电灯泡、电烙铁、电炉）上都标明了它的额定电流、额定电压和额定功率，它表示电气设备所允许的最大电流、电压和功率。如一只灯泡上标明“220 V 40 W”，说明这只灯泡接 220 V 电压，消耗功率为 40 W。若所接电压超过 220 V，灯泡消耗功率将大于 40 W，就有可能将灯泡烧坏；若所接电压低于 220 V，灯泡消耗功率小于 40 W（较暗），则使用不正常。所以在实际设计装配电路时，不但应按所需电阻值大小来选择电阻，还应根据电阻所消耗的功率适当选择电阻额定功率，一般其额定功率应比实际消耗的功率大 1.5～2 倍，以保证元器件可靠、耐用。

1.1.3　电压源与电流源

电源的作用是把其他形式的能量转变成电能，向用电设备提供能量驱动支持的装置。作为电流能够流动的动力源泉，分交流电源和直流电源两种。

在实践中，电源一般有 3 种形式：它可以是一个电池，一个发电机或一些电子电源的组合。图 1－17 所示为常见个人计算机中的电源，它可以提供 3.3 V（CPU、南北桥芯片、DDR 内存、PCI 接口），5 V（TTL 接口、USB、软驱），12 V（CMOS 器件、散热风扇、硬盘、光驱、RS—232 接口）等多种电压，为计算机的正常工作提供动力。

在电路分析计算中，常把实际电路元件理想化，把常见的电源分为电压源和电流源两种。

1. 电压源

电压源是向负载提供一个确定电压的装置。经常接触到的电源大多是电压源或者是可以转换为电压源模型而进行运算的电源，如图 1－18 所示。

图 1－18 中，电压源的端电压 $U=E-IR_0$，开路电压 $U=E$，短路电流 $I_S=E/R_0$。

图 1－17　计算机电源

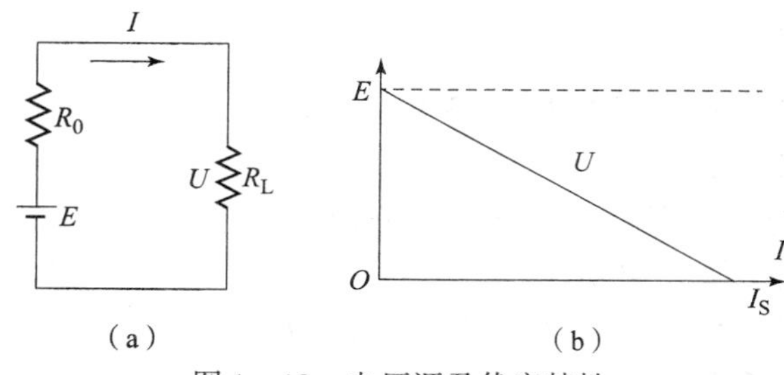

(a)　　(b)

图 1－18　电压源及伏安特性

(a) 电压源；(b) 电压源伏安特性

在电路理论中，为便于分析，常常采用理想电压源模型，即认为电源的内阻 R_0 为 0 或 $R_0 \ll R_L$（负载电阻）。其特点是：输出电压不变，其值等于电动势（E），电压源中电流大小由外电路负载决定。

2. 电流源

电流源是向负载提供一个确定电流的装置，可以从电压源变化而来，如图 1－19 所示，从图中可以看出，电流源输出电流 $I = I_S - I_0$。

和电压源一样，在电路理论分析中，常采用理想电流源模型［恒流源，图 1－19（b）中虚线所示］，即电流源内阻 $R_0 = \infty$或 $R_0 \gg R_L$（负载电阻）。理想电流源，其输出电流不变，电流值大小恒等于电流源电流 I_S，输出电压由外电路决定。

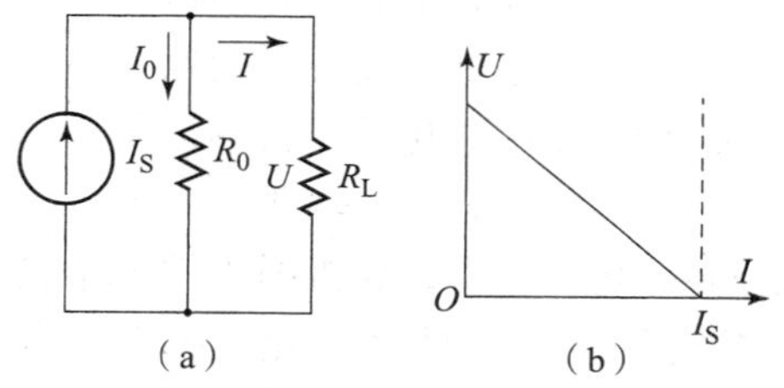

(a)　　(b)

图 1－19　电流源及伏安特性

(a) 电流源；(b) 伏安特性

3. 电压源与电流源的等效变换

电压源与电流源都是电路模型，在相同外接负载电阻的情况下，只要保持其对负载的输出电压、电流相等，两种电源可以等效变换，如图 1－20 所示。

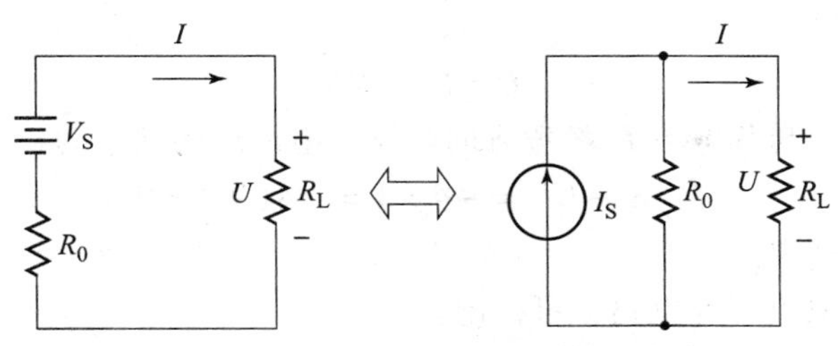

图 1－20　电流源与电压源的等效变换

其中，$I_S=\dfrac{V_S}{R_0}$或 $V_S=I_S\cdot R_0$。

在进行电源变换时应注意极性，I_S 的流出端要对应 V_S 的“＋”极。一般不限于内阻 R_0，只要是一个电压为 V_S 的恒压源和一个电阻 R 串联的电路，都可以化为一个电流为 I_S 的恒流源和这个电阻 R 并联的电路。

【例 1－5】　如图 1－21 所示电路，已知 $U_1=1$ V，$U_2=-6$ V，$U_3=-4$ V，$U_4=5$ V，$U_5=-10$ V，$I_1=1$ A，$I_2=-3$ A，$I_3=4$ A，$I_4=-1$ A，$I_5=-3$ A，求各元件的功率，并判断实际吸收还是发出功率。

解：

$$P_1=U_1I_1=1\times1=1(\text{W})(\text{吸收功率 1 W})$$

$$P_2=U_2I_2=(-6)\times(-3)=18(\text{W})(\text{吸收功率 18 W})$$

$$P_3=-U_3I_3=-(-4)\times4=16(\text{W})(\text{吸收功率 18 W})$$

$$P_4=U_4I_4=5\times(-1)=-5(\text{W})(\text{发出功率 5 W})$$

$$P_5=-U_5I_5=-(-10)\times(-3)=-30(\text{W})(\text{发出功率 30 W})$$

【例 1－6】　电路及参数如图 1－22 所示，试求电阻电路 I_2 和电压源的电流 I_1，并分析电路中各元件的功率。

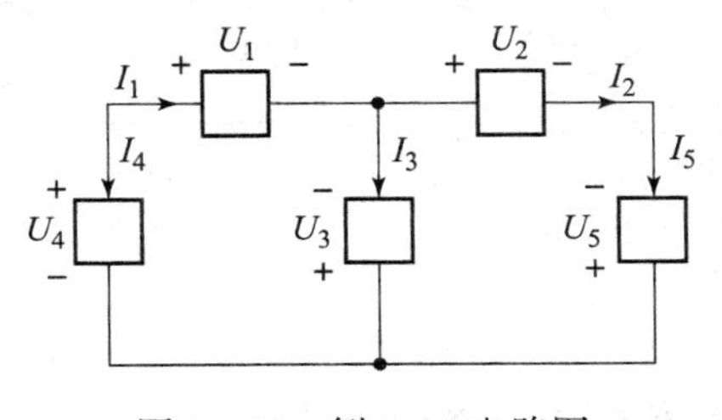

图 1－21　例 1－5 电路图

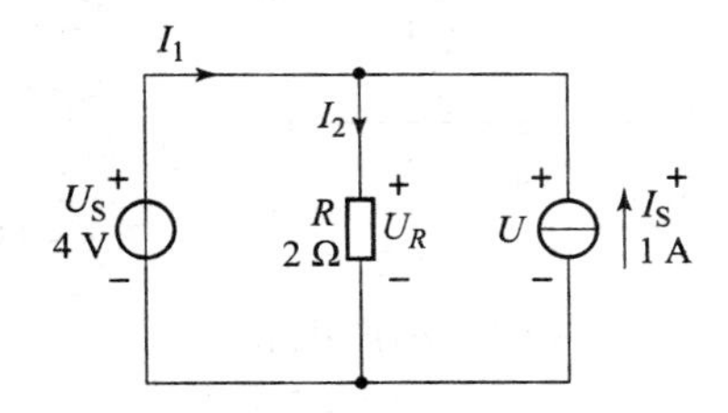

图 1－22　例 1－6 电路图

解：选定电流源的端电压 U 的参考极性及电流 I_1、I_2 的参考方向如图 1－22 所示。

电阻元件的电压为

$$U_R=U_S=4\ \text{V}$$

U_R 与 I_2 参考方向一致，由欧姆定律可得：

$$I_2=\frac{U_R}{R}=\frac{4}{2}=2\ (\text{A})$$

其功率

$$P_R=\frac{U_R^2}{R}=\frac{4^2}{2}=8\ (\text{W})$$

所以电阻元件消耗功率 8 W。

电流源的端电压为

$$U = U_S = 4\ \text{V}$$

电流源的端电压 U 与其电流 I_S 参考方向相反，电流源的功率为

$$P_{I_S} = -UI_S = -4 \times 1 = -4(\text{W}) < 0$$

电流源发出 4 W 功率。

电压源的电流 I_1 取决于外电路，可得出：

$$I_1 = I_2 - I_S = 2 - 1 = 1\ (\text{A})$$

对于电压源，U_S、I_1 参考方向相反，电压源的功率为

$$P_{U_S} = -U_S I_1 = -4 \times 1 = -4(\text{W}) < 0$$

电压源发出 4 W 功率。

发出功率 = 消耗功率，可见电路中功率平衡。

【例 1 – 7】 电路如图 1 – 23（a）所示。（1）若 R_1 改变，则电压源 U_S、电流源 I_S 发出的功率将如何变化？（2）若 $U_S = 10$ V，$I_S = 1$ A，$R_2 = R_3 = 2\ \Omega$，分别求 $R_1 = 5\ \Omega$ 和 $R_1 = 10\ \Omega$ 时，电压源和电流源各自发出的功率。

解：（1）题中 R_1 与理想电流源 I_S 串联在一个支路，从外部看，其输出的电流仍是 I_S，即对外电路而言，电阻 R_1 无影响。所以，当 R_1 改变时，U_S 输出的功率不变。但 R_1 改变时，I_S 发出的功率显然会随之改变，且随 R_1 的增大，I_S 发出的功率将增大（代数值）。

（2）为求 U_S 发出的功率，可将图 1 – 23（a）等效为图 1 – 23（b）所示电路。再利用电源等效变换可将图 1 – 23（b）所示电路变换为图 1 – 23（c）所示电路。

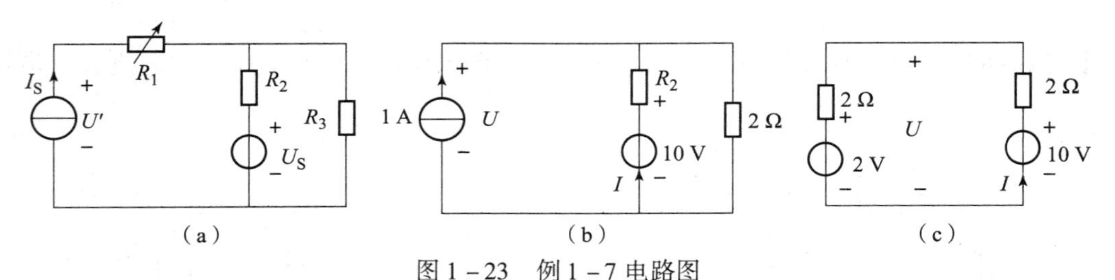

图 1 – 23　例 1 – 7 电路图

由图 1 – 23（c）所示电路可得

$$I = \frac{10 - 2}{2 + 2} = 2\ (\text{A}),\quad U = 10 - IR = 10 - 2 \times 2 = 6\ (\text{V})$$

电压源发出的功率与 R_1 无关，因此电压源 U_S 发出的功率为

$$P_U = U_S I = 10 \times 2 = 20\ (\text{W})$$

电流源发出的功率与 R_1 有关，图 1 – 23（b）和图 1 – 23（c）中的电压不是原图 1 – 23（a）所示电路中电流源两端的电压 U'。图 1 – 23（a）所示电路中电流源两端的电压为

$$U' = U + R_1 I_S = 6 + 5 \times 1 = 11\ (\text{V}) \qquad (R_1 = 5\ \Omega)$$

$$U' = U + R_1 I_S = 6 + 10 \times 1 = 16\ (\text{V}) \qquad (R_1 = 10\ \Omega)$$

电流源发出的功率为

$$P_1 = U' I_S = 11 \times 1 = 11\ (\text{W}) \qquad (R_1 = 5\ \Omega)$$

$$P_1 = U' I_S = 16 \times 1 = 16\ (\text{W}) \qquad (R_1 = 10\ \Omega)$$

【例 1 – 8】 图 1 – 24（a）所示为电路的一种习惯画法，试画出该电路的一般画法。

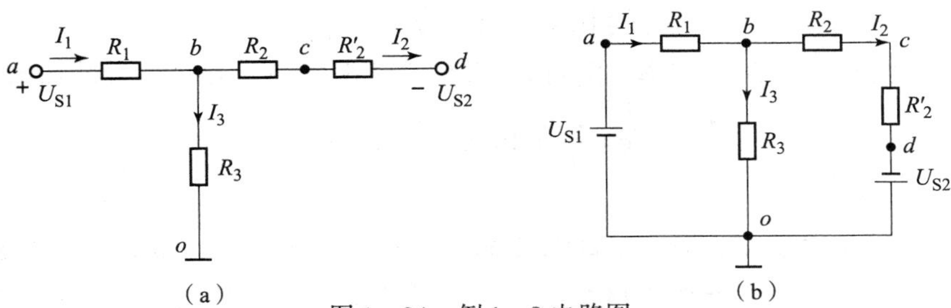

图1－24　例1－8电路图

（a）习惯画法；（b）一般画法

解：在电子电路中，一般都把电源、信号输入和信号输出的公共端接在一起作为参考点。在如图1－24（a）所示电路的习惯画法中，电源不再用符号表示，而改为标出其电位的极性和数值。在图1－24（a）中 $+U_{S1}$ 表示电压源的负极接参考点 o，而正极在 a 端与电阻 R_1 相连，a 点电位比参考点 o 的电位高 U_{S1}，同样图1－24（a）中 $-U_{S2}$ 表示电压源的正极接参考点 o，而负极在 d 端与 R'_2 相连，可见 d 点电位比参考点 o 的电位低 U_{S2}。明确了电压源对参考点电位的极性和数值的含义后，就可以将如图1－24（a）所示电路的习惯画法改画成电路的一般画法，如图1－24（b）所示。

【例1－9】　电路如图1－25（a）所示，试求：

（1）R_L 为何值时获得最大功率?

（2）R_L 获得的最大功率。

（3）10 V电压源的功率传输效率。

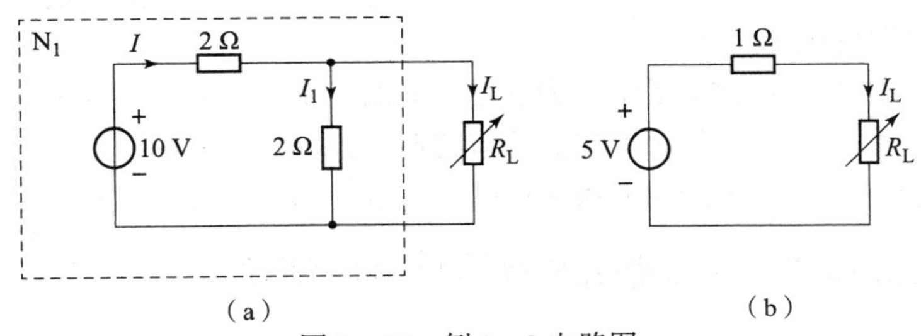

图1－25　例1－9电路图

解：（1）断开负载 R_L，求得二端网络 N_1 的戴维南等效电路参数为

$$\dot{U}_{oc}=\frac{2}{2+2}\times10=5\ (\mathrm{V}),\quad R_0=\frac{2\times2}{2+2}=1\ (\Omega)$$

如图1－25（b）所示，可知当 $R_L=R_0=1\ \Omega$ 时获得最大功率。

（2）求得 R_L 的最大功率为

$$P_{max}=\frac{u_{oc}^2}{4R_0}=\frac{25}{4\times1}=6.25\ (\mathrm{W})$$

（3）先计算10 V电压源发出的功率。当 $R_L=1\ \Omega$ 时：

$$I_L=\frac{U_{oc}}{R_0+R_L}=\frac{5}{2}=2.5\ (\mathrm{A})$$

$$U_L=R_LI_L=2.5\ (\mathrm{V})$$

$$I=I_1+I_L=\frac{2.5}{2}+2.5=3.75\ (\mathrm{A})$$

$$P = 10 \times 3.75 = 37.5\ (\mathrm{W})$$

10 V 电压源发出 37.5 W 功率，电阻 R_L 吸收功率 6.25 W，则电压源的功率传输效率为

$$\eta = \frac{P_L}{P} \times 100\% \approx 16.7\%$$

特别提示：

两种电源的等效关系是仅对外电路而言的，至于电源内部，一般是不等效的（两种电源内阻的电压降及功率损耗一般不相等）。恒压源和恒流源之间没有等效关系，因为二者内阻不相等。

采用两种电源等效变换的方法，可将复杂电路简化为简单电路，给电路分析带来方便。

从以上分析可以看出，电路的形式是多种多样的，但从电路的本质来说，都是由电源、负载（或负荷）、中间环节这 3 个最基本的部分组成的。

在照明电路中，电源可以用交流电代替——这就是实际生活中的照明电路；如果用充电电池代替——这就是应急灯或安全通道指示器。

负荷可以用发光二极管替换发光（如在大街上或繁华商业区经常可以看见的大屏幕显示屏大多用的就是发光二极管，其特点后文介绍）；用电热器替换发热（各种各样的电炉、电暖气）；用扬声器替换发出声音（日常生活中的收音机、电视伴音、立体声音响、随身听、手机的听筒）；用电动机代替实现转动（洗衣机、电钻、汽车等各种运输工具）。

中间起控制作用的部分可以是普通开关，也可以是光控开关（路灯、各种小夜灯、打印机、传真机的进纸控制等），热敏开关（防盗报警器、自动感应门铃等），还可以是力敏器件（电子秤、握力器等），气敏元件（煤矿瓦斯检测、家庭煤气泄漏报警、驾驶员饮酒测试），热敏元件（温度监测）等。

总之，在生产实践和日常生活中，为满足人们的需求，电路在形式上是多样的，工作时发生的物理现象也是千差万别的，但它们是有普遍规律的。我们的任务就是从发现其普遍规律出发，学会电路的一般分析计算方法，使电能更好地为人们服务。

1.1.4 实训操作——电路元件伏安特性的测绘

1. 目的要求

（1）学会识别常用电路元件的方法。

（2）掌握线性电阻、非线性电阻元件伏安特性的测绘。

（3）掌握项目台上直流电工仪表和设备的使用方法。

2. 项目分析

任何一个二端元件的特性可用该元件上的端电压 U 与通过该元件的电流 I 之间的函数关系 $I=f(U)$ 来表示，即用 $I-U$ 平面上的一条曲线来表征，这条曲线称为该元件的伏安特性曲线。

（1）线性电阻器的伏安特性曲线是一条通过坐标原点的直线，如图 1－26 中 a 曲线所示，该直线的斜率等于该电阻器的电阻值。

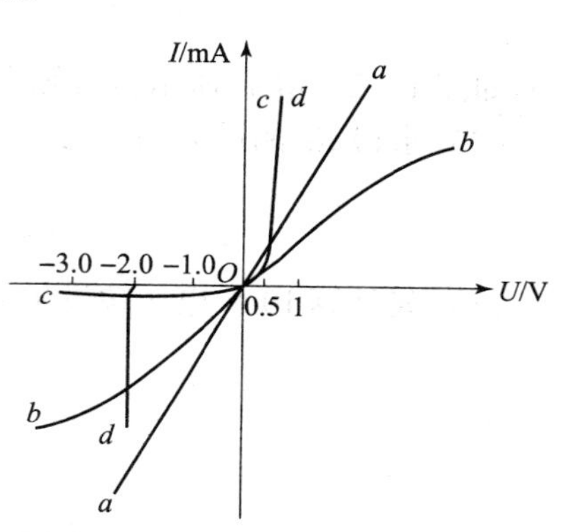

图 1－26　伏安特性曲线

（2）一般的白炽灯在工作时灯丝处于高温状态，其灯丝电阻随着温度的升高而增大，通过白炽灯的电流越大，其温度越高，阻值也越大，一般灯泡的“冷电阻”与“热电阻”的阻值可相差几倍至十几倍，所以它的伏安特性如图1－26中b曲线所示。

（3）一般的半导体二极管是一个非线性电阻元件，其伏安特性如图1－26中c曲线所示。正向压降很小（一般的锗管为0.2～0.3 V，硅管为0.5～0.7 V），正向电流随正向压降的升高而急骤上升，而反向电压从零一直增加到十几至几十伏时，其反向电流增加很小，粗略地可视为零。可见，二极管具有单向导电性，但反向电压加得过高超过管子的极限值，则会导致管子击穿损坏。

（4）稳压二极管是一种特殊的半导体二极管，其正向特性与普通二极管类似，但其反向特性较特别，如图1－26中d曲线所示。在反向电压开始增加时，其反向电流几乎为零，但当电压增加到某一数值时（称为管子的稳压值，有各种不同稳压值的稳压管）电流将突然增加，以后它的端电压将基本维持恒定，当外加的反向电压继续升高时其端电压仅有少量增加。

注意：流过二极管或稳压二极管的电流不能超过管子的极限值，否则管子会被烧坏。

3. 所需材料

材料清单如表1－1所示。

表1－1　材料清单

序号	名称	型号与规格	数量	备注
1	可调直流稳压电源	0～30 V	1	
2	万用表	FM－47或其他	1	自备
3	直流数字毫安表	0～2 000 mA	1	
4	直流数字电压表	0～200 V	1	
5	二极管	IN4007	1	HKDG－05
6	稳压管	2CW51	1	HKDG－05
7	白炽灯	12 V，0.1 A	1	HKDG－05
8	线性电阻器	200 Ω，1 kΩ/2 W	1	HKDG－05

4. 具体内容

（1）测定线性电阻器的伏安特性。

按图1－27接线，调节稳压电源的输出电压U，从0 V开始缓慢地增加一直到10 V左右，将相应的电压表和电流表的读数U_R、I记入表1－2中。

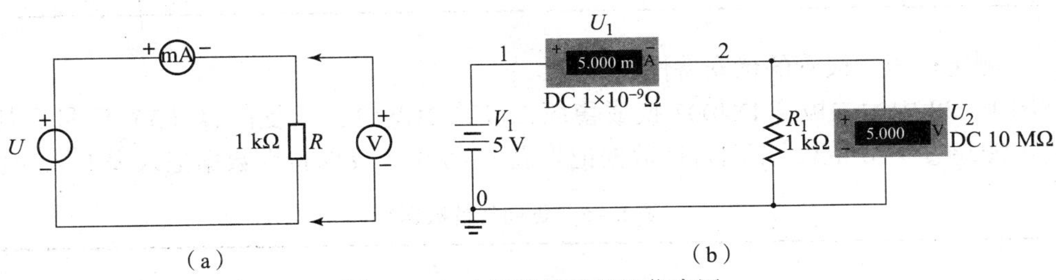

图1－27　电阻器接线图及仿真图

（a）接线图；（b）仿真图

表 1－2　记录表

U_R/V	0	2	3	4	5	6	7	8	9	10
I/mA										

（2）测定非线性白炽灯泡的伏安特性。

将图 1－27 中的 R 换成一只 12 V，0.1 A 的灯泡，重复内容（1）并将读数记入表 1－3 中。U_L 为灯泡的端电压。

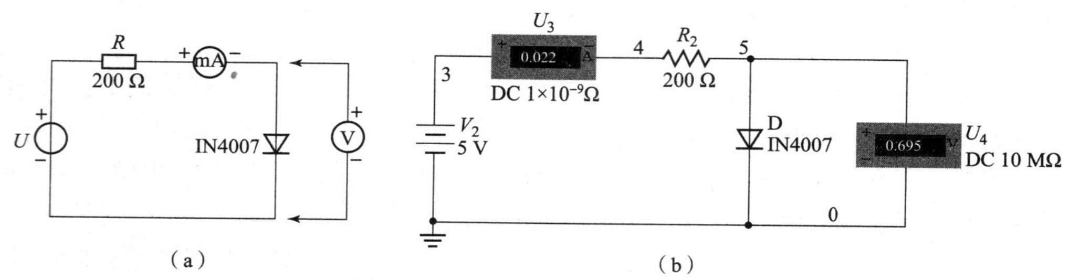

图 1－28　二极管接线图及仿真图

（a）接线图；（b）仿真图

表 1－3

U_L/V	0	2	3	4	5	6	7	8	9	10
I/mA										

（3）测定半导体二极管 IN4007 的伏安特性。

按图 1－28 接线，R 为限流电阻。测二极管的正向特性时，其正向电流不得超过 35 mA，二极管 D 的正向施压 U_{D+} 可在 0～0.75 V 取值。在 0.5～0.75 V 应多取几个测量点。测反向特性时，只需将图 1－28 中的二极管 D 反接，且其反向施压 U_{D-} 可达 30 V 左右。正向特性数据记入表 1－4 中，反向特性数据记入表 1－5 中。

表 1－4　正向特性数据

U_{D+}/V									
I/mA									

表 1－5　反向特性数据

U_{D-}/V									
I/mA									

（4）测定稳压二极管的伏安特性。

将图 1－28 中的二极管 IN4007 换成稳压二极管 2CW51，重复内容（3）测量。其正反向电流不能超过 ±20 mA。正向特性数据记入表 1－6 中，反向特性数据记入表 1－7 中。

表 1－6　正向特性数据

U_{Z+}/V									
I/mA									

表 1-7　反向特性数据

U_{Z-}/V									
I/mA									

5. 注意事项

(1) 测二极管正向特性时，稳压电源输出应由小至大逐渐增加，应时刻注意电流表读数不得超过 35 mA。

(2) 如果要测定 2AP9 的伏安特性，则正向特性的电压值应取 0 V，0.10 V，0.13 V，0.15 V，0.17 V，0.19 V，0.21 V，0.24 V，0.30 V，反向特性的电压值取 0 V，2 V，4 V，……，10 V。

(3) 进行不同项目时，应先估算电压和电流值，合理选择仪表的量程，勿使仪表超量程，仪表的极性亦不可接错。

6. 思考题

(1) 线性电阻与非线性电阻的概念是什么？电阻器与二极管的伏安特性有何区别？

(2) 设某器件伏安特性曲线的函数式为 $I=f(U)$，试问在逐点绘制曲线时，其坐标变量应如何放置？

(3) 稳压二极管与普通二极管有何区别，其用途如何？

(4) 在图 1-28 中，设 $U=2$ V，$U_{D+}=0.7$ V，则毫安表读数为多少？

7. 项目报告

(1) 根据各项目数据，分别在方格纸上绘制出光滑的伏安特性曲线。(其中二极管和稳压管的正、反向特性均要求画在同一张图中，正、反向电压可取为不同的比例尺)

(2) 根据项目结果，总结、归纳被测各元件的特性。

(3) 必要的误差分析。

1.1.5　实训操作——电压源与电流源的等效变换

1. 目的要求

(1) 掌握电源外特性的测试方法。

(2) 验证电压源与电流源等效变换的条件。

2. 项目分析

(1) 一个直流稳压电源在一定的电流范围内，具有很小的内阻。故在实用中，常将它视为一个理想的电压源，即其输出电压不随负载电流而变。其外特性曲线，即其伏安特性曲线 $U=f(I)$ 是一条平行于 I 轴的直线。

一个恒流源在实用中，在一定的电压范围内，可视为一个理想的电流源，即其输出电流不随负载改变而变。

(2) 一个实际的电压源（或电流源），其端电压（或输出电流）不可能不随负载而变，因它具有一定的内阻值。故在项目中，用一个小阻值的电阻（或大电阻）与稳压源（或恒流源）相串联（或并联）来模拟一个实际的电压源（或电流源）。

(3) 一个实际的电源，就其外部特性而言，既可以看成是一个电压源，又可以看成是一个电流源。若视为电压源，则可用一个理想的电压源 U_S 与一个电阻 R_0 相串联的组合来表示；若视为电流源，则可用一个理想电流源 I_S 与一电导 g_0 相并联的组合来表示。如果这两种电源能向同样大小的负载供出同样大小的电流和端电压，则称这两个电源是等效的，即具有相同的外特性。

一个电压源与一个电流源等效变换（图 1－29）的条件为

$$I_S = U_S/R_0,\ g_0 = 1/R_0 \quad 或 \quad U_S = I_S R_0,\ R_0 = 1/g_0$$

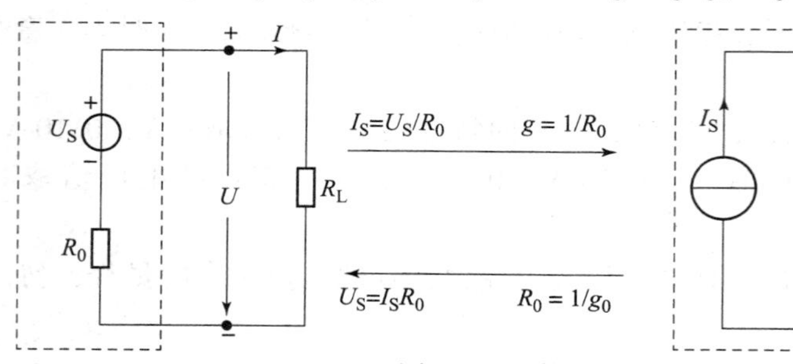

图 1－29　等效变换

3. 所需材料

材料清单如表 1－8 所示。

表 1－8　材料清单

序号	名　称	型号与规格	数量	备　注
1	可调直流稳压电源	0 ~ 30 V	1	
2	可调直流恒流源	0 ~ 500 mA	1	
3	直流数字电压表	0 ~ 200 V	1	
4	直流数字毫安表	0 ~ 2 000 mA	1	
5	万用表		1	自备
6	元件箱			HKDG－05

4. 项目内容

1）测定电压源的外特性

按图 1－30 接线，U_S 为 +6 V 直流稳压电源，视为理想电压源。调节 R_2，令其阻值由大至小变化（从∞至 200 Ω），将两表的读数记录于表 1－9 中。

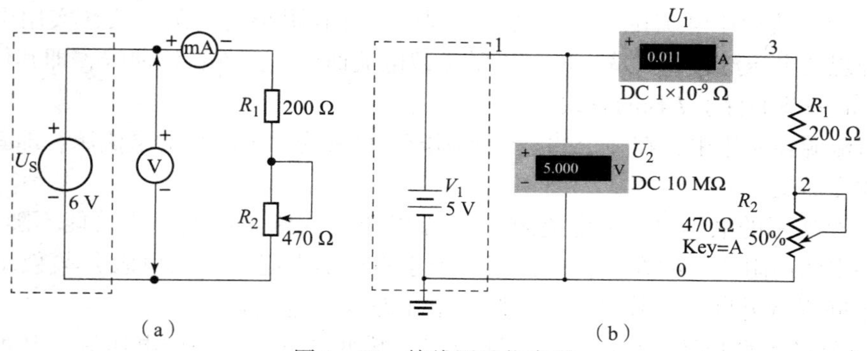

图 1－30　接线图及仿真图

（a）接线图；（b）仿真图

表 1-9　记录表

U/V							
I/mA							

按图 1-31 接线，虚线框可模拟为一个实际的电压源。调节 R_2（从∞至 200 Ω），将两表的读数记录于表 1-10 中。

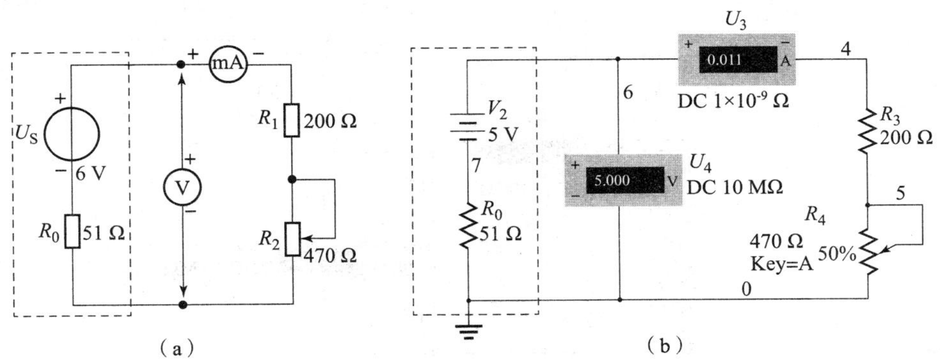

图 1-31　接线图及仿真图

（a）接线图；（b）仿真图

表 1-10　记录表

U/V							
I/mA							

2）测定电流源的外特性

按图 1-32 接线，I_S 为直流恒流源，视为理想电流源。调节其输出电流为 10 mA，令 R_0 分别为 1 kΩ 和∞（即接入和断开），调节电位器 R_L（从 0～470 Ω），测出这两种情况下的电压表和电流表的读数。自拟数据表格，记录项目数据。

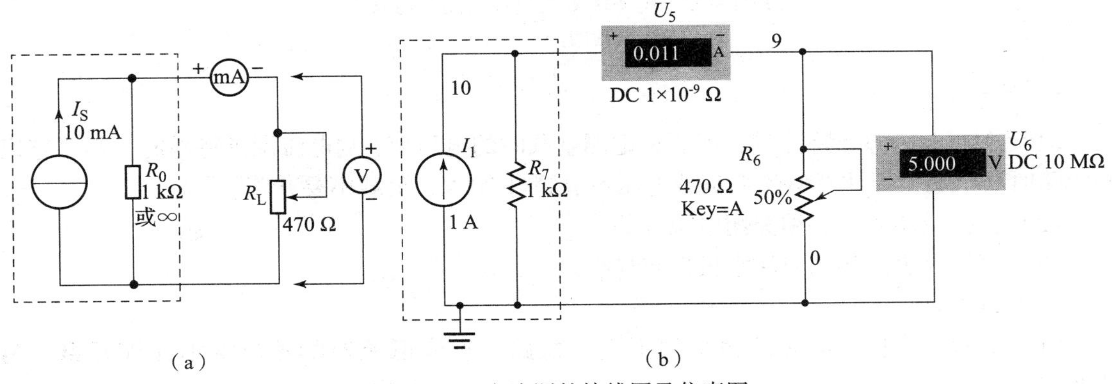

图 1-32　电流源的接线图及仿真图

（a）接线图；（b）仿真图

3）测定电源等效变换的条件

先按图 1-33（a）线路接线，记录线路中两表的读数，然后按图 1-33（b）接线。调节线路中恒流源的输出电流 I_S，使两表的读数与图 1－33（a）的数值相等，记录 I_S 之值，验证等效变换条件的正确性。

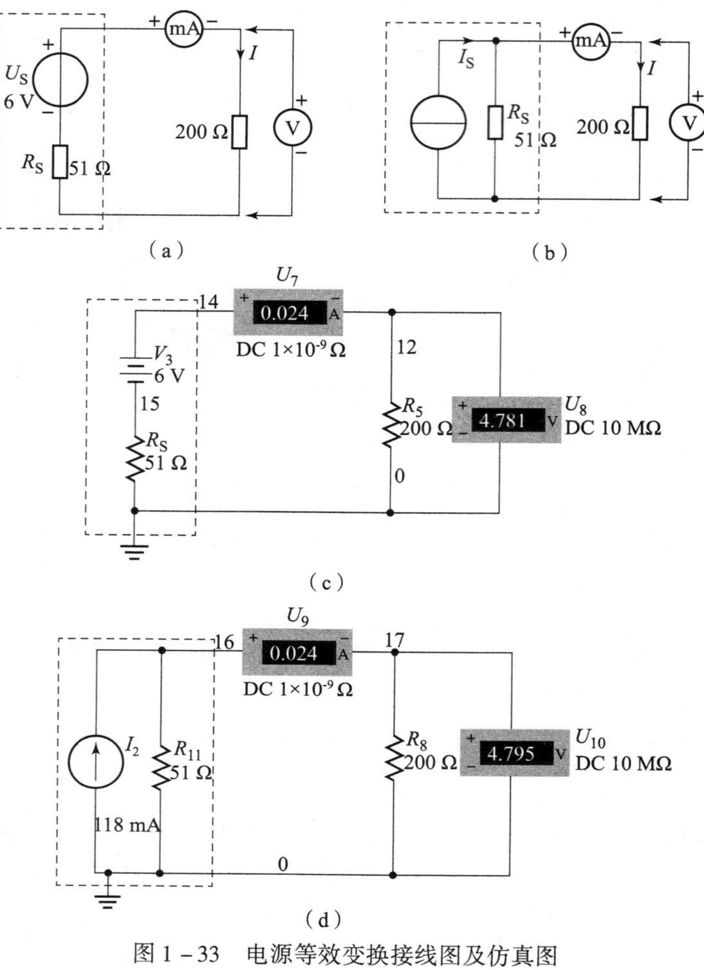

图 1－33　电源等效变换接线图及仿真图

（a）、（b）接线图；（c）、（d）仿真图

5. 项目要求

（1）在测电压源外特性时，不要忘记测空载时的电压值；测电流源外特性时，不要忘记测短路时的电流值，注意恒流源负载电压不要超过 20 V，负载不要开路。

（2）换接线路时，必须关闭电源开关。

（3）直流仪表的接入应注意极性与量程。

6. 项目要求

（1）通常直流稳压电源的输出端不允许短路，直流恒流源的输出端不允许开路，为什么？

（2）电压源与电流源的外特性为什么呈下降变化趋势，稳压源和恒流源的输出在任何负载下是否保持恒值？

7. 项目报告

（1）根据项目数据绘出电源的四条外特性曲线，并总结、归纳各类电源的特性。

（2）从项目结果，验证电源等效变换的条件。

任务 1.2　认识电流电压的基本作用与电路的工作状态

教学目标

知识目标：

（1）了解电压、电流的方向问题，掌握电压、电流的测量方法。

（2）掌握欧姆定律并能用来分析和计算简单电路。

（3）掌握电阻串、并联电路的分析和计算。

（4）掌握电路元件的伏安特性。

技能目标：

（1）掌握电压表、电流表的使用方法。

（2）学会测量不同元件的伏安特性曲线。

素养目标：

（1）具有使用电气行业标准用语的口头表达能力。

（2）具有良好的心理素质、正确的工作态度和较好的行为习惯。

任务引入

在同一电路中，通过某段导体的电流跟这段导体两端的电压成正比，跟这段导体的电阻成反比。该定律是由德国物理学家乔治·西蒙·欧姆1826年4月发表的《金属导电定律的测定》论文提出的。欧姆定律只适用于纯电阻电路、金属导电和电解液导电，在气体导电和半导体元件等中欧姆定律将不适用。在电机工程学和电子工程学里，欧姆定律妙用无穷，因为它能够在宏观层次表达电压与电流之间的关系，即电路元件两端的电压与通过的电流之间的关系。

任务分析

在一段不包括电源的电路中，电路中的电流 I 与加在这段电路两端的电压 U 成正比，与这段电路的电阻 R 成反比，这一结论称为欧姆定律，它揭示了一段电路中电阻、电压和电流三者之间的关系。

$$I = \frac{U}{R}$$

$$R = \frac{U}{I}$$

$$U = I \times R$$

相关知识

1.2.1 电流的基本作用

电流的基本作用主要有3种，即电流的化学作用（如充电电池充电、电镀），电磁作用（如各种继电器、接触器）和电热作用（如电炉）。

1. 化学作用

电流通过导电的液体会使液体发生化学变化，产生新的物质。电流的这种作用也叫作电流的化学效应。如电解、电镀、电离等就属于电流化学作用的例子，如图1-34所示。

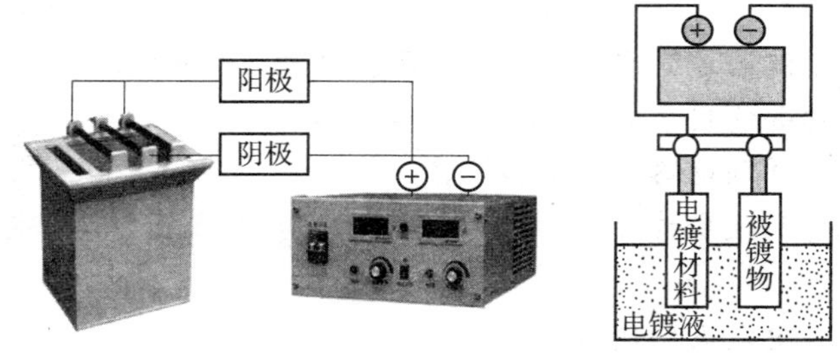

图1-34 电流的化学作用

2. 电磁作用

电磁作用是利用通有电流的导线在周围会产生磁场的原理实现的。其应用非常广泛，也称为电流的磁效应。显像管中电子的聚焦、电磁炉、电话（使用磁场中的通电导线达到驱动发音膜发出声音）、手机（将电能转化为电磁信号进行发射和接收）等利用的就是电磁作用。根据电磁作用力的大小，电路中的组件可以分为电磁元件与电磁器件。

电磁元件通常分为两类：一类是利用自感原理制成的电感线圈，另一类是利用互感作用制成的变压器。

1）电感

导线绕成圆圈的形状就可以制成电感。圈数越多，电感越大，如图1-35所示。

电感的电路符号是“—⌒⌒⌒—”，用L表示，标准单位是“亨利”（H）。常用的单位还有“毫亨”（mH）和“微亨”（μH）。电感有固定容量和可调容量两种。可调电感一般有一个可插入的磁芯，通过改变磁芯在线圈中的位置来微调容量。

图1-35 磁棒绕线电感

实验发现，当通过电感元件的电流i随时间变化时，电感元件中就产生自感电动势。元件两端电压u和电流i的关系表示为

$$u = L\frac{\mathrm{d}i}{\mathrm{d}t}$$

该式表明：电感（线性）两端电压在任意瞬间与$\mathrm{d}i/\mathrm{d}t$成正比，也就是说电感具有阻止电流变化的特性。对于直流电流，电感元件的端电压为零，故电感元件对直流电路而言

相当于短路，而对交流电有阻抗。

电感是一个储存磁场能量的元件。当通过电感的电流增大时，它所储存的磁场能量也增大。如果电流减小到零，则所储存的磁场能量将全部释放出来。当通过电感元件的电流为 i 时，理论证明，它所储存的磁场能量为

$$W_L=\frac{1}{2}Li^2$$

上式表明，电感元件在某一时刻的储能只取决于该时刻的电流值，而与电流的过去变化进程无关。

2）变压器

变压器是利用互感原理工作的电磁器件。输电、配电和用电所需的各种不同的电压都是通过变压器进行变换后而获得的。这是因为在日常生活和生产中，常常要用各种不同的交流电压（工厂中常用的三相或单相异步电动机，它们的额定电压是 280 V 或 220 V；机床照明、低压电钻等，只需要 36 V 以下的电压；而高压输电则需要用 30 kV、110 kV 以上的输送电压），如果采用许多输出电压不同的发电机来提供各种不同电压的话，不但不经济、不方便，而且实际上也是不可能的。

变压器的主要功用除了将某一电压值的交流电压转换为同频率另一电压值的交流电压外，还可以变换电流（如变流器、大电流发生器），变换阻抗（如电子电路中的输入输出变压器）和改变相位（如改变线圈的连接方法来改变变压器的极性）。变压器是输配电、电子线路和电工测量中十分重要的电气设备。变压器的类型很多，一般可分为以下几种。

（1）电力变压器：包括升压变压器、降压变压器、配电变压器等。

（2）仪器用变压器：包括电压互感器、电流互感器等。

（3）特殊变压器：如电炉变压器、电焊变压器、整流变压器等。

（4）试验用变压器：主要是高压变压器和调压器等。

（5）电子设备及控制线路用变压器：如输入、输出变压器，脉冲变压器，电源变压器等。

下面介绍变压器的工作原理。变压器是将两组或两组以上的线圈围绕在同一个线圈骨架上制成的，如图 1－36 所示。

图 1－36　变压器

其中接电源的绕组叫原绕组（又称初级绕组、一次绕组），接负载的绕组称为副绕组（又称次级绕组、二次绕组）。

变压器的基本原理也是异步电动机和其他一些电气设备的基础，它利用的是以铁芯中集中通过的磁通 Φ 为桥梁的典型的互感现象，如图 1－37 所示。原绕组加交变电流产生交变磁通，副绕组受感应而产生电动势，它是电－磁－电转换的静止电磁装置。

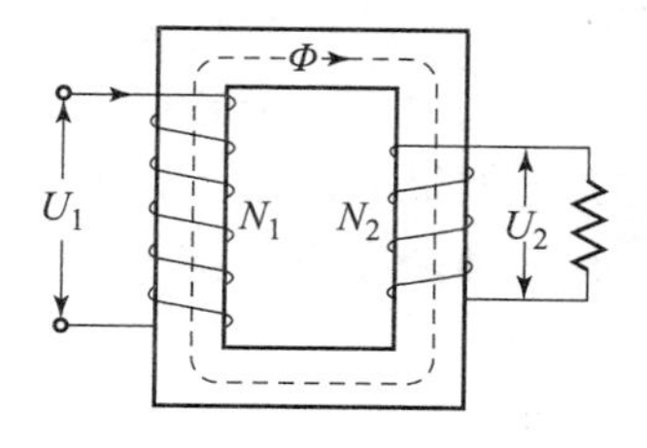

图 1－37　变压器原理

变压器的电路符号是“⌉⌈”，T 是它的文字符号。若线圈是空心的，称为空心变压器；若线圈中插入了铁芯（铁芯一般用含硅 5% 左右、厚 0.35～0.5 mm 的硅钢片叠成，硅钢片两面涂有绝缘漆，使之相互绝缘，硅钢片一般均为交叠式装配），则称为铁芯变压器。变压器主要有以下参数：

（1）变压器的变比（K）。实验证明，在忽略铁芯、线圈的损耗且副边线圈开路时，原副线圈两端的电压之比等于其对应匝数比，即

$$\frac{U_1}{U_2}=\frac{N_1}{N_2}=K$$

式中，K 为变压比。

如果 $N_1>N_2$，则 $U_1>U_2$，变压器使电压降低，这就是降压变压器；如果 $N_1<N_2$，则 $U_1<U_2$，变压器使电压升高，这就是升压变压器。

（2）电流与电压的关系。变压器从电网中获取能量，并通过电磁感应进行能量转换后，再把电能输送给负载。根据能量守恒定律，在忽略变压器自身损耗的情况下，变压器输出的功率和它从电网中获取的功率相等，即 $P_1=P_2$。根据 $P=UI\cos\varphi$ 可得

$$P_1=U_1I_1\cos\varphi_1$$
$$P_2=U_2I_2\cos\varphi_2$$

式中，$\cos\varphi_1$、$\cos\varphi_2$ 是一次绕组和二次绕组电路的功率因数（其含义在后文交流部分详细介绍），通常相差很小，在实际计算中可以认为它们相等，因而得到 $U_1I_1\approx U_2I_2$，即

$$\frac{I_1}{I_2}\approx\frac{N_2}{N_2}=\frac{1}{K}$$

也就是说：变压器工作时一、二次绕组中的电流与绕组的匝数成反比。为了减少变压器线圈损耗，变压器的高压绕组匝数多而通过的电流小，可用较细的导线绕制；但低压绕组匝数少而通过的电流大，用较粗的导线绕制。

（3）阻抗变换关系。负载获得最大功率的条件是负载阻抗等于信号源的内阻，此时称为阻抗匹配。在实际工作中，负载的阻抗与信号源的内阻往往是不相等的，所以把负载直接接到信号源上并不能获得最大功率。为此，就需要利用变压器来进行阻抗变换，使负载获得最大功率。

设变压器一次侧输入阻抗为 Z_1，二次侧负载阻抗为 Z_2，由于 $|Z_1|=U_1/I_1$，$|Z_2|=U_2/I_2$，则$\frac{Z_1}{Z_2}=\frac{U_1}{U_2}\times\frac{I_2}{I_1}=K^2$。

这就是说：在二次侧接上负载阻抗 $|Z_2|$ 时，就相当于使电源直接接上一个阻抗为 $|Z_1|=K^2|Z_2|$ 的负载。

（4）变压器的效率。上边的讨论是假设变压器本身没有损耗，实际上损耗总是存在的。变压器的损耗主要包括铜损（绕成变压器线圈的导线存在着电阻，电流流过时会发热消耗能量）和铁损（磁滞损耗和涡流损耗，详细资料可参阅相关资料），这会降低变压器的效

率。通常将输出功率占输入功率的百分比叫效率，用“η”表示，即

$$\eta = \frac{P_2}{P_1}$$

（5）同名端。实际变压器的一、二次绕组的绕向是看不见的，因此引入了同名端的概念。同名端是指电压实际极性相同的端子，是一种标记，如图1－38所示，其判定方法可参阅相关资料。

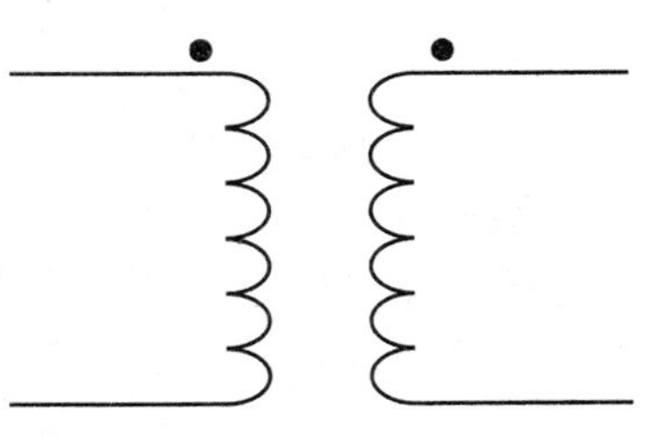

图1－38　同名端

3）电磁器件

电磁器件是利用通电线圈产生的电磁力进行控制的一种器件，具有控制电流小、控制距离远、使用安全等特点。电磁器件主要有接触器、继电器、电磁铁、电磁阀等，如图1－39所示。

（a）

（b）

图1－39　继电器和接触器

（a）继电器；（b）接触器

接触器的结构示意图和电路符号如图1－40和图1－41所示。

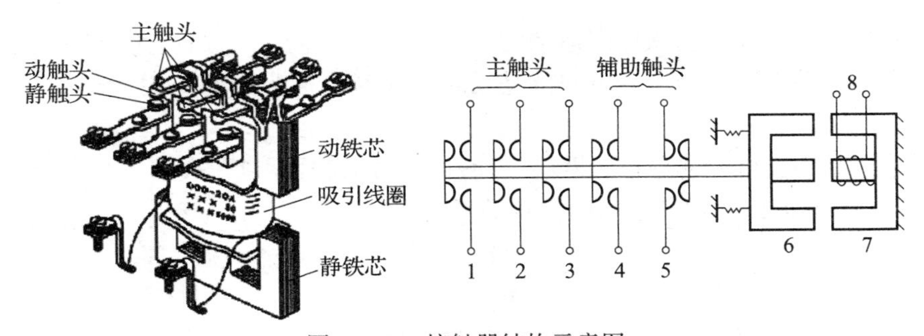

图1－40　接触器结构示意图

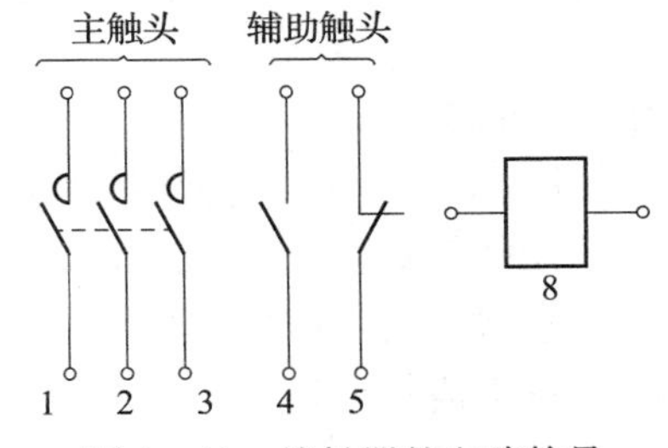

图1－41　接触器的电路符号

继电器的工作原理和接触器基本相同，只是电磁力小些，触头多些。

3. 电热作用

电流流过导体时，会产生热量，称为焦耳热。如电灯、电炉、电暖气、电烙铁、电焊等都是电流热作用的例子，如图1－42所示的电炉。

特别提示：

电流只要流过导体就一定会产生焦耳热，这在工作中是必须要考虑的。例如起重机的悬挂负荷如果超过电动机额定容量的话，电流流过电动机绕组时产生的温升会把线圈异常烧粘在一起，其中的原因就是焦耳热。

图1－42　电炉

下面来介绍能量消耗（电功）和电功率。设电路任意两点间的电压为U，流入此部分电路的电流为I，则这部分电路消耗的功率为

$$P = UI$$

功率用P表示，单位是W（瓦特），常用单位还有千瓦（kW），换算关系是1 kW = 1 000 W。灯泡上一般有220 V/60 W等的表示，其中220 V表示该灯泡使用220 V的电压，60 W表示该灯泡在正常情况下消耗的功率。

功率和时间的乘积称为电功。时间单位为秒时，电功的单位是焦耳。日常生产和生活中，用电设备消耗的电能（电功）也常用度作为量纲：

$$1\text{ 度} = 1\ \text{kW}\cdot\text{h} = 1\ \text{kV}\cdot\text{A}\cdot\text{h}$$

1.2.2　电路的基本定理

1. 电阻元件

当电流通过金属导体时，做定向运动的自由电子会与金属中的带电粒子发生碰撞，使导体对电荷的定向运动有阻碍作用。电阻就是反映导体对电流起阻碍作用大小的一个物理量，用字母“R”表示。

在国际单位制中，电阻的单位是欧姆，简称欧，用符号“Ω”表示。其常用单位还有千欧（kΩ）和兆欧（MΩ），它们之间的换算关系为

$$1\ \text{k}\Omega = 10^3\ \Omega$$

$$1\ \text{M}\Omega = 10^6\ \Omega$$

电阻元件是电路中使用最多的元件之一，常称为电阻器。电阻器的主要特征是变电能为热能，它是一个消耗电功率的元器件，在电路中主要起调节电流、电压及将电能转换成热能的作用。

1）线性电阻元件和非线性电阻元件

电阻元件的特性一般用伏安特性来表示，伏安特性指的是电阻元件两端的电压U与通过其电流I的关系。当电阻器两端的电压与通过它的电流成正比，其伏安特性曲线为线性，这类电阻称为线性电阻器，其电阻值为常数；反之，电阻两端的电压与通过它的电流不是线性关系的电阻称为非线性电阻器，其电阻值不是常数。一般常温下金属电阻器的电阻是线性电阻，在其额定功率内，其伏安特性曲线为直线，如图1－43（a）所示。但像热敏电阻、光敏

电阻等，在不同的电压、电流情况下，电阻值不同，伏安特性曲线为非线性，如图 1－43（b）所示。

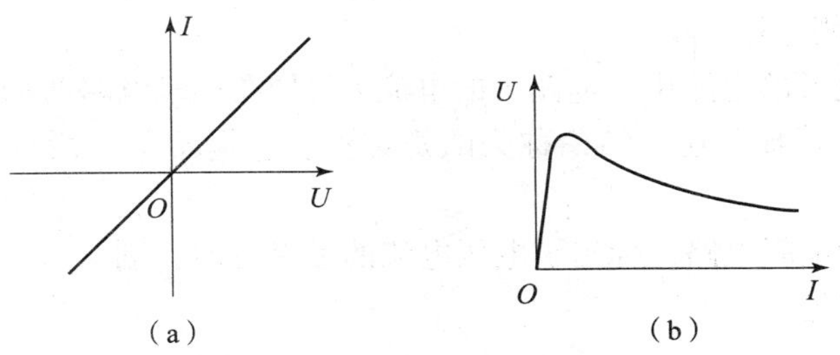

图 1－43　电阻器的伏安特性

（a）常温下金属电阻器的线性伏安特性；（b）热敏电阻器的非线性伏安特性

严格地讲，绝对线性的电阻器是不存在的。绝大多数金属导体的电阻都随温度的变化而变化，但这种变化是很小的（除温度特别高以外）可以忽略不计，因此这些电阻器可以看作是线性电阻器。由线性电阻器及其他线性元件组成的电路称为线性电路，含有非线性元件的电路称为非线性电路。

2）电阻的选用

要根据电路和设备的实际要求来选用电阻器，从电气性能到经济价值等方面综合考虑，不要片面地采用高精度和非标准系列电阻器。在一般场合下，主要是根据阻值、额定功率和允许误差的要求来选择合适的电阻器。也就是说，电阻的标称阻值应和电路要求相符，额定功率应该是电阻器在电路中实际消耗的功率的 1.5～2 倍，允许误差在要求的范围之内。

3）电导

电阻的倒数称为电导，用符号“G”表示，即

$$G = \frac{1}{R}$$

导体的电阻越小，电导就越大。电导大就表示导体的导电性能良好，电导的单位是西门子，简称西，用符号“S”表示。

各种材料的导电性能有很大差别。在电工技术中，各种材料按照他们的导电能力，一般可分为导体、绝缘体、半导体和超导体。

（1）导体。

导电能力强的材料称为导体，导体的电阻率一般都约为 $1 \times 10^{-8}\ \Omega \cdot m$，如铜、铝、铁等金属。

（2）绝缘体。

导电性能很差的材料称为绝缘体。它的电阻率一般为 $10^{6} \sim 10^{8}\ \Omega \cdot m$，如橡胶、塑料、树脂、玻璃、云母、陶瓷、变压器油等。

（3）半导体。

半导体的导电性能介于导体和绝缘体之间。半导体的电阻率一般为 $10^{-6} \sim 10^{6}\ \Omega \cdot m$。因为半导体材料具有一些特殊的性质，所以在近代电子技术中得到了广泛的应用。

（4）超导体。

某些物质的电阻随温度的下降而逐渐减少，当温度降低到接近绝对零度（即 －273.15 ℃）时，其电阻突然消失，这种现象称为超导现象。具有这种特性的物质称为超导体或超导材料。

2. 欧姆定律

欧姆定律是电路分析中的基本定律之一，是用来确定电路各部分的电压与电流关系的。

1）部分电路欧姆定律

在一段不包括电源的电路中，电路中的电流 I 与加在这段电路两端的电压 U 成正比，与这段电路的电阻 R 成反比，这一结论称为欧姆定律，它揭示了一段电路中电阻、电压和电流三者之间的关系。

图 1-44 所示为电阻电路，标出了电压电流的参考方向，则 I、U、R 三者之间满足

$$I=\frac{U}{R}$$

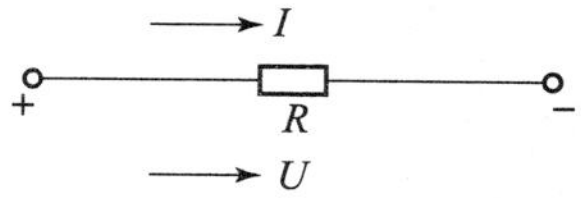

图 1-44　电阻电路

式中，I 为电路中电流（A）；U 为电路两端的电压（V）；R 为电路的电阻（Ω）。

在交流电路中，欧姆定律同样成立，但电阻应该改成阻抗 Z，即

$$I=\frac{U}{Z}$$

如果已知电压 U 和电流 I，就可以利用 $R=U/I$ 求得电阻值。

【例 1-10】　有一电灯泡接在 220 V 的电源上，通过灯丝的电源为 0.88 A，求灯丝的热态电阻。

解：根据欧姆定律可得

$$R=\frac{U}{I}=\frac{220}{0.88}=250\ (\Omega)$$

即灯丝的热态电阻为 250 Ω。

【例 1-11】　如果人体最小的电阻为 800 Ω，已知通过人体的电流为 50 mA，就会引起呼吸困难，不能自主摆脱电源，试求安全工作电压。

解：

$$U=IR=50\ \text{mA}\times800\ \Omega=40\ \text{V}$$

即人的安全工作电压应不高于 40 V。

通常对于不同的人体、不同的场合，安全电压的规定是不相同的。我国有关标准规定 12 V、24 V、36 V 三个电压等级为安全电压等级。人是否安全与人体电阻大小、触电时间长短、工作环境、人与带电体的接触面积和接触压力等都有关系，所以即使在规定的安全电压下工作，也不可粗心大意。

2）全电路欧姆定律

含有电源的闭合电路称为全电路，图 1-45 所示为最简单的全电路，图中点画线框部分表示电源，电源内部也有电阻，一般用符号"R_0"表示。为了看起来方便，通常可把内电阻 R_0 单独画出，电源内部的电路称为内电路，电源外部的电路称为外电路。

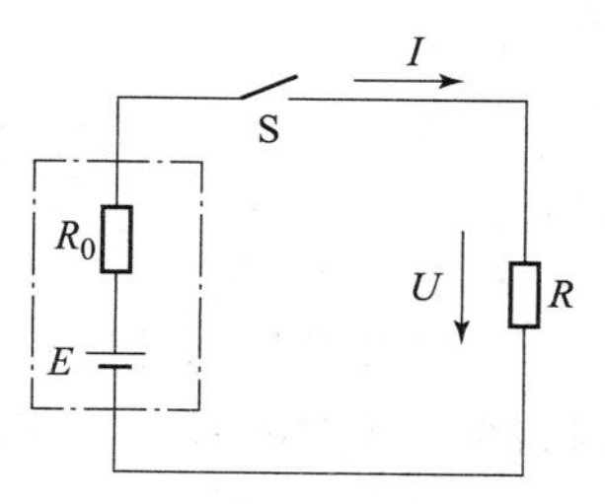

图 1-45　最简单的全电路

全电路欧姆定律的内容是：全电路中的电流 I 与电源的电动势 E 成正比，与电路的总电阻（外电路的电阻 R 和内电路的电阻 R_0 之和）成反比，即

$$I=\frac{E}{R+R_0}$$

式中，E 为电源的电动势（V）；R_0 为电源内阻（Ω）。

由全电路欧姆定律可得 $E=IR+IR_0=U+IR_0$，其中 U 是外电路中的电压降，也是电源两端的电压，称之为路端电压；IR_0 是电源内部的电压降。

【例1-12】　在图1-45所示电路中，已知电源电动势 $E=24$ V，内阻 $R_0=2$ Ω，负载电阻 $R=10$ Ω。

试求：电路中的电流；电源的路端电压；负载电阻 R 上的电压；电源内阻上的电压。

解： 根据全电路欧姆定律，有如下关系式。

（1）电路中的电流为 $I=\frac{E}{R+R_0}=\frac{24}{10+2}=2$（A）。

（2）电源的端电压为 $U=E-IR_0=24-2\times2=20$（V）。

（3）负载 R 上的电压为 $U=IR=2\times10=20$（V）。

（4）电源内阻上的电压为 $U_{R_0}=IR_0=2\times2=4$（V）。

【例1-13】　有一个标有“220 V　25 W”的灯泡，接在220 V的电源上，求通过电灯的电流和灯泡的电阻。如果每晚用4 h，一个月消耗多少电能？（一个月以30天计算）

解　根据公式 $P=UI=\frac{U^2}{R}$ 得 $I=\frac{P}{U}=\frac{25}{220}\approx0.114$（A）

$$R=\frac{U^2}{P}=\frac{220^2}{25}=1\ 936\ (\Omega)$$

一个月消耗电能为 $W=Pt=25\times10^{-3}\times4\times30=3$（kW·h）

【例1-14】　如图1-46所示电路中，已知 $E=6$ V，$R_0=0.5$ Ω，$R=200$ Ω，求开关S分别处于1、2、3位置时电压表和电流表的示数。

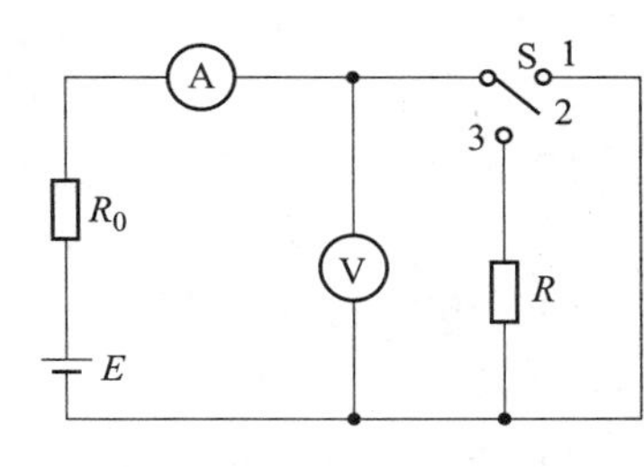

图1-46　例1-14电路图

解　（1）S处于1时，电路呈短路状态，有

$$I=\frac{E}{R_0}=\frac{6}{0.5}=12\ (\text{A})$$

$$U=0$$

（2）S处于2时，电路呈开路状态，有

$$I=0$$

$$U=E=6\ \text{V}$$

（3）S处于3时，电路呈通路状态，有

$$I=\frac{E}{R+R_0}=\frac{6}{200+0.5}\approx0.03\ (\text{A})$$

$$U=IR=0.03\times200=6\ (\text{V})$$

3）电源的外特性

由全电路欧姆定律可得 $U=E=IR_0$。当负载电阻 R 为无穷大，即外电路开路，$I=0$，两端电压最高且等于 E；当负载电阻 R 变小时，电路中的电流 I 将增加，内阻压降 IR_0 随着增加，两端电压 U 将减小。反过来，R 增大时，I 减小，U 将增加。这种电压随负载电流变化的关系称为电源的外特性。所绘成的曲线称为电源的外特性曲线，如图1-47所示。由

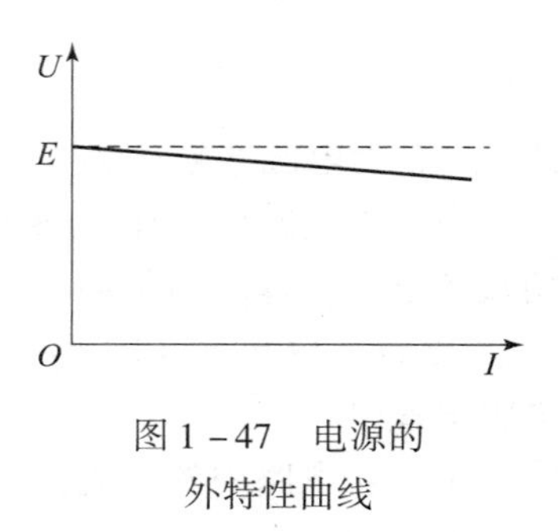

图 1－47　电源的外特性曲线

图 1－47 可以看出，电源两端电压随着电流的大小而变化，当电路接小电阻时，电流增大，两端电压就下降；当电路接大电阻时，电流减小，两端电压就上升。

电源两端电压的高低不但和负载电阻有密切关系，而且与电源的内阻大小有关。在负载电流不变的情况下，内阻减小，两端电压就上升；内阻增大，两端电压就下降，当内阻为零时，也就是在理想情况下（这时的电源称为理想电源），两端电压不再随电流变化，两端电压等于电动势，如图 1－47 中的虚线所示。

3. 电位的概念及计算

水之所以能够流动是因为有水位差；电荷之所以能够流动是因为有电位差，电位差也称为电压。在电工技术中，通常使用电压的概念，而在电子线路中，通常要用到的是电位的概念。

1）电位的概念

在电路中任选一个参考点（该点的电位值为零，又称为零电位点），电路中某一点到参考点的电压就称为该点的电位。电位的符号用“V”表示，如电路中某点 a 和参考点 O 间的电压 V 为 a 点的电位，记作 V_a，电位的单位也是伏特（V）。

由电位的定义可知，电压和电位是密切联系的。电位实际就是电压，只不过电压是指任意两点之间，而电位则是指某一点和参考点之间。电路中任意两点之间的电压即为此两点间的电位差，如 a、b 之间的电压可记为 $U_{ab}=V_a-V_b$。

根据 V_a 和 V_b 的大小，U_{ab}有以下三种不同情况。

（1）当 $U_{ab}>0$ V 时，说明 a 点的电位 V_a 高于 b 点电位 V_b。

（2）当 $U_{ab}<0$ V 时，说明 a 点的电位 V_a 低于 b 点电位 V_b。

（3）当 $U_{ab}=0$ V 时，说明 a 和 b 两点等电位，即 $V_a=V_b$。

引入电位的概念后，电压的方向可以看作是电位降低的方向，因此电压也称为电位降。

2）电位参考点的意义

参考点是计算电位的基准点，电路中各点电位都是针对这个基准点而言的。通常规定参考点的电位为零，因此参考点又称为零电位点，用接地符号“⊥”表示。零电位点（参考点）的选择是任意的，一般在电子线路中常选择很多元件的汇集处，而且常常是将电源的一个极作为参考点；在工程技术中则选择大地、机壳作为参考点，若把电气设备的外壳“接地”，那么外壳的电位就为零。

（1）电位的多值性。

电路中各点的电位值是相对的，它与参考点的选择有关，选择不同的参考点，电路中点电位值的大小和正负也不同。

（2）电压的单一性。

电路中任意两点之间的电压，即电位差是唯一的，与参考点的选择无关。如 $U_{ab}=2$ V，当选择 a 点为参考点时，$V_a=0$ V，$V_b=V_a-U_{ab}=-2$ V；当选择 b 点为参考点时，$V_b=0$ V，$V_a=U_{ab}+V_b=2$ V。

【例1-15】 如图1-48所示电路中，已知 $U_{ac}=3$ V，$U_{ab}=2$ V，试分别以 a 点和 c 点作为参考点，求 b 点的电位和 b、c 两点之间的电压。

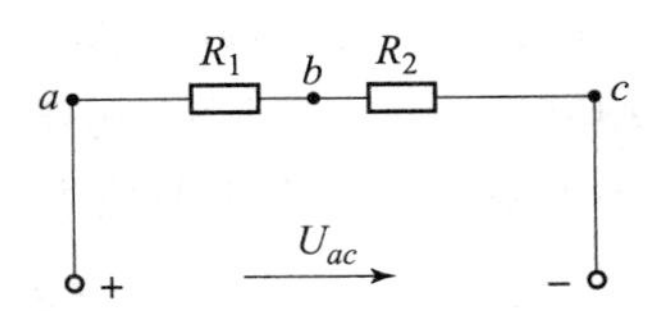

图1-48　例1-15的电路图

解：（1）以 a 点为参考点，则 $V_a=0$ V。

已知 $U_{ab}=2$ V，即 $U_{ab}=V_a-V_b=2$ V，则 $V_b=V_a-2=0-2=-2$（V）。

已知 $U_{ac}=3$ V，即 $U_{ac}=V_a-V_c=3$ V，则 $V_c=V_a-3=0-3=-3$（V）。

b、c 两点间的电压 $U_{bc}=V_b-V_c=-2-(-3)=1$（V）。

（2）以 c 点为参考点，则 $V_c=0$ V。

已知 $U_{ac}=3$ V，即 $U_{ac}=V_a-V_c=3$ V，则 $V_a=V_c+3=3$（V）。

已知 $U_{ab}=2$ V，即 $U_{ab}=V_a-V_b=2$ V，则 $V_b=V_a-2=3-2=1$（V）。

b、c 两点间的电压 $U_{bc}=V_b-V_c=1-0=1$（V）。

由上面的计算可见，参考点为 a 点时，$V_b=-2$ V；参考点为 c 点时 $V_b=1$ V。但 b 和 c 两点间的电压与参考点的选择无关，始终是 $U_{bc}=1$ V。

【例1-16】 如图1-49所示电路中，若以 B 点为参考点，求 A、B、C、D 四点的电位 V_A、V_B、V_C、V_D 和 C、D 两点间的电压 U_{CD}。改用 D 点作参考点，再求 V_A、V_B、V_C、V_D 和 C、D 两点间的电压 U_{CD}。

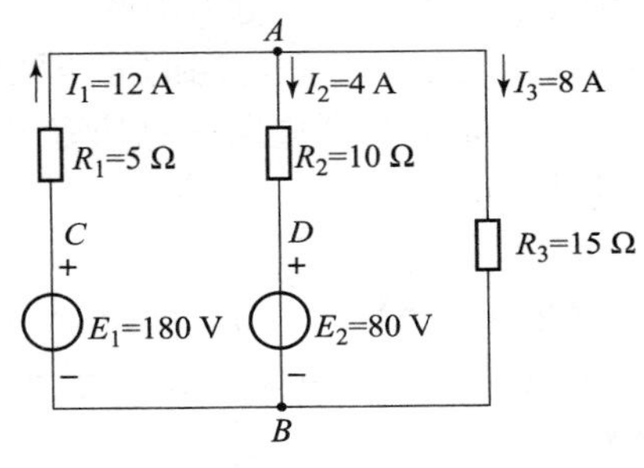

图1-49　例1-16的电路图

解：以 B 点为参考点，有

$$V_A=R_3I_3=15\times8=120\ (\text{V})$$
$$V_B=0\ \text{V}$$
$$V_C=E_1=180\ \text{V}$$
$$V_D=E_2=80\ \text{V}$$
$$U_{CD}=V_C-V_D=180-80=100\ (\text{V})$$

以 D 点为参考点，有

$$V_A=R_2I_2=10\times4=40\ (\text{V})$$
$$V_B=-E_2=-80\ \text{V}$$
$$V_C=R_2I_2+R_1I_1=40+60=100\ (\text{V})$$
$$V_D=0\ \text{V}$$
$$U_{CD}=V_C-V_D=100-0=100\ (\text{V})$$

由上述的计算可以看出，电路中各点的电位与参考点有关，参考点改变电位数值也改变，但电路中任意两点的电压与参考点无关。

4. 电阻的串并联连接及等效变换

在电路中，电阻的连接形式是多种多样的，其中最常见的是电阻的串联连接、并联连接和混联连接。

1）电阻串联电路

在电路中，若干个电阻依次连接，中间没有分岔支路的连接方式，称为电阻的串联。图1-50所示为3个电阻 R_1、R_2 和 R_3 组成的电阻串联电路。

电阻串联电路具有以下特点：

（1）在电阻串联电路中，不论各电阻的数值是否相等，通过各电阻的电流为同一电流，这是判断电阻是否串联的一个重要依据。

$$I = I_1 = I_2 = I_3$$

（2）根据全电路欧姆定律，电阻串联电路两端的总电压等于各电阻两端分电压之和，电阻串联电路的总电压大于任何一个分电压。

$$U = U_1 + U_2 + U_3$$

（3）串联电路的总电阻（等效电阻）等于各电阻串联之和，电阻串联电路的总电阻大于任何一个分电阻。

$$R = R_1 + R_2 + R_3$$

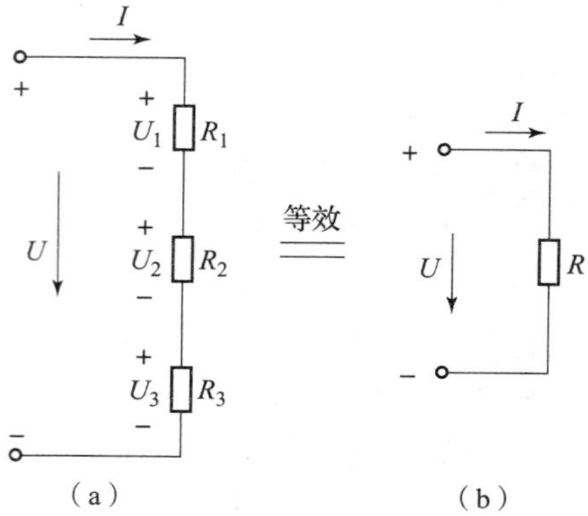

（a）　（b）

图 1－50　电阻串联电路

（a）三个电阻的串联电路；（b）等效电路

（4）电阻串联电路中，各电阻上的电压与它们的阻值成反比。

$$U_n = R_n \frac{U}{R} = R_n \frac{U}{R_1 + R_2 + R_3 + \cdots + R_n}$$

上述内容表明：电阻串联时，电阻越大分配到的电压越大，电阻越小分配到的电压越小，这就是电阻串联电路的分压原理。通常把上式又称为电阻串联的分压公式。

（5）电阻串联电路的总功率 P 等于消耗在各串联电阻上的功率之和，且电阻值大者消耗的功率大。

$$P = P_1 + P_2 + P_3$$

【例 1－17】　图 1－50（a）所示电阻串联电路，已知 $R_1 = 2\ \Omega$，$R_2 = 4\ \Omega$，$U_1 = 6\ \text{V}$，$U = 21\ \text{V}$。求：通过 R_1、R_2、R_3 的电流 I_1、I_2、I_3；R_2 和 R_3 两端的电压；电阻 R_3；等效电阻 R。

解：（1）根据欧姆定律有 $I_1 = \frac{U_1}{R} = \frac{6}{2} = 3$（A）；由于是电阻串联电路，所以 $I_1 = I_2 = I_3 = 3\ \text{A}$。

（2）R_2 两端的电压 $U_2 = I_2 R_2 = 3 \times 4 = 12$（V）；由于 $U = U_1 + U_2 + U_3$，所以 R_3 两端的电压 $U_3 = U - U_1 - U_2 = 3\ \text{V}$。

（3）电阻 $R_3 = \frac{U_3}{I_3} = 1\ \Omega$。

（4）等效电阻 $R = R_1 + R_2 + R_3 = 7\ \Omega$。

【例 1－18】　有个表头电路如图 1－51 所示，它的满刻度电流 I_g 为 50 μA（即允许通过的最大电流），内阻 R_g 为 3 kΩ。若改装成量程（测量范围）为 10 V 的电压表，应串入多大的电阻？

解：当表头满刻度时，表头两端的电压为

$$U_g = I_g R_g = 0.15\ \text{V}$$

显然用它直接测量 10 V 电压是不行的，需要串联分压电阻以扩大测量范围（量程）。设量程扩大到 10 V 所需要串入的电阻为 R_b，则

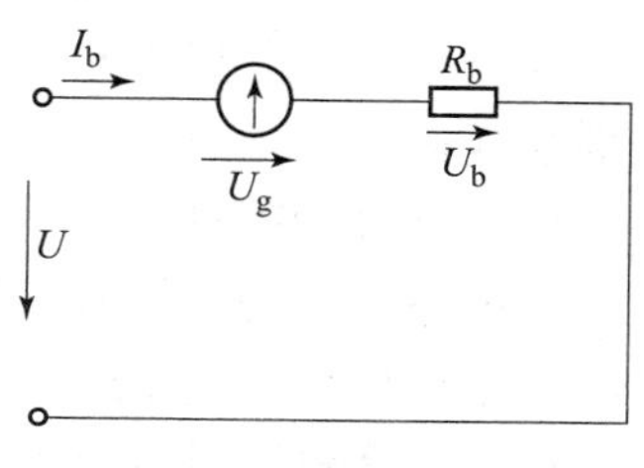

图 1－51　例 1－18 图

$$R_b = \frac{U_b}{I_g} = \frac{U - U_g}{I_g} = 197\ \text{k}\Omega$$

即应串联 197 kΩ 的电阻，才能把表头改装成量程为 10 V 的电压表。

2）电阻并联电路

在电路中，将若干个电阻的一端共同连在电路的一点上，把它们的另一端共同连在另一点上，这种连接方式称为电阻的并联。图1－52（a）所示为三个电阻的并联电路，图1－52（b）所示为其等效电路。电阻并联的实例很多，一般家庭中电灯泡的连接方式为并联，即使取下一个灯泡，其他灯泡仍连通着。

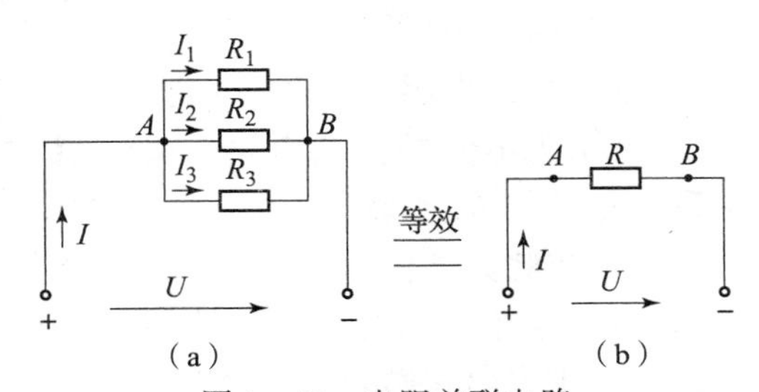

图1－52　电阻并联电路

（a）三个电阻的并联电路；（b）等效电路

电阻并联电路具有以下特点：

（1）加在各并联电阻两端的电压为同一电压，电阻两端电压相等。

$$U = U_1 = U_2 = U_3$$

（2）电路的总电流等于各并联电阻分电流之和，并联电路的总电流大于任何一个分电流。

$$I = I_1 + I_2 + I_3$$

（3）电路的总电阻（等效电阻）R 的倒数等于各电阻的倒数之和，并联电路的总电阻

$$\frac{1}{R} = \frac{1}{R_1} + \frac{1}{R_2} + \frac{1}{R_3}$$

（4）流过各并联电阻上的电流与其电阻成反比。

$$I_n = R\frac{I}{R_n}$$

上式表明电阻并联时，阻值越大的电阻分配得到的电流越小，阻值越小的电阻分配得到电流越大，这就是并联电阻电路的分流原理。

（5）并联电阻电路的总功率 P 等于消耗在各并联电阻上的功率之和，且电阻值大者消耗的功率小。

$$P = P_1 + P_2 + P_3$$

【例1－19】　如图1－53所示，某微安表表头的满刻度电流 $I_g = 50\ \mu\text{A}$，内阻 $R_g = 1\ \text{k}\Omega$，若把它改装成量程为 10 mA 的电流表，问应并联多大的电阻？

解：表头满刻度电流只有 50 μA，用它直接测量 10 mA 的电流显然是不行的，必须并联一个电阻进行分流以扩大量程，如

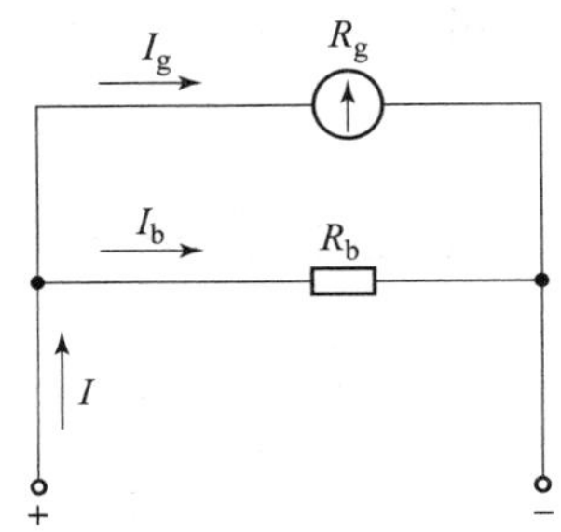

图1－53　扩大电流表量程

图 1-53 所示，通过分流电阻 R_b 的电流为

$$I_b = I - I_g = 9\ 950\ \mu A$$

电阻 R_b 两端的电压 U_b 与表头两端的电压 U_g 是相等的，因此有

$$U_b = U_g = I_g R_g = 0.05\ V$$

所以

$$R_b = \frac{U_b}{I_b} \approx 5\ \Omega$$

3）电阻混联电路

在实际应用中，电路里所包含的电阻常常不是单纯的串联或并联，而是既有串联又有并联，电阻的这种连接方式称为电阻的混联。图 1-54 所示为电阻的混联电路，R_1 和 R_2 先串联，然后与 R_3 并联，最后与 R_4 串联。

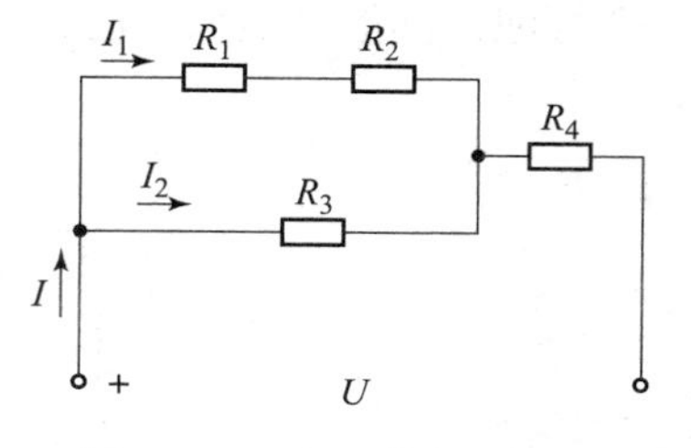

图 1-54　电阻的混联电路

求电阻混联电路的等效电路的步骤如下：

（1）先把电阻的混联分解成若干个串联和并联，按照串、并联电路的特点进行计算，分别求出它们的等效电阻。

（2）用已求出的等效电阻去取代电路中的串、并联电阻，得到电阻混联电路的等效电路。

（3）如果所求得的等效电路中仍然包含着电阻的串联或并联，可继续用上面的方法来化简，以求得最简单的等效电路。

（4）利用已化简的等效电路，根据欧姆定律算出通过电路的总电流，再算出各支路上的电流及各电阻两端的电压、功率等。

【例 1-20】　如图 1-55（a）所示电路，$U = 24$ V，求等效电阻 R_{ab} 及电路的总电流 I。

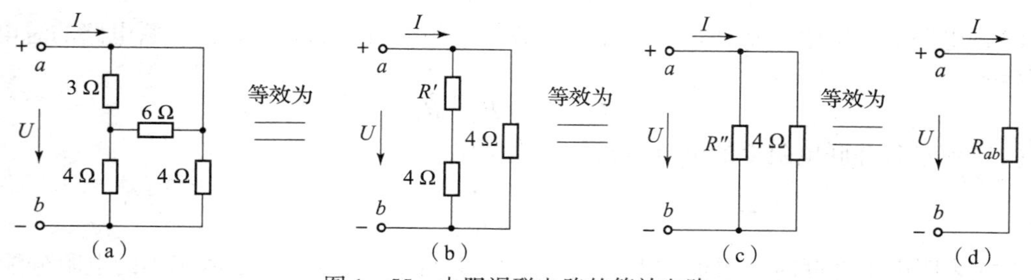

图 1-55　电阻混联电路的等效电路

解：（1）由图 1-55（a）知 3 Ω 与 6 Ω 这两个电阻是并联的，其等效电阻为

$$R' = \frac{3 \times 6}{3 + 6} = 2\ (\Omega)$$

（2）由图 1-55（b）知 R' 与 4 Ω 这两个电阻是串联的，其等效电阻为

$$R'' = 2 + 4 = 6\ (\Omega)$$

（3）由图 1-55（c）所示电路 R'' 与 4 Ω 这两个电阻是并联的，其等效电阻为

$$R_{ab} = \frac{6 \times 4}{6 + 4} = 2.4\ (\Omega)$$

（4）根据欧姆定律，电路的总电流为

$$I=\frac{U}{R_{ab}}=\frac{24}{2.4}=10\ (\mathrm{A})$$

对于较为复杂的电阻混联电路，一般不容易判断出各电阻的串、并联关系，就无法求得等效电阻。遇到这种情况，较为有效的方法就是画出等效电路图，即把原电路图整理为较为直观的串、并联关系的电路图，然后再计算其等效电阻。

1.2.3 电路的三种状态和电气设备的额定值

在日常的照明电路中，当开关开启时，电灯就亮了；当开关关闭时，电灯就灭了；当正极和负极线路（交流电路中是火线和零线）不经过电器而直接接在一起时，就会产生事故。这三种情况，就是电路的三种工作状态：通路状态（有载工作状态）、开路状态（断路状态）和短路状态。

在日常生产生活中，还可以看到，许多电气设备和电路元件的铭牌或外壳上均明确标出了它们的数据——额定电压、额定电流和额定功率等。由此可知，电气设备和电路元件都有额定值，只有按额定值使用，电气设备和电路元件的运行才能安全可靠、经济合理。

1. 通路

电路的有载工作状态即电路的通路状态。通路是指电源与负载接成闭合回路时的工作状态，这时电路中有电流通过，如图 1－3（b）所示当开关闭合时，电路就是通路状态。必须注意的是，处于通路状态的各种电气设备的电压、电流和功率等数值不能超过其额定值。

2. 开路

开路也称为断路，是指电源与负载未接成闭合电路时的工作状态，这是电路中没有电流通过时，如图 1－3（b）所示当开关断开时，电路就是断路状态，在实际电路中，电气设备与电气设备之间、电气设备与导线之间连接时的接触不良也会使电路处于断路状态。

3. 短路

短路是指电源未经负载而直接由导线（导体）构成通路时的工作状态，如图 1－56 所示。短路时，电路中流过的电流远大于正常工作时的电流，可能烧坏电源和其他设备，所以，应严防电路发生短路。

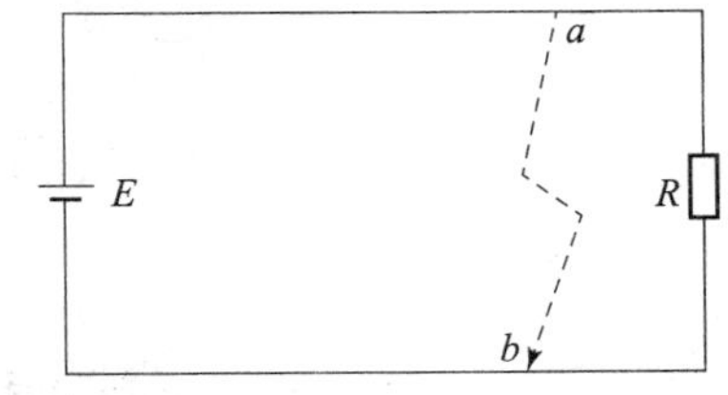

图 1－56 电路短路示意图

实际电路中产生短路的原因多是绝缘部分损坏或接线不良，因此应经常检查电气设备和线路的绝缘情况。通常在电路中接入熔断器或自动断路器，起短路保护作用，有时出于某种需要，可以将电路中某一段短路或进行某种短路实验。

1.2.4 实训操作——直流电路的测量方法、电位图的绘制

1. 目的要求

（1）掌握直流电路的测量方法。

（2）掌握电路电位图的绘制方法。

2. 项目分析

在一个闭合电路中，各点电位的高低视所选的电位参考点的不同而变，但任意两点间的电位差（即电压）则是绝对的，它不因参考点的变动而改变。

电位图是一种平面坐标一、四两象限内的折线图。其纵坐标为电位值，横坐标为各被测点。要制作某一电路的电位图，先以一定的顺序对电路中各被测点编号。以图 1－57（a）的电路为例，图中的 $A \sim F$，并在坐标横轴上按顺序、均匀间隔标上 A、B、C、D、E、F、A。再根据测得的各点电位值，在各点所在的垂直线上描点。用直线依次连接相邻两个电位点，即得该电路的电位图。

在电位图中，任意两个被测点的纵坐标值之差即为该两点之间的电压值。

在电路中电位参考点可任意选定。对于不同的参考点，所绘出的电位图形是不同的，但其各点电位变化的规律却是一样的。

3. 材料和设备

材料清单如表 1－11 所示。

表 1－11　材料清单

序号	名称	型号与规格	数量	备注
1	可调直流稳压电源	0～30 V	双路	
2	万用表		1	自备
3	直流数字电压表	0～200 V	1	
4	电位、电压测定项目电路板		1	HKDG－03

4. 具体内容

利用 HKDG－03 项目挂箱上的“基尔霍夫定律/叠加原理”项目电路板，按图 1－57 接线。

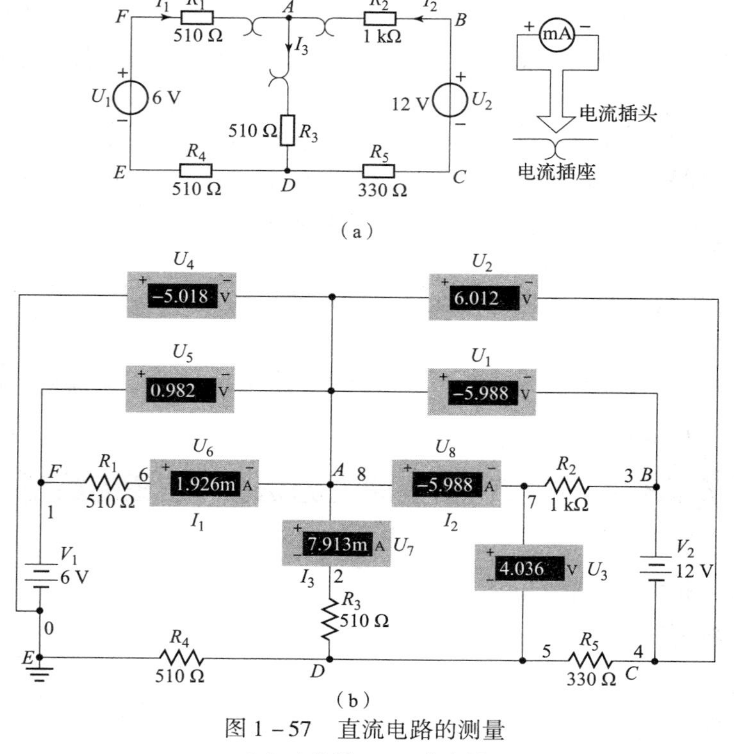

图 1－57　直流电路的测量

（a）电位图；（b）仿真图

（1）分别将两路直流稳压电源接入电路，令 $U_1=6$ V，$U_2=12$ V。先调准输出电压值，再接入项目线路中。

（2）以图 1－57 中的 A 点作为电位的参考点，分别测量 B、C、D、E、F 各点的电位值 V 及相邻两点之间的电压值 U_{AB}、U_{BC}、U_{CD}、U_{DE}、U_{EF} 及 U_{FA}，数据列于表 1－12 中。

（3）以 D 点作为参考点，重复项目内容（2）的测量，测得数据列于表 1－12 中。

表 1－12　记录表

电位参考点	V 与 U	V_A	V_B	V_C	V_D	V_E	V_F	U_{AB}	U_{BC}	U_{CD}	U_{DE}	U_{EF}	U_{FA}
A	计算值												
	测量值												
	相对误差												
D	计算值												
	测量值												
	相对误差												

5. 项目要求

（1）本次电路板是多个项目通用，本次项目中不使用电流插头。DG05 上的 K_3 应拨向 330 Ω 侧，三个故障按键均不得按下。

（2）测量电位时，用指针式万用表的直流电压挡或用直流数字电压表测量时，用负表棒（黑色）接参考电位点，用正表棒（红色）接被测各点。若指针正向偏转或数显表显示正值，则表明该点电位为正（即高于参考点电位）；若指针反向偏转或数显表显示负值，此时应调换万用表的表棒，然后读出数值，此时在电位值之前应加一负号（表明该点电位低于参考点电位）。数显表也可不调换表棒，直接读出负值。

6. 项目思考

若以 F 点为参考电位点，项目测得各点的电位值；现令 E 点作为参考电位点，试问此时各点的电位值应有何变化？

7. 项目报告

（1）根据项目数据，绘制两个电位图形，并对照观察各对应两点间的电压情况。两个电位图的参考点不同，但各点的相对顺序应一致，以便对照。

（2）完成数据表格中的计算，对误差做必要的分析。

（3）总结电位相对性和电压绝对性的结论。

思考与练习

一、判断题（下列判断正确的请打“√”，错误的打“×”）

1. 当 1 A 的电流通过一段导体时，测得其电阻为 10 Ω，因此当 2 A 电流通过该导体其电阻的大小为 5 Ω。（　　）

2. 电场力将单位正电荷从电源负极转移到正极所做的功叫作电动势。（　　）

3. 正电荷或负电荷的定向移动都能形成电流。（　　）

4. 一个闭合电路中，当电源内阻一定时，电源的端电压随电流的增大而减小。（　　）

5. 在一个闭合电路中，当电源内阻一定时，电源的端电压随电流的增大而增大。（　　）

6. 在串联电路中，各处的电流强度不一定相等。（　　）

7. 在任何闭合回路中，各段电压的代数和为零。（　　）

8. 电路中某点的电位就是由该点到参考点的电压。（　　）

9. 在几个电动势串联的无分支电路中，某点的电位就等于该点到参考点路径上所有电动势的代数和。（　　）

二、填空题

1. 若将一段电阻为 R 的导线均匀拉长至原来的两倍，则其电阻值为________。

2. 电流的方向是________。

3. 4 只 16 Ω 的电阻并联后，等效电阻为________Ω。

4. 一只“100 W，220 V”灯泡连接在 220 V 电源上，流过灯泡的电流是________A。

三、简答题

1. 有人试图把电流表接到电源两端测量电源的电流，这种想法对吗？若电流表内阻是 0.5 Ω，量程是 1 A，将电流表接到 10 V 的电源上，电流表上将会流过多大的电流？会发生什么后果？

2. 额定值为 220 V、100 W 的灯泡和 220 V、25 W 的灯泡，哪只灯泡中的灯丝电阻较大？哪只灯泡中的灯丝较粗？

3. 一个额定值为 0.5 W、200 Ω 的碳膜电阻，在它两端能否加 9 V 的电压？加 15 V 电压行吗？为什么？

四、计算题

1. 如图 1－58 所示伏安特性图中，电源外特性与横轴相交处的电流是多少？电源处于什么工作状态？

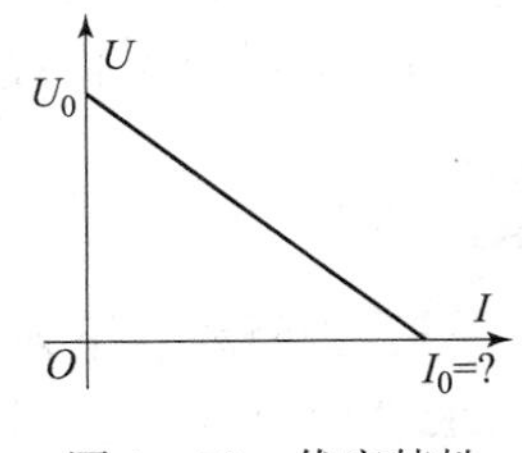

图 1－58　伏安特性

2. 有一个 1/4 W 100 Ω 的电阻，试问：该电阻允许加的最高电压是多少？允许通过的最大电流呢？

3. 在图 1-59 所示的电路中，在以下几种情况时进行计算。

（1）求开关 J_1 和 J_2 单独闭合后电流表 A_1、A_2、A_3 的读数。

（2）J_1 首先闭合，再闭合 J_2，这时 A_1 的电流是否变化？

（3）如果电源的内阻不能忽略不计，J_1 首先闭合，再闭合 J_2，这时 A_1 的电流是否变化？

（4）电灯 X_1 和 X_2 哪个的电阻大？

（5）电灯 X_1 每分钟消耗多少电能？

（6）设电源的额定功率为 30 W，端电压为 12 V，当只接上一个 12 V/25 W 的电灯 X_2 时，电灯会不会被烧毁？两个开关同时接通的话又怎么样？

（7）电流流过电灯后，会不会减少一点？

（8）如果 X_1 电灯两根连接线碰线短路，当闭合 J_1 时，后果如何？电灯 X_1 的灯丝是否被烧断？

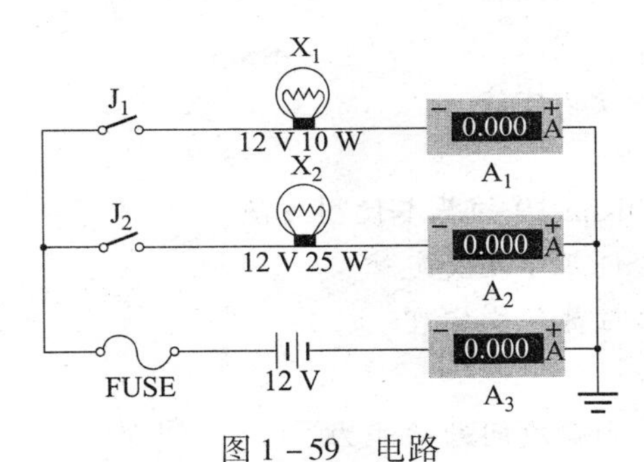

图 1-59　电路

4. 如图 1-60 所示电路中，已知 $U_{S1}=15$ V、$U_{S2}=4$ V、$U_{S3}=3$ V、$R_1=1$ Ω、$R_2=4$ Ω、$R_3=5$ Ω，求回路 I 和 U_{ab}、U_{cb}的值。

5. 电路如图 1-61 所示，欲使 $U=\frac{2}{3}$ V，则 R_a 为________Ω，R_b 为________Ω。

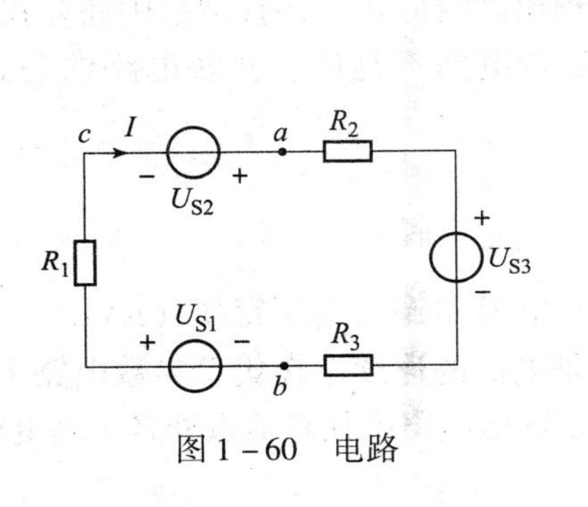

图 1-60　电路

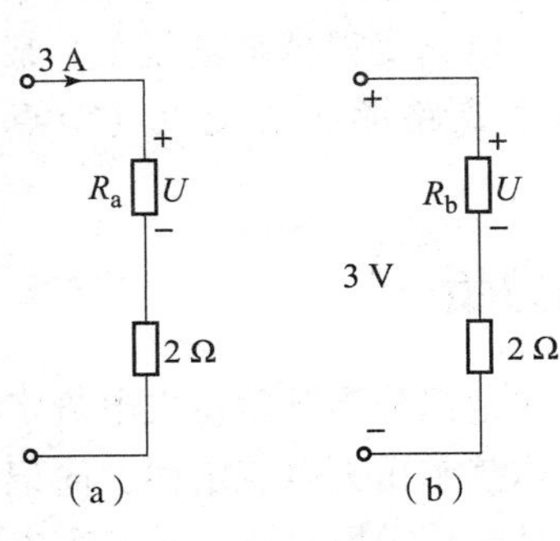

图 1-61　电路

6. 如图 1－62 所示电路中，当开关打开时$\frac{U}{U_1}$为________；当开关闭合时$\frac{U}{U_1}$为________。

7. 电路如图 1－63 所示，其中电压 U 应为________V。

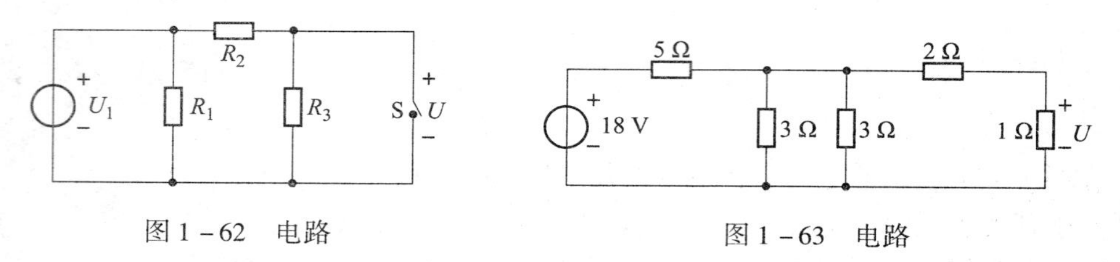

图 1－62　电路　　　　图 1－63　电路

任务 1.3　分析电路与计算

教学目标

知识目标：

（1）了解并掌握基尔霍夫定律。

（2）了解戴维南定理及叠加原理。

（3）掌握复杂电路的分析方法。

（4）了解诺顿定理及其分析方法。

技能目标：

（1）掌握仿真软件 Multisim 10 的基本使用方法。

（2）能用仿真的方式验证基尔霍夫定律。

（3）能用仿真的方式验证戴维南定理。

素养目标：

（1）提高学生分析问题和解决问题的能力。

（2）培养学生的科学思维能力、创新能力。

任务引入

基尔霍夫定律是求解复杂电路的电学基本定律。从 19 世纪 40 年代，由于电气技术发展的十分迅速，电路变得越来越复杂。某些电路呈现出网络形状，并且网络中还存在一些由 3 条或 3 条以上支路形成的交点（节点）。这种复杂电路不是串、并联电路的公式所能解决的。

任务分析

基尔霍夫定律分为基尔霍夫电流定律（KCL）和基尔霍夫电压定律（KVL）。基尔霍夫第一定律又称基尔霍夫电流定律，简记为 KCL，是电流的连续性在集总参数电路上的体现，其物理背景是电荷守恒公理。基尔霍夫电流定律是确定电路中任意节点处各支路电流之间关系的定律，因此又称为节点电流定律，即所有进入某节点的电流的总和等于所有离开这节点的电流的总和。

基尔霍夫第二定律又称基尔霍夫电压定律，简记为 KVL，是电场为位场时电位的单值性在集总参数电路上的体现，其物理背景是能量守恒。基尔霍夫电压定律是确定电路中任意回路内各电压之间关系的定律，因此又称为回路电压定律，即沿着闭合回路所有元件两端的电势差（电压）的代数和等于零。

相关知识

1.3.1　基尔霍夫定理

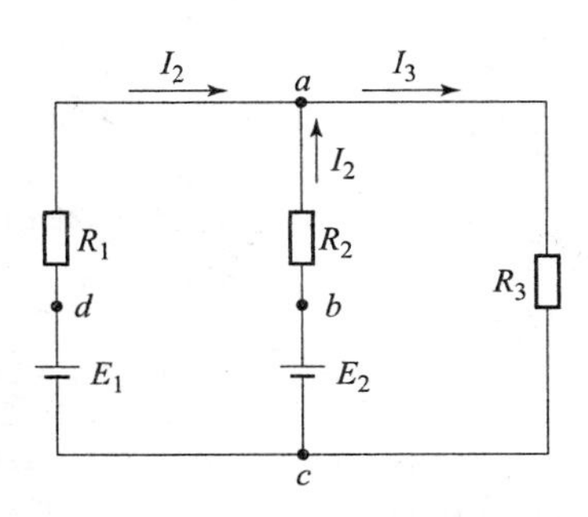

图 1－64　复杂直流电路图

直流电阻电路的结构形式很多，有些电路只要运用欧姆定律和电阻串、并联电路的特点及其计算公式，就能对它们进行分析和计算，称之为简单直流电路。然而有的电路，如含有一个或多个直流电源，则不能单纯地用欧姆定律或电阻串、并联的方法化简，如图 1－64 所示，称之为复杂直流电路。基尔霍夫定律是分析复杂直流电路最基本的定律之一，它分为基尔霍夫电流定律和基尔霍夫电压定律。

1. 电路结构中的几个名词

1）支路

电路中每个流过同个电流的分支称为支路。图 1－64 中 adc、abc、aR_3c 分别组成了三支路。支路 adc、abc 中有电源，称为有源支路；支路 aR_3c 中没有电源，称为无源支路。

2）节点

三条或三条以上支路的公共连接点称为节点，图 1－64 中 a 和 c 都是节点，而 b 和 d 则不是节点。

3）回路

电路中任一闭合的路径称为回路，如图 1－64 中 R_3cbaR_3、$abcda$、aR_3cda 都是回路。只有一个回路的电路称为单回路。

4）网孔

内部不含有支路的回路称为网孔，图 1－64 中 aR_3cba 和 $abcda$ 两个回路中均不含支路是网孔；而回路 aR_3cda 中含有支路 abc，因而不是网孔。网孔一定是回路但回路不一定是网孔。

2. 基尔霍夫电流定律

基尔霍夫电流定律简称 KCL，又称节点电流定律，是反映电路中与同一节点相连的电路中电流之间关系的定律。其基本内容是：在任意瞬间，流进任一节点的电流之和恒等于流出这个节点的电流之和，即

$$\sum I_{入} = \sum I_{出}$$

在图 1－65 所示的电路中，对于节点 A，应用基尔霍夫电流定律可写出 $I_1 + I_4 = I_2 + I_3 + I_5$，如果规定流入节点的电流为正值，流出节点的电流为负值，上式可改写为 $I_1 + I_4 - I_2 - I_3 - I_5 = 0$，写成一般形式为

$$\sum I = 0$$

即在任意瞬间通过电路中任一节点的电流代数和恒等于零，这是 KCL 的另一种表达形式。

在应用基尔霍夫电流定律时，需要说明以下几点。

（1）KCL 具有普遍意义，它通常用于电路中的节点，也可以将节点推广到电路中的一个闭合的假定封闭面，那么流入封闭面的电流等于流出封闭面的电流，即 $I_A + I_B = I_C$，如图 1－66 所示，该假定封闭面又称为广义节点。

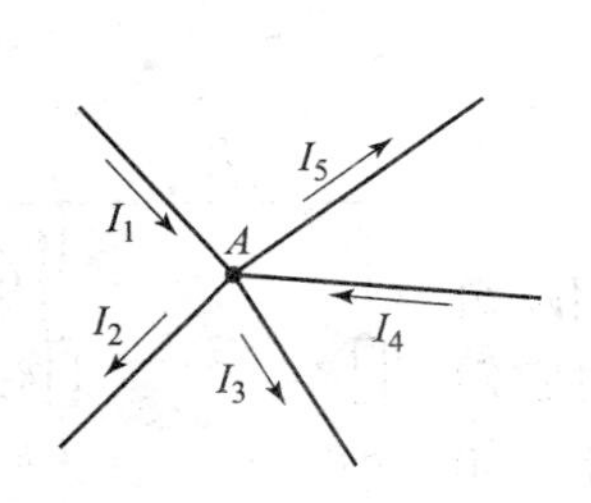

图 1－65　基尔霍夫电流定律

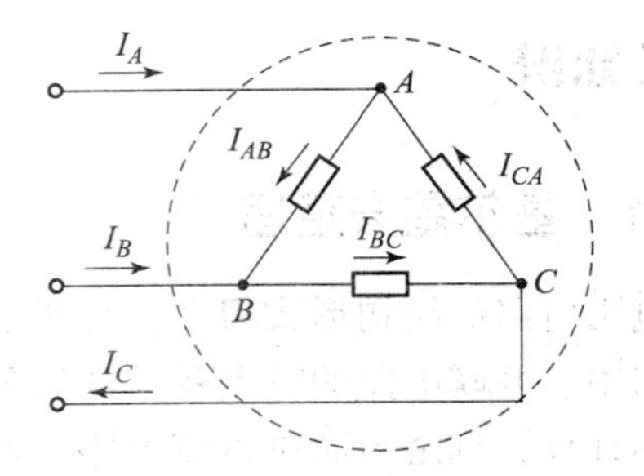

图 1－66　电路的广义节点

（2）应用 KCL 列写节点或闭合面电流方程时首先要设定每条支路电流的参考方向，然后依据参考方向是流入或流出列写出 KCL 方程，当某支路电流的参考方向与实际方向相同时电流为正值，否则为负值。

（3）节点电流定律对于电路中每个节点都适用。如果电路中有 n 个节点，即可得到 n 个方程。

【例 1－21】　在图 1－67 所示的电路中，电流的参考方向如图 1－67 所示，已知 $I_1 = 4$ A、$I_2 = 7$ A、$I_4 = 10$ A、$I_5 = 25$ A，求 I_3 和 I_6。

解：对于节点 a：$I_1 + I_2 = I_3$，$I_3 = 4 + 7 = 11$（A）。

对于节点 b：$I_3 + I_4 = I_5 + I_6$，$I_6 = I_3 + I_4 - I_5 = 11 + 10 - 25 = -4$（A）。

电流 I_6 为负值，表示 I_6 的实际方向与假设方向相反，所以电流 I_6 的大小为 4 A，方向应是流入节点 b。

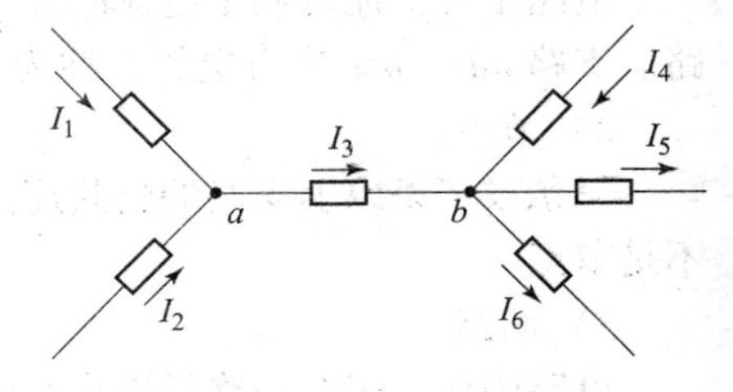

图 1－67　例 2－15 的电路图

3. 基尔霍夫电压定律

基尔霍夫电压定律简称 KVL，又称回路电压定律，它反映了回路中各电压间的相互关系。其基本内容是：在任意瞬间沿电路中任一回路绕行一周各段电压的代数和恒等于零，即

$$\sum U = 0$$

KVL 规定了电路中任一回路内电压必须服从的约束关系，至于回路内是什么元件与定律无关。因此，无论是线性电路还是非线性电路，无论是直流电路还是交流电路都是适用的，在应用 KVL 列电压方程时，首先要选取回路绕行方向：可按顺时针方向，也可按逆时针方向；其次确定各段电压的参考方向。这里规定凡电压的参考方向和回路绕行方向一致时，该电压取正值反之则取负值。

如图 1－68 所示电路，选取绕向为顺时针方向，则利用 KVL 可表示为 $U_1 + U_2 + U_3 - U_4 - U_5 = 0$，由于 $U_1 = I_1 R_1$，$U_2 = I_2 R_2$，$U_3 = I_3 R_3$，$U_4 = E_1$，$U_5 = E_2$，分别代入上述公式，

可得

$$I_1R_1 + I_2R_2 + I_3R_3 = E_1 + E_2$$

写成一般形式为

$$\sum E = \sum IR$$

即在任一回路中，电动势的代数和恒等于各电阻上电压降的代数和，这是 KVL 的另一种表达形式。

关于 KVL 的应用，也应注意以下几点：

（1）应用 KVL 列回路电压方程时，会涉及两套符号的确定：一套是依据各部分电压相对绕行方向确定的；另一套是依据参考方向对实际方向确定的。

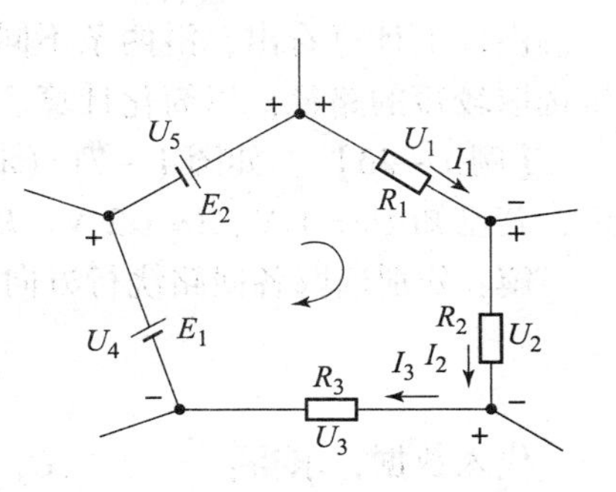

图 1－68　基尔霍夫电压定律

当起点电位高于终点电位时，所取电压为正值；而当起点电位低于终点电位时，所取电压为负值。电阻上两端点电位的高低由通过电阻的电流方向确定，电阻上的电流是由高电位流向低电位的，而电源上两端点的电位高低则可直接由电源的正负极确定，正极是高电位，负极是低电位。

（2）KVL 不仅可以应用于任一闭合回路，而且可以应用于任一不闭合的电路如图 1－69 所示，其中 a、b 两处没有闭合。此时不妨把原电路看作一闭合回路，假设其间有一个电压 U_{ab}，此电压与该回路的其他电压仍满足基尔霍夫电压定律。沿 $abcd$ 方向绕行，可得 $U_{ab} + I_2R_2 + I_3R_3 - E_1 + E_2 + I_1R_1 = 0$，则 $U_{ab} = E_1 - E_2 - I_1R_1 - I_2R_2 - I_3R_3$，由此得出基尔霍夫电压定律的推广定律：电路中某两点 a 和 b 之间的电压等于从 a 点到 b 点所经路径上全部电压的代数和。

【例 1－22】　如图 1－70 所示，已知 $R_1 = R_2 = R_3 = R_4 = 10\ \Omega$，$E_1 = 12$ V，$E_2 = 9$ V，$E_3 = 18$ V，$E_4 = 3$ V，用基尔霍夫定律求回路中的电流及 E、A 两端的电压。

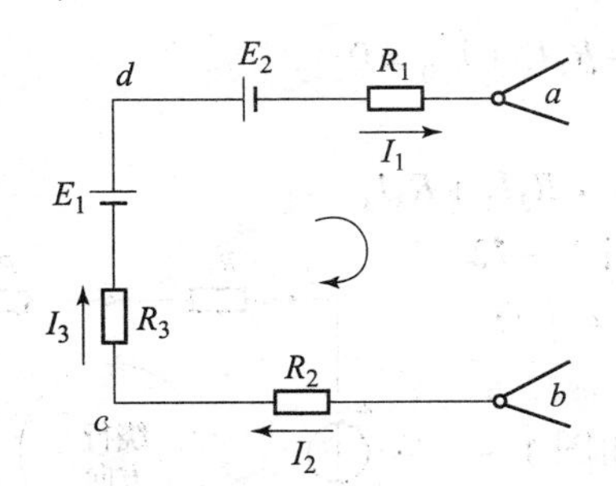

图 1－69　基尔霍夫电压定律

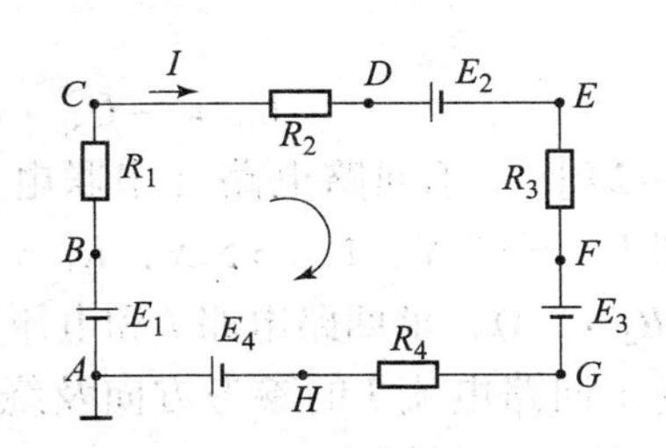

图 1－70　例 1－22 电路图

解：（1）电路为单回路，电路中各元件通过同一电流 I（参考方向如图 1－70 所示）按顺时针绕行方向，列出 KVL 方程为 $-E_1 + IR_1 + IR_2 + E_2 + IR_3 + E_3 + IR_4 - E_4 = 0$，即

$$I = \frac{E_1 - E_2 - E_3 + E_4}{R_1 + R_2 + R_3 + R_4} = -0.3\ \text{A}$$

因为 I 的计算结果为负值，所以回路中电流实际方向与参考方向相反，数值为 0.3 A。

（2）可以通过两条路径计算 U_{EA}

通过回路 $EFGHA$：$U_{EA} = IR_3 + E_3 + IR_4 - E_4 = -0.3 \times 10 + 18 - 0.3 \times 10 - 3 = 9$（V）。

通过回路 $EDCBA$：$U_{EA} = -E_2 - IR_2 - IR_1 + E_1 = -9 + 0.3 \times 10 + 0.3 \times 10 + 12 = 9$（V）。

由以上计算看出，沿两条不同路径计算时，其结果是一样的，但在实际计算时，一般尽量选取较短的路径，以简化计算。

【例 1-23】 如图 1-71（a）所示的电路中共有三个回路，各段电压参考方向已给定，若已知 $U_1=1$ V、$U_2=2$ V、$U_5=5$ V，求未知电压 U_3、U_4 的值。

解：分别选取各回路绕行方向如图 1-71（a）所示，由 KCL 可得：

$$-U_1+U_5+U_3=0$$

$$-U_2+U_5-U_4=0$$

代入数据，求得：

$$U_3=U_1-U_5=1-5=-4\text{（V）}$$

$$U_4=-U_2+U_5=-2+5=3\text{（V）}$$

如图 1-71（b）所示某网络中的部分电路。a、b 两结点之间没有闭合，按图 1-71（b）中所选绕行方向，据 KVL 可得

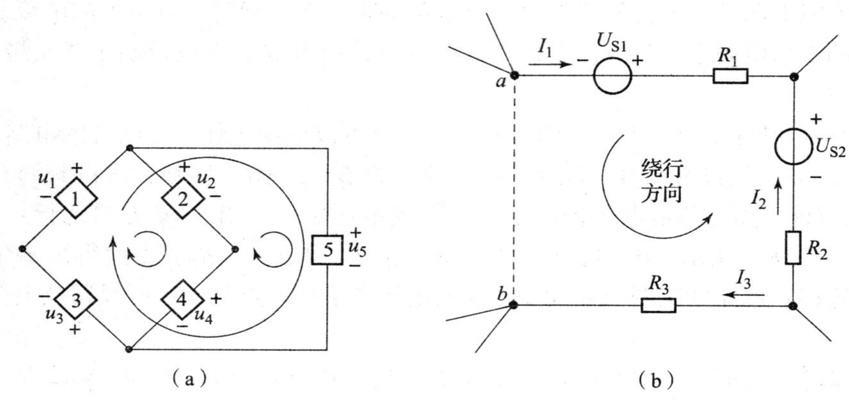

图 1-71 例 1-23 图

$$U_{ab}-R_3I_3+R_2I_2-U_{S2}-R_1I_1+U_{S1}=0$$

所以

$$U_{ab}=-U_{S1}+R_1I_1+U_{S2}-R_2I_2+R_3I_3$$

【例 1-24】 单回路电路（串联电路）如图 1-72 所示，已知 $U_{S1}=15$ V，$U_{S2}=5$ V，$R_1=1$ Ω，$R_2=3$ Ω，$R_3=4$ Ω，$R_4=2$ Ω，求回路电路 I 和电压 U_{ab}。

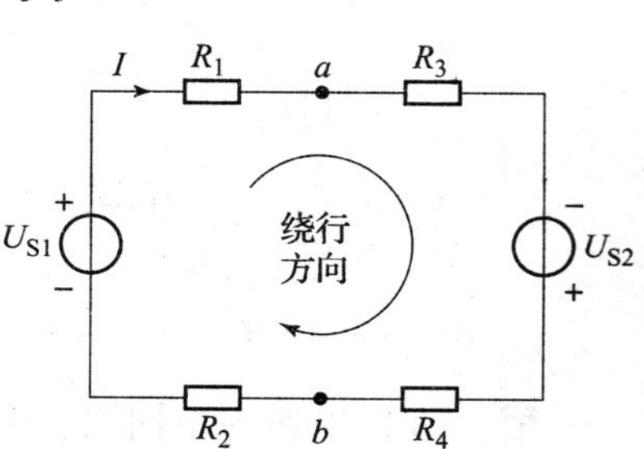

图 1-72 例 1-24 图

解：选定回路电流 I 的参考方向及绕行方向如图 1-72 所示。根据 KVL 可写出：

$$R_1I+R_3I-U_{S2}+R_4I+R_2I-U_{S1}=0$$

即

$$I(R_1+R_2+R_3+R_4)=U_{S1}+U_{S2}$$

$$I=\frac{U_{S1}+U_{S2}}{R_1+R_2+R_3+R_4}=\frac{15+5}{1+3+4+2}=2\text{（A）}$$

求 U_{ab}，以 a 点到 b 点左边路径求解可得：

$$U_{ab}=-R_1I+U_{S1}-R_2I=-1\times2+15-3\times2=7\text{（V）}$$

同理，以 a 点到 b 点右边路径求解可得：

$$U_{ab}=R_3I+U_{S2}-R_4I=4\times2-5+2\times2=7\text{（V）}$$

由此可见，两点间电压与所选路径无关。

【例1-25】　电路如图1-73所示，已知电阻 $R_1=3\ \Omega$，$R_2=2\ \Omega$，$R_3=6\ \Omega$，电压源 $U_{S1}=15\ \text{V}$、$U_{S2}=3\ \text{V}$、$U_{S3}=6\ \text{V}$，求各支路电流及各元件上的功率。

解： 选定各支路电路 I_1、I_2、I_3 的参考方向及回路绕行方向如图1-73所示。

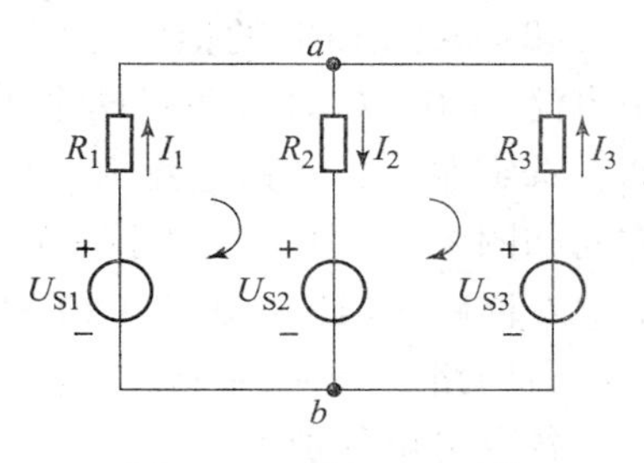

图1-73　例1-25图

根据KCL可得：

节点 a：　　$I_1-I_2+I_3=0$　　(1)

根据KVL可得：

左网孔：　$R_1I_1+R_2I_2+U_{S2}-U_{S1}=0$　　(2)

右网孔：　$-R_3I_3+U_{S3}-U_{S2}-R_2I_2=0$　　(3)

将方程(1)、方程(2)、方程(3)联立，解得：

$$I_1=2.5\ \text{A},\ I_2=2.25\ \text{A},\ I_3=-0.25\ \text{A}$$

各元件功率：

$$P_{U_{S1}}=-U_{S1}I_1=-15\times2.5=-37.5(\text{W})\quad(发出功率37.5\ \text{W})$$

$$P_{U_{S2}}=U_{S2}I_2=3\times2.25=6.75(\text{W})\quad(吸收功率6.75\ \text{W})$$

$$P_{U_{S3}}=-U_{S3}I_3=-6\times(-0.25)=1.5(\text{W})\quad(吸收功率1.5\ \text{W})$$

$$P_{R_1}=I_1^2R_1=2.5^2\times3=18.75(\text{W})\quad(吸收功率18.75\ \text{W})$$

$$P_{R_2}=I_2^2R_2=2.25^2\times2=10.125(\text{W})\quad(吸收功率10.125\ \text{W})$$

$$P_{R_3}=I_3^2R_3=(0.25)^2\times6=0.375(\text{W})\quad(吸收功率0.375\ \text{W})$$

由计算结果可以看出，电路发出的功率和消耗的功率相等，即满足功率平衡。

【例1-26】　图1-74所示为一电桥电路，R_g 为检流计内阻。(1) 列出点 a、b 的支路电流方程；(2) 列出三个网孔的回路电压方程；(3) 要使通过检流计G的电路为零，即电桥电路达到平衡，桥臂电阻 R_1、R_2、R_3、R_4 的关系应该如何？

解： 选定各支路电流的参考方向如图1-74所示。

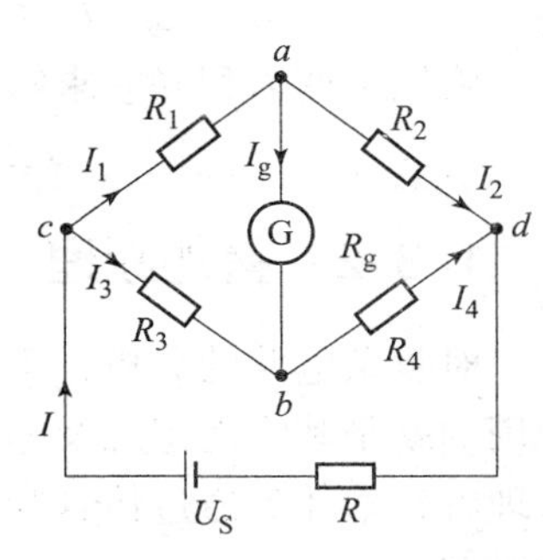

图1-74　例1-26图

(1) 对节点 a、b，根据KCL

节点 a：　　$I_2+I_g-I_1=0$

节点 b：　　$I_4-I_g-I_3=0$

(2) 对于三个网孔，根据KVL

有网孔 $abca$：　$R_1I_1+R_gI_g-R_3I_3=0$

网孔 $adba$：　$R_2I_2-R_4I_4-R_gI_g=0$

网孔 $cbdc$：　$R_3I_3+R_4I_4+RI+U_S=0$

(3) 检流计的电流为零，即 $I_g=0$，则有：

$$I_1=I_2,\ I_3=I_4$$

因此

$$R_1I_1=R_3I_3,\ R_2I_2=R_4I_4$$

即

$$R_1I_1=R_3I_3,\ R_2I_1=R_4I_3$$

两式相比得：

$$\frac{R_1}{R_2}=\frac{R_3}{R_4}\ 或\ R_1R_4=R_2R_3$$

这是电桥平衡的条件。

【例 1－27】 电路及参数如图 1－75 所示，o 点为电路参考点，求 a、b、c、d、e、f、g 各点电位。

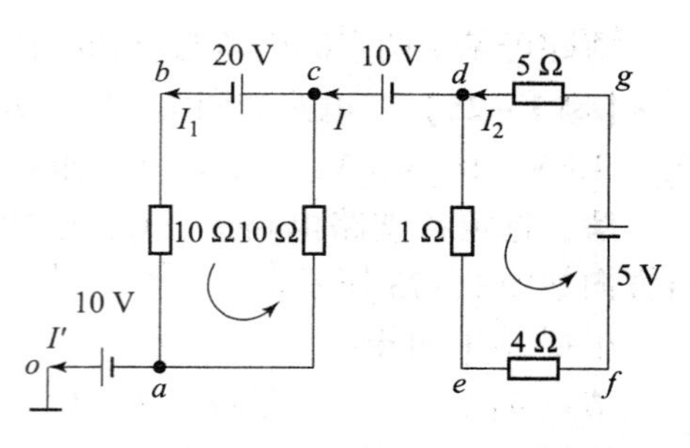

图 1－75 例 1－27 图

解：根据 KCL 的推广应用，可以得出图 1－75 中电流 $I=0$，$I'=0$，可见两个单回路的电流互补流通，选定左、右回路电流 I_1、I_2 的参考方向及绕行方向如图 1－75 所示，根据 KVL，

左回路：$(10+10)I_1+20=0$，$I_1=-1\ \text{A}$

右回路：$(5+1+4)I_2-5=0$，$I_2=-0.5\ \text{A}$

各点电位分别为

$$V_a=U_{ao}=-10\ \text{V}$$

$$V_b=U_{bo}=U_{ba}+V_a=10I_1+V_a=10\times(-1)+(-10)=-20(\text{V})$$

$$V_a=U_{co}=U_{cb}+V_b=20+(-20)=0(\text{V})$$

$$V_d=U_{do}=U_{dc}+V_c=-10(\text{V})$$

$$V_e=U_{eo}=U_{ed}+V_d=-1\times I_2+V_d=-1\times0.5+(-10)=-10.5(\text{V})$$

$$V_f=U_{fo}=U_{fe}+V_e=-4I_2+V_e=-4\times0.5+(-10.5)=-12.5(\text{V})$$

$$V_g=U_{go}=U_{gd}+V_d=5I_2+V_d=5\times0.5+(-10)=-7.5(\text{V})$$

【例 1－28】 求图 1－76 所示电路的电流 I。

解：选定支路电流 I_1 的参考方向如图 1－76 所示。利用 KVL 和 KCL 列写方程。

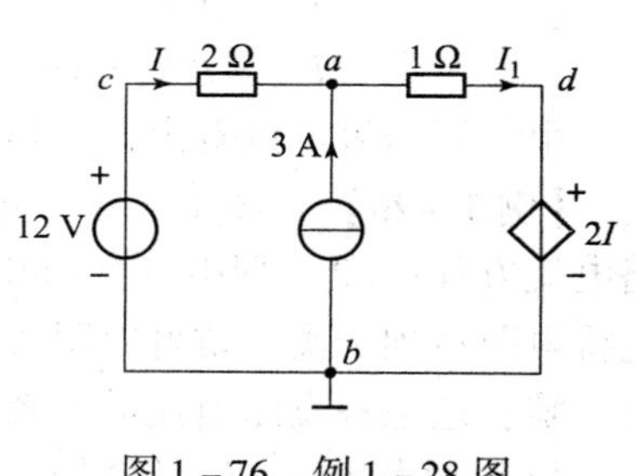

图 1－76 例 1－28 图

对于节点 a，根据 KCL 可得

$$I_1=I+3$$

对于回路 $abbca$，由 KVL 得：

$$2I+I_1+2I=12$$

将以上两方程联立求解，得

$$I=1.8\ \text{A}$$

1.3.2 叠加原理

对复杂电路的分析，不仅需要用到基尔霍夫定律，还需要用到其他定律、方法，其中最常用的就是戴维南定理及叠加原理。由于戴维南定理及叠加原理在学习该内容的时候往往不好理解，本任务通过仿真验证的方式边练边学，可以化繁为简，理解并掌握戴维南定理及叠加原理。

叠加原理是线性电路分析的基本方法，它的内容是：在线性电路中，任一一支路中的电流（或电压）等于各个电源单独作用时，在此支路中所产生的电流（或电压）的代数和。

应用叠加原理求复杂电路，可将电路等效变换成几个简单电路，然后将计算结果叠加，求得原来电路的电流、电压。在等效变换过程中，要保持电路中所有电阻不变（包括电源内阻），假定电路中只有一个电源起作用，而将其他电源做多余电源处理，多余电压源做短路处理，多余电流源做开路处理。

下面通过例题来介绍利用叠加原理解题的步骤。

【例 1-29】　用叠加原理求电路中各支路电流和负载两端的电压，如图 1-77 所示。

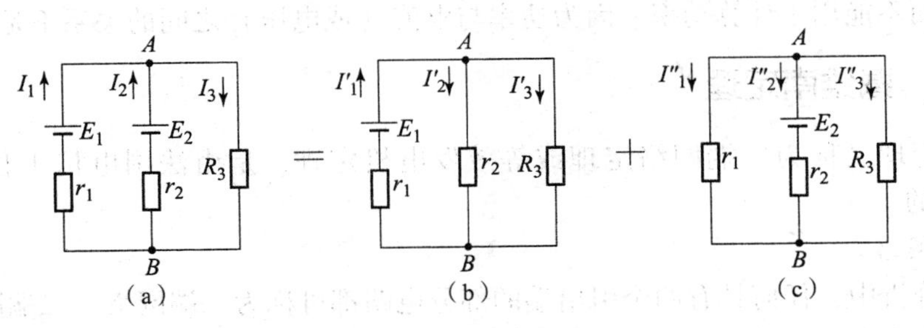

图 1-77　例 1-29 的电路图

解：

（1）假定待求各支路的电流的参考方向如图 1-77（a）所示，图中 I_1、I_2、I_3 为待求路电流，U_{AB}为待求负载电压。

（2）求 E 单独作用时的各支路电流 I'_1、I'_2、I'_3 和负载电压 U'_{AB}，如图 1-77（b）所示。由于这时只有一个电动势作用，各电流的实际方向是容易判定的，可以利用简单电路的计算方法来计算。

$$R' = r_1 + \frac{r_2 R_3}{r_2 + R_3} = 0.388\ 2\ \Omega$$

$$I'_1 = \frac{E_1}{R'} = 18.03\ \text{A}$$

$$U'_{AB} = I'_1 \frac{r_2 R_3}{r_2 + R_3} = 3.393\ \text{V}$$

$$I'_2 = \frac{U'_{AB}}{r_2} = 16.97\ \text{A}$$

$$I'_3 = \frac{U'_{AB}}{R_3} = 1.06\ \text{A}$$

（3）求 E_2 单独作用时的各支路电流 I_1、I_2、I_3 和负载电流 U_{AB}，这时电路如图 1-77（c）所示，计算方法与上面相同，有

$$R'' = 0.388\ \Omega$$

$$I''_2 = 15.97\ \text{A}$$

$$U''_{AB} = 3.006\ \text{V}$$

$$I''_1 = 15.03\ \text{A}$$

$$I''_3 = 0.939\ \text{A}$$

（4）将每一支路的电流或电压分别进行叠加。凡是与原电路中假定的电流（或电压）方向相同的为正，反之为负。这样，待求的各支路电流和负载电压分别为

$$I_1 = I'_1 - I''_1 = 18.03 - 15.03 = 3\ (\text{A})$$

$$I_2 = -I'_2 + I''_2 = -16.97 + 15.97 = -1\ (\text{A})$$

$$I_3 = I'_3 + I''_3 = 1.06 + 0.94 = 2\ (\text{A})$$

$$U_{AB} = U'_{AB} + U''_{AB} = 3.393 + 3.006 = 6.4\ (\text{V})$$

计算结果与前面采用支路电流法完全一致。同时也可看出，这一方法虽然可行，但过程

比较烦琐，因而在计算复杂电路时不常采用，还应该指出运用叠加原理只能计算电路中的电压或电流，而不能用于计算功率。因为功率与电流（或电压）之间的关系不是线性关系。

1.3.3 戴维南定理

戴维南定理又称为二端网络定理或等效发电机定理，是由法国电信工程师戴维南于1883年提出的。

1. 二端网络

在电路分析中，任何具有两个引出端的部分电路都可称为二端网络。二端网络中，如果含有电源就称为有源二端网络，如图1－78（a）所示；若没有电源则称为无源二端网络，如图1－78（b）所示。电阻的串联、并联、混联电路都属于无源二端网络，它总可以用一个等效电阻来代替，而一个有源二端网络则可以用一个等效电压源来代替。

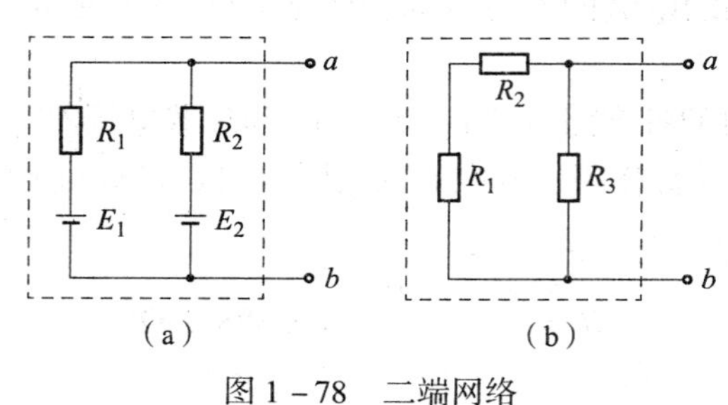

图1－78　二端网络

（a）有源二端网络；（b）无源二端网络

2. 戴维南定理

戴维南定理是说明如何将一个线性有源二端电路等效成一个电压源的重要定理。戴维南定理可以表述如下：对外电路来说，线性有源二端网络可以用一个理想电压源和一个电阻的串联组合来代替。理想电压源的电压等于该有源二端网络两端点间的开路电压，用 U_0 表示；电阻则等于该网络中所有电源都不起作用时（电压源短接，电流源切断）两端点间的等效电阻，用 R_o 表示。

应用戴维南定理求某一支路电流和电压的步骤如下：

（1）把复杂电路分成待求支路和有源二端网络两部分。

（2）把待求支路移开，求出有源二端网络两端点间的开路电压 U_0。

（3）把网络内各电压源短路，切断电流源，求出无源二端网络两端点间的等效电阻 R_o。

（4）画出等效电压源图，该电压源的电动势 $E=U_0$，内阻 $r_0=R_o$，并将其与待求支路接通，形成与原电路等效的简化电路，用欧姆定律或基尔霍夫定律求支路的电流或电压。

【例1－30】　用戴维南定理计算图1－79（a）所示电路中3 Ω电阻中的电流 I 及 U_{ab}。

解：（1）把电路分为待求支路和有源二端网络两部分。移走待求支路，得到有源二端网络，如图1－79（b）所示。

（2）图1－79（b）所示为一简单电路，其中2 Ω电阻支路中电流为零，左边回路中的电流由理想电流源决定为2 A，由此得

$$U_0=1+2\times0+1\times2+3=6\ (\text{V})$$

（3）再求该二端网络除去电源后的等效电阻 R_o，如图1－79（c）所示。

$$R_o = 2 + 1 = 3\ (\Omega)$$

（4）画出等效电压源模型，接上待求支路，如图 1－79（d）所示，由于已将原电路化简为简单电路，则电流 I 及 U_{ab} 都很容易计算出来。

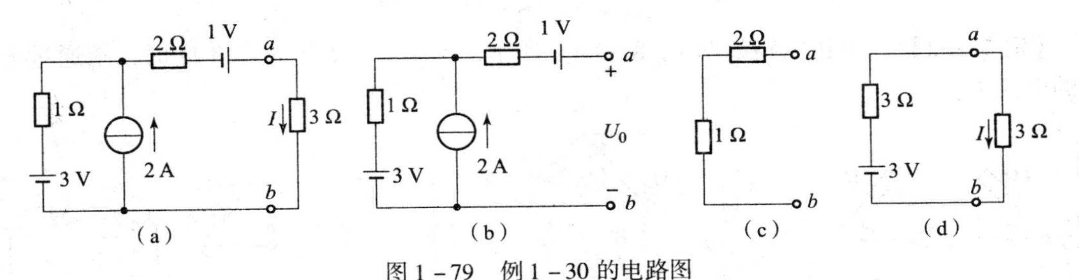

图 1－79　例 1－30 的电路图

【例 1－31】　化简如图 1－80（a）所示有源二端网络为等效的电压源模型。

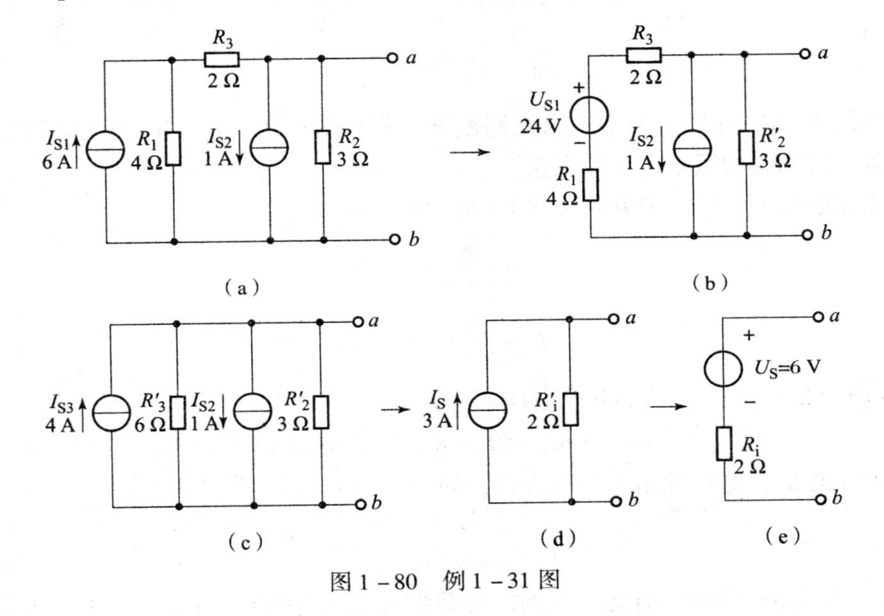

图 1－80　例 1－31 图

解： 首先将 I_{S1} 与 R_1 的电流源模型等效为 U_{S1} 与 R_1' 串联的电压源模型，如图 1－80（b）所示。

$$U_{S1} = R_1 I_{S1} = 4 \times 6 = 24\ (\text{V})$$

$$R_1' = R_1 = 4\ \Omega$$

再将 U_{S1}、R_1'、R_3 的串联支路等效为电源 I_{S3} 与电阻 R_3' 的并联，如图 1－80（c）所示。

$$I_{S3} = \frac{U_{S1}}{R_1' + R_3} = \frac{24}{4 + 2} = 4\ (\text{A})$$

$$R_3' = R_1' + R_3 = 4 + 2 = 6\ (\Omega)$$

图 1－80（c）中两个电流源模型并联，可用一个电流源模型等效代替，如图 1－80（d）所示。

$$U_S = R_i' I_S = 2 \times 3 = 6\ (\text{V})$$

$$R_i = R_i' = 2\ \Omega$$

最后可得等效的电压模型如图 1－80（e）所示，电压源电压参考极性上正、下负。

$$I_S = I_{S3} + I_{S2} = 4 - 1 = 3\ (\text{A})$$

$$R'_i = \frac{R'_3 R'_2}{R'_3 + R'_2} = \frac{6+3}{6 \times 3} = 2\ (\Omega)$$

【例 1－32】 电桥电路如图 1－81（a）所示，当 $R = 2\ \Omega$ 和 $R = 20\ \Omega$ 时，求通过电阻 R 的电流 I。

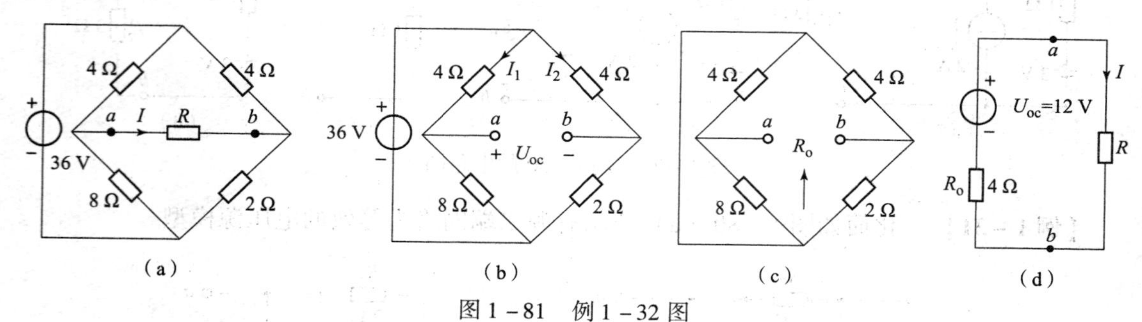

图 1－81　例 1－32 图

解：将图 1－81（a）电路中待求支路断开，得到如图 1－81（b）所示有源二端网络，求这个有源二端网络的戴维南等效电路。

选定支路电流 I_1、I_2 参考方向如图 1－81（b）所示。

$$I_1 = \frac{36}{4+8} = 3\ (\text{A})$$

$$I_2 = \frac{36}{4+2} = 6\ (\text{A})$$

所以图 1－81（b）中 a、b 端的开路电压 U_{oc} 为

$$U_{oc} = U_{ab} = 8I_1 - 2I_2 = 8 \times 3 - 2 \times 6 = 12\ (\text{V})$$

求等效电阻 R_o，电压源用端路线代替，如图 1－81（c）所示。

$$R_o = R_{ab} = \frac{4 \times 8}{4+8} + \frac{4 \times 2}{4+2} = 4\ (\Omega)$$

如图 1－81（b）所示的有源二端网络的戴维南等效电路如图 1－81（d）所示，接上电阻 R 即可求出电流 I。

$R = 2\ \Omega$ 时，

$$I = \frac{U_{oc}}{R_o + R} + \frac{12}{4+2} = 2\ (\text{A})$$

$R = 20\ \Omega$ 时，

$$I = \frac{U_{oc}}{R_o + R} + \frac{12}{4+20} = 0.5\ (\text{A})$$

【例 1－33】 求如图 1－82（a）所示有源二端网络的戴维南等效电路。

解：首先求有源二端网络的开路电压 U_{oc}。

将 2 A 电流源和 4 Ω 电阻的并联等效变换为 8 V 电压源和 4 Ω 电阻的串联，其等效电路如图 1－82（b）所示。由于 a、b 两点间开路，左边回路是一个单回路（串联回路），因此回路电流为

$$I=\frac{36}{6+3}=4\ (\text{A})$$

所以

$$U_{oc}=U_{ab}=-8+3I=-8+3\times4=4\ (\text{V})$$

再求等效电阻 R_o，图 1-82（b）中所有电压源用短线代替，如图 1-82（c）所示，则

$$R_o=R_{ab}=4+\frac{3\times6}{3+6}=6\ (\Omega)$$

所求戴维南等效电路如图 1-82（d）所示。

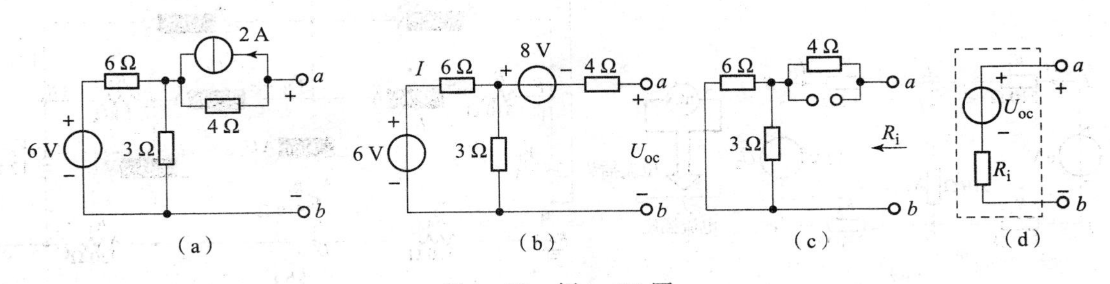

图 1-82　例 1-33 图

1.3.4　实训操作-基尔霍夫定律的应用

1. 目的要求

（1）掌握基尔霍夫定律的应用方法，加深对基尔霍夫定律的理解。

（2）学会用电流插头、插座测量各支路电流。

2. 项目分析

基尔霍夫定律是电路的基本定律。测量某电路的各支路电流及每个元件两端的电压，应能分别满足基尔霍夫电流定律（KCL）和电压定律（KVL）。即对电路中的任一个节点而言，应有 $\Sigma I=0$；对任何一个闭合回路而言，应有 $\Sigma U=0$。

运用上述定律时必须注意各支路电流或闭合回路的正方向，此方向可预先任意设定。

3. 项目所需的设备、材料

材料清单如表 1-13 所示。

表 1-13　材料清单

序号	名称	型号与规格	数量	备注
1	可调直流稳压电源	0～30 V	双路	
2	万用表		1	自备
3	直流数字电压表	0～200 V	1	
4	电位、电压测定项目电路板		1	HKDG-03

4. 项目内容

线路用 HKDG-03 挂箱的“基尔霍夫定律/叠加原理”电路板。

（1）项目前先任意设定三条支路电流正方向。如图 1－83（a）中的 I_1、I_2、I_3 的方向已设定。闭合回路的正方向可任意设定。

（2）分别将两路直流稳压源接入电路，令 $U_1=6$ V，$U_2=12$ V。

（3）熟悉电流插头的结构，将电流插头的两端接至数字毫安表的“＋、－”两端。

（4）将电流插头分别插入三条支路的三个电流插座中，读出并记录电流值。

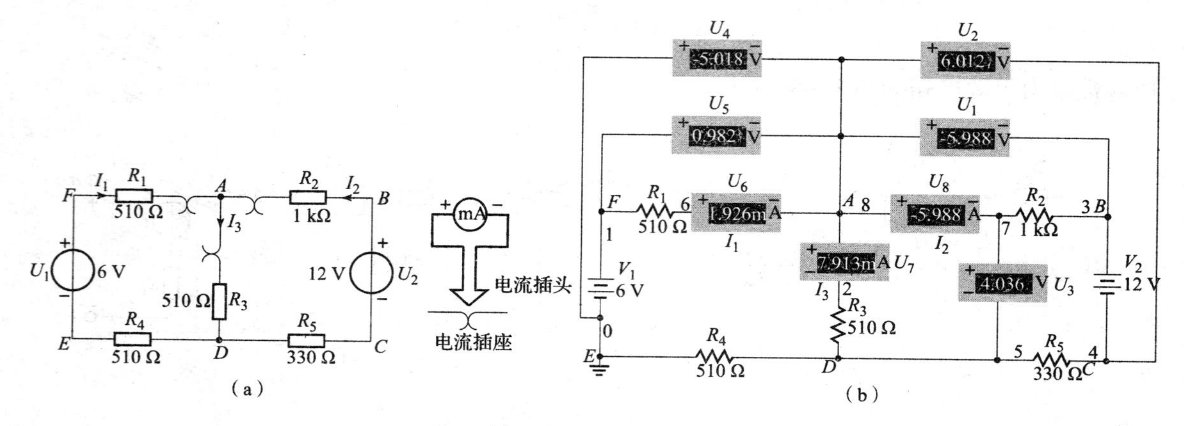

图 1－83　实训电路

（a）电路图；（b）仿真图

（5）用直流数字电压表分别测量两路电源及电阻元件上的电压值，并记录于表 1－14 中。

表 1－14　记录表

被测量	I_1/mA	I_2/mA	I_3/mA	U_1/V	U_2/V	U_{FA}/V	U_{AB}/V	U_{AD}/V	U_{CD}/V	U_{DE}/V
计算值										
测量值										
相对误差										

5. 项目注意事项

（1）需用到电流插座。

（2）所有需要测量的电压值，均以电压表测量的读数为准。U_1、U_2 也需测量，不应取电源本身的显示值。

（3）防止稳压电源两个输出端碰线短路。

（4）用指针式电压表或电流表测量电压或电流时，如果仪表指针反偏，则必须调换仪表极性，重新测量。此时指针正偏，但读得电压或电流值必须冠以负号。若用数显电压表或电流表测量，则可直接读出电压或电流值。但应注意：所读得的电压或电流值的正、负号应根据设定的电流参考方向来判断。

6. 项目思考

（1）根据图 1－83（a）的电路参数，计算出待测的电流 I_1、I_2、I_3 和各电阻上的电压值，记入表 1－14 中，以便项目测量时，可正确地选定毫安表和电压表的量程。

（2）项目中，若用指针式万用表直流毫安挡测各支路电流，在什么情况下可能出现指针反偏，应如何处理？在记录数据时应注意什么？若用直流数字毫安表进行测量时，则会有什么显示呢？

7. 项目报告

（1）根据项目数据，选定节点 A 验证 KCL 的正确性。

（2）根据项目数据，选定项目电路中的任一个闭合回路，验证 KVL 的正确性。

（3）将各支路电流和闭合回路的方向重新设定，重复（1）、（2）两项验证。

（4）误差原因分析。

1.3.5 实训操作 – 叠加原理的应用

1. 目的要求

掌握叠加原理的应用，加深对线性电路的叠加性和齐次性的认识和理解。

2. 项目分析

叠加原理指出：在有多个独立源共同作用下的线性电路中，通过每一个元件的电流或其两端的电压，可以看成是由每一个独立源单独作用时在该元件上所产生的电流或电压的代数和。

线性电路的齐次性是指当激励信号（某独立源的值）增加或减小 K 倍时，电路的响应（即在电路中各电阻元件上所建立的电流和电压值）也将增加或减小 K 倍。

3. 设备与材料

材料清单如表 1 – 15 所示。

表 1 – 15 材料清单

序号	名 称	型号与规格	数量	备 注
1	可调直流稳压电源	0 ~ 30 V	双路	
2	直流数字电压表	0 ~ 200 V	1	
3	直流数字毫安表	0 ~ 2 000 mV	1	
4	叠加原理项目电路板		1	HKDG – 03

4. 项目内容

项目线路如图 1 – 84 所示，用 HKDG – 03 挂箱的“基尔夫定律/叠加原理”电路板。

（1）将两路稳压源的输出分别调节为 12 V 和 6 V，接入 U_1 和 U_2 处，开关 K_3 投向 R_5 侧。

（2）令 U_1 电源单独作用（将开关 K_1 投向 U_1 侧，开关 K_2 投向短路侧）。用直流数字电压表和直流数字毫安表（接电流插头）测量各支路电流及各电阻元件两端的电压，记录于表 1 – 16 中。

（3）令 U_2 电源单独作用（将开关 K_1 投向短路侧，开关 K_2 投向 U_2 侧），重复项目内容（2）的测量，记录之。

（4）令 U_1 和 U_2 共同作用（开关 K_1 和 K_2 分别投向 U_1 和 U_2 侧），重复上述的测量，并记录之。

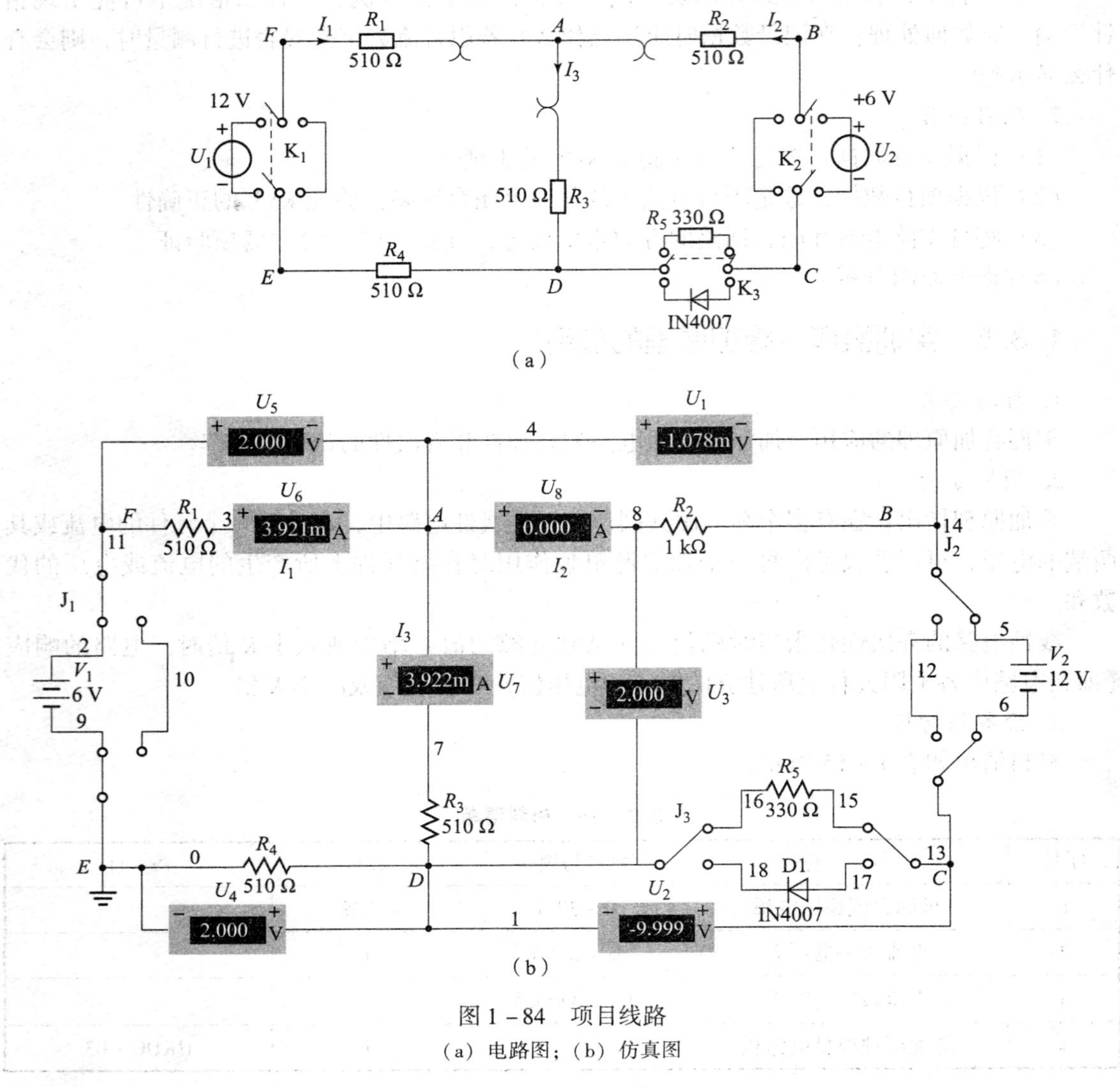

图 1－84　项目线路

（a）电路图；（b）仿真图

表 1－16　记录表

测量项目 / 项目内容	U_1/V	U_2/V	I_1/mA	I_2/mA	I_3/mA	U_{AB}/V	U_{CD}/V	U_{AD}/V	U_{DE}/V	U_{FA}/V
U_1 单独作用										
U_2 单独作用										
U_1、U_2 共同作用										
$2U_2$ 单独作用										

（5）将 U_2 的数值调至 +12 V，重复上述第（3）项的测量，记录于表 1－17 中。

（6）将 R_5（330 Ω）换成二极管 IN4007（即将开关 K_3 投向二极管 IN4007 侧），重复（1）～（5）的测量过程，记录于表 1－17 中。

（7）任意按下某个故障设置按键，重复项目内容（4）的测量和记录，再根据测量结果判断出故障的性质。

表 1－17 记录表

测量项目 / 项目内容	U_1/V	U_2/V	I_1/mA	I_2/mA	I_3/mA	U_{AB}/V	U_{CD}/V	U_{AD}/V	U_{DE}/V	U_{FA}/V
U_1 单独作用										
U_2 单独作用										
U_1、U_2 共同作用										
$2U_2$ 单独作用										

5. 项目要求

（1）用电流插头测量各支路电流时，或者用电压表测量电压降时，应注意仪表的极性，正确判断测得值的＋、－号后，记入数据表格。

（2）注意仪表量程的及时更换。

6. 项目要求

（1）在叠加原理项目中，要令 U_1、U_2 分别单独作用，应如何操作？可否直接将不作用的电源（U_1 或 U_2）短接置零？

（2）电路中，若有一个电阻器改为二极管，试问叠加原理的叠加性与齐次性还成立吗？为什么？

7. 项目报告

（1）根据项目数据验证线性电路的叠加性与齐次性。

（2）各电阻器所消耗的功率能否用叠加原理计算得出？试用上述项目数据，进行计算并做结论。

（3）对项目内容（6）进行分析，你能得出什么样的结论？

1.3.6 实训操作－戴维南定理和诺顿定理的应用

1. 目的要求

（1）掌握戴维南定理和诺顿定理的正确性，加深对该定理的理解。

（2）掌握测量有源二端网络等效参数的一般方法。

2. 项目分析

（1）任何一个线性含源网络，如果仅研究其中一条支路的电压和电流，则可将电路的其余部分看作是一个有源二端网络（或称为含源一端口网络）。

戴维南定理指出：任何一个线性有源网络，总可以用一个电压源与一个电阻的串联来等效代替，此电压源的电动势 U_S 等于这个有源二端网络的开路电压 U_{oc}，其等效内阻 R_o 等于该网络中所有独立源均置零（理想电压源视为短接，理想电流源视为开路）时的等效电阻。

诺顿定理指出：任何一个线性有源网络，总可以用一个电流源与一个电阻的并联组合来等效代替，此电流源的电流 I_S 等于这个有源二端网络的短路电流 I_{sc}，其等效内阻 R_o 定义同戴维南定理。

U_{oc} 和 R_o 或者 I_{sc} 和 R_o 称为有源二端网络的等效参数。

（2）有源二端网络等效参数的测量方法。

①开路电压、短路电流法测 R_o。

在有源二端网络输出端开路时，用电压表直接测其输出端的开路电压 U_{oc}，然后再将其输出端短路，用电流表测其短路电流 I_{sc}，则等效内阻为

$$R_o = \frac{U_{oc}}{I_{sc}}$$

如果二端网络的内阻很小，若将其输出端口短路则易损坏其内部元件，因此不宜用此法。

②伏安法测 R_o。

用电压表、电流表测出有源二端网络的外特性曲线，如图 1－85 所示。

根据外特性曲线求出斜率 $\tan\varphi$，则内阻

$$R_o = \tan\varphi = \frac{\Delta U}{\Delta I} = \frac{U_{oc}}{I_{sc}}$$

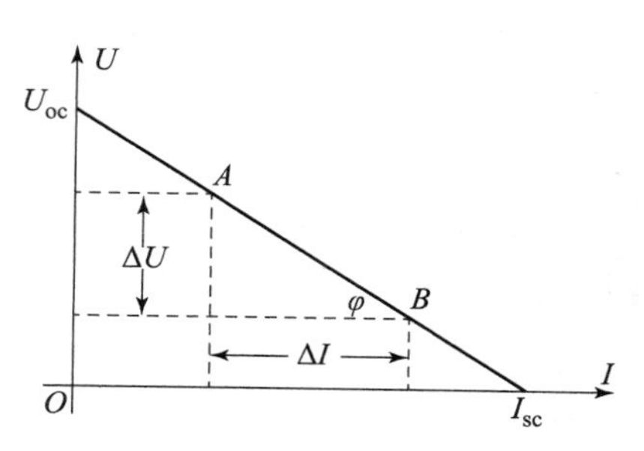

图 1－85　有源二端网络的外特性曲线

也可以先测量开路电压 U_{oc}，再测量电流为额定值 I_N 时的输出端电压值 U_N，则内阻为

$$R_o = \frac{U_{oc} - U_N}{I_N}$$

③半电压法测 R_o。

如图 1－86 和图 1－87 所示，当负载电压为被测网络开路电压的一半时，负载电阻（由电阻箱的读数确定）即为被测有源二端网络的等效内阻值。

④零示法测 U_{oc}。

在测量具有高内阻有源二端网络的开路电压时，用电压表直接测量会造成较大的误差。为了消除电压表内阻的影响，往往采用零示测量法，如图 1－87 所示。

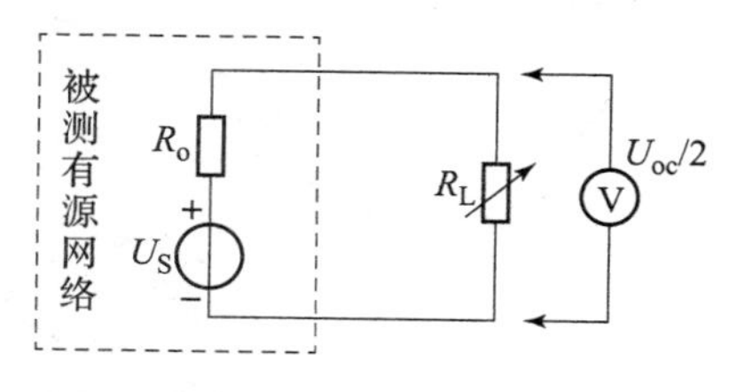

图 1－86　半电压法测 R_o

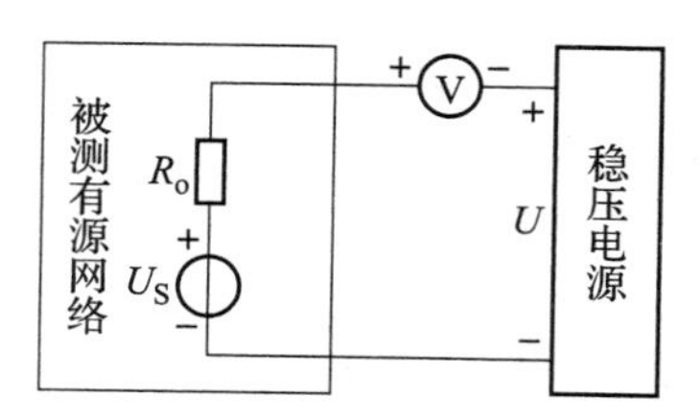

图 1－87　零示法测 U_{oc}

零示法测量原理是用一低内阻的稳压电源与被测有源二端网络进行比较，当稳压电源的输出电压与有源二端网络的开路电压相等时，电压表的读数将为“0”。然后将电路断开，测量此时稳压电源的输出电压，即为被测有源二端网络的开路电压。

3. 设备与材料

材料清单如表 1－18 所示。

表 1-18　材料清单

序号	名　称	型号与规格	数量	备注
1	可调直流稳压电源	0～30 V	1	
2	可调直流恒流源	0～500 mA	1	
3	直流数字电压表	0～200 V	1	
4	直流数字毫安表	0～2 000 mA	1	
5	万用表		1	自备
6	元件箱		1	HKDG-05
7	戴维南定理项目电路板		1	HKDG-05

4. 项目内容

被测有源二端网络如图 1-88 所示。

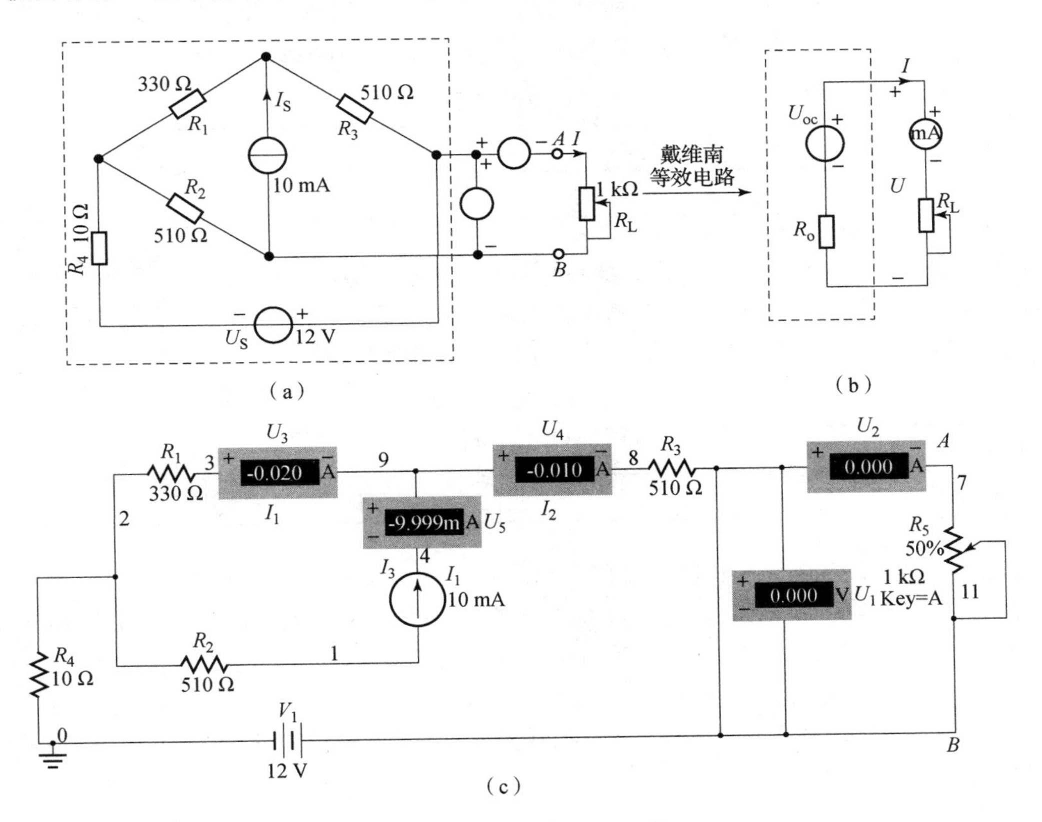

图 1-88　被测有源二端网络

（a）电路图；（b）等效电路；（c）仿真电路

（1）用开路电压、短路电流法测定戴维南等效电路的 U_{oc}、R_o 和诺顿等效电路的 I_{sc}、R_o。按图 1-88（a）接入稳压电源 $U_S=12$ V 和恒流源 $I_S=10$ mA，不接入 R_L。测出 U_{oc} 和 I_{sc} 并计算出 R_o，填入表 1-19。

表 1-19　记录表

U_{oc}/V	I_{sc}/mA	$R_o=U_{oc}/I_{sc}/\Omega$

（2）负载项目

按图 1-88（a）接入 R_L。改变 R_L 阻值，测量有源二端网络的外特性曲线，并记入表 1-20 中。

表 1-20　记录表

U/V									
I/mA									

（3）验证戴维南定理：从电阻箱上取得按内容（1）所得的等效电阻 R_o 值，然后令其与直流稳压电源［调到内容（1）时所测得的开路电压 U_{oc} 之值］相串联，如图 1-88（b）所示，仿照内容（2）测其外特性，对戴氏定理进行验证，并填表 1-21。

表 1-21　记录表

U/V									
I/mA									

（4）验证诺顿定理：从电阻箱上取得按内容（1）所得的等效电阻 R_o 之值，然后令其与直流恒流源［调到内容（1）时所测得的短路电流 I_{sc} 之值］相并联，如图 1-88 所示，仿照内容（2）测其外特性，对诺顿定理进行验证，并填表 1-22。

表 1-22　记录表

U/V									
I/mA									

（5）有源二端网络等效电阻（又称入端电阻）的直接测量法，如图 1-88（a）所示。将被测有源网络内的所有独立源置零（将电流源 I_S 断开，去掉电压源 U_S，并在原电压源所接的两点用一根短路导线相连），然后用伏安法或者直接用万用表的欧姆挡去测定负载 R_L 开路时 A、B 两点间的电阻，此即为被测网络的等效内阻 R_o，或称网络的入端电阻 R_i。

（6）用半电压法和零示法测量被测网络的等效内阻 R_o 及其开路电压 U_{oc}。线路及数据表格自拟。

5. 项目要求

（1）测量时应注意电流表量程的更换。

（2）项目内容（5）中，电压源置零时不可将稳压源短接。

（3）用万用表直接测 R_o 时，网络内的独立源必须先置零，以免损坏万用表。其次，欧姆挡必须经调零后再进行测量。

（4）用零示法测量 U_{oc} 时，应先将稳压电源的输出调至接近于 U_{oc}，再按图 1-89 测量。

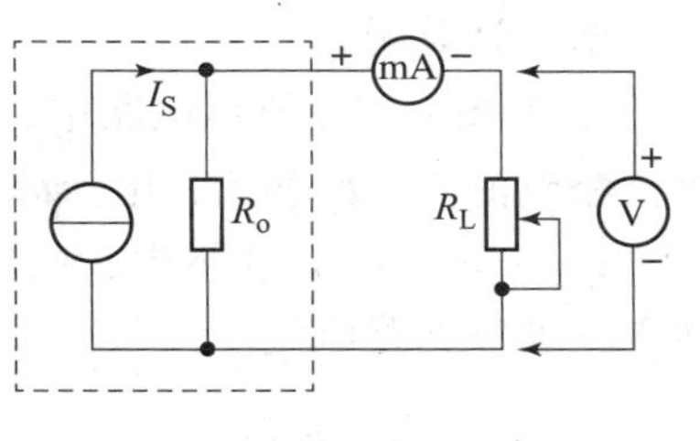

图1－89　测量电路

（5）改接线路时，要关掉电源。

6. 项目要求

（1）在求戴维南或诺顿等效电路时，做短路试验，测I_{sc}的条件是什么？在本项目中可否直接做负载短路项目？请做项目前对线路图1－88（a）预先做好计算，以便调整项目线路及测量时可准确地选取电表的量程。

（2）说明测有源二端网络开路电压及等效内阻的几种方法，并比较其优缺点。

7. 项目报告

（1）根据项目内容（2）、（3）、（4），分别绘出曲线，判断戴维南定理和诺顿定理的正确性，并分析产生误差的原因。

（2）根据项目内容（1）、（5）、（6）的几种方法测得的U_{oc}与R_o与预习时电路计算的结果做比较，你能得出什么结论。

（3）归纳、总结项目结果。

思考与练习

一、判断题（下列判断正确的请打"√"，错误的打"×"）

1. 在任何闭合回路中，各段电压的代数和为零。（　　）

2. 电路中某点的电位就是由该点到参考点的电压。（　　）

3. 在几个电动势串联的无分支电路中，某点的电位就等于该点到参考点路径上所有电动势的代数和。（　　）

二、填空题

1. 基尔霍夫电流定律简称________，又称________，是反映电路中与同一节点相连的支路中电流之间关系的定律。

2. 基尔霍夫电压定律简称________，又称________，它反映了回路中各电压间的相互关系。

3. 实际上，同一个电源既可以用________来表示，也可以用________来表示，而且两者之间可以等效互换。

4. 测量直流电流时，电流表应该________在被测电路中，电流应从________端流入。

5. 使用直流电压表时，除了使电压表与被侧电路并联外，还应使电压表的"＋"端与被测电路的________相连。

6. 电压表的内阻应该选择得________。

7. 叠加原理是电路分析的基本方法，它的内容是：在________电路中，任一支路中的电流（或电压）等于各个________单独作用时，在此支路中所产生的电流（或电压）的________。

三、简答题

1. 支路电流法的解题步骤有哪些？

2. 应用戴维南定理求某一支路电流和电压的步骤有哪些？

四、计算题

1. 如图 1－90 所示电路中，已知 a、b 两点间电压 $U_{ab}=8$ V，其余参数如图 1－90 所示。求支路电流 I_1、I_2 和 I_3，电流源 I_S 及其端电压 U。

2. 在图 1－91 电路中，已知①、②、③各点电位分别为 $V_1=20$ V、$V_2=12$ V、$V_3=18$ V，求各支路电流。

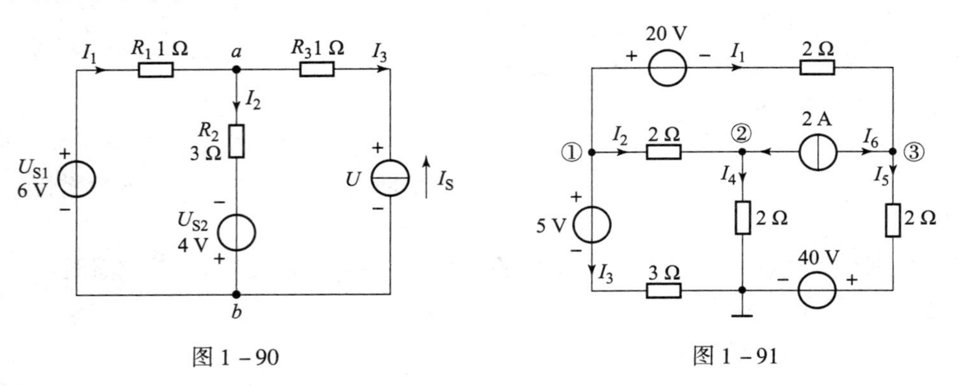

图 1－90　　图 1－91

3. 电路如图 1－92 所示，求电流 I 和电压 U_{ab}。

4. 电路如图 1－93 所示，已知 $I=2$ A、$U_{ab}=6$ V，试求电阻 R 的值。

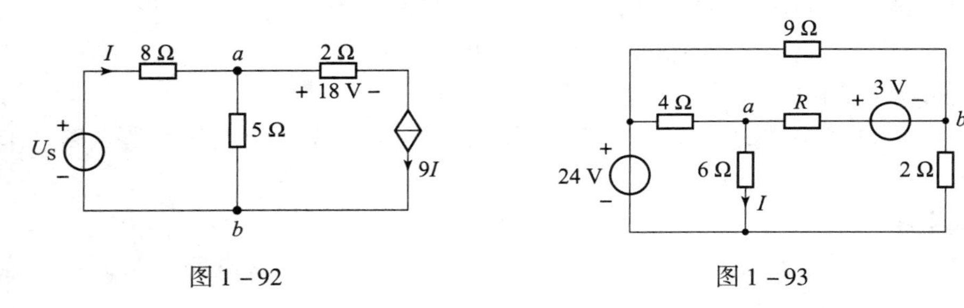

图 1－92　　图 1－93

项目2 交流电路安装测试

所谓交流电是指大小（即幅值）和方向都随时间的变化而周期性变化的电压和电流，通常用符号“～”或字母 AC（Alternating Current）表示。洗衣机、电冰箱、电磁炉等都是交流电典型应用。直流电用得好好的，为什么还要开发和使用交流电呢？

早在200年前，这个问题就已经由美籍南斯拉夫发明家特斯拉提出来了，而且还引发过（以特斯拉和爱迪生为首的）激烈的学术争论。当然，这场争论也确立了交流电的地位。与直流电相比，交流电的优点主要表现在发电和配电方面：利用建立在电磁感应原理基础上的交流发电机可以很经济方便地把机械能（水流能、风能……），化学能（石油、天然气……）等其他形式的能量转化为电能；交流电源和交流变电站与同功率的直流电源和直流换流站相比，造价大为降低；交流电可以方便地通过变压器升压和降压，如图 2－1（a）所示，这给配送电能带来了极大的方便；此外，交流电动机比相同功率的直流电动机构造简单，造价低，如图 2－1（b）所示。

（a）　　　（b）

图 2－1　交流电路的设备

（a）电力变压器；（b）单相异步电动机

任务 2.1　认识交流电路的性质及表示法

教学目标

（1）把握正弦交流电的特征，了解有效值、初相位和相位差的概念。

（2）熟悉正弦交流电的各种表示方法以及相互间的关系。

(3) 会用相量图法和复数分析与计算简单交流电路。

任务引入

交流电是一种比直流电更加复杂的电流。交流电路具有用直流电路的概念无法理解和分析的物理现象，所以相应的描述手段也比直流电复杂。工欲善其事，必先利其器。为了准确把握交流电作用下元件与电路的工作特点，必须先了解交流电的表示方法有哪些，并各有什么特点。

任务分析

交流电分为正弦交流电和非正弦交流电两种。正弦交流电指电流（或电压、电动势）随时间按正弦规律变化；非正弦交流电指电流（或电压、电动势）也随时间变化，但不是按正弦规律。正弦交流电可由交流发电机直接产生，是工农业生产及日常生活用电的主要形式，从计算与分析的角度考虑，正弦周期函数是最简单的周期函数，测量与计算也比较容易，是分析一切非正弦周期函数的基础。所以，从分析正弦交流电入手来进行研究。

相关知识

日常生活中，电路中输送电能和传递电信号的电流和电压，就其按时间变化的规律来看，可分为两大类：一类是直流电量，如干电池组成的照明电路；另一类是交流电量，如家庭用电电路。在交流电量中，正弦交流电量应用最为典型，也最为广泛。

正弦交流电获得广泛应用的原因有三点：第一，正弦交流电易于产生、传输和转换，具有产生容易、成本低廉的优点；第二，就正弦交流电的用电设备来说，如由三相交流电源供电的三相异步电动机，具有结构简单、价格便宜、使用维护方便等优点，成为日常生活中使用最多的电气设备；第三，在需要使用直流电的地方，利用整流设备可以方便地将交流电转变成直流电。

正弦交流电路不仅是交流电机和变压器工作的理论基础，同时也是学习电子电路的必要理论准备，它在工程技术、科学研究和日常生活中有着广泛的应用，所以本项目内容是本课程学习的重点之一。

2.1.1 正弦交流电的基本概念

1. 交流电的概念

直流电路中所讨论的电压和电流，其大小和方向（或极性）都是不随时间变化的，如图2－2（a）所示。但是，在工农业生产、日常生活中广泛应用的是大小和方向均随时间做周期性变化的电压和电流，这种大小和方向随时间做周期性变化的电流或电压称为交流电。其中，随时间按正弦规律变化的交流电称为正弦交流电，其波形如图2－2（b）所示。随时间不按正弦规律变化的交流电统称为非正弦交流电。图2－2（c）所示的电压波形就是一种非正弦交流电压。在交流电中，最常用的是正弦交流电。如果没有特别说明，本项目所说的交流电都是指正弦交流电。

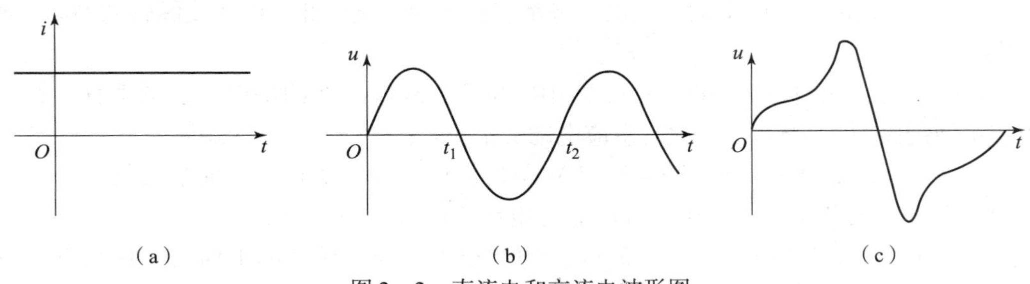

图2-2　直流电和交流电波形图

(a) 直流电；(b) 正弦交流电；(c) 非正弦交流电

正弦交流电的优点是变化平滑，同频率的几个正弦量相加或相减，其结果仍为同频率的正弦量。另一方面，非正弦交流电可以分解为许多不同频率的正弦分量，这就给电路的分析和计算带来了很大的方便。

2. 正弦交流电的产生

正弦交流电是通过单相交流发电机产生的，交流发电机包括两大部分：一个可以自由转动的电枢（转子）和一对固定的磁极（定子）。电枢上绕有线圈，线圈切割磁力线便可产生感应电动势。电磁感应现象中，穿过闭合回路的磁通发生变化时，回路中将出现感应电流。交流电的产生就是利用了电磁感应的原理。

交流发电机的基本原理可以利用图2-3所示的矩形线圈abcd在匀强磁场中沿逆时针方向做匀速转动来说明。线圈在转动的过程中，ab边和cd边分别切割磁力线，根据电磁感应电定律，ab边将产生感应电动势，其大小为

$$E_{ab}=Bl_1v\sin\alpha$$

方向由a指向b；cd边也将产生感应电动势，其大小为

$$E_{cd}=Bl_1v\sin\alpha$$

方向由c指向d；从a、d端口看过去，线圈产生的总的感应电动势为

$$e=2Bl_1v\sin\alpha$$

式中，B为匀强磁场的磁感应强度（T）；l_1为ab边或cd边的边长（m）；v为线圈切割磁力线的速度（m/s）；α为v与B之间的夹角（rad）。

如果线圈转动的速度为ω，其单位为弧度/秒（rad/s），那么ab边和cd边的线速度$v=l_2\omega/2$，其中l_2为bc边的边长。若从图2-3（a）所示的位置计时，则经过时间t后，v与B之间的夹角$\alpha=\omega t$。于是，感应电动势可写成

$$e=Bl_1l_2\omega\sin\omega t$$

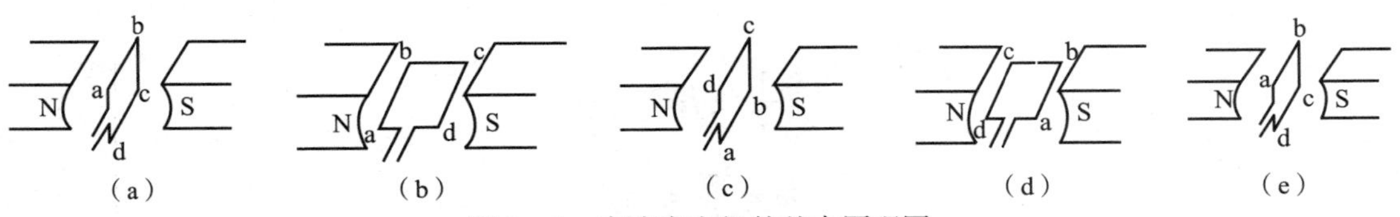

图2-3　交流发电机的基本原理图

线圈在转动过程中，每一圈都要经过图2-3（a）、图2-3（b）、图2-3（c）、图2-3（d）4个位置。然后又从图2-3（a）中的位置开始转动下圈，线圈转动一周所需的时间T称为

周期。在每个周期内，线圈上的感应电动势都有相同的变化。此处以在线圈转动的第一圈内为例进行分析。

（1）$t=0$ 时，线圈位于图 2-3（a）中的位置，线圈所在的平面与磁场垂直，ab 边与 cd 边均不切割磁力线，$\alpha=0°$，此时感应电动势最小：$e=0$ V。

（2）$t=T/4$ 时，线圈位于图 2-3（b）中的位置，线圈所在的平面与磁场平行，但 ab 边与 cd 边均切割磁力线，$\alpha=90°$，此时感应电动势最大：$e=Bl_1l_2\omega$。

（3）$t=T/2$ 时，线圈位于图 2-3（c）中的位置，线圈所在的平面与磁场垂直，ab 边与 cd 边均不切割磁力线，$\alpha=180°$，此时感应电动势最小：$e=0$ V。

（4）$t=3T/4$ 时，线圈位于图 2-3（d）中的位置，线圈所在的平面与磁场平行，但 ab 边与 cd 边均切割磁力线，$\alpha=270°$，此时感应电动势最大：$e=Bl_1l_2\omega$。其方向与（2）中的感应电动势的方向相反。

（5）$t=T$ 时，线圈又回到图 2-3（a）中的位置，ab 边与 cd 边均不切割磁力线，$\alpha=360°$，此时感应电动势最小：$e=0$ V。

上述过程可利用图 2-4 所示的感应电动势波形描述。

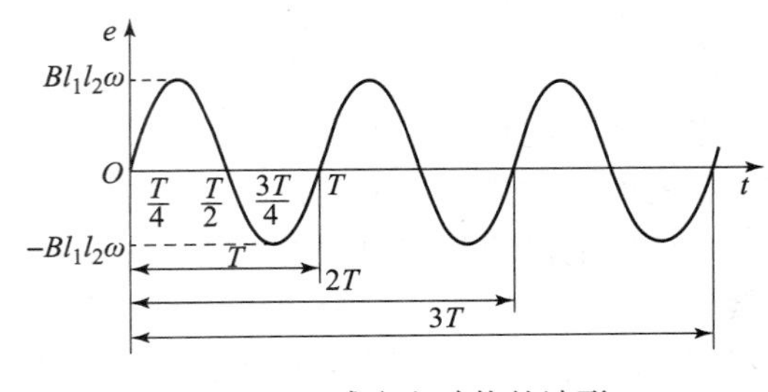

图 2-4　感应电动势的波形

3. 描述交流电的物理量

对于交流电，实际使用中往往关注的问题是电流、电压或电动势的大小在多大的范围内变化，变化的快慢如何，它们的方向从什么时候开始变化等。为此，首先来介绍描述交流电特征的一些物理量。

1）周期、频率和角频率

如果利用线圈在匀强磁场中转动产生交流电，那么线圈转动一周所需要的时间称为交流电的周期。也就是说，交流电完成一次周期性变化，所需要的时间成为交流电的周期。周期通常用 T 表示，单位是秒（s）。

交流电在 1 s 内完成周期性变化的次数称为交流电的频率。频率通常用 f 表示，单位为赫兹（Hz）。

交流电变化一周还可以利用 2π 弧度或 360°来表征。也就是说，交流电变化一周相当于线圈转动 2π 弧度或 360°。如果利用角度来表征交流电，那么每秒内交流电所变化的角度被称为角频率。角频率用 ω 来表示，单位是弧度/秒（rad/s）。

交流电的周期、频率和角频率主要是用来描述交流电变化快慢的物理量，它们之间的关系是

$$f=\frac{1}{T}\text{或者 } T=\frac{1}{f}$$

$$\omega=\frac{2\pi}{T}=2\pi f$$

我国使用的交流电的频率为 50 Hz，称为工作标准频率，简称工频。国家电网的频率为 50 Hz，频率偏差的允许值为 ±0.2 Hz，少数国家，如美国、日本等使用的交流电频率为 60 Hz。

日常生活中用到的交流电频率，如有线通信频率为 300 ~ 5 000 Hz；无线通信频率为 30 kHz ~ 3×10^4 MHz。

2）幅值

交流电在每周变化过程中出现的最大瞬时值称为幅值，也称为最大值。交流电的幅值不随时间的变化而变化，用带下标“m”的大写字母表示，如用 I_m、U_m、E_m 来表示电流、电压、电动势的最大值。

3）初相位

如果利用角度来表征交流电，那么 $t=0$ 时刻交流电对应的角度被称为初相位，简称初相。初相表示交流电的初始状态，单位为度（°）或者弧度（rad）。

4）瞬时值

交流电流、电压、电动势在某一时刻所对应的值称为它们的瞬时值。瞬时值随时间的变化而变化。不同时刻，瞬时值的大小和方向均不同。交流电的瞬时值取决于它的周期、幅值和初相位。用小写字母表示，如用 i、u、e 分别表示瞬时电流、瞬时电压、瞬时电动势等。

以正弦电流为例，其解析式为

$$i = I_m \sin(\omega t + \theta)$$

式中，i 为正弦交流电流随时间变化的瞬时值（A）；I_m 为电流的最大值（A）；ω 为正弦交流电流的角频率（rad/s）；θ 为正弦交流电的初相角（rad）。

综上可见，交流电的幅值描述了交流电大小的变化范围，交流电的角频率描述了交流电变化的快慢，交流电的初相位描述了交流电的初始状态。这三个物理量决定了交流电的瞬时值；因此，将幅值、角频率和初相称为交流电的三要素。

另外，在正弦交流电路中，电压和电流是按正弦规律变化的，由于正弦电压和电流的方向是周期性变化的，在电路图上所标的方向是指它们的正方向，即代表正半周时的方向。在负半周时，由于所标的正方向与实际方向相反，则其值为负。图 2－5 中的虚线箭头代表电流的实际方向；“+”“－”代表电压的实际方向。

【例 2－1】 对于图 2－6 所示的交流电压波形，请说出该交流电三要素的大小，其中横坐标轴的单位是 s，纵坐标轴的单位是 V。

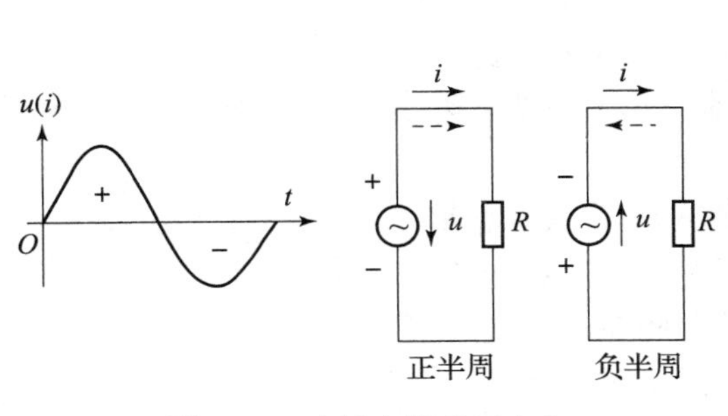

图 2－5　交流电路的正方向

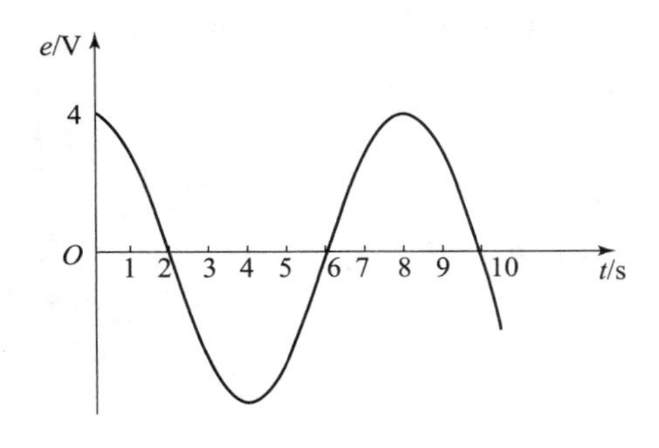

图 2－6　例 2－1 图

解：该交流电压的周期为 $T=8$ s，角频率为

$$\omega = \frac{2\pi}{T} = \frac{2\pi}{8}\text{rad/s} = \frac{\pi}{4}\text{rad/s}$$

交流电压的幅值为 4 V；

交流电压的初相为 π/4 rad。

【例 2-2】 在选定的参考方向下，已知两正弦量的解析式为

$$u=200\sin(1\,000t+200°)\text{ V}$$

$$i=-5\sin(314t+30°)\text{ A}$$

试求两个正弦量的三要素。

解：（1）$u=200\sin(1\,000t+200°)=200\sin(1\,000t-160°)$ V，所以电压的幅值 $U_m=200$ V，角频率 $\omega=1\,000$ rad/s，初相 $\theta_u=-160°$。

（2）$i=-5\sin(314t+30°)=5\sin(314t+30°+180°)=5\sin(314t-150°)$ A，所以电流的幅值 $I_m=5$ A，角频率 $\omega=314$ rad/s，初相 $\theta_i=-150°$。

【例 2-3】 已知选定参考方向下正弦量的波形图如图 2-7 所示，试写出正弦量的解析式。

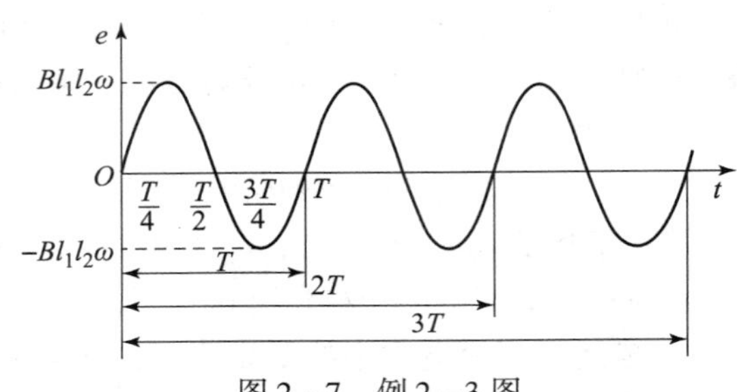

图 2-7 例 2-3 图

解：

$$u_1=200\sin(\omega t+\pi/3)\text{ V}$$

$$u_2=250\sin(\omega t-\pi/6)\text{ V}$$

4. 相位差

以正弦交流电压为例，其解析式为

$$u=U_m\sin(\omega t+\theta)$$

式中，$\omega t+\theta$ 称为交流电的相位角，简称相位。当 $t=0$ 时的相位称为初相位，简称初相，用 θ 表示。初相决定交流电的起始状态。

两个同频率正弦量的相位之差称为相位差，用字母“φ”表示。

$u_1=U_{m1}\sin(\omega t+\theta_1)$、$u_2=U_{m2}\sin(\omega t+\theta_2)$ 其相位差为

$$\varphi_{12}=(\omega t+\theta_1)-(\omega t+\theta_2)=(\theta_1-\theta_2)$$

下面分别对相位差加以讨论。

（1）$\varphi_{12}=\theta_1-\theta_2>0$ 且 $|\varphi_{12}|\leqslant\pi$ 弧度，表示 u_1 超前 $u_2\varphi$ 角，如图 2-8（a）所示。

（2）$\varphi_{12}=\theta_1-\theta_2<0$ 且 $|\varphi_{12}|\leqslant\pi$ 弧度，表示 u_1 滞后 $u_2\varphi$ 角。

（3）$\varphi_{12}=\theta_1-\theta_2=0$ 称为两个正弦量同相，如图 2-8（b）所示。

（4）$\varphi_{12}=\theta_1-\theta_2=\pi$ 称为两个正弦量反相，如图 2-8（c）所示。

（5）$\varphi_{12}=\theta_1-\theta_2=\pi/2$ 称为两个正弦量正交，如图 2-8（d）所示。

相位差指的是两个同频率正弦量之间的相位之差，由于同频率正弦量之间的相位之差实际上就等于它们的初相之差，因此相位差就是两个同频率正弦量的初相之差。需要注意的是，不同频率的正弦量之间是没有相位差的概念的。

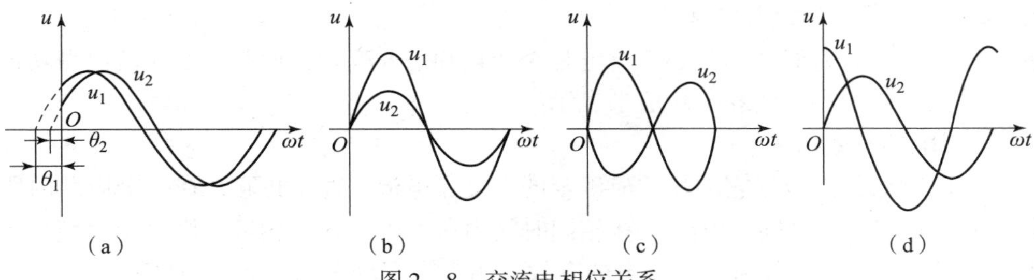

图2-8　交流电相位关系

虽然几个同频正弦量的相位都在随时间不停地变化，但它们之间的相位差不变，且与计时起点的选择无关。

正是由于相位差的存在，使得交流电路中出现了许多新的物理现象；同时也因相位差的存在，使得交流电路问题的分析和计算要比直流电路复杂，但内容更丰富。

【例2-4】　已知 $u=200\sqrt{2}\sin(\omega t+235°)$ V，$i=10\sqrt{2}\sin(\omega t+45°)$ A。求 u 和 i 的初相及两者间的相位关系。

解： 由 u 和 i 表达式可知，电压 u 的初相为 $-125°$，电流 i 的初相为 $45°$。

$$\varphi_{ui}=\theta_u-\theta_i=-125°-45°=-170°<0$$

表明电压 u 滞后电流 i 170°。

【例2-5】　分别写出图2-9中各电流 i_1、i_2 的相位差，并说明 i_1 与 i_2 的相位关系。

解： (1) 由图2-9 (a) 可知 $\theta_1=0$，$\theta_2=90°$，$\varphi_{12}=\theta_1-\theta_2=-90°$，表明 i_1 滞后 i_2 90°。

(2) 由图2-9 (b) 可知 $\theta_1=\theta_2$，$\varphi_{12}=\theta_1-\theta_2=0$，表明 i_1 和 i_2 同相。

(3) 由图2-9 (c) 可知 $\theta_1-\theta_2=\pi$，表明 i_1 和 i_2 反相。

(4) 由图2-9 (d) 可知 $\theta_1=0$，$\theta_2=-3\pi/4$，$\varphi_{12}=\theta_1-\theta_2=3\pi/4$，表明 i_1 超前 i_2 $3\pi/4$。

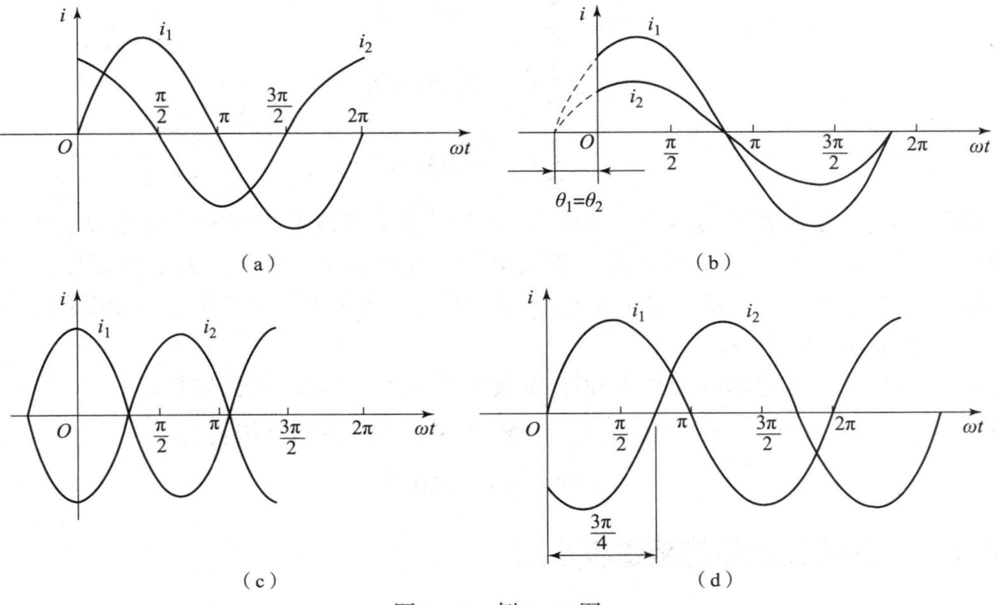

图2-9　例2-5图

5. 交流电的有效值和平均值

在工程中，有时人们并不关心交流电是否变化和怎样变化，而是关心交流电做功产生的效果，这种效果常用有效值和平均值来表示。

1）交流电的有效值

交流电的有效值是根据它的热效应确定的。交流电流 i 通过电阻 R 在一个周期内所产生的热量和直流电流 I 通过同一电阻 R 在相同时间内所产生的热量相等，则这个直流电流 I 的数值称为交流电流 i 的有效值。交流电的有效值用大写字母表示，如 I、U 等。

理论分析表明，交流电的有效值和幅值之间有如下关系。

$$I=\frac{I_m}{\sqrt{2}}=0.707\times I_m$$

$$U=\frac{U_m}{\sqrt{2}}=0.707\times U_m$$

$$E=\frac{E_m}{\sqrt{2}}=0.707\times E_m$$

式中，I、U、E 分别表示交流电流、电压、电动势的有效值；I_m、U_m、E_m 分别表示交流电流、电压、电动势的幅值。

通常说照明电路的电压是 220 V，就是指有效值，与其对应的交流电压的幅值是 311 V。各种交流电的电气设备上所标的额定电压和额定电流均为有效值。另外，利用交流电流表和交流电压表测量的交流电流和交流电压也都是有效值。

2）交流电的平均值

交流电半个周期内所有瞬时值的平均值称为交流电的平均值。理论分析表明，交流电的平均值与幅值之间的关系是

$$I_{avg}=\frac{2}{\pi}I_m=0.637\times I_m$$

$$U_{avg}=\frac{2}{\pi}U_m=0.637\times U_m$$

$$E_{avg}=\frac{2}{\pi}E_m=0.637\times E_m$$

【例 2-6】 电容器的耐压值为 250 V，问能否用在 220 V 的单相交流电源上？

解： 因为 220 V 的单相交流电源为正弦电压，其幅值为 311 V，大于其耐压值 250 V，电容可能被击穿，所以不能接在 220 V 的单相电源上。各种电气元件和电气设备的绝缘水平（耐压值）要按最大值考虑。

【例 2-7】 正弦电压的初相为 60，有效值为 100 V，试求它的解析式。

解： 因为 $U=100$ V，所以其最大值为 $100\sqrt{2}$ V。则电压的解析式为

$$u=100\sqrt{2}(\omega t+60°)\text{ V}$$

2.1.2 正弦交流电的相量表示法

正弦交流电可用三角函数式（又称为解析式）和波形图表示，三角函数式是基本的表

示方法，但运算烦琐；波形图直观、形象，但不准确。为了便于分析计算正弦电路，常用相量（复数）法和相量图表示法表示。后两种方法是分析和计算交流电路常用的方法。它的优点是：第一，把几个同频率的正弦量画在同相量图上，可直观快捷地解决一些特殊的交流电路分析问题；第二，复数运算法准确地解决了复杂交流电路的计算问题。相量表示法的基础是复数，就是用复数来表示正弦量。

1. 复数及其四则运算

1）复数

在数学中常用 $A=a+bi$ 表示复数，其中 a 为实部，b 为虚部，$i=\sqrt{-1}$称为虚单位电。在电工技术中，为区别于电流的符号，虚单位常用 j 表示。例如，$A=4+3j$ 在复平面上的表示如图 2－10 所示。

在复数坐标平面上，复数 A 与一个确定的点对应。该点在实数轴（水平轴）和虚数轴（纵轴）上的投影分别为 a 和 b，如图 2－11 所示。如果用一条带有箭头的有向线段 OA 把坐标原点和该确定的点 A 连接起来形成一个矢量，该矢量与复数 A 对应，称为复数矢量。

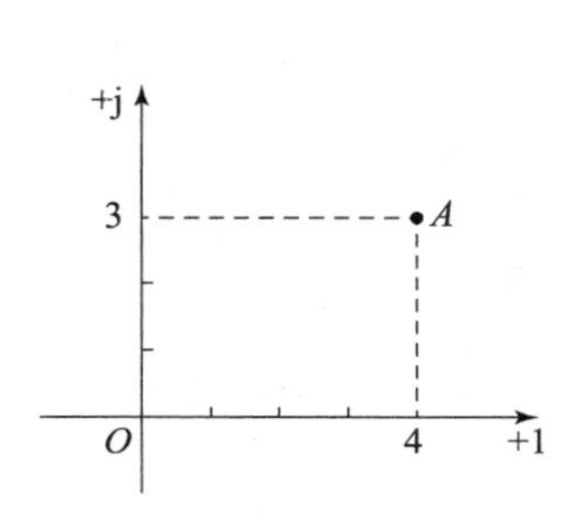

图 2－10　复数在复平面上

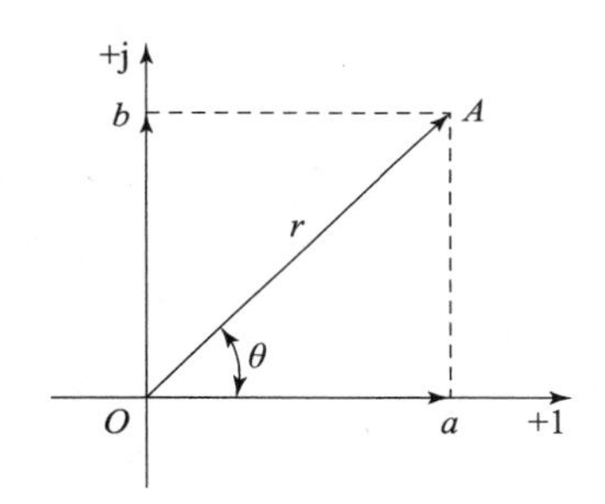

图 2－11　复数的矢量表示

复数的代数表示形式为 $A=a+jb$。矢量的模和辐角（矢量与实数轴的夹角）为

$$r=|A|=\sqrt{a^2+b^2}$$

$$\theta=\arctan(b/a)\ (\theta\leqslant 2\pi)$$

实部和虚部的计算为

$$\begin{cases} a=r\cos\theta \\ b=r\sin\theta \end{cases}$$

这样，复数就有以下四种表达形式。

复数的代数形式，即

$$A=a+jb$$

复数的三角形式，即

$$A=r\cos\theta+jr\sin\theta$$

复数的指数形式，即

$$A=re^{j\theta}$$

复数的极坐标形式，即

$$A=r\angle\theta$$

实际应用中，代数形式和极坐标形式应用最多，且经常需要将这两种形式进行互相转换。

【例 2-8】 写出复数 $A_1=4-\mathrm{j}3$，$A_2=-3+\mathrm{j}4$ 的极坐标形式。

解： A_1 的模 $r_1=\sqrt{4^2+(-3)^2}=5$，辐角 $\theta_1=\arctan(-3/4)=-36.9°$，则 A_1 的极坐标形式为 $A_1=5\angle-36.9°$。

A_2 的模 $r_2=\sqrt{(-3)^2+(4)^2}=5$，辐角 $\theta_2=\arctan(-4/3)=-126.9°$，则 A_2 的极坐标形式为 $A_2=5\angle-126.9°$。

2）复数的四则运算

（1）复数的加减法。

设

$$A_1=a_1+\mathrm{j}b_1=r_1\theta_1$$
$$A_2=a_2+\mathrm{j}b_2=r_2\theta_2$$

则

$$A_1\pm A_2=(a_1\pm a_2)+\mathrm{j}(b_1\pm b_2)$$

用矢量图表示如图 2-12 所示。

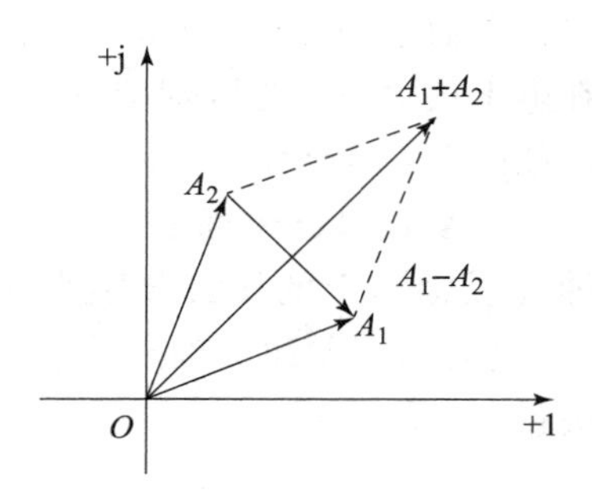

图 2-12　复数相加减矢量图

（2）复数的乘除法。

$$A\cdot B=r_1\angle\theta_1\cdot r_2\angle\theta_2=r_1\cdot r_2\angle(\theta_1+\theta_2)$$

$$\frac{A}{B}=\frac{r_1\angle\theta_1}{r_2\angle\theta_2}=\frac{r_1}{r_2}\angle(\theta_1-\theta_2)$$

【例 2-9】 求复数 $A=8+\mathrm{j}6$，$B=6-\mathrm{j}8$ 之和 $A+B$ 及积 $A\cdot B$。

解：

$$A+B=(8+\mathrm{j}6)+(6-\mathrm{j}8)=14-\mathrm{j}2$$

$$A\cdot B=(8+\mathrm{j}6)(6-\mathrm{j}8)=10\angle36.9°\cdot10\angle-53.1°=100\angle-16.2°$$

【例 2-10】 试写出 1、-1、+j、-j 的极坐标形式并在复平面内画出它们的复数矢量。

解： 实数和虚数均可看做复数的特例。

1 的极坐标形式为　　$1=1\angle0°$

-1 的极坐标形式为　　$-1=1\angle\pm180°$

+j 的极坐标形式为　　$+\mathrm{j}=1\angle90°$

-j 的极坐标形式为　　$-\mathrm{j}=1\angle-90°$

在复平面上与之对应的矢量如图 2-13 所示。

【例 2-11】 求复数 $30\angle30°+40\angle-60°$。

解： $30\angle30°+40\angle-60°$

$=30\cos30°+\mathrm{j}30\sin30°+40\cos(-60°)+\mathrm{j}40\sin(-60°)$

$=26+\mathrm{j}15+20-\mathrm{j}34.64$

$=46-\mathrm{j}19.64$

$=50\angle-23.1°$

$30\angle30°+40\angle-60°$在复平面上用矢量的“平行四边形”法则也可求出，如图 2-14 所示。

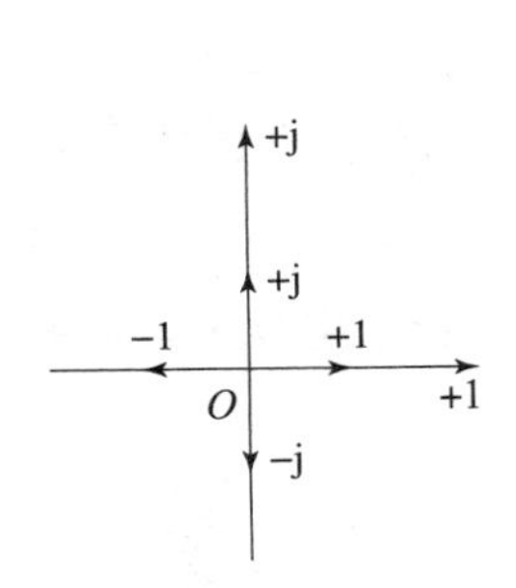

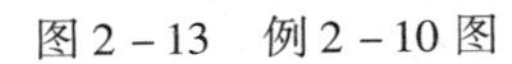
图 2－13　例 2－10 图

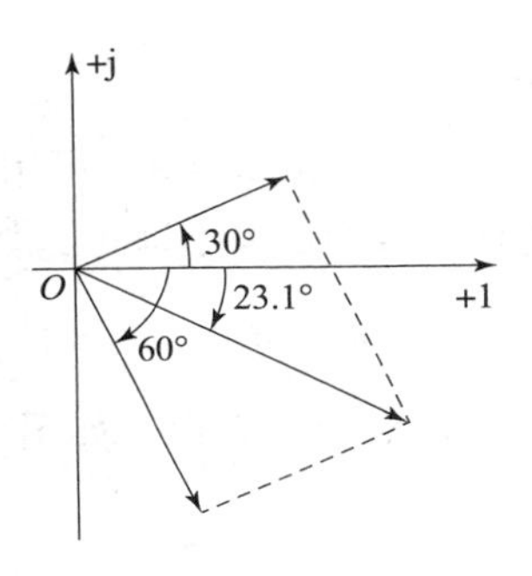

图 2－14　例 2－11 图

【例 2－12】　已知 $A=6+\mathrm{j}8$，$B=4-\mathrm{j}3$，求 AB 和 A/B。

解：

$$A=6+\mathrm{j}8=10\angle 53.1^\circ$$

$$B=4-\mathrm{j}3=5\angle -36.9^\circ$$

$$AB=10\angle 53.1^\circ\cdot 5\angle -36.9^\circ=50\angle 16.2^\circ$$

$$A/B=10\angle 53.1^\circ/5\angle -36.9^\circ=2\angle 90^\circ$$

2. 正弦量的相量表示法

一个正弦量具有幅值、频率及相位 3 个参数。用三角函数式或波形图来表达正弦量是最基本的表示方法。但是用三角函数式进行电路分析与计算是比较麻烦和困难的。由于在正弦交流电路中一般使用的都是同频正弦量，所以常用下面所述的相量图或相量表达式（复数符号法）来进行分析与计算。

根据各个正弦量的大小和相位关系用初始位置的有向线段画出的若干个相量的图形，称为相量图。实际应用中可不画坐标轴，参考相量画在水平方向。

相量图是能够确切表达正弦量 3 要素的简捷图示法，如图 2－15 所示，图中用圆周上的点和中心的连线来描述正弦量。

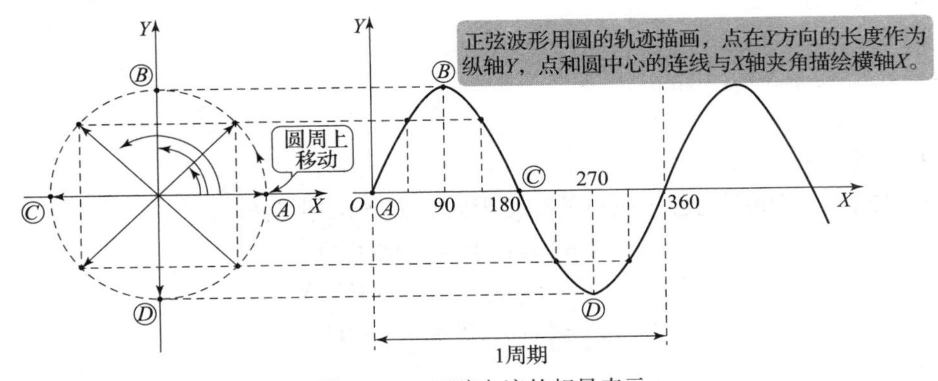

图 2－15　正弦电流的相量表示

直线和 X 轴形成的角度表示横轴，用来描述相位 $\omega t+\varphi$ 角；Y 方向的长度描述正弦波瞬时值的大小，正弦量便转换为旋转矢量。

所谓“相量法”就是用有向线段表示正弦量的方法。有向线段的长度等于正弦量的幅值，它与横轴正方向间的夹角等于正弦量的初相位角。电压幅值相量用 $\dot{U}_{\mathrm{m}}$ 表示；电流幅值

相量用 $\dot{I}_{m}$ 表示。

例如，正弦量 $i=I_{m}\sin(\omega t+\theta)$ 可用 $\dot{I}_{m}\angle\varphi$ 表示。此外，工程计算中多用其有效值衡量大小，故只需用有效值相量表示即可，如图 2－16 所示。

例如，$u_1=U_{m1}\sin(\omega t+\theta_1)$，$u_2=U_{m2}\sin(\omega t+\theta_2)$，若求电压 $u=u_1+u_2$，则可通过 $\dot{U}_1$、$\dot{U}_2$ 构成的平行四边形对角线获得，如图 2－17 所示。

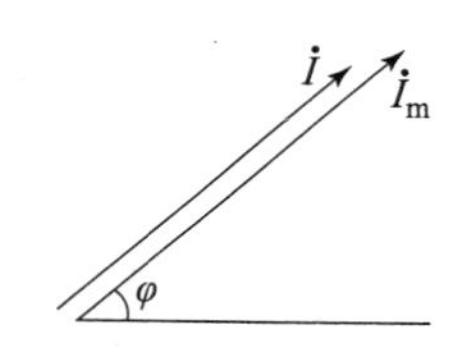

图 2－16　相量表示法图

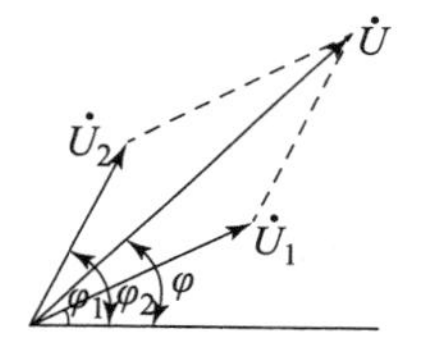

图 2－17　同频率正弦量的相量和

一个正弦量可以用最大值和初相形成的矢量来表示，而矢量又可以用复数来表示，那么正弦电量也可以用复数来表示，其中最大值为复数的模，初相为复数的辐角。

表示正弦量的复数称为相量，对于任意一个正弦量，都能找到一个与之相对应的复数，由于这个复数与一正弦量相对应，把这个复数称作相量。在大写字母上加一个点来表示正弦量的相量。如电流、电压，其最大值相量符号为 $\dot{U}_{m}$、$\dot{I}_{m}$，有效值相量符号为 $\dot{U}$、$\dot{I}$。

需要注意的是，相量只是表示正弦量，不是等于正弦量；只有正弦量才能用相量表示，非正弦量不能用相量表示；只有同频率的正弦量才能画在同一相量图上。

用画相量图的方法可以清楚地表示所讨论各正弦量间的相互关系，也可通过作相量图求得所需结果。在实际使用时由于作图精度的限制，特别是分析复杂电路时还是比较困难的。而相量的数学表达——复数符号法才是分析交流电路的一般方法。

复数的表示形式小结。

代数形式：$A=a+\mathrm{j}b$；

三角形式：$A=r\cos\theta+\mathrm{j}r\sin\theta$；

指数形式：$A=r\mathrm{e}^{\mathrm{j}\theta}$；

极坐标形式：$A=r\angle\theta$。

【例 2－13】　写出下列各正弦量的相量形式，并画出相量图。

$$u_1(t)=10\sin(100\pi t+60°)\ \mathrm{V}$$
$$u_2(t)=-6\sin(100\pi t+135°)\ \mathrm{V}$$
$$u_3(t)=5\cos(100\pi t+60°)\ \mathrm{V}$$

解： $\dot{U}_1=\dfrac{10}{\sqrt{2}}\angle 60°=7.07\angle 60°$。

因为 $u_2(t)=-6\sin(100\pi t+135°)=6\sin(100\pi t+135°-180°)=6\sin(100\pi t-45°)$

$u_3(t)=5\cos(100\pi t+60°)=5\sin(100\pi t+60°+90°)=5\sin(100\pi t+150°)$

所以

$$\dot{U}_2=\frac{6}{\sqrt{2}}\angle -45°=4.24\angle -45°$$

$$\dot{U}_3=\frac{5}{\sqrt{2}}\angle 150°=3.53\angle 150°$$

其相量图如图 2－18 所示。

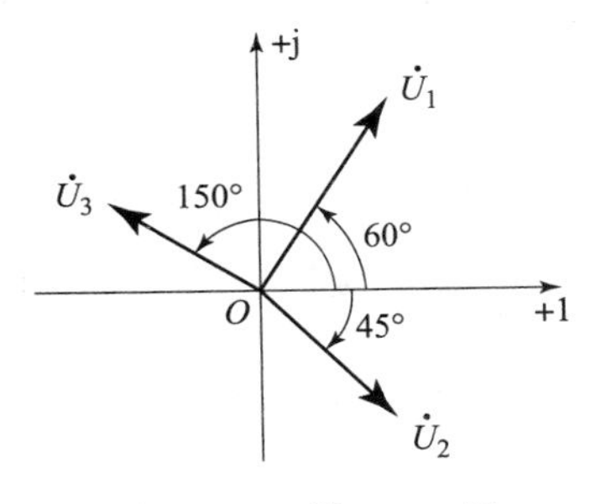

图 2－18　例 2－13 图

通过以上分析可以知道，一个正弦量由频率（或周期）、幅值（或有效值）和初相位 3 个要素来确定。正弦量的各种表示方法是分析与计算正弦交流电路的工具。

（1）三角函数表示法也称瞬时值表示法，如

$$u=220\sqrt{2}\sin(314t+60°)$$
$$i=20\sin(314t-45°)$$

（2）正弦波形图表示法，如图 2－15 所示。

由于以上两种表达形式对于正弦量进行加、减、乘、除等运算来说是很不方便的，因而还要掌握相量表示法。相量表示法的基础是复数，就是用复数来表示正弦量。

（3）相量图表示法。按照各正弦量的大小和相位关系画出的若干个相量的图形。把几个同频率的正弦量画在同一相量图上，可直观快捷地解决一些特殊的交流电路问题。

（4）复数表示法。分为幅值相量和有效值相量，常用有效值相量如

$$\dot{U}=U(\cos\varphi+\mathrm{j}\sin\varphi)=U\mathrm{e}^{\mathrm{j}\varphi}=U\angle\varphi$$

复数运算法可以十分方便地解决复杂交流电路的计算问题。

相量是一个复数，只是用来表示正弦量，而不等于正弦量，它只是分析和计算交流电路的一种方法。正弦量和相量的相互关系为

$$i=I_m\sin(\omega t+\varphi)\Rightarrow\dot{I}=I\angle\varphi$$

交流电路具有用直流电路的概念无法分析和无法理解的物理现象，因此，必须要建立交流特别是相位的概念。因而，任一电压或电流的叠加是矢量和而不是代数和。

另外，还应注意几种量的字母表示形式：瞬时值用小写字母：i、u、e；幅值用大写带下标字母：I_m、U_m、E_m；有效值用大写不带下标字母：I、U、E；相量用大写字母加“ · ”。

【例 2－14】　已知同频率的正弦量的解析式分别为 $u=220\sqrt{2}\sin(\omega t-45°)$ V 和 $i=10\sin(\omega t+30°)$ A，写出电流和电压的相量并绘出相量图。

解： 由解析式可得

$$\dot{I}=\frac{10}{\sqrt{2}}\angle 30°=5\sqrt{2}\angle 30°\ (\mathrm{A})$$

$$\dot{U}=\frac{220\sqrt{2}}{\sqrt{2}}\angle -45°=200\angle -45°\ (\mathrm{V})$$

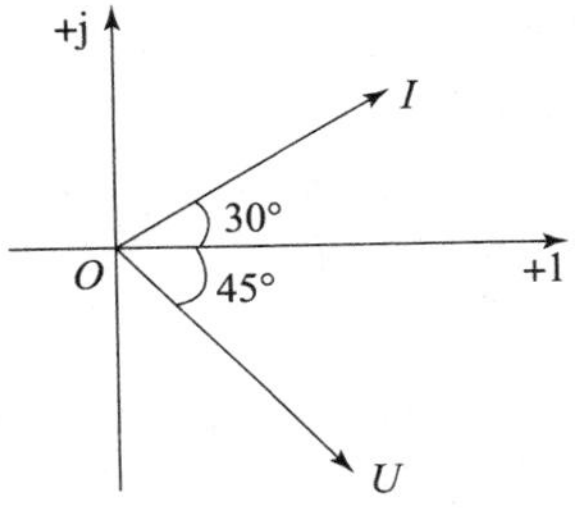

图 2－19　例 2－14 图

相量图如图 2－19 所示，从图中可以看出电流超前电压 75°。

【例 2－15】　已知工频条件下，两正弦量的相量分别为 $\dot{U}_1=10\sqrt{2}\angle 60°$ V，$\dot{U}_2=20\sqrt{2}\angle -30°$ V。试求两正弦电压的解析式。

解： 由于

$$\omega = 2\pi f = 2\pi \times 50 = 100\pi \ \ (\text{rad/s})$$

$$U_1 = 10\ \text{V} \quad \theta_1 = 60°$$

$$U_2 = 20\sqrt{2}\ \text{V} \quad \theta_2 = -30°$$

所以

$$u_1 = \sqrt{2}U_1\sin(\omega t + \theta_1) = 10\sin(100\pi t + 60°)\ \text{V}$$

$$u_2 = \sqrt{2}U_2\sin(\omega t + \theta_2) = 40\sin(100\pi t - 30°)\ \text{V}$$

【例 2-16】 已知 $u_1 = 12.7\sqrt{2}\sin(100\pi t + 30°)\ \text{V}$，$u_2 = 11\sqrt{2}\sin(100\pi t - 60°)\ \text{V}$，求$u_1 + u_2$。

解： 将交流电的三角函数式转化为复数的形式，则

$$\dot{U}_1 = 12.7\angle 30°\text{V}$$

$$\dot{U}_2 = 11\angle -60°\text{V}$$

$$\begin{aligned}\dot{U} = \dot{U}_1 + \dot{U}_2 &= 12.7\angle 30° + 11\angle -60° \\ &= 12.7(\cos 30° + \text{j}\sin 30°) + 11(\cos 60° - \text{j}\sin 60°) \\ &= 16.5 - \text{j}3.18 = 16.8\angle -10.9°(\text{V})\end{aligned}$$

$$u = 16.8\sqrt{2}\sin(100\pi t - 10.9°)\ \text{V}$$

思考与练习

一、判断题（下列判断正确的请打“√”，错误的打“×”）

1. 有效值、频率和角频率是指正弦交流电的三要素。（　　）
2. 正弦交流电常用的表示方法是函数式、波形图和相量图。（　　）
3. 用三角函数可以表示正弦交流电最大值的变化规律。（　　）
4. 我国市电的频率是 50 Hz，电压是 220 V。（　　）
5. 白炽灯可认为是纯电阻元件。（　　）

二、填空题

1. 交流电流是指电流的大小和________都随时间做周期变化，且在一个周期内其平均值为零的电流。
2. 正弦交流电路是指电路中的电压、电流均随时间按________规律变化的电路。
3. 角频率是指交流电在________时间内变化的电角度。
4. 有一正弦交流电流，有效值为 20 A，其最大值为________，平均值为________。
5. 正弦交流电的四种表示方法是相量图、曲线图、________和________。
6. 正弦量的相量表示法，就是用复数的模数表示正弦量的________，用复数的辐角表示正弦量的________。
7. 基尔霍夫电压定律的相量形式的内容是在正弦交流电路中，沿________各段电压________恒等于零。
8. 流入节点的各支路电流________的代数和恒等于零，是基尔霍夫________定律得相量形式。
9. 在纯电阻交流电路中，电压与电流的相位关系是________。

三、简答题

1. 什么是正弦交流电的三要素?

2. 已知 $u=60\sqrt{2}\sin(\omega t+30°)$ V，$i=2\sqrt{2}\sin(\omega t+60°)$ A，试画出它们的相量图，并写出它们相量复数形式和极坐标形式。

四、计算题

1. 在某电路中，$i=220\sqrt{2}\sin(314t-60°)$ A。

(1) 指出它的幅值、有效值、周期、频率、角频率及初相位，并画出波形图。

(2) 如果 i 的参考方向选的相反，写出它的三角函数式，画出波形图，并问 (1) 中各项有无改变?

2. 已知 $i_1=10\sin(314t-120°)$ A，$i_2=20\sin(314t+30°)$ A。

(1) 它们的相位差等于多少?

(2) 画出 i_1 和 i_2 的波形，并在相位上比较 i_1 和 i_2 谁超前，谁滞后。

3. 写出下列正弦电压的相量。

$u_1=220\sin(\omega t-45°)$ V，$u_2=100\sin(314t+45°)$ V

4. 已知正弦电流 $i_1=8\sin(\omega t+60°)$ A 和 $i_2=6\sin(\omega t-30°)$ A，试用复数计算电流 $i=i_1+i_2$，并画出相量图。

任务 2.2　仿真测试 *RLC* 电路

教学目标

（1）了解电阻、电感、电容元件的特性。
（2）深刻理解感抗、容抗的概念。
（3）掌握交流电路的分析、计算方法。

任务引入

有一个额定值为 220 V/40 W 的白炽灯泡，接在 220 V/50 Hz 的交流电源上。
（1）求流过该灯泡的电流及该灯泡的电阻。
（2）如果每天使用 3 小时，每度电的单价是 0.55 元，每月（按 30 天计算）应付多少电费？
（3）如果电源电压的有效值不变，频率改为 100 Hz，此时流过灯泡的电流又为多少？如果换成日光灯呢？

任务分析

正弦交流电是工农业生产及日常生活用电的主要形式（如在动力、照明、电热等方面的绝大多数设备都采用正弦交流电），掌握交流电的基本规律和交流电路的分析计算方法是非常必要的。

在交流电路中，只要有电流流动，就会有电阻作用；交流电不断变化，使其周围产生不断变化的磁场和电场，在变化的磁场作用下，线圈会产生感应电动势，即电路中有电感的作用；同时，变化的电场要引起电路中电荷分布的改变，即电路中有电容的作用。因此，在对交流电路进行分析计算时，必须同时考虑电阻 R、电感 L、电容 C 这 3 个参数对电路的影响。所以，应当从掌握电阻、电感、电容单一参数电路元件组成的最简单的交流电路入手。

相关知识

2.2.1　正弦交流电路的电阻元件

如果电路仅由电阻元件（图 2－20）构成，叫作纯电阻电路。实际生活中，白炽灯、电烙铁、电炉等交流电路都可以近似地看作是纯电阻电路。

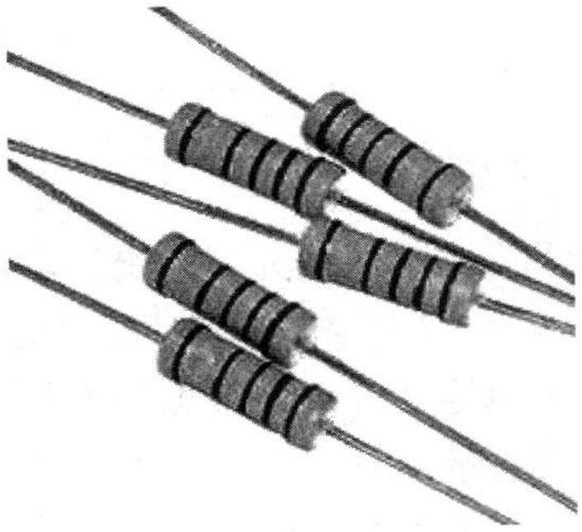

1. 电压与电流的关系

图 2－21（a）所示为一个线性电阻元件的交流电路。电压和电流的正方向如图 2－21（a）所示，两者关系由欧姆定律确定，即 $u=iR$。

为了方便地分析问题，选择电流经过零值并将向正值增加的瞬间作为计时起点（$t=0$），即设 $i=I_m\sin\omega t$ 为参考正弦量，则

$$u=iR=I_mR\sin\omega t=U_m\sin\omega t$$

图 2－20　色环电阻外形

可以看出，电压 u 也是一个同频率的正弦量。所以，在电阻元件的交流电路中，电流和电压是同相的（相位差 $\varphi=0°$），两者的正弦波形如图 2－21（b）所示。

经推导，得

$$U_m=I_mR \quad 或 \quad U_m/I_m=U/I=R$$

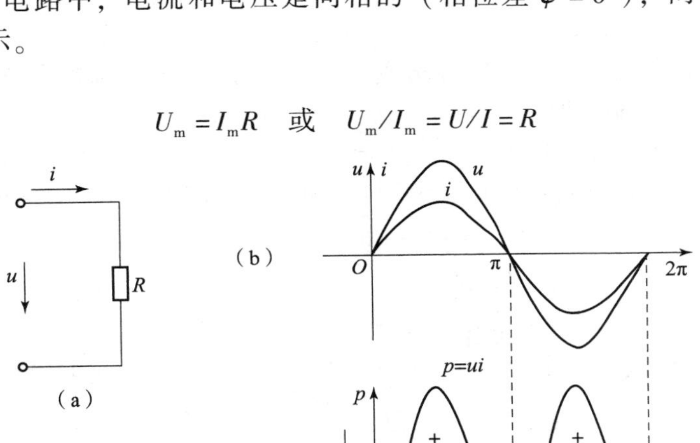

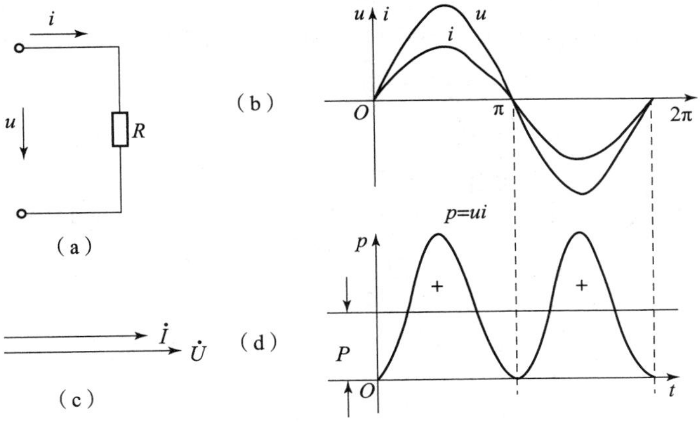

图 2－21　电阻交流波形图

（a）电路图；（b）电流、电压正弦波形图；

（c）电压与电流的相量图；（d）功率波形图

由此可知，在电阻元件电路中，电压的幅值（或有效值）之比值就是电阻 R。如用相量表示电压与电流的关系，则为

$$\dot{U}=\dot{I}R \quad 或 \quad \dot{U}/\dot{I}=U/I=R$$

此式即欧姆定律的相量表示式，电压和电流的相量如图 2－21（c）所示。

可见，纯电阻电路的特点如下所列：

（1）电阻只对电流起阻碍作用。

（2）电压和电流同相。

（3）当电源频率改变时，电阻的阻碍作用不变。

2. 电阻元件的功率

知道了电压和电流的变化规律和相互关系后便可找出电路中的功率。在任意瞬间，电压瞬时值 u 与电流瞬时值 i 的乘积称为瞬时功率，用小写字母 p 表示，即

$$p = ui = U_m I_m \sin^2 \omega t = U_m I_m \frac{1 - \cos 2\omega t}{2}$$
$$= \frac{U_m I_m}{\sqrt{2}\sqrt{2}}(1 - \cos 2\omega t) = UI(1 - \cos 2\omega t)$$

由于在电阻元件的交流电路中 u 与 i 同相，它们同时为正，同时为负，所以瞬时功率总是正值，即 $p \geqslant 0$。瞬时功率为正，这表明外电路从电源取用能量。

电阻元件从电源取用能量后转换成了热能，这是一种不可逆的能量转换过程。通常这样计算电能：$W = Pt$，工程上都是计算瞬时功率的平均值，即平均功率，用大写字母 P 表示。P 是一个周期内电路消耗电能的平均功率，即瞬时功率的平均值，称为平均功率，如图 2 - 21（d）所示。在电阻元件电路中，平均功率为

$$P = UI = I^2 R = U^2/R$$

平均功率又称为有功功率。功率的单位为瓦（W），工程上也常用千瓦（kW），其与瓦的换算关系为：1 kW = 1 000 W。U、I 分别为正弦交流电压和电流的有效值。可见，按电压和电流有效值来计算电阻电路的功率与直流电路的方法是一致的。

【例 2 - 17】 电路如图 2 - 22（a）所示，求：（1）i_2；（2）25 V 电源的功率 P。

解：（1）对 3 Ω 电阻而言，图 2 - 22（a）可等效成图 2 - 22（b），由图 2 - 22（b）得

$$i_2 = \frac{(25 - 5 - 5) + 6\sin 10t}{3} = 5 + \sin 10t\,(\mathrm{A})$$

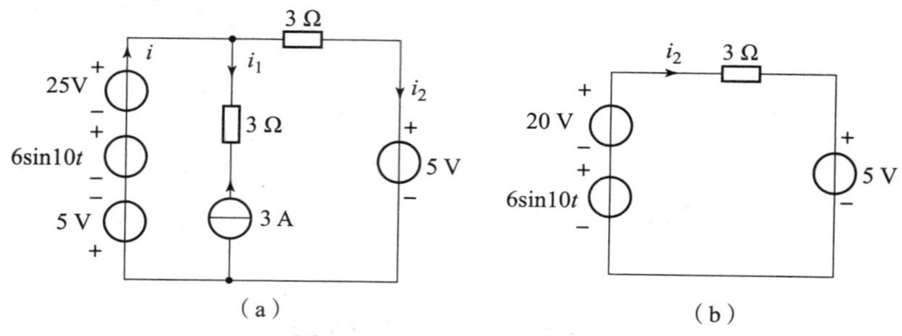

图 2 - 22　例 2 - 17 电路图

（2）由图 2 - 22（a）得

$$i = i_1 + i_2 = -3 + 5 + 2\sin 10t = 2(1 + \sin 10t)\ (\mathrm{A})$$

25 V 电源发出的功率为

$$P = 25i = 25 \times 2(1 + \sin 10t) = 50(1 + \sin 10t)\ (\mathrm{W})$$

【例 2 - 18】 一电阻 $R = 100\ \Omega$，R 两端的电压 $u_R = 100\sqrt{2}\sin(\omega t - 30°)$ V。求通过电阻 R 的电流 I_R 和 i_R；求电阻 R 接收的功率 P_R；作 $\dot{U}_R$、$\dot{I}_R$的相量图。

解：（1）因为

$$i_R = \frac{u_R}{R} = \frac{100\sqrt{2}\sin(\omega t - 30°)}{100} = \sqrt{2}\sin(\omega t - 30°)\ (\mathrm{A})$$

所以

$$I_R = \frac{\sqrt{2}}{\sqrt{2}} = 1\ (\mathrm{A})$$

（2）功率有两种计算方式，即

$$P_R = U_R I_R = 100 \times 1 = 100\ (\text{W})$$

$$P_R = I_R^2 R = 1^2 \times 100 = 100\ (\text{W})$$

（3）相量图如图 2－23 所示。

【例 2－19】　一只额定电压为 220 V、功率为 100 W 的电烙铁，误接在 380 V 的交流电源上，问此时它接受的功率为多少？是否安全？若接到 110 V 的交流电源上，它的功率又为多少？

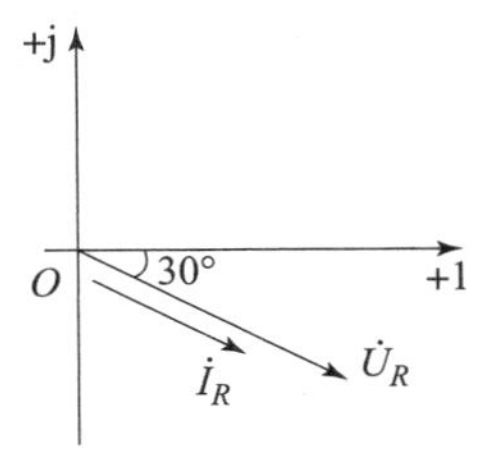

图 2－23　例 2－18 相量图

解： 由电烙铁的额定值可得

$$R = \frac{U_R^2}{P} = \frac{220^2}{100} = 484\ (\Omega)$$

$$P_{380} = \frac{U_R^2}{R} = \frac{380^2}{484} = 298\ (\text{W}) > 100\ \text{W}$$

$$P_{110} = \frac{U_R^2}{R} = \frac{110^2}{484} = 25\ (\text{W}) < 100\ \text{W}$$

当电源电压为 380 V 时，电烙铁的功率为 298 W，大于额定功率，此时不安全，电烙铁将被烧坏；当接到 110 V 的交流电源上时，此时电烙铁的功率为 25 W，小于额定功率，此时电烙铁达不到正常的使用温度。

2.2.2　正弦交流电路的电容元件

在直流电路中，电感元件可视为短路，电容元件则可视为开路。而在交流电路中，由于电压、电流随时间变化，在电感元件中磁场不断变化，产生感生电动势；在电容极板间的电压不断变化，引起电荷在与电容极板相连的导线中移动形成电流。

电容是一种能储存电能的元件。两块金属板相对平行地放置而不相接触就构成一个最简单的电容器。常见的电容按外形和制作材料可分为贴片电容、OS－CON 固体电容、电解电容、瓷片电容、云母电容和聚丙烯电容等，如图 2－24 所示。

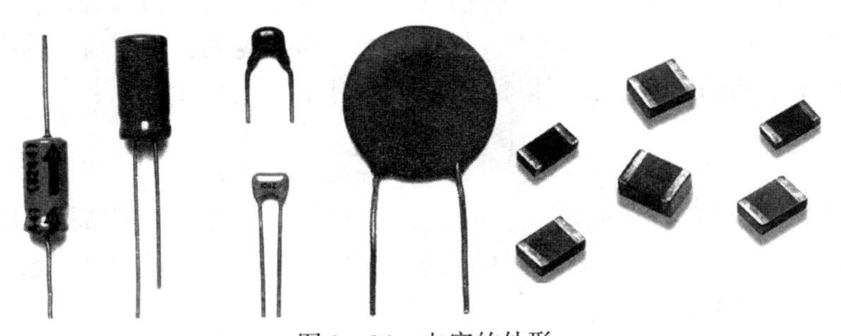

图 2－24　电容的外形

一般来说，纸介电容价格低但体积大，损耗大；云母电容损耗小，耐高温高压，稳定性好；瓷介电容有近似云母的特点，且价格低体积小；涤纶电容、聚苯乙烯电容成本低且体积小，但耐压不易做得很高；贴片电容在计算机主机内的各种板卡上最为常见，但只有少量的贴片电容才有标识（有标识的贴片电容的容量读取方法和贴片电阻一样，只是单位符号为 pF）。

电容的符号如图 2－25 所示，图中左边的是普通无极性电容符号，中间是有极性电容的符号，右边是容量可变电容的符号。

电容的单位有 F、μF、nF、pF。其中 1 F = 10^6 μF，1 μF = 10^3 nF = 10^6 pF。

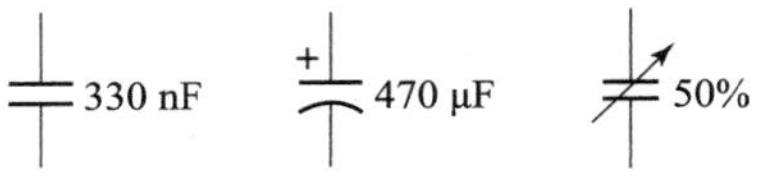

330 nF　470 μF　50%

图 2－25　电容的符号

1. 电压与电流的关系

线性电容元件与正弦电源连接的电路如图 2－26 所示。

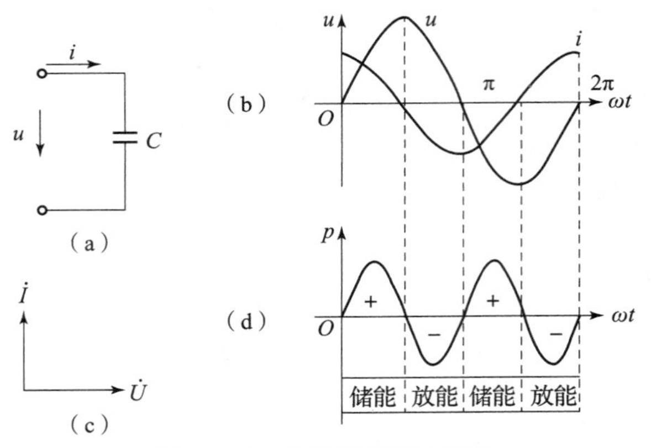

图 2－26　电容器交流波形图

（a）电容元件电路；（b）电流、电压正弦波形图；（c）电压与电流的相量图；（d）功率波形图

交流电流通过电容器时，电源和电容器之间不断地充电和放电。电容充放电电流 $i = \mathrm{d}q/\mathrm{d}t = \mathrm{d}C \cdot u/\mathrm{d}t$，故有 $i = C \cdot \mathrm{d}u/\mathrm{d}t$。若在电容器两端加一正弦电压 $uU_m \sin\omega t$，则代入 $i = C \cdot \mathrm{d}u/\mathrm{d}t$ 中有

$$i = \omega C U_m \sin(\omega t + 90°) = I_m \sin(\omega t + 90°)$$

即 u 和 i 也是一个同频率的正弦量。表示电压 u 和电流 i 的正弦波形如图 2－26（b）所示。

比较以上 u、i 两式可知，在电容元件电路中，电压在相位上比电流滞后 90°（即电压与电流的相位差为 －90°），且电压与电流的有效值符合下式。

$$I_m = U_m \omega C \quad 或 \quad U_m / I_m = \omega C$$

可见，在电容元件电路中，电压的幅值（或有效值）与电流的幅值（或有效值）之比值为 $1/\omega C$，它的单位也为欧姆。当电压 U 一定时，$1/\omega C$ 越大，则电流 I 越小。可见，它对电流具有起阻碍作用的物理性质，所以称为容抗，用 X_C 表示，即

$$X_C = \frac{1}{\omega C} = \frac{1}{2\pi f C}$$

容抗 X_C 与电容 C、频率 f 成反比。因此，电容对低频电流的阻碍作用很大。对直流（$f = 0$）而言，$X_C \to \infty$，可视作开路。同样应该注意，容抗只是电压与电流的幅值或有效值之比，而不是它们的瞬时值之比。

可见，频率越高意味着电容充放电的速度越快，对电流的阻碍作用就越小。亦即，电容元件具有通高频阻低频、通交流而隔直流的作用。

如用相量表示电压与电流的关系，则有

$$\dot{U} = -\mathrm{j}\dot{I} X_C = -\mathrm{j}\dot{I} \frac{1}{\omega C}$$

相量式也表示了电压与电流的有效值关系和相位关系，即电压与电流的有效值符合欧姆定理（$U = IX_C$），相位上电压滞后于电流 90°。

电流超前电压这点可以这样理解，当一个电压加到电容上的瞬间，由于电容器上没电荷，而立即有电流给电容充电，但电容上的电压待充电后才能建立。

因电流相量 i 乘以 $-\mathrm{j}$ 后即向后旋转 90°，所以称 $-\mathrm{j}X_C$ 为复容抗。

2. 电容元件上的功率

根据电压 u 和电流 i 的变化规律和相互关系，便可找出瞬时功率的变化规律，即

$$p = ui = UI\sin 2\omega t$$

由上式可见，p 是一个幅值为 UI，并以 2ω 角频率随时间而变化的变量，如图 2－26（d）所示。当 u 和 i 正负相同时，p 为正值，电容处于充电状态，它从电源取用电能；当 u 和 i 正负相反时，p 为负值，电容处于放电状态，它把电能归还电源。

电容元件电路的平均功率也为零，即电容元件在交流电路中没有能量消耗，只有电源与电容元件间的能量互换。这种能量互换的规模用无功功率 Q 来衡量，规定无功功率等于瞬时功率 P_C 的幅值。

为了同电感元件电路的无功功率相比较，设电流 $i = I_m\sin\omega t$ 为参考正弦量，则

$$u = U_m\sin(\omega t - 90°)$$

于是得出瞬时功率为

$$p = p_C = ui = -UI\sin 2\omega t$$

由此可见，电容元件电路的无功功率为

$$Q = -UI = -X_C I^2$$

即电容性无功功率取负值，而电感性无功功率取正值，以示区别。无功功率的单位为“乏”（var）或千乏（kvar），1 kvar = 1 000 var。

该负值表示电容在交流电路中对功率的作用与电感对功率的作用正好相反。单独计算功率时可不必考虑负号的问题，功率为标量。

3. 常见电容

1）常见电容外形

电容器的外形多样，如图 2－27 所示。

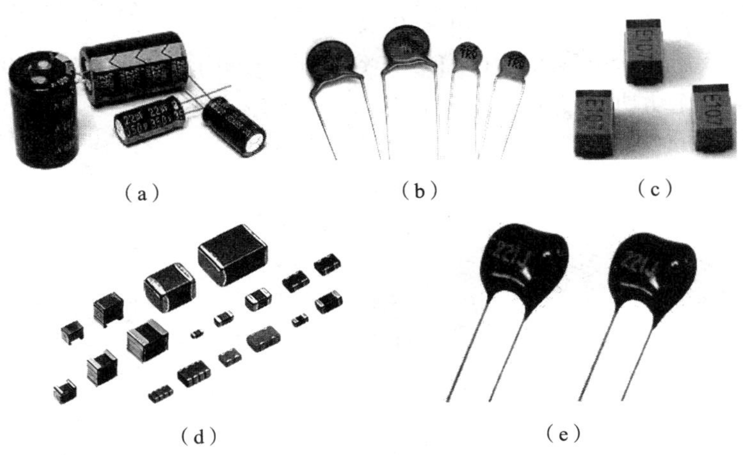

（a）　　（b）　　（c）　　（d）　　（e）

图 2－27　各种各样的电容

（a）铝壳电解质电容器；（b）陶瓷电容器；（c）钽质电容器；

（d）SMD（表面黏着 Surface Mount Device）电容器；（e）云母电容器

2）电容的标称及识别方法

由于电容体积要比电阻大，所以一般都使用直接标称法。如果数字是0.001，那它代表的是0.001 nF，如果是10表示是10 nF，同样100 p表示100 pF。不标单位的直接用1~4字表示，容量单位为pF，如350为350 pF、3为3 pF、0.5为0.5 pF。

此外，还有色码表示法：沿电容引线方向用不同的颜色表示不同的数字。第一、二种环表示电容量，第三种颜色表示有效数字后零的个数（单位为pF）。

颜色意义为：黑=0、棕=1、红=2、橙=3、黄=4、绿=5、蓝=6、紫=7、灰=8、白=9。对于有极性电容，还有一个极性识别问题：一般通过看它上面的标称（一般会标出容量和正负极），也有用引脚长短来区别正负极的（长脚为正，短脚为负）。

3）电容的品牌与质量

电容还有一个品牌问题，不同品牌的电阻一般只是误差值不一样而已，但不同品牌的电容寿命和质量就不同了（比如各种损耗和绝缘电阻以及温度系数的不同等）。

4）关于铝电解电容

铝电解电容器的特点是容量大且成本低，所以得到了广泛应用。实际使用铝电解电容器时要特别留意耐压值和正负极不能够接反，尤其是电源部分的电解电容更要注意这两点。处理不当的话，有可能发生电容爆裂、电解液泄漏事故。

【例2-20】 电容电压u_C和电流i_C参考方向关联一致，已知$\dot{U}_C=220\angle -30°$，$\dot{I}_C=1.1\angle 60°$，频率$f=50$ Hz，求电容C。

解：u_C、i_C参考方向一致

$$\dot{U}_C=-\mathrm{j}X_C\dot{I}_C$$

$$X_C=\frac{\dot{U}_C}{-\mathrm{j}\dot{I}_C}=\frac{220\angle -30°}{-\mathrm{j}\times 1.1\angle 60°}=200\ (\Omega)$$

所以

$$C=\frac{1}{\omega X_C}=\frac{1}{2\pi fX_C}=\frac{1}{2\times 3.14\times 50\times 200}=15.9\times 10^{-6}\ (\mathrm{F})=15.9\ \mu\mathrm{F}$$

【例2-21】 已知一电容$C=50$ μF，接到220 V、50 Hz的正弦交流电源上。求：X_C；电路中的电流I_C和无功功率Q_C；电源频率变为1 000 Hz时的容抗。

解：（1）

$$X_C=\frac{1}{\omega C}=\frac{1}{2\pi fC}=\frac{1}{2\times 3.14\times 50\times 10^{-6}\times 50}=63.7\ (\Omega)$$

（2）

$$I_C=\frac{U_C}{X_C}=\frac{220}{63.7}=3.45\ (\mathrm{A})$$

$$Q_C=-U_CI_C=-220\times 3.45=-759\ (\mathrm{var})$$

（3）当$f=1\ 000$ Hz时

$$X_C=\frac{1}{\omega C}=\frac{1}{2\pi fC}=\frac{1}{2\times 3.14\times 1\ 000\times 10^{-6}\times 50}=3.18\ (\Omega)$$

【例2-22】 已知一电容$C=100$ μF，接$u=200\sqrt{2}\sin(1\ 000t-45°)$ V的电源上。求：

流过电容的电流 I_C；电容元件的有功功率 P_C 和无功率 Q_C；绘制电流和电压的相量图。

解：(1)

$$X_C=\frac{1}{\omega C}=\frac{1}{1\ 000\times100\times10^{-6}}=10\ (\Omega)$$

$$\dot{U}_C=220\angle-45°\ \text{V}$$

$$\dot{I}_C=\frac{\dot{U}_C}{-\text{j}X_C}=\frac{220\angle-45°}{10\angle-90°}=22\angle45°\ (\text{A})$$

$$I_C=22\sqrt{2}\sin(1\ 000t+45°)\ \text{A}$$

(2)

$$P_C=0$$

$$Q_C=-U_CI_C=-220\times22=-4\ 840\ (\text{var})$$

(3) 相量图如图 2－28 所示。

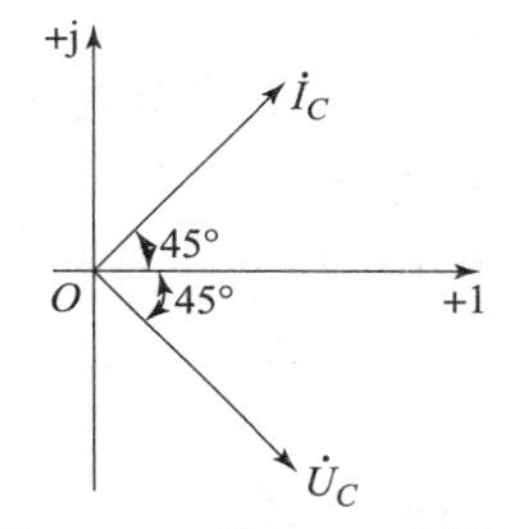

图 2－28　例 2－22 相量图

2.2.3　正弦交流电路的电感元件

前边介绍过，电感是一个储存磁场能量的元件，其外形如图 2－29 所示。纯电感电路是只有空心线圈的负载，而且线圈的电阻和分布电容均可忽略不计的交流电路。

图 2－29　电感的外形

电感器符号如图 2－30 所示，图 2－30（a）是普通带铁芯电感符号，图 2－30（b）是可调电感符号，图 2－30（c）是钢芯可调电感符号。

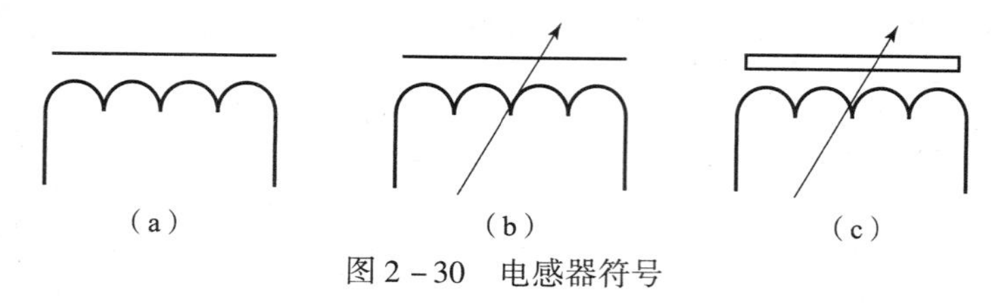

图 2-30　电感器符号

电感的单位有 H、mH、μH，其中 1 H = 10^3 mH，1 mH = 10^3 μH。

1. 电压与电流的关系

假设线圈只有电感 L，而电阻 R 可以忽略不计，称之为纯电感，今后所说的电感如无特殊说明就是指纯电感。当电感线圈中通过交流电流 i 时，其中产生自感电动势 e_L，设电流 i、电动势 e_L 和电压 u 的正方向如图 2-31（a）所示。根据基尔霍夫电压定律得出

$$u = -e_L = L\frac{\mathrm{d}i}{\mathrm{d}t}$$

设有电流 $i = I_m \sin\omega t$ 流过电感 L，则代入上式得电感上的电压 u 为

$$u = \omega L I_m \sin(\omega t + 90°) = U_m \sin(\omega t + 90°)$$

即 u 和 i 也是一个同频率的正弦量。表示电压 u 和电流 i 的正弦波形如图 2-31（b）所示。

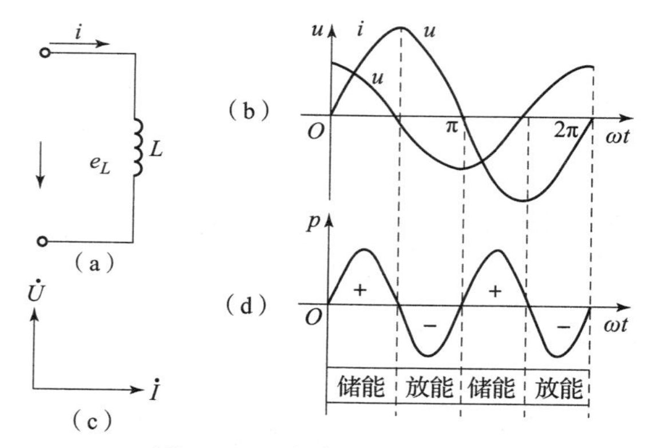

图 2-31　电感器交流波形图

（a）电路图；（b）电流、电压正弦波形图；
（c）电流、电压的相量图；（d）功率波形图

比较以上 u 和 i 两式可知，在电感元件电路中，电流在相位上比电压滞后 90°，且电压与电流的有效值符合下式

$$U_m = I_m \omega L \quad 或 \quad U_m/I_m = U/I = \omega L$$

即在电感元件电路中，电压的幅值（或有效值）与电流的幅值（或有效值）之比值为 ωL，显然它的单位为欧姆。电压 U 一定时，ωL 越大，则电流 I 越小。可见，它具有对电流起阻碍作用的物理性质，所以称为感抗，用 X_L 表示为

$$X_L = \omega L = 2\pi f L$$

感抗 X_L 与电感 L、频率 f 成正比，因此电感线圈对高频电流的阻碍作用很大，而对直流则可视作短路。还应该注意，感抗只是电压与电流的幅值或有效值之比，而不是它们的瞬时值之比。

如用相量表示电压与电流的关系，则

$$\frac{\dot{U}}{\dot{I}}=\mathrm{j}X_L=\mathrm{j}\omega L \quad 或者 \quad \dot{U}=\mathrm{j}\omega L\cdot\dot{I}$$

相量式也表示了电压与电流的有效值关系及相位关系，即电压与电流的有效值符合欧姆定律（$U=IX_L$），相位上电压超前电流90°。因电流相量 i 乘上 j 后即向前旋转90°，所以称 $\mathrm{j}X_L$ 为复感抗。电压和电流的相量图如图2－31（c）所示。

可见，感抗与频率成正比（频率越高，意味着电流的交变速度越快，感抗对电流的阻碍作用就越大），亦即电感元件在电路中具有通直流（$f=0$）阻交流、通低频阻高频电流的作用。

2. 电容元件上的功率

知道了电压 u 和电流 i 的变化规律和相互关系后，便可找出瞬时功率的变化规律，即

$$p=u\cdot i=U_{\mathrm{m}}\sin(\omega t+90°)I_{\mathrm{m}}\sin\omega t=UI\sin2\omega t$$

可见，p 是一个幅值为 UI，以 2ω 角频率随时间而变化的交变量，如图2－31（d）所示。当 u 和 i 正负相同时，p 为正值，电感处于受电状态，它从电源取用电能；当 u 和 i 正负相反时，p 为负值，电感处于供电状态，它把电能归还电源。电感元件电路的平均功率为零，即电感元件在交流电路中没有能量消耗，只有电源与电感元件间的能量互换。这种能量互换的规模用无功功率 Q 来衡量，规定无功功率等于瞬时功率 p_L 的幅值，即

$$Q=UI=X_LI^2=U^2/X_L$$

无功功率的单位是乏（var）或千乏（kvar），1 kvar＝1 000 var。

【例2－23】　如图2－32（a）所示的纯电感电路中，已知 $u=311\sin(110t+60°)$，$L=2$ H，求电感电流 i_L 并画出相量图。

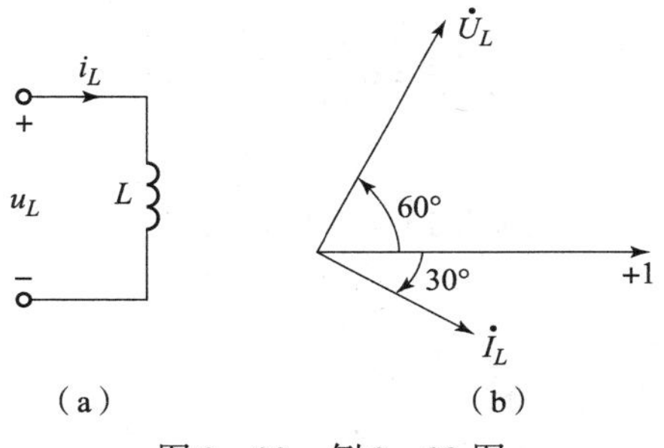

图2－32　例2－23图

解：选定电压 u_L 与电流 i_L 参考方向一致，如图2－32所示。由已知得

$$\dot{U}_L=\frac{311}{\sqrt{2}}\angle60°=220\angle60°\ (\mathrm{V})$$

$$X_L=\omega L=100\times2=200\ (\Omega)$$

可求得：

$$\dot{I}_L=\frac{\dot{U}}{\mathrm{j}X_L}=\frac{220\angle60°}{\mathrm{j}200}=\frac{220\angle60°}{200\angle90°}=1.1\angle-30°\ (\mathrm{A})$$

所以

$$i_L=1.1\sqrt{2}\sin(100t-30°)$$

相量图如图 2－32（b）所示。

【例 2－24】 已知一个电感 $L=2$ H，接在 $u_L=311\sin(314t-60°)$ V 的电源上。求：X_L；通过电感的电流 i_L；电感上的无功功率 Q_L。

解：

$$X_L=\omega L=314\times 2=628\ (\Omega)$$

$$\dot{I}_L=\frac{\dot{U}}{\mathrm{j}X_L}=\frac{220\angle-60°}{\mathrm{j}628}=0.35\angle-150°\ (\mathrm{A})$$

$$i_L=0.35\sqrt{2}\sin(314t-150°)\ (\mathrm{A})$$

$$Q_L=UI=220\times 0.35=77\ (\mathrm{var})$$

【例 2－25】 已知流过电感元件中的电流为 $i_L=10\sqrt{2}\sin(314t+30°)$ A，测得其无功功率 $Q=500$ var，求 X_L 和 L。

解：

$$X_L=\frac{Q}{I_L^2}=\frac{500}{10^2}=5\ (\Omega)$$

$$L=\frac{X_L}{\omega}=\frac{5}{314}=15.9\ (\mathrm{mH})$$

【例 2－26】 把一个 0.1 H 的电感接到 $f=50$ Hz，$U=10$ V 的正弦电源上，求 I。如保持 U 不变，而电源 $f=5\ 000$ Hz，这时 I 为多少？

解：

（1）当 $f=50$ Hz 时

$$X_L=2\pi fL=2\times 3.14\times 50\times 0.1=31.4\ (\Omega)$$

$$I=\frac{U}{X_L}=\frac{10}{31.4}=0.318(\mathrm{A})=318\ \mathrm{mA}$$

（2）当 $f=5\ 000$ Hz 时

$$X_L=2\pi fL=2\times 3.14\times 5\ 000\times 0.1=3\ 140\ (\Omega)$$

$$I=\frac{U}{X_L}=\frac{10}{3\ 140}=0.003\ 18\ (\mathrm{A})=3.18\ \mathrm{mA}$$

所以电感元件具有通低频阻高频的特性。

各元件电压与电流的比较如表 2－1 所示。

表 2－1 各元件电压与电流的比较

电路参数	电路图（参考方向）	基本关系	阻抗	电压、电流关系				功率	
				瞬时值	有效值	相量图	相量式	有功功率	无功功率
R	i + u −	$u=iR$	R	设 $i=\sqrt{2}I\sin\omega t$ 则 $u=\sqrt{2}U\sin\omega t$	$U=IR$	$\dot{I}$ $\dot{U}$ u、i 同相	$\dot{U}=\dot{I}R$	UI I^2R	0

续表

电路参数	电路图（参考方向）	基本关系	阻抗	电压、电流关系				功率	
				瞬时值	有效值	相量图	相量式	有功功率	无功功率
L	i + u −	$u=L\frac{\mathrm{d}l}{\mathrm{d}t}$	$\mathrm{j}X_L$	设 $i=\sqrt{2}I\sin\omega t$ 则 $u=\sqrt{2}I\omega L\sin(\omega t+90°)$	$U=IX_L$ $X_L=\omega L$	$\dot{U}$ $\dot{I}$ u 超前 i 90°	$\dot{U}=\mathrm{j}\dot{I}X_L$	0	UI I^2X_L
C	i + u −	$i=C\frac{\mathrm{d}u}{\mathrm{d}t}$	$-\mathrm{j}X_C$	设 $i=\sqrt{2}I\sin\omega t$ 则 $u=\sqrt{2}I\omega C\sin(\omega t-90°)$	$U=IX_C$ $X_C=1/\omega C$	$\dot{I}$ $\dot{U}$ u 滞后 i 90°	$\dot{U}=-\mathrm{j}\dot{I}X_C$	0	$-UI$ $-I^2X_C$

2.2.4　正弦交流电路中电阻电感电容串联

在实际的电路中，除白炽灯照明电路为纯电阻电路外，其他电路几乎都包含了电感或电容的复杂混合电路。

1. *RLC* 串联交流电路中电流与电压的关系

电阻、电感与电容元件串联的交流电路如图 2－33（a）所示，注意在电路中的各元件通过同一电流 i。

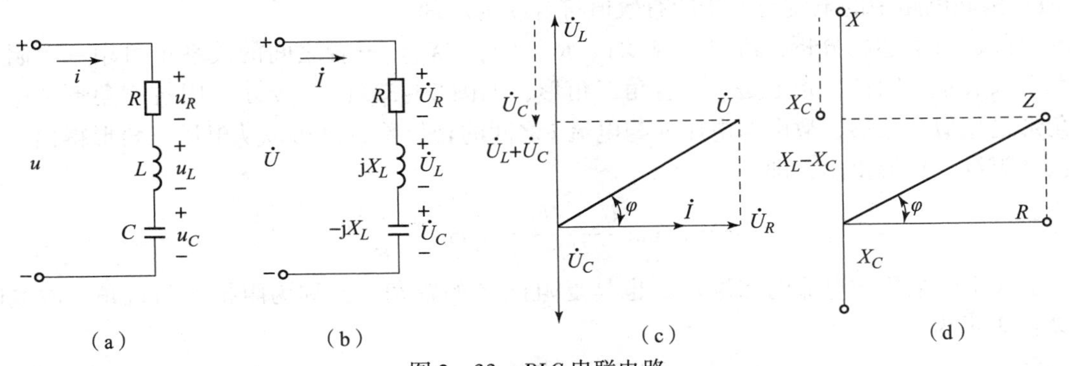

图 2－33　*RLC* 串联电路

（a）电路图；（b）相量模型图；（c）电压相量三角形；（d）阻抗三角形

根据基尔霍夫电压定律可以得出

$$u=u_R+u_L+u_C=iR+L\frac{\mathrm{d}i}{\mathrm{d}t}+C\int i\mathrm{d}t$$

设电流 $i=I_m\sin\omega t$，代入上式得

$$u = u_R + u_L + u_C = I_m R\sin\omega t + \omega L I_m \sin(\omega t + 90°) + \frac{I_m}{\omega C}\sin(\omega t - 90°)$$

如图 2－33（b）所示，上式各正弦量用有效值相量表示后，则有

$$\dot{U} = \dot{U}_R + \dot{U}_L + \dot{U}_C = \dot{I} R + \mathrm{j}X_L \dot{I} + (-\mathrm{j}X_C)\dot{I}$$

该式称为相量形式的基尔霍夫定理。

上述两式中，X 称为电抗，表示电路中电感和电容对交流电流的阻碍作用的大小，单位为欧姆（Ω）；Z 称为复阻抗，它描述了 RLC 串联交流电路对电流的阻碍及使电流相对电压发生的相移。习惯上称其为正弦交流电路相量形式的欧姆定理。

2. 电流电压关系与电压三角形、阻抗与阻抗三角形

因为电路中各元件上电流相同，故以电流 $\dot{I}$ 为参考相量，作出电路的电流与电压相量图，如图 2－33（c）所示。在相量图上，各元件电压 u_R、u_L、u_C 的相量 $\dot{U}_R$、$\dot{U}_L$、$\dot{U}_C$ 相加即可得出电源电压 u 的相量 $\dot{U}$，由于电压相量 $\dot{U}$、$\dot{U}_R$ 及 $\dot{U}_L + \dot{U}_C$ 组成了一个直角三角形，故称这个三角形为电压三角形。

利用电压三角形，便可求出电源电压的有效值，即

$$U = I\sqrt{R^2 + (X_L - X_C)^2}$$

这种电路中电压与电流的有效值（或幅值）之比为 $\sqrt{R^2 + (X_L - X_C)^2}$，它就是复阻抗 Z 的模，它的单位也是欧姆，具有对电流起阻碍作用的性质，称之为电路的阻抗，用 $|Z|$ 表示，即

$$|Z| = \sqrt{R^2 + (X_L - X_C)^2}$$

有了阻抗 $|Z|$，则电压与电流的关系可写为

$$U = I \cdot |Z|$$

即 RLC 串联电路中的电流与电压的有效值符合欧姆定理。

另外通过上述的分析，可以发现 $|Z|$、R、$(X_L - X_C)$ 三者之间的关系也可用一个阻抗三角形来表示，阻抗三角形是一个直角三角形，如图 2－33（d）所示。阻抗三角形和电压三角形是相似三角形，故电源电压 u 与电流 i 之间的相位差 φ 既可以从电压三角形得出，也可以从阻抗三角形得出，即

$$\varphi = \arctan\frac{U_L - U_C}{U_R} = \arctan\frac{X_L - X_C}{R}$$

上式中的电压与电流的相位差 φ 也是复阻抗 Z 的辐角，又称为阻抗的阻抗角。故复阻抗 Z 可表示为

$$Z = |Z|\angle\varphi \quad 或者 \quad Z = |Z|\mathrm{e}^{\mathrm{j}\varphi}$$

而且，从前面的分析可知，复阻抗 Z 的模表示了电路对交流电流阻碍作用的大小，辐角 φ 表示了电路使交流电流相对于电压的相移，所以，复阻抗 Z 描述了交流电路对电流的阻碍作用，阻抗三角形描述了电流相对电压发生的相移。

3. RLC 电路的性质

阻抗 $|Z|$、电阻 R、感抗 X_L 及容抗 X_C 不仅表示电压 u 及其分量 u_R、u_L、u_C 与电流 i 之间的大小关系，而且表示了它们之间的相位关系。随着电路参数的不同，电压 u 与电流 i 之

间的相位差 φ 也就不同，因此，φ 角的大小是由电路（负载）的参数决定的。一般根据 φ 角的大小来确定电路的性质。

（1）若 $X_L > X_C$，则在相位上电流 i 比电压 u 滞后，$\varphi > 0$，这种电路是电感性的，简称为感性电路。

（2）若 $X_L < X_C$，则在相位上电流 i 比电压 i 超前，$\varphi < 0$，这种电路是电容性的，简称为容性电路。

（3）当 $X_L = X_C$，即 $\varphi = 0$ 时，则电流 i 与电压 u 同相，这种电路是电阻性的，称之为谐振电路。

【例 2－27】　在如图 2－34 所示电路中，已知电压表 V_1、V_2、V_3 的读数都是 50 A，求电路中电压表 V 的读数。

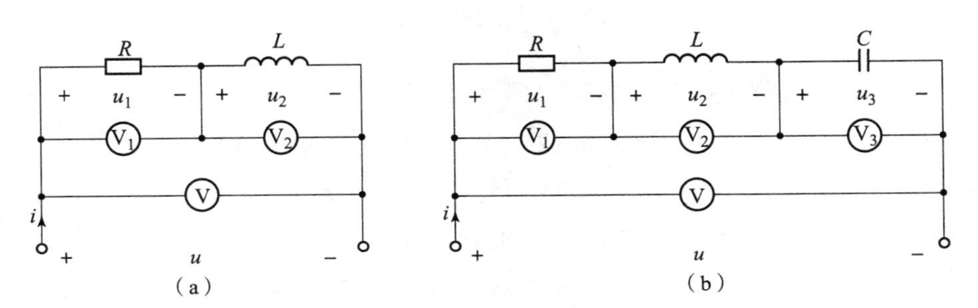

图 2－34　例 2－27 电路图

解： 求电压表 V 的读数就是求电路中总电压 u 的有效值。

以端电压作为参考量，设端电压为 $\dot{I} = \dot{I}\angle 0°$。

（1）选定电压、电流的参考方向如图 2－34（a）所示，则

$$\dot{U}_1 = 50\angle 0°,\ \dot{U}_2 = 50\angle 90°$$

由相量形式的 KVL 得

$$\dot{U} = \dot{U}_1 + \dot{U}_2 = 50\angle 0° + 50\angle 90° = 50 + 50\mathrm{j} = 50\sqrt{2}\angle 45°\ (\mathrm{V})$$

所以，电压表 V 的读数为 $50\sqrt{2}$ V。

（2）选定电压、电流的参考方向如图 2－34（b）所示，则

$$\dot{U}_1 = 50\angle 0°,\ \dot{U}_2 = 50\angle 90°,\ \dot{U}_3 = 50\angle -90°$$

由相量形式的 KVL 得：

$$\begin{aligned}\dot{U} &= \dot{U}_1 + \dot{U}_2 + \dot{U}_3 = 50\angle 0° + 50\angle 90° + 50\angle -90° \\ &= 50 + 50\mathrm{j} - 50\mathrm{j} = 50\ (\mathrm{V})\end{aligned}$$

所以，电压表 V 的读数为 50 V。

【例 2－28】　在如图 2－35 所示正弦电路中，已知端电压 $u = 10\sqrt{2}\sin(2t)$ V，$R = 2\ \Omega$，$L = 2$ H，$C = 0.25$ F。试用相量法计算电路中等效复阻抗 Z，电流 i 和电压 u_R、u_L、u_C。

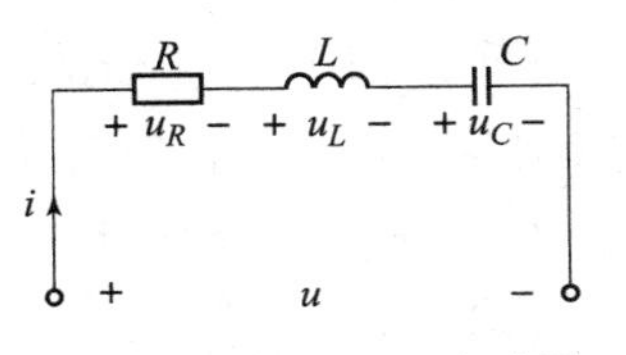

图 2－35　例 2－28 电路图

解： 复阻抗

$$Z=Z_R+Z_L+Z_C=R+\mathrm{j}\omega L-\mathrm{j}\frac{1}{\omega C}=2+\mathrm{j}(2\times2)-\mathrm{j}\frac{1}{2\times0.25}$$
$$=2+\mathrm{j}4-\mathrm{j}2=2+\mathrm{j}2=2\sqrt{2}\angle45°(\Omega)$$

端电流

$$\dot{I}=\frac{\dot{U}}{Z}=\frac{10\angle0°}{2\sqrt{2}\angle45°}=2.5\sqrt{2}\angle-45°\ (\mathrm{A})$$

由 R、L、C 各元件电压与电流的相量关系式得：

$$\dot{U}_R=R\dot{I}=2\times2.5\sqrt{2}\angle-45°=7.07\angle-45°\ (\mathrm{V})$$
$$\dot{U}_L=\mathrm{j}\omega L\dot{I}=14.17\angle45°\ (\mathrm{V})$$
$$\dot{U}_C=-\mathrm{j}\frac{1}{\omega C}\dot{I}=7.07\angle-135°\ (\mathrm{V})$$

根据以上电压、电流的相量得到相应的瞬间值表达式：

$$i=2.5\sqrt{2}\times\sqrt{2}\sin(2t-45°)=5\sin(2t-45°)\mathrm{A}$$
$$u_R=7.07\sqrt{2}\sin(2t-45°)=10\sin(2t-45°)\mathrm{V}$$
$$u_L=14.14\sqrt{2}\sin(2t+45°)=20\sin(2t+45°)\mathrm{V}$$
$$u_C=7.07\sqrt{2}\sin(2t-135°)=10\sin(2t-135°)\mathrm{V}$$

【例 2－29】 日光灯导通后，镇流器与灯管串联，其电路模型如图 2－36 所示。已知工频电源电压 $U=220$ V，$f=50$ Hz，镇流器电阻 $R=20\ \Omega$，电感 $L=1.65$ H。测得镇流器两端电压 $U_2=190$ V，试求灯管电压 U_1 及灯管电阻 R_1。

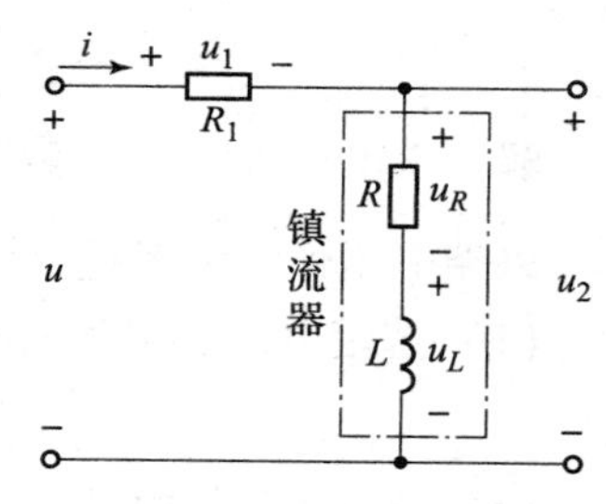

图 2－36 例 2－29 电路图

解： 由已知镇流器端电压 $U_2=190$ V，它的阻抗为

$$Z_2=\sqrt{R^2+(\omega L)^2}$$
$$=\sqrt{20^2+(2\times3.14\times50\times1.65)^2}=518.5(\Omega)$$

所以 $$I=U_2/Z_2=190/18.5=0.366\ (\mathrm{A})$$

$$U_R=I_R=0.366\times20=7.32\ (\mathrm{V})$$
$$U_L=\omega LI=314\times1.65\times7.32=189.6\ (\mathrm{V})$$

各电压有效值间的关系为

$$U^2=(U_1+U_R)^2+U_L^2$$

所以灯管电压

$$U_1=\sqrt{U^2-U_L^2}-U_R=\sqrt{220^2-189.6^2}-7.32=104.3\ (\mathrm{V})$$

灯管电阻 $$R_1=U_1/I=104.3/0.366=285\ (\Omega)$$

【例 2－30】 由电阻 $R=30\ \Omega$，电感 $L=382$ mH，电容 $C=40\ \mu$F 组成的串联电路，接于电压 $u=100\sqrt{2}\sin(314t+45°)$V 的电源上，试求：

（1）电路等效复阻抗 Z；

（2）电路电流 i；

（3）各元件电压 $\dot{U}_R$、$\dot{U}_L$、$\dot{U}_C$；

（4）电路的功率 P、Q、S。

解： 按习惯选定各电压、电流的参考方向一致。

（1）电路等效复阻抗

$$Z = R + \mathrm{j}\left(\omega L - \frac{1}{\omega C}\right) = 30 + \mathrm{j}\left(314 \times 0.328 - \frac{1}{314 \times 40 \times 10^{-6}}\right)$$
$$= 30 + \mathrm{j}40 = 50\angle 53.1^\circ\ (\Omega)$$

（2）电路电流

$$\dot{I} = \frac{\dot{U}}{Z} = \frac{100\angle 45^\circ}{50\angle 53.1^\circ} = 2\angle -8.1^\circ\ (\mathrm{A})$$
$$i = 2\sqrt{2}\sin(314t - 8.1^\circ)\ \mathrm{A}$$

（3）各元件电压

$$\dot{U}_R = R\dot{I} = 30 \times 2\angle -8.1^\circ = 60\angle -8.1^\circ\ (\mathrm{V})$$
$$\dot{U}_L = \mathrm{j}\omega L\dot{I} = \mathrm{j}120 \times 2\angle -8.1^\circ = 240\angle 81.9^\circ\ (\mathrm{V})$$
$$\dot{U}_C = -\mathrm{j}\frac{1}{\omega C}\dot{I} = -\mathrm{j}80 \times 2\angle -8.1^\circ = 160\angle -98.1^\circ\ (\mathrm{V})$$

（4）电路功率

平均功率（有功功率）：

$$P = UI\cos\varphi = 100 \times 2 \times \cos 53.1^\circ = 120\ (\mathrm{W})$$

无功功率：

$$P = UI\sin\varphi = 100 \times 2 \times \sin 53.1^\circ = 160\ (\mathrm{var})$$

视在功率：
$$S = UI = 100 \times 2 = 200\ (\mathrm{V \cdot A})$$

【例 2－31】 用电感降压来调速的电风扇的等效电路如图 2－37（a）所示，已知 $R = 190\ \Omega$，$X_{L_1} = 260\ \Omega$，电源电压 $U = 220\ \mathrm{V}$，$f = 50\ \mathrm{Hz}$，要使 $U_2 = 180\ \mathrm{V}$，问串联的电感 L_X 应为多少？

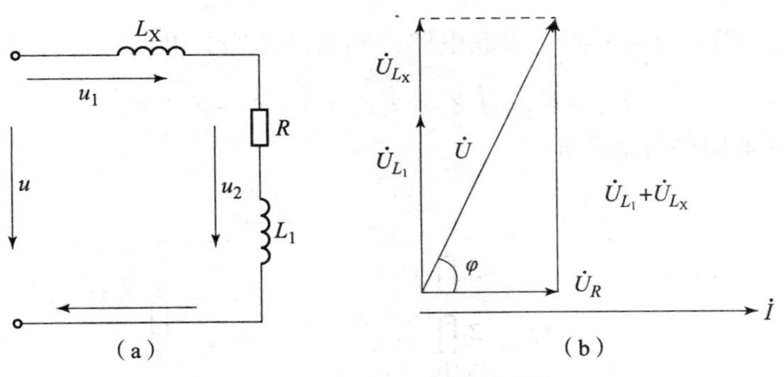

图 2－37　例 2－31 电路图

解： 以 $\dot{I}$ 为参考相量，作相量图如图 2－37（b）所示。

$$Z_1 = R + \mathrm{j}X_{L_1} = 190 + \mathrm{j}260 = 322\angle 53.8^\circ\ (\Omega)$$
$$I = \frac{U_2}{Z_1} = \frac{180}{322} = 0.56\ (\mathrm{A})$$

$$U_R = IR = 0.56 \times 190 = 106.4\ (\text{V})$$

$$U_{L_1} = IX_{L_1} = 0.56 \times 260 = 145.6\ (\text{V})$$

$$U = \sqrt{U_R^2 + (U_{L_1} - U_{L_X})^2}$$

$$220^2 = 106.4^2 + (145.6 + U_{L_X})^2$$

$$U_{L_X} = 46.98\ \text{V}$$

$$X_{L_X} = \frac{U_{L_X}}{I} = \frac{46.98}{0.56} = 83.9\ (\Omega)$$

$$L_X = \frac{U_{L_X}}{\omega} = \frac{83.9}{314} = 0.267\ (\text{H})$$

2.2.5 阻抗的串联与并联

实际的交流电路往往不只是 *RLC* 串联电路，它可能是同时包含电阻、电感和电容的复杂的混联电路，在这些交流电路中，若用复阻抗表示电路各部分对电流与电压的作用就可以用相量法像分析直流电路一样来分析正弦交流电路。

1. 阻抗的串联

若 *R*、*L*、*C* 串联，如图 2－38 所示，其电路等效复阻抗为

$$Z = R + \text{j}X_L - \text{j}X_C$$

即 *R*、*L*、*C* 串联电路的等效复阻抗为各元件的复阻抗之和。

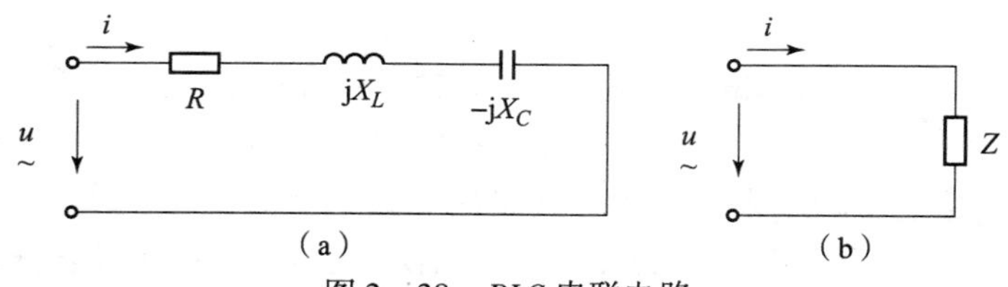

图 2－38　*RLC* 串联电路

（a）*RLC* 串联电路的复阻抗形式；（b）等效电路

图 2－39（a）所示为两复阻抗串联电路，则由基尔霍夫电压定律可得

$$\dot{U} = \dot{U}_1 + \dot{U}_2 = \dot{I}Z_1 + \dot{I}Z_2 = \dot{I}(Z_1 + Z_2) = \dot{I}Z$$

式中，*Z* 称为串联电路的等效阻抗。

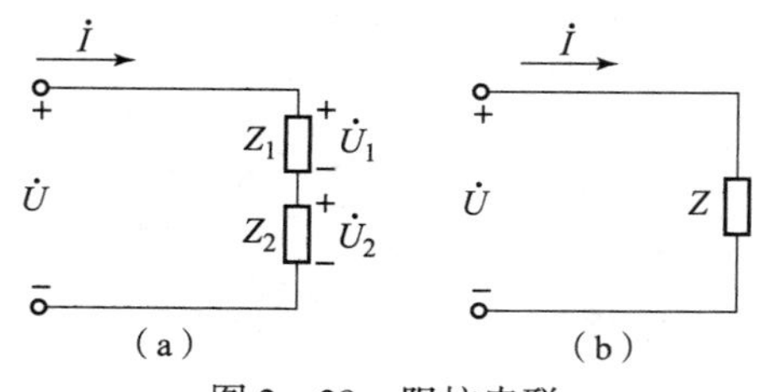

图 2－39　阻抗串联

（a）阻抗的串联电路；（b）等效电路

所以

$$Z = Z_1 + Z_2$$

即串联电路的等效复阻抗等于各串联复阻抗之和。图2－39（a）可等效简化为图2－39（b）。

注意：上述阻抗的运算是复数运算，一般情况下

$$|Z| \neq |Z_1| + |Z_2|$$

2. 阻抗的并联

图2－40（a）所示为两阻抗并联电路，由基尔霍夫电流定律可得

$$\dot{I} = \dot{I}_1 + \dot{I}_2 = \frac{\dot{U}}{Z_1} + \frac{\dot{U}}{Z_2} = \dot{U}\left(\frac{1}{Z_1} + \frac{1}{Z_2}\right) = \frac{\dot{U}}{Z}$$

式中，Z 称为并联电路的等效阻抗。

所以

$$\frac{1}{Z} = \frac{1}{Z_1} + \frac{1}{Z_2}$$

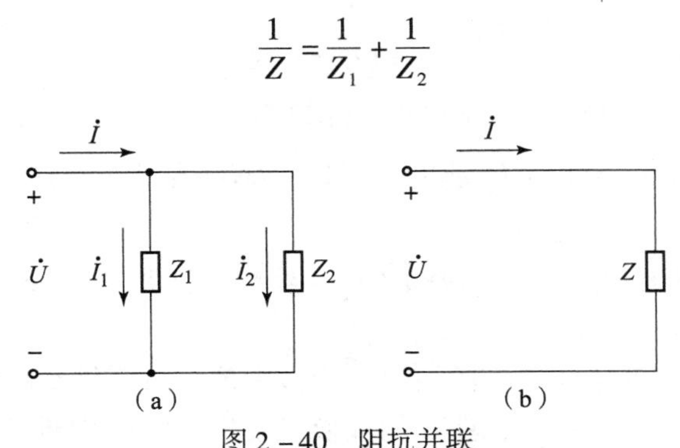

图2－40　阻抗并联

（a）阻抗并联电路；（b）等效电路

即并联电路的等效阻抗的倒数等于各并联阻抗倒数的和。图2－40（a）可等效简化为图2－40（b）。

【例2－32】　如图2－41所示，有两个阻抗，$Z_1 = 6.16 + j9\ \Omega$，$Z_2 = 2.5 - j4\Omega$，它们串联接在 $U = 220\angle 30°$ V 的交流电源上，求 $\dot{I}$ 和$\dot{U}_1$、$\dot{U}_2$并作相量图。

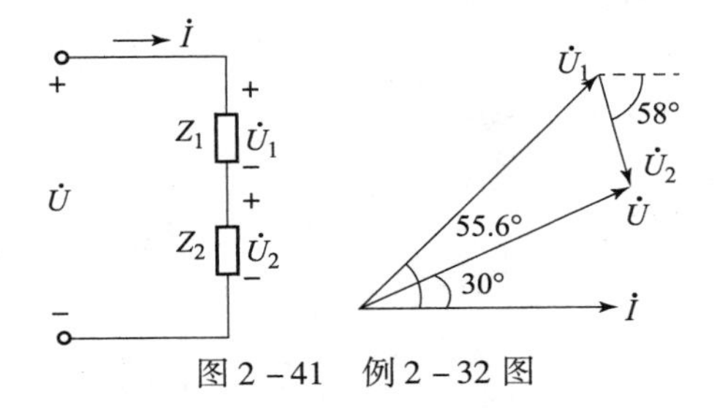

图2－41　例2－32图

解：

$$Z = Z_1 + Z_2 = 6.16 + j9 + 2.5 - j4 = 8.66 + j5 = 10\angle 30°(\Omega)$$

$$\dot{I} = \frac{\dot{U}}{Z} = \frac{220\angle 30°}{10\angle 30°} = 22\angle 0°(\text{A})$$

$$\dot{U}_1 = Z_1\dot{I} = (6.16 + j9) \times 22 = 10.9\angle 55.6° \times 22 = 239.8\angle 55.6°(\text{V})$$

$$\dot{U}_2 = Z_2\dot{I} = (2.5 - j4) \times 22 = 103.6\angle -58°(\text{V})$$

需要注意的是 $\dot{U} = \dot{U}_1 + \dot{U}_2$，但 $U \neq U_1 + U_2$。

2.2.6 谐振电路

1. 串联谐振电路

由 $U_X = U_L - U_C$ 可知，电路性质取决于 U_X。若 $U_L > U_C$，则 $U_X > 0$，电路是电感性；若 $U_L < U_C$，则 $U_X < 0$，电路是电容性；若 $U_L = U_C$，则 $U_X = 0$，电路是电阻性。

特别的，当 $U_L = U_C$，也就是 $X_L = X_C$ 时，电压 u 同电流 i 同相位，电路为纯电阻性。通常称这时电路处于谐振状态，$X_L = X_C$ 称为发生谐振的条件。

由于 $X_L = \omega L$，$X_C = 1/\omega C$，因此，可以推得谐振时有

$$\omega_0 = 1/\sqrt{LC}$$

$$f_0 = 1/2\pi\sqrt{LC}$$

由此可见，改变电路参数 L、C 或改变电源频率都可满足 $\omega_0 = 1/\sqrt{LC}$ 或 $f_0 = 1/2\pi\sqrt{LC}$ 而出现谐振现象。因此又把 $\omega_0 = 1/\sqrt{LC}$ 或 $f_0 = 1/2\pi\sqrt{LC}$ 称为谐振条件。

1）串联谐振的特点

（1）谐振时电路的阻抗 $|Z| = \sqrt{R^2 + (X_L - X_C)^2} = R$ 最小且呈纯电阻性，如图 2－42 所示。

这时电路的电流在电源电压不变的情况下为最大值。电源供给电路的能量全部被电阻所消耗。电源不与电路进行能量互换，能量的互换只发生在电感线圈和电容器之间。

（2）谐振时的电流 $I_0 = \dfrac{U}{\sqrt{R^2 + (X_L - X_C)^2}} = \dfrac{U}{R}$ 为最大值，其随频率变化情况如图 2－42 所示。

（3）谐振时电感与电容上的电压大小相等、相位相反。由于 $X_L = X_C$，于是 $U_L = U_C$。而 $\dot{U}_L$ 与 $\dot{U}_C$ 在相位上相反，互相抵消，对整个电路不起作用。因此电源电压 $\dot{U}_L = \dot{U}_C$ 且相位也相同，其相量图如图 2－43 所示。

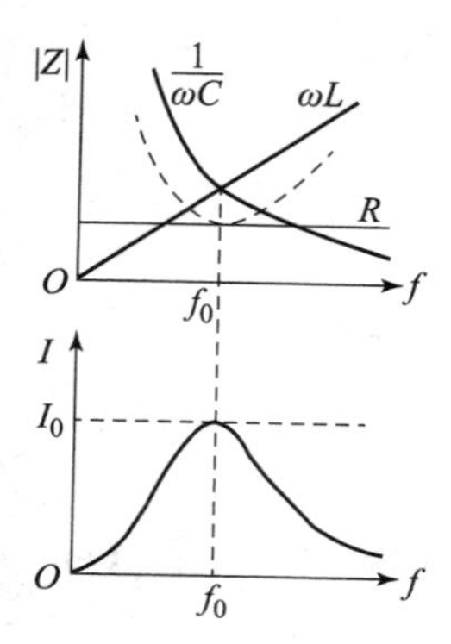

图 2－42　串联谐振

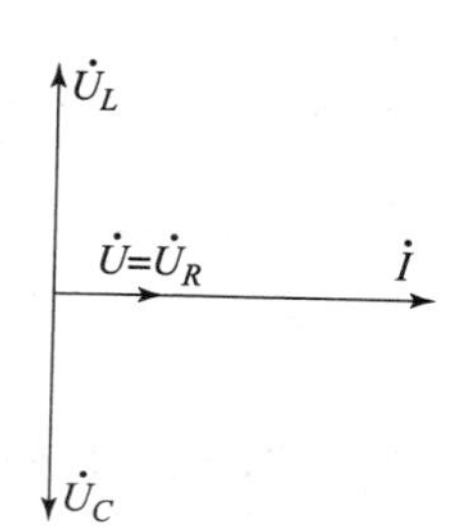

图 2－43　串联谐振的相量表示

谐振时 U_L 与 U_C 的单独作用不可忽视，因为 $U_L = IX_L$ 及 $U_C = IX_C$。当 $X_L = X_C > R$ 时，U_L 与 U_C 都高于总电压 U，是说在串联谐振时，电容及电感的端电压可能会比电源电压高出许多倍，亦称之为电压谐振。此时电容器容易击穿，需考虑其安全性。

2）串联谐振的应用

串联谐振在无线电工程中的应用广泛，利用谐振的选择性对所需频率的信号进行选择和放大，而对其他不需要的频率加以抑制。图2－44所示为收音机调谐接收电路。

图2－44　收音机的调谐接收电路

谐振时，电感或电容上的电压和总电压之比称为品质因数，用 Q 表示为

$$Q=\frac{U_L}{U}=\frac{U_C}{U}=\frac{\omega_0 L}{R}=\frac{1}{\omega_0 RC}$$

考虑一下，在该收音机接收电路中，若线圈的电感 $L=0.35$ mH，电阻 $R=18\ \Omega$，如果想要接收846 kHz的电台广播，应将电容调到多大？

2. 并联谐振电路

在图2－45（a）中，设所加正弦交流电 $u=\sqrt{2}U\sin\omega t$，其相量为 $\dot{U}=U\angle 0°$。由于并联电路的电压相等，设总电流是 i，各支路的电流分别是 i_R、i_L、i_C。谐振时一般有 $\omega L \gg R$；这样 RLC 电路简化为 LC 电路。

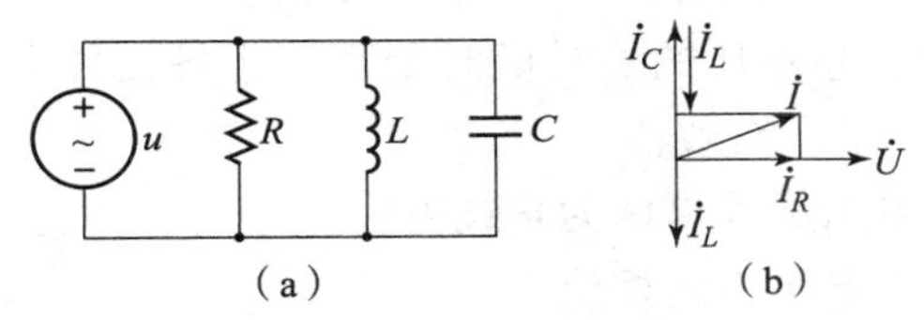

图2－45　RLC 并联电路

（a）电路图；（b）相量图

此电路中当外加信号频率很低时，电感 L 的阻抗变小，电容 C 的阻抗变大（可忽略），电路的阻抗主要取决于电感 L；当外加信号频率很高时，电感 L 的阻抗变得很大，而电容 C 的阻抗变得很小，电路的阻抗主要取决于电容 C。当外加信号频率等于固有谐振频率 f_0 时，$X_L=X_C$，电路总阻抗呈最大值。谐振频率与串联谐振频率近似相等，即

$$f_0=\frac{1}{2\pi\sqrt{LC}}$$

并联谐振的特点如下：

（1）谐振时电路的总阻抗达到最大值。电路的总电压与电流相位相同（$\varphi=0$），呈现电阻性，如图2－46所示。

（2）谐振时，电路两端的电压最大，大小为 $U=IR$，与总电流 i 同相；当工作频率偏离谐振频率时，其端电压值将减小。可见，RLC 并联电路同样也具有选频特性。

（3）谐振时流过电感和电容的电流大小相等，方向相反，量值为

$$I_{LQ}=I_{CQ}=QI$$

式中，Q 为并联 RLC 电路的品质因数，即

$$Q=\frac{\omega_0 L}{R}=\frac{1}{\omega_0 RC}$$

电路的 Q 值越大，表明并联电路的端电压越高，且电压频率特性曲线越尖锐。

【例 2-33】 图 2-47 所示为 RLC 串联电路，已知 $R=10\ \Omega$，$L=500\ \mu\text{H}$，C 为可变电容，变化范围为 12～290 pF。若外加信号源频率为 800 kHz，则电容应为多大发生谐振？

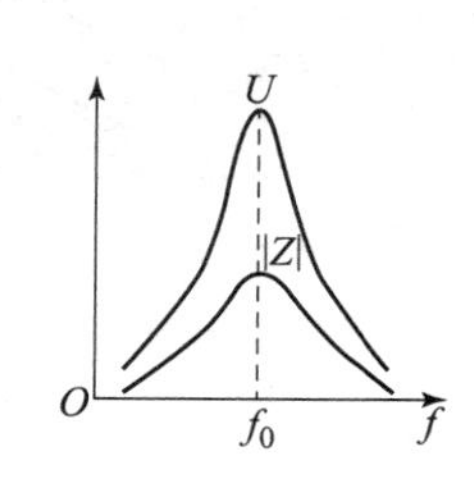

图 2-46 并联谐振的频率特性

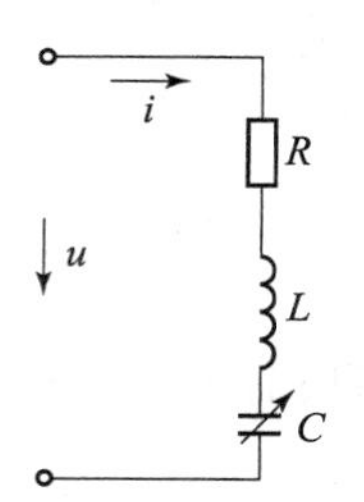

图 2-47 例 2-33 电路图

解：

$$C=\frac{1}{\omega^2 L}=\frac{1}{(2\pi f)^2 L}=\frac{1}{(2\times 3.14\times 800\times 1\ 000)^2\times 500\times 10^{-6}}=79.2\ (\text{pF})$$

思考与练习

一、判断题（下列判断正确的请打“√”，错误的打“×”）

1. 在 RLC 串联电路中，总电压的瞬时值时刻都等于各元件上电压瞬时值之和；总电压的有效值总会大于各元件上电压有效值。（　　）
2. 白炽灯、电烙铁、电阻炉等可认为是纯电阻元件。（　　）
3. 纯电阻电路中电流与电压为同相位。（　　）
4. 纯电感电路中电压超前电流 $\pi/2$。（　　）
5. 正弦交流电的三要素是幅值、角频率和初相。（　　）
6. 人们平时所用的交流电压表、电流表所测出的数值是有效值。（　　）
7. 频率不同的正弦量可以在同一相量图中画出。（　　）

二、填空题

1. 在纯电感交流电路中，电压与电流的相位关系是电压________电流 90°，感抗 $X_L=$________，单位是________。

2. 在纯电感正弦交流电路中，若电源频率提高一倍，而其他条件不变，则电路中的电流将变________。

3. 在正弦交流电路中，已知流过纯电感元件的电流 $I=5$ A，电压 $u=20\sqrt{2}\sin 314t$ V，若 u、i 取关联方向，则 $X_L=$________Ω，$L=$________H。

4. 在纯电容交流电路中，电压与电流的相位关系是电压________电流 90°。容抗 $X_C=$________，单位是________。

5. 在纯电容正弦交流电路中，已知 $I=5$ A，电压 $U=10\sqrt{2}\sin 314t$ V，容抗 $X_C=$________，电容量 $C=$________。

6. 在纯电容正弦交流电路中，增大电源频率时，其他条件不变，电容中电流 I 将________。

三、简答题

1. 简述电阻、电感和电容元件上的电流与电压数值及相位关系，并作出它们的电压与电流相量图。

2. RLC 串联交流电路的电压与电流的大小关系和相位关系如何？

3. 如何计算 RLC 串联交流电路的各种功率？什么是功率因数？提高功率因数有何意义？

4. 三个正弦量 i_1、i_2 和 i_3 的最大值分别为 1 A、2 A 和 3 A。若 i_3 的初相角为 60°，i_1 较 i_2 超前 30°，较 i_3 滞后 150°，试分别写出这三个电流的解析式（设正弦量的角频率为 ω）。

5. 试说明当频率低于或高于谐振频率时，RLC 串联电路是电容性还是电感性的？

四、计算题

1. 已知电阻 $R=10\ \Omega$，在关联参考方向下，通过电阻的电流 $i=1.41\sin(\omega t+60)$ A。求

（1）u_R 及 U_R。

（2）电阻接收的功率 P。

2. 已知 $u_L = 220\sqrt{2}\sin(1\,000t + 30°)$ V，$L = 0.1$ H。试求 X_L 和 $\dot{I}_L$ 并绘出电压、电流相量图。

3. 已知 $L = 1$ H 的电感接在 400 Hz/100 V 的正弦电源上，u 的初相位为 200，求电流并画出电流、电压的相量图。

4. 灯管与镇流器串联接到交流电压上，可看作为 RL 串联电路。如果已知某灯管的等效电阻 $R_1 = 260\ \Omega$，镇流器的电阻和电感分别为 $R_2 = 40\ \Omega$ 和 $L = 1.65$ H，电源电压 $U = 220$ V，试求电路中的电流和灯管两端与镇流器上的电压，这两个电压加起来是否等于 220 V？已知电源频率为 50 Hz。

任务 2.3　交流电路的功率因数

教学目标

（1）学会计算交流电路的功率。

（2）了解提高功率因数的意义。

（3）掌握提高功率因数的方法。

任务引入

某供电变压器额定电压 $U_N = 220$ V，额定电流 $I_N = 100$ A。现在该变压器对一批功率为

36 W，采用普通电感镇流器的日光灯供电。镇流器功耗为8.5 W，功率因数 $\cos\varphi \approx 0.5$，如图2-48（a）所示。

（1）该变压器能对多少这样的日光灯供电？

（2）若把普通电感镇流器换成功耗为3 W，功率因数 $\cos\varphi = 0.96$ 的电子镇流器[图2-48（b）]，该变压器又能对多少日光灯供电？

（3）如果不改变原电路的器件，采用什么样的方法也可以提高功率因数？

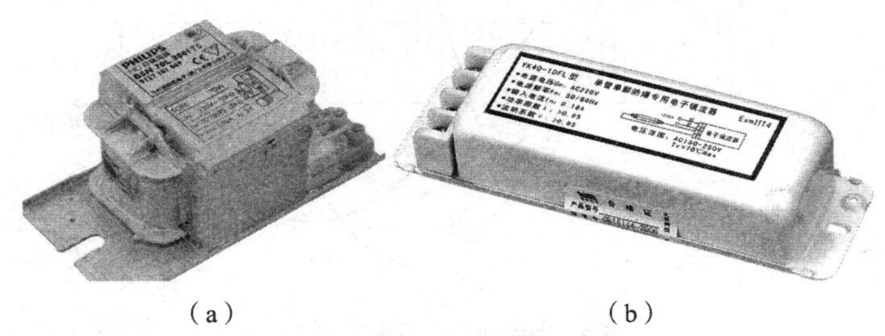

（a）（b）

图2-48 日光灯镇流器

（a）电感镇流器；（b）电子镇流器

任务分析

正弦交流电是工农业生产及日常生活用电的主要形式（如在动力、照明、电热等方面的绝大多数设备都取用正弦交流电），掌握交流电的基本规律和交流电路的分析计算方法是非常必要的。

在交流电路中，只要有电流流动就会有电阻作用；交流电不断变化，使其周围产生不断变化的磁场和电场，在变化的磁场作用下，线圈会产生感应电动势，即电路中有电感的作用；同时，变化的电场要引起电路中电荷分布的改变，即电路中有电容的作用。因此，在对交流电路进行分析计算时，必须同时考虑电阻 R、电感 L、电容 C 这3个参数对电路的影响。所以，应当从掌握电阻、电感、电容单一参数电路元件组成的最简单的交流电路入手。

相关知识

2.3.1 正弦交流电的功率

1. 瞬时功率

一般负载的交流电路如图2-49所示。交流负载的端电压 u 与电流 i 之间存在相位差为 φ，φ 的正负、大小由负载具体情况确定。因此，负载的端电压 u 与电流 i 之间的关系可表示为

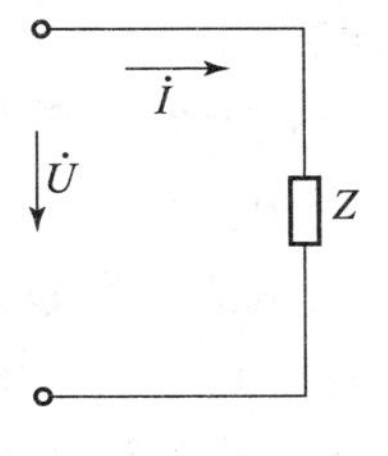

图2-49 交流电路图

$$i = \sqrt{2}I\sin\omega t$$

$$u = \sqrt{2}U\sin(\omega t + \varphi)$$

负载取用的瞬时功率为

$$p = ui = \sqrt{2}U\sin(\omega t + \varphi) \cdot \sqrt{2}I\sin\omega t = UI\cos\varphi - UI\cos(2\omega t + \varphi)$$

瞬时功率是随时间变化的，其变化曲线如图2-50所示。可以看出，瞬时功率有时为

正，有时为负。正值时，表示负载从电源吸收功率，负值表示从负载中的储能元件（电感、电容）释放出能量送回电源。

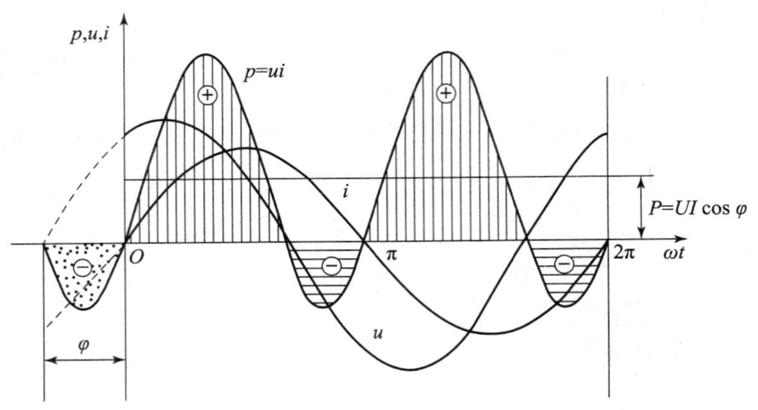

图 2－50　瞬时功率波形图

2. 有功功率（平均功率）和功率因数

把一个周期内瞬时功率的平均值称为“平均功率”或称为“有功功率”，用字母“P”表示，即

$$P = \frac{1}{T}\int_0^T p\mathrm{d}t = \frac{1}{T}\int_0^T [UI\cos\varphi - UI\cos(2\omega t + \varphi)]\mathrm{d}t = UI\cos\varphi$$

上式表明，有功功率等于电路端电压有效值 U 和流过负载的电流有效值 I 的乘积，再乘以 $\cos\varphi$。

式中的 $\cos\varphi$ 称为功率因数，其数值取决于电路中总的电压和电流的相位差。由于一个交流负载总可以用一个等效负阻抗来表示，因此它的阻抗角决定电路中的电压和电流的相位差，即 $\cos\varphi$ 中的 φ 也就是复阻抗的阻抗角。

由上述分析可知，在交流负载中只有电阻部分才消耗能量，在 RLC 串联电路中电阻 R 是耗能元件，则有 $P = U_R/I = I^2R$。

3. 无功功率

由于电路中有储能元件电感和电容，它们虽然不消耗功率，但与电源之间要进行能量交换。用无功功率表示这种能量交换的规模，用大写字母 Q 表示。对于任意一个无源二端网络，其无功功率可定义为

$$Q = UI\sin\varphi$$

上式中的 φ 角为电压和电流的相位差，也是电路等效复阻抗的阻抗角。对于电感性电路，$\varphi > 0$，则 $\sin\varphi > 0$，无功功率 Q 为正值；对于电容性电路，$\varphi < 0$，则 $\sin\varphi < 0$，无功功率 Q 为负值。当 $Q > 0$ 时，为吸收无功功率；当 $Q < 0$ 时则为发出功率。

在电路中既有电感元件又有电容元件时，无功功率相互补偿，它们在电路内部先相互交换一部分能量后，不足部分再与电源进行交换，则无源二端网络的无功功率为

$$Q = Q_L + Q_C$$

上式表明，二端网络的无功功率是电感元件的无功功率与电容元件无功功率的代数和。式中的 Q_L 为正值，Q_C 为负值，Q 为一代数量，可正可负，单位为乏。

4. 视在功率

在交流电路中，端电压与电流的有效值乘积称为视在功率，用 S 表示，即

$$S = UI$$

视在功率的单位为伏安（V·A）或千伏安（kV·A）。

虽然视在功率 S 具有功率的量纲，但它与有功功率和无功功率是有区别的。视在功率 S 通常用来表示电气设备的容量。容量说明了电气设备可能转换的最大功率。电源设备如变压器、发电机等所发出的有功功率与负载的功率因数有关，不是一个常数，因此电源设备通常只用视在功率表示其容量，而不是用有功功率表示。

交流电气设备的容量是按照预先设计的额定电压和额定电流来确定的。用额定视在功率 S_N 来表示，即

$$S_N = U_N I_N$$

交流电气设备应在额定电压 U_N 条件下工作，因此电气设备允许提供的电流为

$$I_N = S_N / U_N$$

可见，设备的运行要受 U_N、I_N 的限制。

由上所述，有功功率 P、无功功率 Q、视在功率 S 之间存在如下关系：

$$P = UI\cos\varphi = S\cos\varphi$$

$$Q = UI\sin\varphi = S\sin\varphi$$

$$S = \sqrt{P^2 + Q^2} = UI$$

$$\varphi = \arctan(Q/P)$$

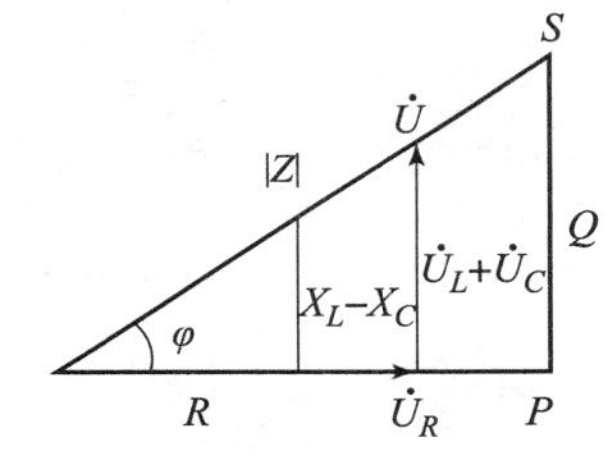

图2－51　电压、阻抗、功率三角形

显然 S、P、Q 构成个直角三角形，如图2－51所示。此三角形成功率直角三角形，它与同电路的电压三角形、阻抗三角形相似。

2.3.2　功率因数的提高

1. 功率因数

由前面内容分析可知 R、L、C 混合电路中负载取用的功率输出电流的有效值的乘积有关，而且与电路（负载）的参数有关。电路所具有的参数不同，电压与电流之间的相位差 φ 也就不同，在同样的电压 U 和电流 I 作用下，电路的有用功功率和无用功功率也就不同。

因此，电工学中将 $P = UI\cos\varphi$ 中的 $\cos\varphi$ 称为功率因数。

只有在电阻负载（如白炽灯、电阻炉等）的情况下，电压与电流才同相，其功率因数为1。对其他负载来说，其功率因数均介于0与1之间，这时电路中发生能量互换，出现无功功率 $Q = UI\sin\varphi$。无功功率的出现，使电能不能充分利用，其中有一部分能量即在电源与负载之间进行能量互换同时增加了线路的功率损耗。所以对用电设备来说，提高功率因数可以使电源设备的容量得到充分利用，同时也能使电能得到大量节约。

功率因数不高，根本原因是电感性负载的存在。例如，工程施工中常用的异步电动机，在额定负载时功率因数为0.7～0.9。如果在轻载时其功率因数就更低。电感性负载的功率因数之所以小于1，是由于负载本身需要一定的无功功率。

国家电业部门规定用电企业的功率因数必须维持在0.85以上，高于此指标的给予奖励，

低于此指标的则罚款，而低于 0.5 者停止供电。功率因数的高低为什么如此重要？功率因数低有哪些不利？从以下两方面来说明。

(1) 电源设备的容量不能充分利用。

设某供电变压器的额定电压 $U_N = 230$ V，额定电流 $I_N = 434.8$ A，额定容量为

$$S_N = U_N I_N = 230 \times 434.8 \approx 100 \ (\text{kV} \cdot \text{A})$$

若负载功率因数等于 1，则变压器可以输出有功功率为

$$P = U_N I_N \cos\varphi = 230 \times 434.8 \times 1 \ \text{W} \approx 100 \ \text{kW}$$

若负载功率因数等于 0.5，则变压器可以输出有功功率为

$$P = U_N I_N \cos\varphi = 230 \times 434.8 \times 0.5 \ \text{W} \approx 50 \ \text{kW}$$

可见，负载的功率因数越低，供电变压器输出的有功功率越小，设备的利用率越不充分，经济损失越严重。

(2) 增加输电线路上的功率损失。

当发电机的输出电压 U 和输出的有功功率 P 一定时，发电机输出的电流（即线路上的电流）为

$$I = \frac{P}{U\cos\varphi}$$

可见，电流 I 和功率因数 $\cos\varphi$ 成反比。若输电线的电阻为 R，则输电线上的功率损失为

$$\Delta P = I^2 R = \left(\frac{P}{U\cos\varphi}\right)^2 R$$

功率损失 ΔP 和功率因数 $\cos\varphi$ 的平方成反比，功率因数越低，功率损失越大。

以上讨论的是一台发电机的情况，但其结论也适用于一个工厂或一个地区的用电系统。功率因数的提高意味着电网内的发电设备得到了充分利用，提高了发电机输出的有功功率和输电线上有功电能的输送量。与此同时，输电系统的功率损失也大大降低，可以节约大量电力。

2. *功率因数提高的方法*

提高功率因数的首要原则是：只能减小电源与负载间的无功互换规模，不能改变原负载的工作状态，即保持用电设备原有的额定电压、额定电流及功率不变。通常采取的方法是：在感性负载两端并联容性元件去补偿其无功功率；容性负载则并联感性元件补偿之。

提高功率因数简便而有效的方法，是给电感性负载并联适当大小的电容器，其电路图和相量图如图 2－52 所示。

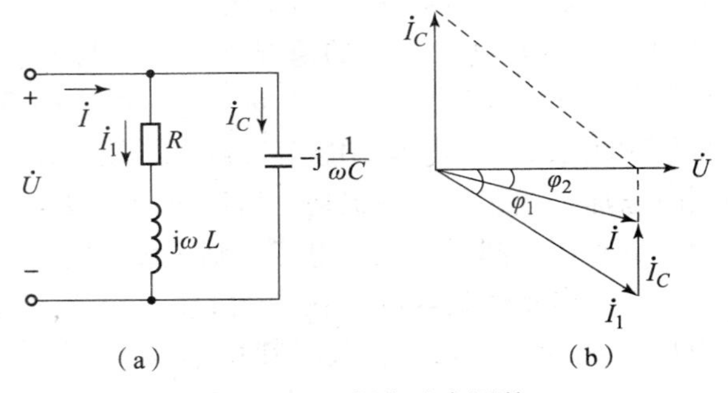

图 2－52　提高功率因数

(a) 电路图；(b) 相量图

由于是并联，电感性负载的电压不受电容器的影响。电感性负载的电流 I_L 仍然等于原来的电流，这是因为电源电压和电感性负载的参数并未改变的缘故。但对总电流来说，却多了一个电流分量 I_C，即

$$\dot{I}=\dot{I}_L+\dot{I}_C$$

由图2－51（b）可知，未并联电容器，总电流（等于电感性负载电流）与电源电压的相位是 φ_1；并联电容器之后，总电流（等于 $\dot{I}_L+\dot{I}_C$）与电源电压的相位差为 φ_2，相位差减小了，由 φ_1 减小为 φ_2，功率因数 $\cos\varphi$ 就提高了。应当注意，这里所说的功率因数提高了，是指整流器电路系统（包括电容器在内）的功率因数提高了（或者说此时电源的功率因数提高了），而原电感性负载的功率因数并未改变。

由电路图和相量图可知，若增加电容量，容抗减小，则 I_C 增大，顺 I 的延长线伸长，φ_2 角随着减小，功率因数逐渐提高。若 C 值选得适当，电流 I 和电压 U 同相，则 $\cos\varphi=1$，获得最佳状态。若 C 值选得过大，I_C 增大太多，电流 I 将超前电压，功率因数反而减小。因此 C 必须选择适当。C 的计算公式推导如下。

由相量图可知

$$I_C=I_1\sin\varphi_1-I\sin\varphi_1$$

式中，I_C 为电容器的电流；I_1 和 I 分别为功率因数提高前、后的电流。

I_C 可由下面关系得出

$$I_C=\frac{U}{X_C}=\omega CU$$

$P=UI_1\cos\varphi_1$（功率因数提高前电路的有功功率）

$P=UI_2\cos\varphi_2$（功率因数提高后电路的有功功率，电容器不消耗功率）

即

$$I_1=\frac{P}{U\cos\varphi_1}$$

$$I=\frac{P}{U\cos\varphi_2}$$

将 I_C、I_1 和 I 代入前式，得

$$I_C=I_1\sin\varphi_1-I\sin\varphi_1=\frac{P\sin\varphi_1}{U\cos\varphi_1}-\frac{P\sin\varphi_2}{U\cos\varphi_2}=\frac{P}{U}(\tan\varphi_1-\tan\varphi_2)$$

$$\omega CU=\frac{P}{U}(\tan\varphi_1-\tan\varphi_2)$$

即

$$C=\frac{P}{\omega U^2}(\tan\varphi_1-\tan\varphi_2)$$

$$Q_C=I^2X_C=\frac{U^2}{X_C}=\omega CU^2$$

因为

$$C=\frac{Q}{\omega U^2}$$

所以

$$Q_C = P(\tan\varphi_1 - \tan\varphi_2)$$

式中，P 为电源向负载提供的有功功率（W）；U 为电源电压（V）；φ_1 为并联电容前电路的功率因数角（°）；φ_2 为并联电容后整个电路的功率因数角（°）。

提高功率因数要以不影响负载正常工作为前提，电容只能与感性负载并联而不能串联。因为感性负载串联电容后，虽然也可以改变功率因数，但是负载上的电压也发生了变化，会影响负载正常工作。补偿电容的外形如图 2－53 所示。

图 2－53　补偿电容的外形

把普通日光灯中传统的电感镇流器换成新型电子镇流器，不仅降低了镇流器本身功耗和提高了功率因数，还可以实现低电压启动。

（1）当使用普通电感镇流器时，$\cos\varphi = 0.5$。由于变压器的视在功率

$$S = UI = 220 \times 100 = 22\ (\text{kV} \cdot \text{A})$$

故该变压器可提供的有功功率为

$$P = S\cos\varphi = 22 \times 0.5 = 11\ (\text{kV} \cdot \text{A})$$

可以连接的日光灯个数为

$$\frac{11 \times 10^3}{36 + 8.5} \approx 247\ (\text{个})$$

（2）当采用新型电子镇流器后，$\cos\varphi$ 提高到了 0.95。这时可提供的有功功率为

$$P = S\cos\varphi = 22 \times 0.95 = 20.9\ (\text{kV} \cdot \text{A})$$

可以连接的日光灯个数为

$$\frac{20.9 \times 10^3}{36 + 8.5} \approx 529\ (\text{个})$$

可以看出，同一个变压器，如果把普通电感镇流器改为新型电子镇流器或功率因数 $\cos\varphi$ 由 0.5 提高到 0.95 时，带的日光灯数量翻了一倍还多。

（3）除采用更换镇流器方法外，通过并联补偿电容的形式也可提高功率因数。假设之前的功率因数为 $\cos\varphi_1$，提高后的功率因数为 $\cos\varphi$，则具体为

$$\cos\varphi_1 = 0.5 \text{ 时 } \varphi_1 = 60°,\ \tan\varphi_1 = 1.732$$

$$\cos\varphi = 0.95 \text{ 时 } \varphi = 18.2°,\ \tan\varphi = 0.329$$

需要并联的电容大小为

$$C = \frac{P}{\omega U^2}(\tan\varphi_1 - \tan\varphi) = \frac{40}{2\pi \times 50 \times 220^2}(1.732 - 0.329) = 3.69\ (\mu\text{F})$$

【例 2－34】　一台三相电动机，额定功率 $P_N = 75$ kW，$U_N = 3\,000$ V，$\cos\varphi_N = 0.85$，效率 $\eta_N = 0.82$，试求额定状态运行时，电动机的电路 I_N 为多少？电动机的有功功率、无功功率及视在功率各为多少？

解：电动机的额定功率 P_N 是指机轴上输出的机械功率，则电动机的电功率 P 为

$$P = \frac{P_N}{\eta_N} = \frac{75}{0.82} = 91.5\ (\text{kW})$$

又

$$P_N = \sqrt{3} U_N I_N \cos\varphi_N \eta_N$$

故电动机的额定功率为

$$I_N=\frac{P_N}{\sqrt{3}U_N\cos\varphi_N\eta_N}=\frac{75\times10^3}{\sqrt{3}\times3\ 000\times0.85\times0.82}=20.71\ (\text{A})$$

电动机的容量为

$$S=\sqrt{3}U_NI_N=\sqrt{3}\times3\ 000\times20.71=107\ 609\ (\text{V}\cdot\text{A})\approx107.6\ \text{kV}\cdot\text{A}$$

电动机消耗的无功功率为

$$Q=\sqrt{S^2-P^2}=\sqrt{107.6^2-91.5^2}=56.6\ (\text{kvar})$$

【例2-35】　感性负载，其功率 $P=10$ kW，$\cos\varphi=0.6$，接在 $U=220$ V，$f=50$ Hz 的电源上。

（1）如将功率因数提高到 $\cos\varphi=0.95$，需要并联多大的电容 C？求并联 C 前后线路的电流。

（2）如将 $\cos\varphi$ 从0.95提高到1，试问还需并联多大的电容 C？

解：（1）

$$C=\frac{P}{\omega U^2}(\tan\varphi_1-\tan\varphi_2)$$

$$\cos\varphi_1=0.6\text{ 得 }\varphi_1=53°$$

$$\cos\varphi_2=0.95\text{ 得 }\varphi_2=18°$$

所以

$$C=\frac{10\times10^3}{314\times220^2}(\tan53°-\tan18°)\ \text{F}=656\ \mu\text{F}$$

并联 C 前：

$$I_1=\frac{P}{U\cos\varphi_1}=\frac{10\times10^3}{0.6\times220}=75.6\ (\text{A})$$

并联 C 后：

$$I_2=\frac{P}{U\cos\varphi_2}=\frac{10\times10^3}{0.95\times220}=47.8\ (\text{A})$$

（2）$\cos\varphi$ 从0.95提高到1时所需增加的电容值为

$$C=\frac{10\times10^3}{314\times220^2}(\tan18°-\tan0°)\text{F}=213.6\ \mu\text{F}$$

可见，功率因数已经很大时再继续提高，则所需电容值很大（不经济），所以一般不必提高到1。

2.3.3　实训操作－正弦稳态交流电路相量的研究与应用

1. 目的要求

（1）研究正弦稳态交流电路中电压、电流相量之间的关系。

（2）掌握日光灯线路的接线。

（3）理解改善电路功率因数的意义并掌握其方法。

2. 项目分析

（1）在单相正弦交流电路中，用交流电流表测得各支路的电流值，用交流电压表测得回路各元件两端的电压值，它们之间的关系满足相量形式的基尔霍夫定律，即 $\Sigma\dot{I}=0$ 和$\Sigma\dot{U}=0$。

（2）图 2 – 54 所示为 RC 串联电路，在正弦稳态信号 $\dot{U}$ 的激励下，$\dot{U}_R$与 $\dot{U}_C$ 保持有 90°的相位差，即当 R 阻值改变时，$\dot{U}_R$ 的相量轨迹是一个半圆。$\dot{U}$、$\dot{U}_C$ 与 $\dot{U}_R$ 三者形成一个直角形的电压三角形，如图 2 – 55 所示。R 值改变时，可改变 φ 角的大小，从而达到移相的目的。

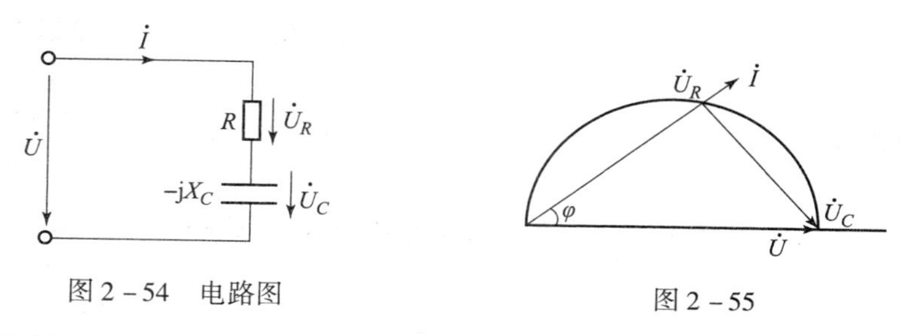

图 2 – 54　电路图　　　图 2 – 55

（3）日光灯线路如图 2 – 56 所示，图中 A 是日光灯管，L 是镇流器，S 是启辉器，C 是补偿电容器用以改善电路的功率因数（cosφ 值）。有关日光灯的工作原理请自行翻阅有关资料。

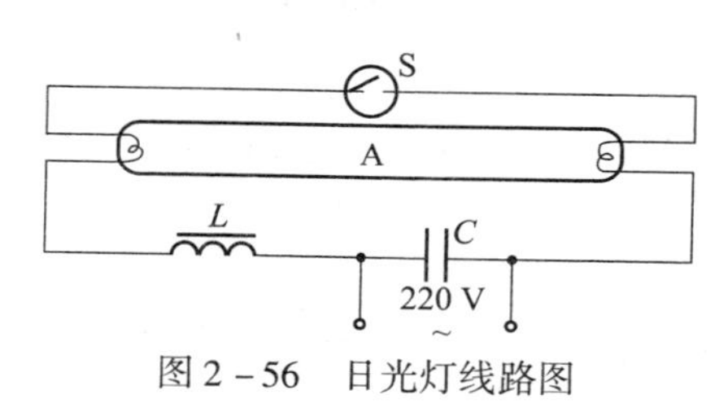

图 2 – 56　日光灯线路图

3. 设备与材料

材料清单如表 2 – 2 所示。

表 2 – 2　材料清单

序号	名称	型号与规格	数量	备注
1	可调三相交流电源	0 ~ 450 V	1	
2	交流数字电压表	0 ~ 500 V	1	
3	交流数字电流表	0 ~ 5 A	1	
4	单相功率表		1	HKDG – 1B
5	镇流器、启辉器	与 30 W 灯管配用	各 1	HKDG – 04
6	日光灯灯管	30 W	1	屏内
7	电容器	1 μF，2.2 μF，4.7 μF/500 V	各 1	HKDG – 05
8	白炽灯	220 V，15 W	1 ~ 3	HKDG – 04
9	电流插座		3	HKDG – 04

4. 项目内容

（1）按图2－54接线。R为220 V、15 W的白炽灯泡，电容器为4.7 μF/450 V。经指导教师检查后，接通项目各电源，将自耦调压器输出（即U）调至220 V。记录$\dot{U}$、$\dot{U}_C$与$\dot{U}_R$值于表2－3中，验证电压三角形关系。

表2－3　记录表

测量值			计算值	
U/V	U_R/V	U_C/V	U'/V	φ

（2）日光灯线路接线与测量。

按图2－57接线，经指导教师检查后接通项目各电源，调节自耦调压器的输出，使其输出电压缓慢增大，直到日光灯刚启辉点亮为止，记下三表的指示值。然后将电压调至220 V，测量功率P，电流I，电压U、U_L、U_A等值，验证电压、电流相量关系。将数据记录于表2－4中。

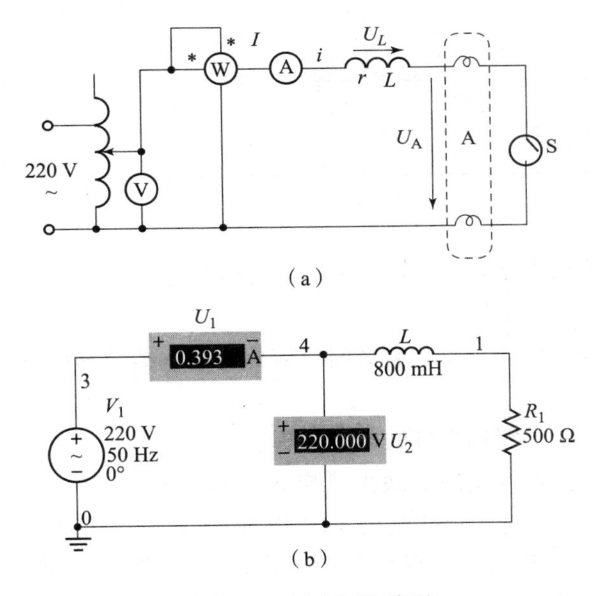

图2－57　日光灯电路图

表2－4　记录表

内容	P/W	$\cos\varphi$	I/A	U/V	U_L/V	U_A/V
启辉值						
正常工作值						

（3）并联电路——电路功率因数的改善。

按图2－58组成项目线路。经指导教师检查后，接通项目各电源，将自耦调压器的输出调至 220 V，记录功率表、电压表读数。通过一只电流表和三个电流插座分别测得三条支路的电流，改变电容值，进行三次重复测量并记录于表 2－5 中。

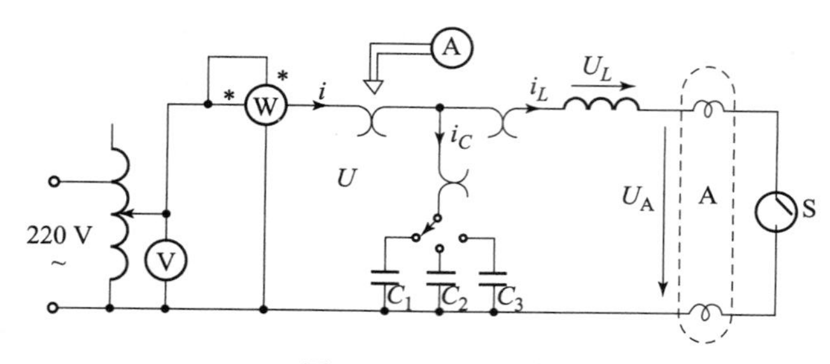

图 2－58　线路图

表 2－5　记录表

电容值/μF	测量数值						计算值	
	P/W	cosφ	U/V	I/A	I_L/A	I_C/A	I'/A	cosφ
0								
1								
2.2								
4.7								
4.7＋2.2								

5. 项目要求

（1）本项目用交流市电 220 V，务必注意用电和人身安全。

（2）功率表要正确接入电路。

（3）线路接线正确，日光灯不能启辉时，应检查启辉器及其接触是否良好。

6. 项目要求

（1）参阅课外资料，了解日光灯的启辉原理。

（2）在日常生活中，当日光灯上缺少了启辉器时，人们常用一根导线将启辉器的两端短接一下，然后迅速断开，使日光灯点亮（HKDG－04 项目挂箱上有短接按钮，可用它代替启辉器做试验。）或用一只启辉器去点亮多只同类型的日光灯，这是为什么？

（3）为了改善电路的功率因数，常在感性负载上并联电容器，此时增加了一条电流支路，试问电路的总电流是增大还是减小，此时感性元件上的电流和功率是否改变？

（4）提高线路功率因数为什么只采用并联电容器法，而不用串联法？所并的电容器是否越大越好？

7. 项目报告

（1）完成数据表格中的计算，进行必要的误差分析。

（2）根据项目数据，分别绘出电压、电流相量图，验证相量形式的基尔霍夫定律。

（3）讨论改善电路功率因数的意义和方法。

（4）装接日光灯线路的心得体会及其他。

思考与练习

一、简答题

1. 感性负载能否采取串联电容器的方式提高功率因数？

2. 提高功率因数时，如将电容器并联在电源端（输电线始端），是否能取得预期效果？

3. 功率因数提高后，线路电流减小了，瓦时计会走得慢些（省电）吗？

4. 提高功率因数时，如将电容器并联在电源端（输电线始端），是否能取得预期效果？

二、计算题

1. 一电感 $L=0.127$ H，接在 $u_L=220\sqrt{2}\sin(314t+30°)$ V 的交流电路上，求

（1）电流 I_L。

（2）有功功率 P_L。

（3）无功功率 Q_L。

2. 如图 2－59 所示电路中，已知 $\dot{U}=220\angle 0°\text{V}$，试求：

（1）各元件上的功率；

（2）电路的总功率因数、有功功率、无功功率及视在功率。

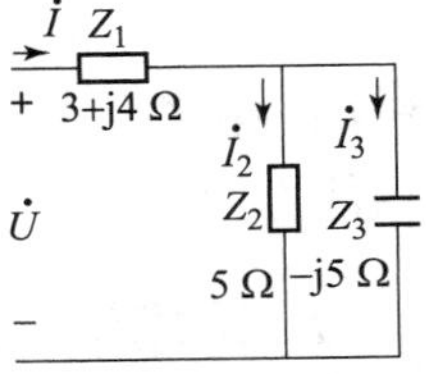

$\dot{I}$　Z_1　$3+j4\ \Omega$　$\dot{I}_2$　Z_2　$5\ \Omega$　$\dot{I}_3$　Z_3　$-j5\ \Omega$　$\dot{U}$　+　−

图 2－59

任务 2.4　三相交流电路的仿真测试

教学目标

（1）掌握三相电源和三相负载的接法。

（2）理解对称三相电路中相电压（相电流）与线电压（线电流）的关系。

（3）学习对称三相电路的计算方法，会求三相功率。

（4）了解中线的作用与安全用电的基本知识。

任务引入

图 2－60 和图 2－61 所示为家庭中常用的插座面板。

（1）如何用验电笔或选用量程合适的交流电压表测出三相四线制供电线路上的火线和零线并正确接线？

（2）图 2－60 中两个三极带接地插座的区别是什么？各用在什么场合？

（a）

（b）

图 2－60　常用插座面板

（a）二三极带接地保护插座；（b）25 A 三相四极插座

图 2－61　常用插座面板

任务分析

从电厂送过来的电源和用户负载之间一般要通过电气开关连接，了解电源和插座之间的正确接线方法非常重要。在研究电源和插座之间连接方法前，必须要对供电方式有所了解。电力输配电系统中使用的交流电源绝大多数是三相制系统。前面研究的单相交流电是由三相系统的一相提供的。之所以采用三相系统供电，是因为三相电在发电、输电以及电能转换为机械能方面都具有明显的优越性。

相关知识

三相交流电路是由 3 个频率相同、幅度相等、相位彼此互差 120°的单相电源组成的。由于三相交流电在生产、输送和运用等方面的突出优点，因此交流电系统都采用三相三线制输电、三相四线制配电。由于工作现场既有动力负载（如搅拌机、吊车等），又有照明负载，因此一般都采用三相四线制供电。所谓三相四线制就是三条相线（火线）、一条零线的供电体制。日常生活和工农业生产用电几乎都来自电力部门提供的三相电源。发电厂把电发出来，电力部门再把三相交流电路敷设到工矿企业和居住小区，如图 2－62 所示。在前述单相交流电路中的分析计算方法，完全适用于三相交流电路。

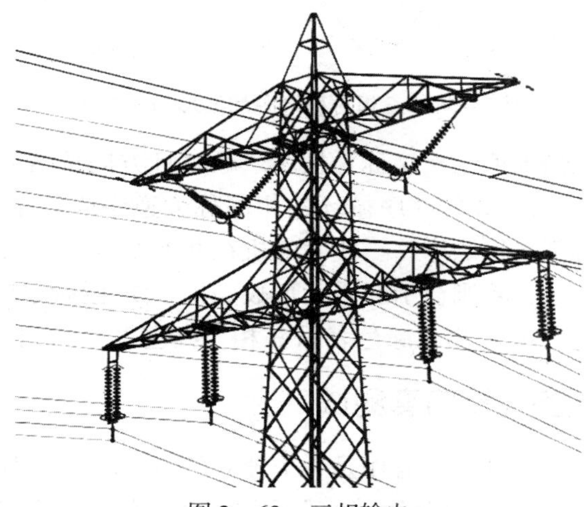

图 2－62　三相输电

2.4.1　三相交流电的产生和表示方法

三相交流电是由三相交流发电机产生的，如图 2－63 所示。

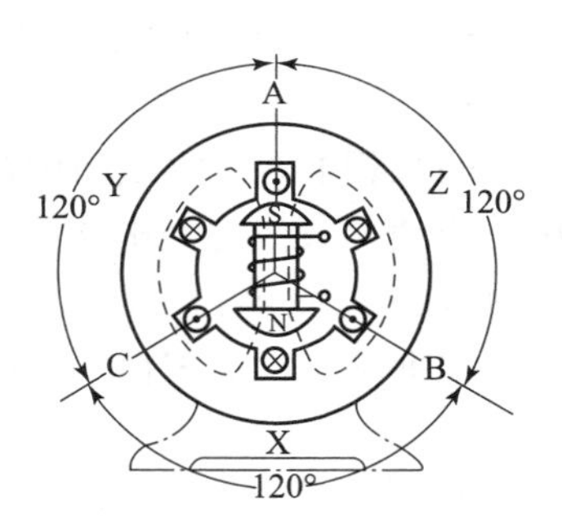

图 2－63　三相交流发电机

从图 2－63 中可以看出，三相交流发电机主要由定子和转子两部分组成。3 个完全相同的线圈（绕组）彼此绝缘、对称放置在发电机定子槽内。3 个绕组分别用 AX、BY、CZ 表示。绕组的首端用 A、B、C 表示，尾端用 X、Y、Z 表示。3 个绕组在定子内安放的位置在空间上互差 120°。中间可以转动的部分称为转子，通入直流电励磁。当转子由原动机带动，以角速度 ω 旋转时，3 个绕组依次切割旋转磁极的磁力线而产生幅值相等（绕组全同）、频率相同（以同一角速度切割）、只在相位上（时间上）相差 120°的三相交变感应电动势，分别用 e_A，e_B，e_C 表示。

$$e_A = E_m \sin\omega t$$

$$e_B = E_m \sin(\omega t - 120°)$$

$$e_C = E_m \sin(\omega t + 120°)$$

式中，E_m 为电动势幅值，三相电动势有效值的相量表示为

$$\dot{E}_A = E\angle 0°$$

$$\dot{E}_B = E\angle -120°$$

$$\dot{E}_C = E\angle 120°$$

式中，E 为有效值，波形图和相量图如图 2－64 所示。

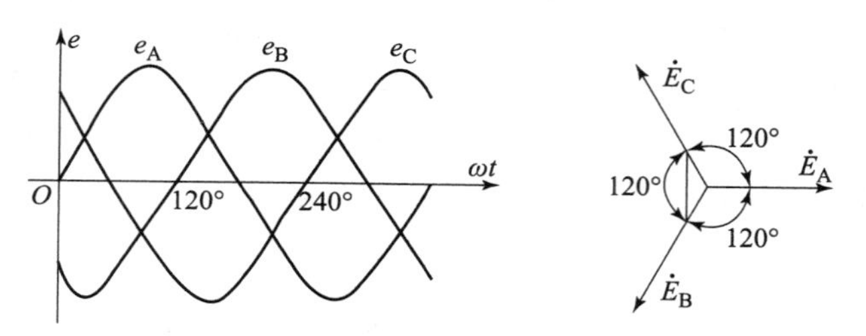

图 2－64　三相对称电源的波形与相量图

三相电动势依次出现最大值的次序称为相序。顺时针方向按 A－B－C 的次序循环的相序称为顺序或正序，按 A－C－B 的次序循环的相序称为逆序或负序。相序是由发电机转子的旋转方向决定的，通常都采用顺序。三相发电机在并网发电或用三相电驱动三相交流电动机时，必须考虑相序的问题，否则会引起重大事故。为了防止接线错误，低压配电线路中规定用颜色区分各相：黄色表示 A 相，绿色表示 B 相，红色表示 C 相。

2.4.2　三相电源的连接仿真测试

三相发电机的每一相绕组都可以看作是一个独立的单相电源分别向负载供电。但是，这种供电方式需用 6 根输电线，既不经济也体现不出三相交流电的优点。因此，发电机的三相定子绕组都是在内部采用星形（Y）或三角形（△）两种连接方式向外输电。

1. 星形（Y）连接

把 3 个末端 X、Y、Z 连在一起用 N 表示，N 称为中点。由中点引出的线称为中线，俗称零线；3 个首端 A、B、C 引出的线称为火线。火线和中线共同构成了一个对称星形（Y）连接的三相电源。火线与中线之间的电压称为相电压，用 u_A、u_B、u_C 表示，其有效值记作 U_P。火线与火线之间电压称为线电压，用 u_{AB}、u_{BC}、u_{CA} 表示，其有效值记作 U_L，如图 2－65 所示。

根据基尔霍夫定律，线电压与相电压之间的关系为

$$u_{AB} = u_A - u_B$$
$$u_{BC} = u_B - u_C$$
$$u_{CA} = u_C - u_A$$

用相量表示为

$$\dot{U}_{AB} = \dot{U}_A - \dot{U}_B$$
$$\dot{U}_{BC} = \dot{U}_B - \dot{U}_C$$
$$\dot{U}_{CA} = \dot{U}_C - \dot{U}_A$$

假设

$$\dot{U}_A = U\angle 0°$$
$$\dot{U}_B = U\angle -120°$$
$$\dot{U}_C = U\angle 120°$$

相、线电压间关系如图 2-66 所示，从图中可以看出

$$\dot{U}_{AB}=\dot{U}_A-\dot{U}_B=\sqrt{3}\dot{U}_A\angle 30°$$

$$\dot{U}_{BC}=\dot{U}_B-\dot{U}_C=\sqrt{3}\dot{U}_B\angle 30°$$

$$\dot{U}_{CA}=\dot{U}_C-\dot{U}_A=\sqrt{3}U_C\angle 30°$$

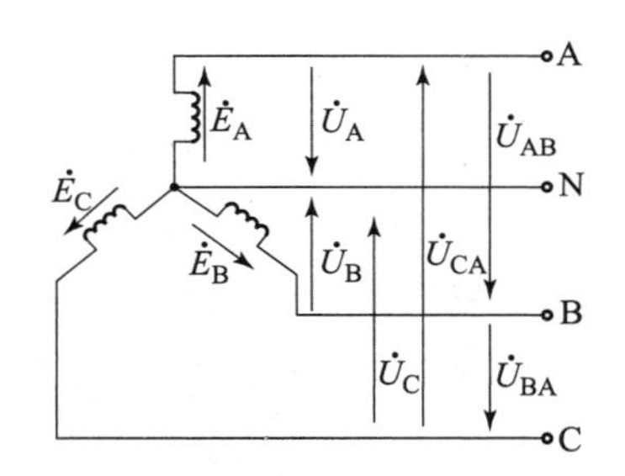

图 2-65　三相电源的星形连接

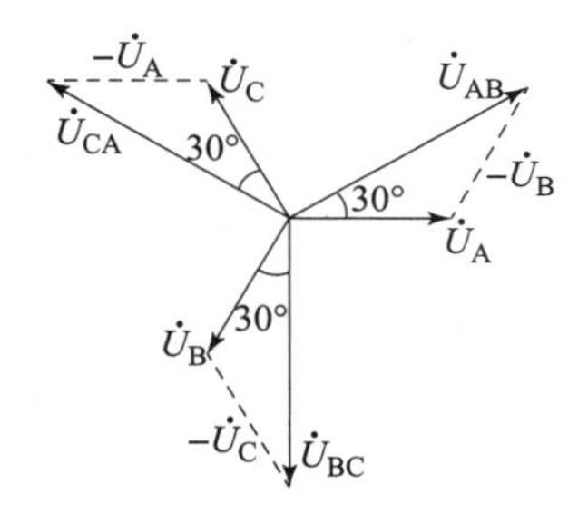

图 2-66　相、线电压间关系

也就是说，三相电源的线电压也是对称的，其在相位上超前于相应的相电压 30°。线电压和相电压的有效值关系为：$U_L=\sqrt{3}U_P$。

这样连接的优点是：可以提供两种电压；各相绕组承压低；空载时发电机无内耗。

我国工厂企业的低压配电线路中普遍使用的相电压为 220 V，线电压为 380 V；而日本、西欧的某些国家采用 60 Hz/110 V 的供电标准。在使用进口电气设备时要特别注意，电压等级不符会造成电气设备的损坏。

星形连接的三相电源，也可以不引出中性线，这种电源称为三相三线电源，它只能提供一种电压，即线电压。实际运用中，可根据额定电压决定负载的接法；若负载额定电压是 380 V，就接在两条相线之间；若负载额定电压是 220 V，就接在相线和中性线之间。必须注意，不加说明的三相电源和三相负载的额定电压都是指线电压。

2. 三角形（△）连接

如果把 3 个定子绕组的始、末端顺序相接，再从各连接点 A、B、C 引出 3 根火线来，就构成了一个三角形连接的三相电源。在这种接法中没有中点，线电压即为相电压。

$$u_{AB}=u_A$$

$$u_{BC}=u_B$$

$$u_{CA}=u_C$$

用相量表示为

$$\dot{U}_{AB}=\dot{U}_A$$

$$\dot{U}_{BC}=\dot{U}_B$$

$$\dot{U}_{CA}=\dot{U}_C$$

必须注意，如果任何一相绕组接反，3 个相电压之和不再为零。闭合回路中将产生极大的短路电流，造成严重后果，所以在实际中绕组较少接成三角形。

【例 2-36】　已知对称三相电源相序为正序，$\dot{U}_B=110\angle 30°$，试确定 u_A、u_B、u_C 的相量。

解：因为三相电源相序为正序，且 $\dot{U}_B = 110\angle 30°$
所以有

$$\dot{U}_A = 110\angle(30° + 120°) = 110\angle 150°$$

$$\dot{U}_C = 110\angle(30° - 120°) = 110\angle -90°$$

3. 三相电源的仿真测试

1）三相交流电波形观察

（1）打开 Multisim 电路仿真软件。

（2）按如图 2-67 所示仿真电路图接线。

（3）设置电路中的三相电源。将三相电源设置成有效值为 220 V，频率为 50 Hz，这是我国交流电的工频标准，如图 2-67 所示。XSC1 为四踪示波器；U1、U2、U3 为电压表。

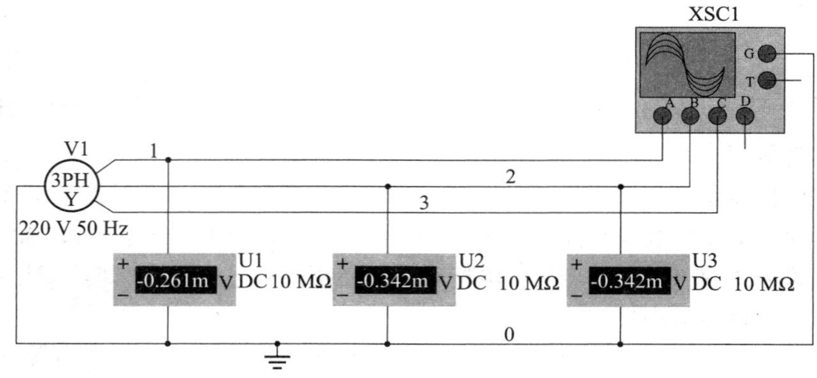

图 2-67　三相交流电仿真图

（4）打开仿真开关并对示波器进行调试，将三相交流电的波形清晰地显示在示波器屏幕上，如图 2-68 所示。

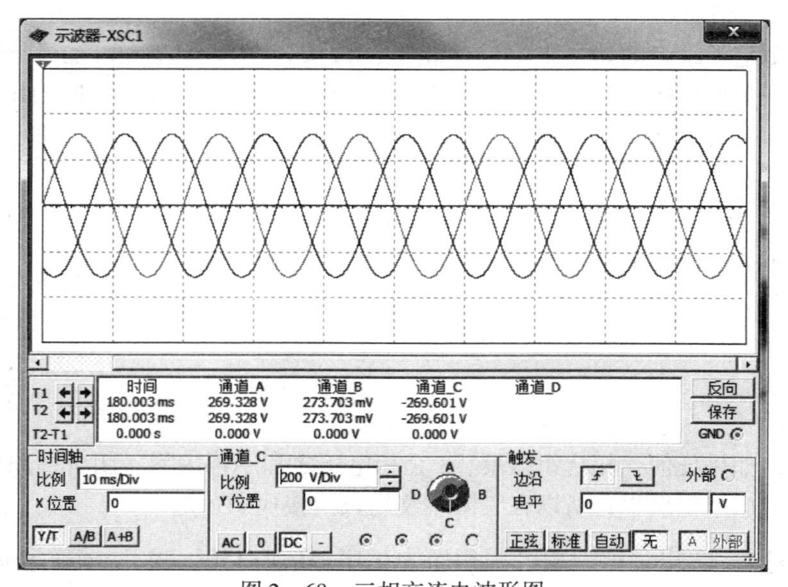

图 2-68　三相交流电波形图

（5）观察示波器波形，判断三相电压幅值是否相同。拖动示波器上红色指针到 A 相峰值处，观察并记录 A 相交流电的幅值。其他两相的幅值，操作与此相同。

2）测量三相交流电相电压和线电压

（1）打开 Multisim 电路仿真软件。

（2）按如图 2－69 所示仿真电路图接线。

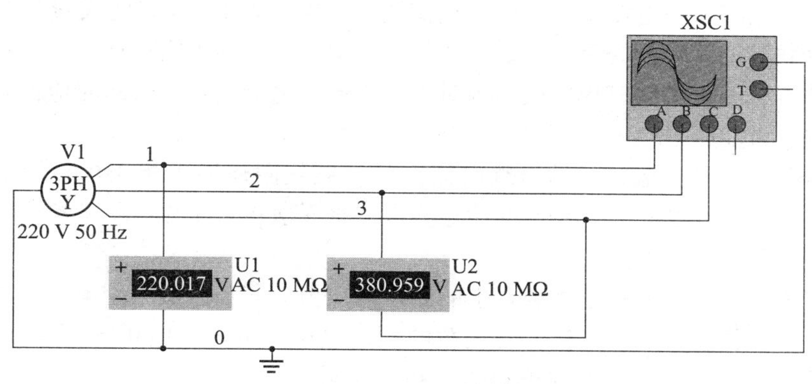

图 2－69　线电压相电压

（3）连接好电压表，并对电压表参数进行设置，将其调为交流测量模式。

（4）用电压表分别测量相电压 U_1、U_2。

（5）将电压表依次接在不同的相线间，可以测量线电压 U_{AB}、U_{BC}、U_{CA} 以及 U_A、U_B、U_C。

4. 操作注意事项

（1）仿真软件中电路图需要有接地，这是软件本身的设置要求，实际工作中交流系统接地与否，看实际工作的需要。

（2）示波器波形观察时，学会使用示波器屏幕上的度数指针，拖动示波器上的指针，即可观察不同时刻的交流电变化的参数。

（3）本次任务使用的三相电源为星形接法，若三相电源接法为三角形，自己设计实训任务并试着完成。

2.4.3　三相负载的连接

实际工作生活中，使用最为广泛的交流电供电方式为三相四线制供电，这就存在着作为用电的负载，如何与三相四线制供电系统正确连接的问题，若连接不合适则可能造成设备的损坏或是不能正常工作。同时，负载连接到三相四线制供电系统后，还有电路参数的测量问题，通过这些电路参数，才能判断负载工作的正常与否以及功率消耗等问题。

三相电源与负载按一定方式连接起来就组成了三相电路。三相电路的负载由 3 部分组成，每一部分叫作一相负载。低压电器负载尽管种类繁多，但大致可以分为两类：一类是只需要单相电源即可工作，称为单相负载，如照明及家用电器等；另一类则需要三相电源才能工作，称为三相负载，如三相交流电动机。

1. 三相负载的连接原则

（1）负载额定电压等于电源电压。为了使负载能够安全可靠地长期工作，必须按照电源电压等于负载额定电压的原则将用电设备接入三相电源。

（2）三相负载均衡、对称原则。由对称三相电源和对称三相负载所组成的电路叫作对称三相电路。对称三相电路可以使三相电源得到充分合理的利用。

1）单相负载的连接

日常生活中使用的照明灯具、家用电器及办公自动化设备的额定电压均为单相 220 V。按照上述原则，应将家用电器接在低压三相交流电（380 V/220 V）的火线与中线之间。由于家用电器负载类型有较大的差异，如电暖气、电熨斗等是纯电阻负载，日光灯、空调、冰箱等是电感性负载。为了使三相负载均衡对称，当家用电器的数量较多时应使各相接入的家电类型和功率尽可能相等。

有的低压电器（如交流接触器、继电器）的控制线圈使用单相 380 V 额定电压，在使用时需要接在两条火线之间，如错接的话这些电器将无法正常工作。

2）三相负载的连接

三相负载的连接方式取决于负载要求的额定电压值。若负载的额定电压等于电源相电压（如 220 V），则负载应做星形连接；若负载的额定电压为电源线电压（如 380 V），则三相负载应做三角形（△）连接，此时电路为三相三线制。

2. 三相电流电压计算

1）星形连接

负载星形连接的三相四线制电路如图 2－70 所示。

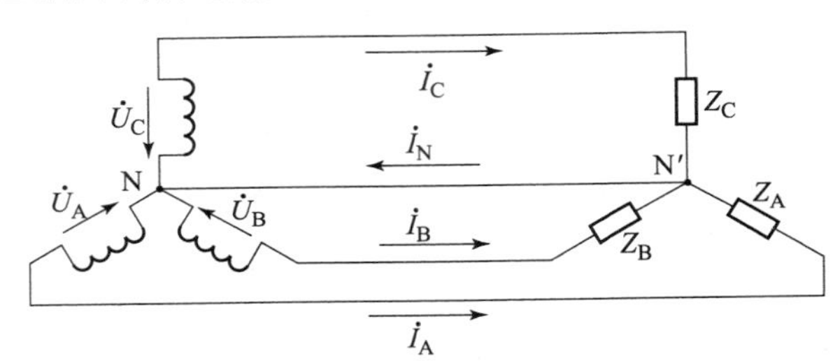

图 2－70　负载星形连接的三相四线制电路

三相负载分别为 Z_A、Z_B、Z_C，流过每根火线的电流叫作线电流，用 $\dot{I}_A$、$\dot{I}_B$、$\dot{I}_C$ 表示，其参考方向规定为由电源流向负载；而流过每相负载的电流叫作相电流，用 $\dot{I}_P$ 表示，参考方向与线电流一致；流过中性线的电流叫作中线电流，用 $\dot{I}_N$ 表示，参考方向规定为由负载中性点流向电源中性点。显然，由图 2－70 可以看出，在星形连接的电路中，线电流等于相电流，即

$$I_L = I_P$$

三相电路应该一相一相地计算，对于每相电路的计算与单相交流电的计算一样。

$$\dot{I}_A = \frac{\dot{U}_A}{Z_A}$$

$$\dot{I}_B = \frac{\dot{U}_B}{Z_B}$$

$$\dot{I}_C = \frac{\dot{U}_C}{Z_C}$$

根据基尔霍夫电流定律，中线电流为：$\dot{I}_N = \dot{I}_A + \dot{I}_B + \dot{I}_C$。

从图 2－65 中还可以看出，负载上的相电压等于电源的相电压，负载上的线电压等于电源的线电压。线电压与相电压的关系是

$$U_L = \sqrt{3} U_P$$

下面分负载对称与不对称两种情况进行讨论。

（1）负载对称时，对称负载（一般的三相电气设备大都是对称负载），即

$$Z_A = Z_B = Z_C = |Z| \angle \varphi$$

设以 $\dot{U}_A$ 为参考相量，则

$$\dot{I}_A = \frac{\dot{U}_A}{Z_A} = \frac{U_P \angle 0°}{|Z| \angle \varphi} = \frac{U_P}{|Z|}(0° - \varphi) = I_P(0° - \varphi)$$

$$\dot{I}_B = \frac{\dot{U}_B}{Z_B} = \frac{U_P \angle -120°}{|Z| \angle \varphi} = \frac{U_P}{|Z|}(-120° - \varphi) = I_P(-120° - \varphi)$$

$$\dot{I}_C = \frac{\dot{U}_C}{Z_C} = \frac{U_P \angle 120°}{|Z| \angle \varphi} = \frac{U_P}{|Z|}(120° - \varphi) = I_P(120° - \varphi)$$

可见，3 个相电流也对称。设 $\varphi > 0$，相量图如图 2－71 所示。中线电流：

$$\dot{I}_N = \dot{I}_A + \dot{I}_B + \dot{I}_C = 0$$

显然，此时中线完全可以省去。这样的三相电路称为三相对称电路。负载的中点 N′与电源中点 N 等电位，电路的工作状态与有无中线无关。去掉中线的三相对称电路叫作三相三线制电路。

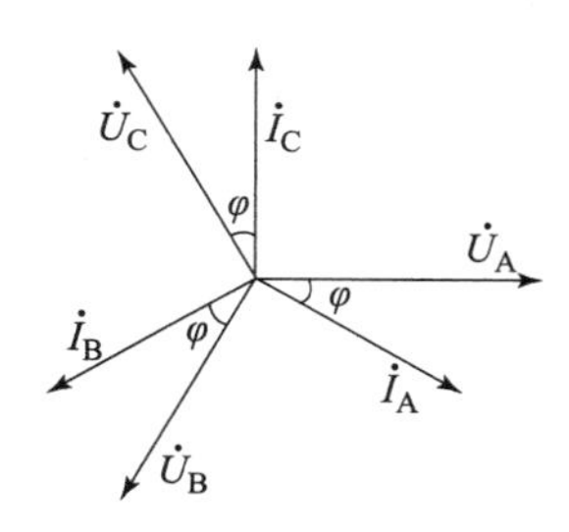

图 2－71　负载对称时的相量图

（2）负载不对称时，三相负载不完全相同，称为不对称负载。此时显然 3 个电流不再对称，且

$$\dot{I}_N = \dot{I}_A + \dot{I}_B + \dot{I}_C \neq 0$$

中线不可省去，负载不对称而无中线的情况属于故障现象。

2）三角形连接

图 2－72 所示为三相负载三角形连接。电压与电流的参考方向如图 2－72 所示。从图 2－72 中可以看出，三相负载的电压即为电源的线电压，且无论负载对称与否，电压总是对称的或者说 $U_L = U_P$。

3 个负载中的电流 $\dot{I}_{AB}$、$\dot{I}_{BC}$、$\dot{I}_{CA}$（相电流）与 3 条相线中的电流 $\dot{I}_A$、$\dot{I}_B$、$\dot{I}_C$（线电流）间关系是：

$$\dot{I}_A = \dot{I}_{AB} - \dot{I}_{CA}$$

$$\dot{I}_B = \dot{I}_{BC} - \dot{I}_{AB}$$

$$\dot{I}_C = \dot{I}_{CA} - \dot{I}_{BC}$$

（1）负载对称时的△连接。三相负载对称时，

$$Z_A = Z_B = Z_C = |Z| \angle \varphi$$

则3个相电流为

$$I_P = I_{AB} = I_{BC} = I_{CA} = \frac{U_P}{|Z|} = \frac{U_L}{|Z|}$$

这3个相电流也是对称的，即相位互差120°。若以 $\dot{I}_A$ 为参考，则其相量图如图2－72所示。从图2－72中可以看出，线电流比相应的相电流滞后30°，且 $I_L = \sqrt{3} I_P$。

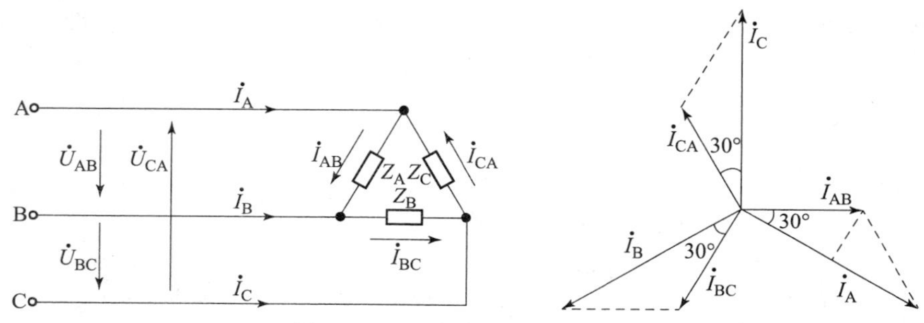

图2－72　三相负载三角形连接

（2）负载不对称时的△连接。负载不对称时，尽管3个相电压对称，但3个相电流因阻抗不同而不再对称，只能逐相计算。

以上内容汇总如下，如表2－6和表2－7所示。

表2－6　星形连接

负载性质	中线	线电压和相电压的关系	线相电流的关系	中线电流
对称	有	$\dot{U}_L = \sqrt{3} \dot{U}_P \angle 30°$	$I_L = I_P$	0
	无			
不对称	有	$U_L = \sqrt{3} U_P$	$I_L = I_P$	

表2－7　三角形连接

负载性质	线电压和相电压的关系	线电流和相电流的关系
对称	$U_L = U_P$	$I_L = \sqrt{3} I_P$，I_L 在相位上比各对应的 I_P 滞后30°
不对称	$U_L = U_P$	线电流等于对应相电流之差

一般的电气负荷都有额定电压这一重要标志。决定采用何种连接方式的依据是使每相负载承受的电压等于其额定电压。如三相电动机铭牌上常有“Y/△、380 V/220 V”这样的标识，即Y连接时接380 V线电压，△连接时接220 V线电压。事实上每相负载均工作在220 V相电压下，如图2－73所示。

【例2－37】　一星形连接的三相电路如图2－74所示，电源电压对称。设电源线电压为 $u_{AB} = 380\sqrt{2}\sin(314t + 30°)$ V。负载为电灯组，若 $R_A = R_B = R_C = 5\ \Omega$，求线电流及中性线电流 I_N。若 $R_A = 5\ \Omega$，$R_B = 10\ \Omega$，$R_C = 15\ \Omega$，求线电流及中性线电流 I_N。

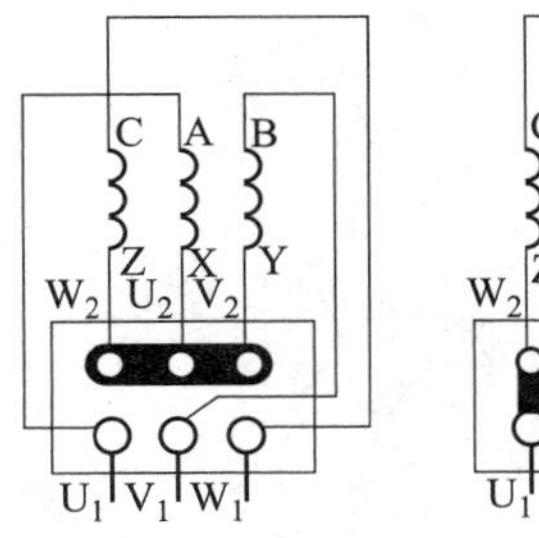

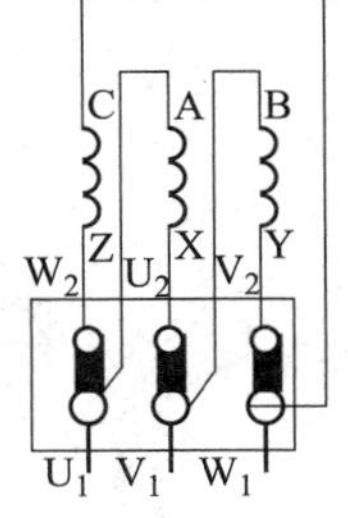

图 2－73 三相异步电动机的接线图

图 2－74 例 2－37 电路图

解：已知

$$\dot{U}_{AB}=380\angle 30°\text{V} \quad \dot{U}_{A}=220\angle 0°\text{V}$$

（1）三相负载对称

线电流为

$$\dot{I}_{A}=\frac{\dot{U}_{A}}{R_{A}}=\frac{220\angle 0°}{5}=44\angle 0° \ (\text{A})$$

$$\dot{I}_{B}=44\angle -120°\text{A} \quad \dot{I}_{C}=44\angle 120°\text{A}$$

中性线电流为

$$\dot{I}_{N}=\dot{I}_{A}+\dot{I}_{B}+\dot{I}_{C}=0$$

（2）三相负载不对称（$R_A=5\ \Omega$，$R_B=10\ \Omega$，$R_C=15\ \Omega$）。

分别计算各线电流

$$\dot{I}_{A}=\frac{\dot{U}_{A}}{R_{A}}=\frac{220\angle 0°}{5}=44\angle 0° \ (\text{A})$$

$$\dot{I}_{B}=\frac{\dot{U}_{B}}{R_{B}}=\frac{220\angle -120°}{10}=22\angle -120° \ (\text{A})$$

$$\dot{I}_{C}=\frac{\dot{U}_{C}}{R_{C}}=\frac{220\angle 120°}{20}=11\angle 120° \ (\text{A})$$

中性线电流为

$$\dot{I}_{N}=\dot{I}_{A}+\dot{I}_{B}+\dot{I}_{C}=44\angle 0°+22\angle -120°+11\angle 120°\text{A}$$

【例 2－38】 如图 2－75（a）所示的三相四线制电路，每相负载阻抗 $Z=(3+\text{j}4)\ \Omega$，外加电压 $U_L=380$ V，试求负载的相电压和相电流。

解：由于该电路是对称电路，故可以归结到一相来计算，其相电压为

$$U_{P}=\frac{U_{L}}{\sqrt{3}}=220\ \text{V}$$

相电流为

$$I_{P}=\frac{U_{P}}{|Z|}=\frac{220}{\sqrt{3^{2}+4^{2}}}=\frac{220}{5}=44\ (\text{A})$$

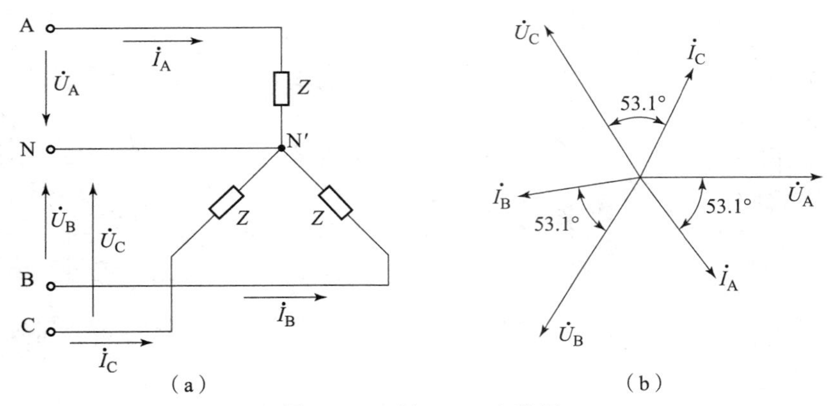

图 2－75　例 2－38 电路图

相电压与相电流的相位差为

$$\varphi = \arctan \frac{X}{R} = \arctan \frac{4}{3} = 53.1°$$

选 $\dot{U}_A$ 为参考相量，则有

$$\dot{I}_A = \frac{\dot{U}_A}{Z} = 44\angle -53.1°\text{A}$$

$$\dot{I}_B = \dot{I}_A\angle -120° = 44\angle -173.1°\text{A}$$

$$\dot{I}_C = \dot{I}_A\angle 120° = 44\angle 66.9°\text{A}$$

相电压和相电流的相量图如图 2－75（b）所示。

【例 2－39】　如图 2－76（a）所示的三相四线制电路，电源电压为 380 V，试求各相负载电流及中性线电流并画出相量图。

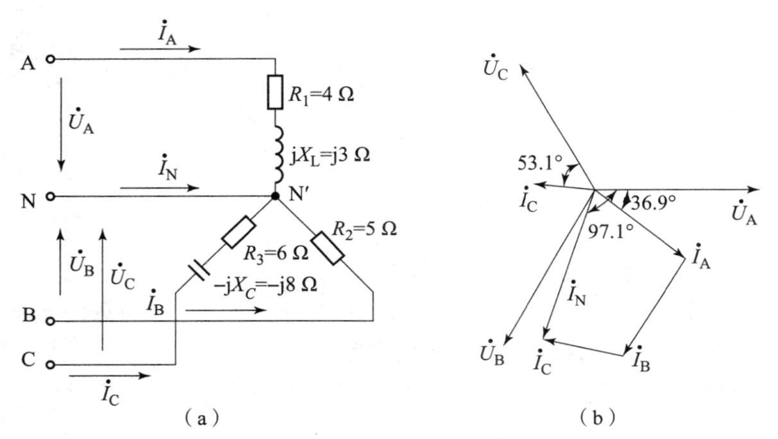

图 2－76　例 2－39 电路图

解：由题已知，相电压为 200 V，线电压为 380 V。选 U 为相量，则

$$\dot{U}_A = 220\angle 0°\text{V}$$

$$\dot{U}_B = 220\angle -120°\text{V}$$

$$\dot{U}_C = 220\angle 120°\ \text{V}$$

各相负载电流可分别计算，得

$$\dot{I}_A = \frac{\dot{U}_A}{Z_A} = \frac{220\angle 0°}{4+\text{j}3} = \frac{220\angle 0°}{5\angle 36.9°} = 44\angle -36.9°\ (\text{A})$$

$$\dot{I}_B = \frac{\dot{U}_B}{Z_B} = \frac{220\angle -120°}{5} = 44\angle -120°\ (\text{A})$$

$$\dot{I}_C = \frac{\dot{U}_C}{Z_C} = \frac{220\angle 120°}{6-\text{j}8} = \frac{220\angle 120°}{10\angle -53.1°} = 22\angle 173.1°\ (\text{A})$$

中性线电流为

$$\begin{aligned}\dot{I}_N &= \dot{I}_A + \dot{I}_B + \dot{I}_C \\ &= 44\angle -36.9° + 44\angle -120° + 22\angle 173.1° \\ &= 62.5\angle -97.1°\ (\text{A})\end{aligned}$$

各负载电流及中性线电流的相量图如图2－76（b）所示。

2.4.4 三相功率

一个负载两端加上正弦交流电压 u，通过电流 i，则该负载的有功功率和无功功率分别为

$$P = UI\cos\varphi \qquad Q = UI\sin\varphi$$

式中，U 和 I 分别为电压和电流的有效值；φ 为电压和电流之间的相位差。

在三相电路里，负载的有功功率和无功功率分别为

$$P = U_A I_A \cos\varphi_A + U_B I_B \cos\varphi_B + U_C I_C \cos\varphi_C$$

$$Q = U_A I_A \sin\varphi_A + U_B I_B \sin\varphi_B + U_C I_C \sin\varphi_C$$

式中，U_A、U_B、U_C 和 I_A、I_B、I_C 分别为三负载的相电压和相电流；

$$\varphi_A = \varphi_B = \varphi_C$$

分别为各相负载的相电压和相电流之间的相位差。

若三相负载对称，即

$$U_A = U_B = U_C = U_P,\ I_A = I_B = I_C = I_P$$

$$\varphi_A = \varphi_B = \varphi_C$$

则三相负载的有功功率和无功功率分别为

$$P = 3U_P I_P \cos\varphi$$

$$Q = 3U_P I_P \sin\varphi$$

工程上，测量三相负载的相电压 U_P 和相电流 I_P 常感不便，而测量它的线电压 U_L 和线电流 U_L 却比较容易，因而，通常采用下面的公式。

当对称负载是星形接法时，有

$$U_P = \frac{U_L}{\sqrt{3}}$$

$$I_P = I_L$$

当对称负载是三角形接法时，有

$$U_L = U_P$$

$$I_P = \frac{I_L}{\sqrt{3}}$$

代入 P 与 Q 关系式，便可得到

$$P = \sqrt{3} U_L I_L \cos\varphi$$

$$Q = \sqrt{3} U_L I_L \sin\varphi$$

上式适用于星形或三角形连接的三相对称负载。但应当注意，这里 φ 仍然是相电压和相电流之间的相位差。

经分析可知，三相对称负载的视在功率为

$$S = \sqrt{P^2 + Q^2} = \sqrt{3} U_L I_L = 3 U_P I_P$$

【例 2-40】 线电压 U_L 为 380 V 的三相电源上接有两组对称三相电源，一组是三角形连接的电感性负载，每相阻抗 $Z_\triangle = 36.3\angle 37°\ \Omega$；另一组是星形连接的电阻性负载，每相电阻 $R_Y = 10\ \Omega$，如图 2-77 所示。试求：各组负载的相电流；电路线电流；三相有功功率。

解：设 $\dot{U}_{AB} = 380\angle 0°\text{V}$，则 $\dot{U}_A = 220\angle -30°\text{V}$

（1）各组负载的相电流。

由于三相负载对称，所以只需计算一相，其他两相可依据对称性写出。

负载三角形连接时，其相电流为

$$\dot{I}_{AB\triangle} = \frac{\dot{U}_{AB}}{Z_\triangle} = \frac{380\angle 0°}{36.3\angle 37°} = 10.47\angle -37°\ (\text{A})$$

$$\dot{I}_{AC\triangle} = \dot{I}_{BC\triangle} = \dot{I}_{AB\triangle}$$

（2）负载星形连接时，其线电流为

$$\dot{I}_{AY} = \frac{\dot{U}_A}{R_Y} = 22\angle -30°\text{A}$$

电路线电流

$$\dot{I}_{A\triangle} = 10.47\sqrt{3}\angle -37° - 30° = 18.13\angle -67°\ (\text{A})$$

$$\dot{I}_A = \dot{I}_{A\triangle} + \dot{I}_{AY} = 18.13\angle -67° + 22\angle -30° = 38\angle -46.7°\ (\text{A})$$

一相电压与电流的相量图如图 2-78 所示。

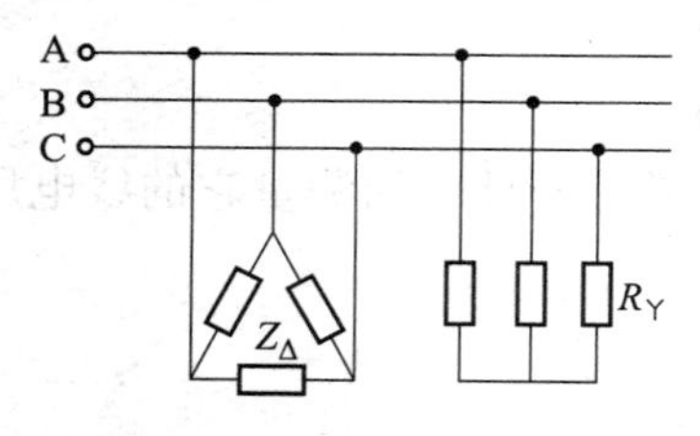

图 2-77　例 2-40 电路图

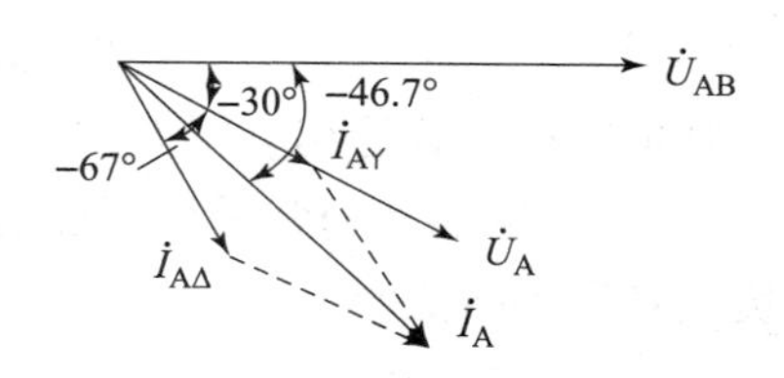

图 2-78　例 2-40 相量图

（3）三相电路的有功功率。

$$P = P_\triangle + P_Y$$

$$=\sqrt{3}U_1I_1\cos\varphi_{\triangle}+\sqrt{3}U_1I_1\cos\varphi_{Y}$$
$$=\sqrt{3}\times 380\times 18.13\times 0.8+\sqrt{3}\times 380\times 22$$
$$=9\ 546+14\ 480$$
$$\approx 2.4(\text{kW})$$

【例2-41】 今有三相对称负载做星形连接，设每相负载的电阻为 $R=12\ \Omega$，感抗为 $X_L=16\ \Omega$，电源线电压 $\dot{U}_{AB}=380\angle 30°$，试求各相电流。

解：由于负载对称，只需计算其中一相即可推出其余两相。

由

$$U_P=\frac{U_L}{\sqrt{3}}$$

得相电压的有效值

$$U_A=\frac{U_{AB}}{\sqrt{3}}=\frac{380}{\sqrt{3}}=220\ (\text{V})$$

又由于相电压 $\dot{U}_A$ 在相位上滞后线电压 $\dot{U}_{AB}$30°，所以

$$\dot{U}_A=220\angle 0°$$

由于

$$\dot{I}_A=\frac{\dot{U}_A}{Z_A}$$

其中

$$Z_A=R+\text{j}X_L=12+\text{j}16=20\angle 53.1°\ (\Omega)$$

所以有

$$\dot{I}_A=\frac{\dot{U}_A}{Z_A}=\frac{220\angle 0°}{20\angle 53.1°}=11\angle -53.1°\ (\text{A})$$

由此可推出其余两相电流为

$$\dot{I}_B=11\angle -53.1°-120°=11\angle -173.1°\ (\text{A})$$

$$\dot{I}_C=11\angle -53.1°+120°=11\angle 66.9°\ (\text{A})$$

【例2-42】 三相四线制中的负载为纯电阻，$R_A=10\ \Omega$，$R_B=5\ \Omega$，$R_C=2\ \Omega$，负载的相电压为220 V，中线阻抗 $Z_N=0$，试求各相负载上和中线上的电流。

解：设以相电压 $\dot{U}_A$ 为参考正弦量，则

$$\dot{U}_A=220\angle 0°$$

$$\dot{U}_B=220\angle -120°$$

$$\dot{U}_C=220\angle 120°$$

各相负载上的电流为

$$\dot{I}_A=\frac{\dot{U}_A}{R_A}=\frac{220\angle 0°}{10}=22\angle 0°\ (\text{A})$$

$$\dot{I}_B=\frac{\dot{U}_B}{R_B}=\frac{220\angle-120^\circ}{5}=44\angle-120^\circ\ (\mathrm{A})$$

$$\dot{I}_C=\frac{\dot{U}_C}{R_C}=\frac{220\angle120^\circ}{2}=110\angle120^\circ\ (\mathrm{A})$$

根据相量形式的 KCL 得中线电流为

$$\begin{aligned}\dot{I}_N&=\dot{I}_A+\dot{I}_B+\dot{I}_C=22\angle0^\circ+44\angle-120^\circ+110\angle120^\circ\\&=-22+(-22-\mathrm{j}22\sqrt{3})+(-55+\mathrm{j}55\sqrt{3})\\&=-55+\mathrm{j}33\sqrt{3}=74.9\angle133.9^\circ\ (\mathrm{A})\end{aligned}$$

【例 2-43】 如图 2-79 所示电路中，已知线电压 $u_{AB}=220\sqrt{2}\sin314t$ V，$Z=10\sqrt{2}\angle60^\circ\Omega$，试求负载上的相电流和线电流。

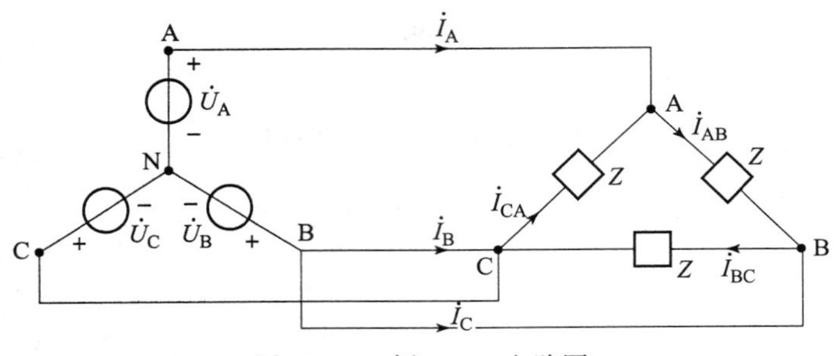

图 2-79 例 2-43 电路图

解：三个相电流为

$$\dot{I}_{AB}=\frac{\dot{U}_{AB}}{Z}=\frac{220\angle0^\circ}{10\sqrt{2}\angle60^\circ}=15.56\angle-60^\circ\ (\mathrm{A})$$

$$\dot{I}_{BC}=\frac{\dot{U}_{BC}}{Z}=\frac{220\angle-120^\circ}{10\sqrt{2}\angle60^\circ}=15.56\angle-180^\circ\ (\mathrm{A})$$

$$\dot{I}_{CA}=\frac{\dot{U}_{CA}}{Z}=\frac{220\angle120^\circ}{10\sqrt{2}\angle60^\circ}=15.56\angle60^\circ\ (\mathrm{A})$$

此时三个线电流为

$$\dot{I}_A=\dot{I}_{AB}-\dot{I}_{CA}=15.56\angle-60^\circ-15.56\angle60^\circ=15\sqrt{3}\angle-90^\circ\ (\mathrm{A})$$

$$\dot{I}_B=\dot{I}_{BC}-\dot{I}_{AB}=15.56\angle-180^\circ-15.56\angle-60^\circ=15.56\sqrt{3}\angle150^\circ\ (\mathrm{A})$$

$$\dot{I}_C=\dot{I}_{CA}-\dot{I}_{BC}=15.56\angle60^\circ-15.56\angle-180^\circ=15.56\sqrt{3}\angle30^\circ\ (\mathrm{A})$$

【例 2-44】 已知一对称三角形负载，接入线电压为 380 V 的电源中，测出线电流为 15 A，试求每相负载的阻抗。

解：三角形接法时，每相的相电流为

$$I_P=\frac{1}{\sqrt{3}}I_L=8.66\ \mathrm{A}$$

因负载所加电压为线电压 380 V，故 $I_P=\frac{U}{Z}$，每相负载的阻抗为

$$Z=\frac{U}{I_P}=\frac{380}{8.66}=43.9\ (\Omega)$$

拓展阅读

1. 安全用电

（1）不论负载是星形连接还是三角形连接，三相负载总的有功功率必定等于各相有功功率之和；总的无功功率也必定等于各相无功功率之和；但总的视在功率不一定等于各相视在功率之和。

（2）一些家用电器常常没有接零保护。室内单相两极电源插座也往往没有保护零线插孔。这时在室内电源进线上用漏电保护自动开关，可以起到安全保护的作用。

（3）安全用电常识，使用各种电气设备时均应制定并严格遵守安全操作规程。

①在任何情况下，均不得用手来鉴定接线端或裸导体是否带电。如须了解线路是否有电，则应使用完好的验电设备。

②更换熔丝时，应先切断电源，尽量避免带电操作。如必须带电操作时，则应采取安全措施：应站在橡胶板或干木板上、穿绝缘靴、戴绝缘手套等。操作时应有专人在场进行监护，以防发生事故，不得用一般铜丝来代替熔丝。

③遇有数人进行电工作业时，应在接通电源前告知他人。

④手电钻、电风扇等各种电气设备的金属外壳都必须有专用的接零导线。

⑤防止绝缘部分破损或受潮。为了防止电线受损，必须避免：把电线挂在铁钉上，电线上勾挂物件、晾晒衣服，用金属丝把两根电线扎在一起，将重物压在电线上，拉电线，等等，这些都是不允许的。

无论是触电还是电气火灾及其他电气事故，首先应切断电源。拉闸时要用绝缘工具，需切断电线时要用绝缘钳错位剪开，切不可同一位置齐剪以免造成电源短路。

对已脱离电源的触电者要用人工呼吸或胸外心脏按压法进行现场抢救，但千万不可打强心针。

在发生火灾不能及时断电的场合，应采用不导电的灭火剂（如四氯化碳、二氧化碳干粉等）带电灭火，切不可用水灭火。

电气事故重在预防，一定要按照有关规程和规定办事，这样才能从根本上杜绝事故发生。

2. 电源接线

验电笔的正确握法如图 2－80 所示。

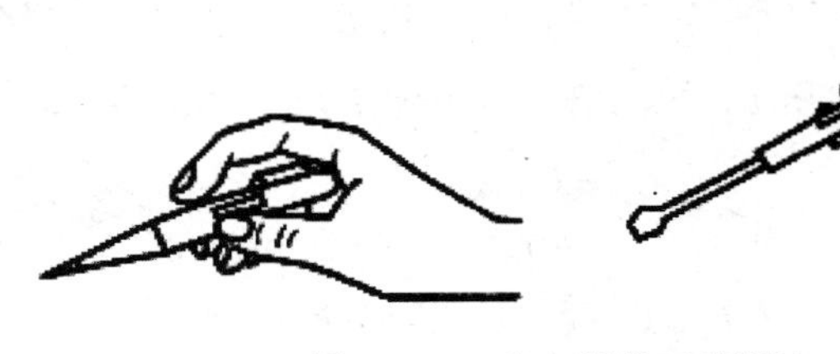

图 2－80　验电笔的正确握法

电笔头与被测导线接触时，使氖管发光的是火线（或端线），不发光的是零线。使用电表的话，可利用火线与零线之间电压的数量关系进行判断。

（1）如图 2－60 所示面板的正确接线方式如下所述。

把图 2－60 中的面板翻过来看一下背后的接线标示，就可以明白其中的含义。在图2－60（a）中的二三极插座共有 5 个接线端：两个“L”、两个“N”和一个“⏚”。其中“L”代表火线、“N”代表零线、“⏚”代表保护接地（PE）。这种二三极插座是一般家庭中用得最多的单相插座。要说明的是，有些产品为方便用户接线，在内部已经分别把两个“L”和“N”各自连通在一起，这样外部就只有“L”“N”和“⏚”这 3 个接线端了。

图 2－60（b）中的插座是 25 A 三相四极插座，一般用在像柜式空调这样耗电比较大的电器中。其正确接法如图 2－81 所示。

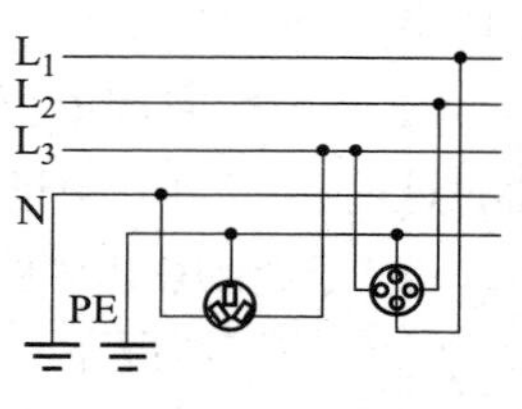

图 2－81　家用插座正确接线图

现在的两极（或两极带接地）插座面板一般配有安全保护，从前边一般不容易通过单孔把电笔插入（主要是为防止儿童误插入金属铁丝之类东西引起触电，正常插入插头时不受影响），这时试电最好在面板后边进行。

此外，由于用验电笔只能判断出火线。要注意不要把地线和零线搞错，接地线一般为黄绿色。如果接错的话一般情况下只要接线不断，电气设备仍能工作（如果未安装漏电保护装置的话），外壳也不会带电。但这会造成一个错觉，误以为 N、PE 线接反不会产生安全问题，事实上并非如此。在这种系统中，工作接地与保护接地是各自独立的，PE 线和 N 线如果接反会造成一相一地供电，同时外壳接 N 线，对安全用电带来极大的危险，正确接法如图 2－81 所示。

（2）图 2－81 中两个三极带接地插座的区别如下：

仔细观察的话应该可以发现，图 2－81 左边三极插座的间距要比右边那个大些。左边是 16 A，右边是普通 10 A。左边的一般用在像普通空调或热水器等用电比较大的场合，右边是普通 10 A 插座，一般供洗衣机、吸油烟机、消毒柜、家用计算机、打印机等使用。

2.4.5　实训操作－三相照明电路的仿真测试

1. 目的要求

（1）掌握三相负载做星形连接、三角形连接的方法，验证这两种接法下线、相电压及线、相电流之间的关系。

（2）充分理解三相四线供电系统中中线的作用。

2. 项目分析

（1）三相负载可接成星形（又称“Y”接）或三角形（又称“△”接）。当三相对称负载做Y连接时，线电压 U_L 是相电压 U_P 的$\sqrt{3}$倍，线电流 I_L 等于相电流 I_P，即

$$U_L = U_P\sqrt{3}$$

$$I_L = I_P$$

在这种情况下，流过中线的电流 $I_N=0$，所以可以省去中线。

当对称三相负载做△连接时，有

$$I_L = \sqrt{3} I_P$$
$$U_L = U_P$$

（2）不对称三相负载做Y连接时，必须采用三相四线制接法，即Y_0接法，而且中线必须牢固连接，以保证三相不对称负载的每相电压维持对称不变。

倘若中线断开，会导致三相负载电压的不对称，致使负载轻的那一相的相电压过高，使负载遭受损坏；负载重的一相相电压又过低，使负载不能正常工作。尤其是对于三相照明负载，无条件地一律采用Y_0接法。

（3）当不对称负载做△接时，$I_L \neq \sqrt{3} I_P$，但只要电源的线电压U_L对称，加在三相负载上的电压仍是对称的，对各相负载工作没有影响。

3. 设备与材料

材料清单如表2－8所示。

表2－8　材料清单

序号	名　称	型号与规格	数量	备注
1	可调三相交流电源	0～450 V	1	
2	交流数字电压表	0～500 V	1	
3	交流数字电流表	0～5 A	1	
4	三相灯组负载	220 V，15 W白炽灯	9	HKDG－04
5	电流插座		3	HKDG－04

4. 项目内容

1）三相负载星形连接（三相四线制供电）

按图2－82线路组接项目电路，即三相灯组负载经三相自耦调压器接通三相对称电源。将三相调压器的旋柄置于输出为0 V的位置（即逆时针旋到底）。经指导教师检查后，方可开启项目各三相电源开关，然后调节调压器的输出，使输出的三相线电压为220 V，并按数据表格要求的内容完成各项项目，将所测得的数据记入表2－9中，并观察各相灯组亮暗的变化程度，特别要注意观察中线的作用。

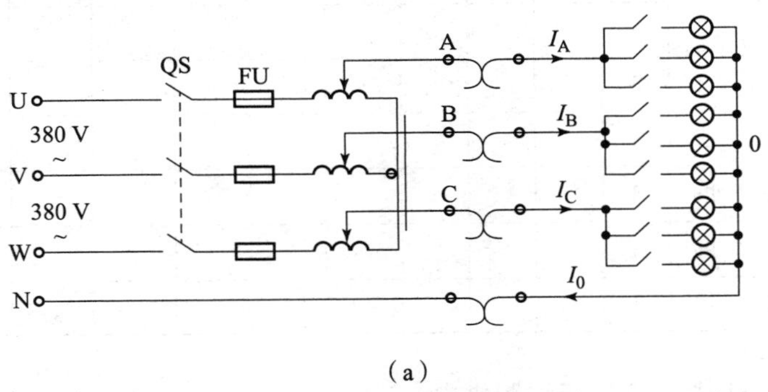

（a）

图2－82　三相负载星形连接

（a）电路图

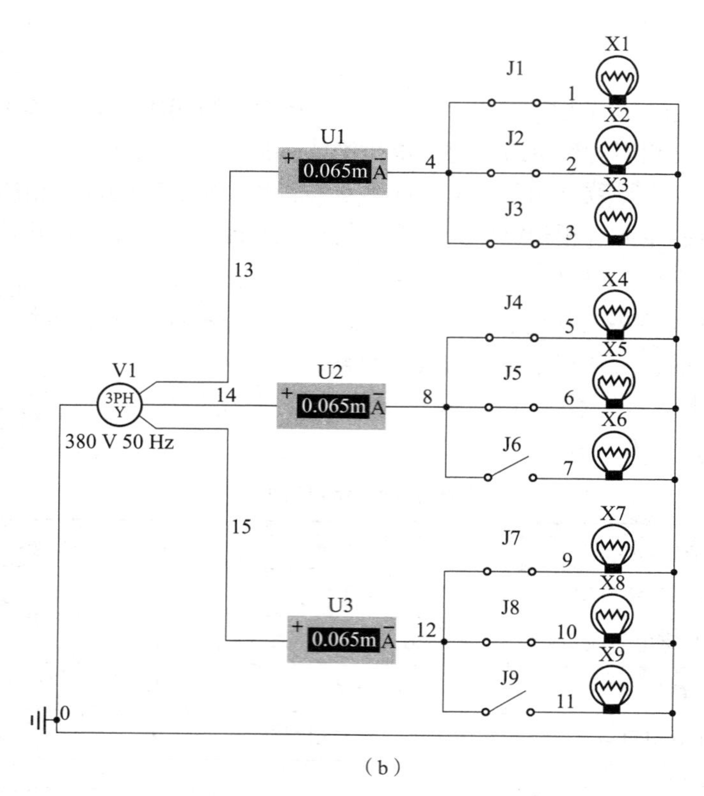

（b）

图 2－82　三相负载星形连接（续）

（b）仿真图

表 2－9　记录表

测量数据 / 负载情况	开灯盏数			线电流/A			线电压/V			相电压/V			中线电流 I_0/A	中点电压 U_{N0}/V
	A相	B相	C相	I_A	I_B	I_C	U_{AB}	U_{BC}	U_{CA}	U_{A0}	U_{B0}	U_{C0}		
Y_0 接对称负载	3	3	3											
Y接对称负载	3	3	3											
Y_0 接不对称负载	1	2	3											
Y接不对称负载	1	2	3											
Y_0 接 B 相断开	1	断	3											
Y接 B 相断开	1	断	3											
Y接 B 相短路	1	短	3											

2）负载三角形连接（三相三线制供电）

按图 2－83 改接线路，经指导教师检查合格后接通三相电源，并调节调压器使其输出线电压为 220 V，按记录表 2－10 要求进行测试。

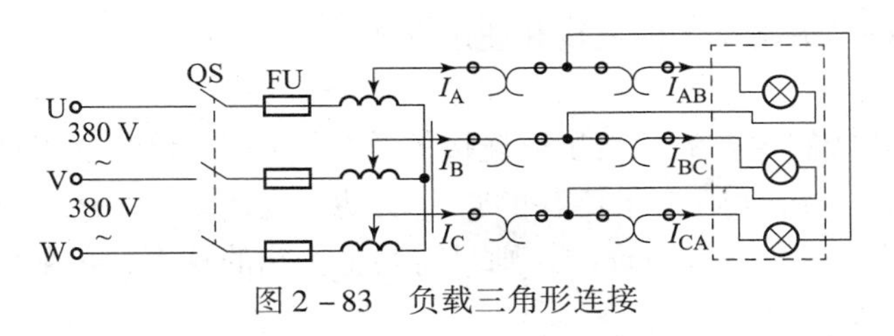

图 2－83　负载三角形连接

表 2－10　记录表

测量数据 / 负载情况	开灯盏数			线电压＝相电压/V			线电流/A			相电流/A		
	A－B 相	B－C 相	C－A 相	U_{AB}	U_{BC}	U_{CA}	I_A	I_B	I_C	I_{AB}	I_{BC}	I_{CA}
三相对称	3	3	3									
三相不对称	1	2	3									

5. 项目要求

（1）本项目采用三相交流市电，线电压为 380 V，应穿绝缘鞋进项目室。做项目时要注意人身安全，不可触及导电部件，防止意外事故发生。

（2）每次接线完毕，同组同学应自查一遍，然后由指导教师检查后方可接通电源，必须严格遵守先断电、再接线、后通电；先断电、后拆线的项目操作原则。

（3）星形负载作短路项目时，必须首先断开中线，以免发生短路事故。

（4）为避免烧坏灯泡，HKDG－04 项目挂箱内设有过压保护装置。当任一相电压＞245～250 V 时，即声光报警并跳闸。

6. 项目要求

（1）三相负载根据什么条件做星形或三角形连接？

（2）复习三相交流电路有关内容，试分析三相星形连接不对称负载在无中线情况下，当某相负载开路或短路时会出现什么情况？如果接上中线，情况又如何？

（3）本次项目中为什么要通过三相调压器将 380 V 的市电线电压降为 220 V 的线电压使用？

7. 项目报告

（1）用项目测得的数据验证对称三相电路中的$\sqrt{3}$关系。

（2）用项目数据和观察到的现象，总结三相四线供电系统中中线的作用。

（3）不对称三角形连接的负载能否正常工作？项目是否能证明这一点？

（4）根据不对称负载三角形连接时的相电流值作相量图，并求出线电流值，然后与项目测得的线电流做比较，分析之。

2.4.6　实训操作——三相电路功率的测量

1. 目的要求

（1）学会用功率表测量三相电路功率的方法。

（2）进一步熟练掌握功率表的接线和使用方法。

2. 项目分析

（1）对于三相四线制供电的三相星形连接的负载（即Y_0接法），可用一只功率表测量各相的有功功率P_A、P_B、P_C，则三相负载的总有功功率$\Sigma P = P_A + P_B + P_C$，这就是一表法，如图2－84所示。若三相负载是对称的，则只需测量一相的功率，再乘以3即得三相总的有功功率。

（2）三相三线制供电系统中，不论三相负载是否对称，也不论负载是Y接还是△接，都可用二表法测量三相负载的总有功功率。测量线路如图2－85所示。若负载为感性或容性，且当相位差$\varphi > 60°$时，线路中的一只功率表指针将反偏（数字式功率表将出现负读数），这时应将功率表电流线圈的两个端子调换（不能调换电压线圈端子），其读数应记为负值。而三相总功率$\sum P = P_1 + P_2$（P_1、P_2本身不含任何意义）。

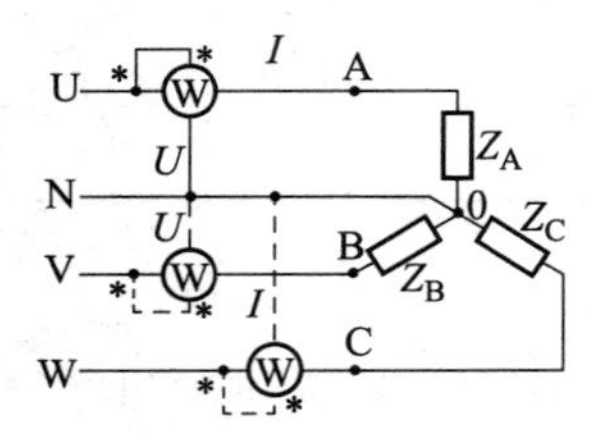

图2－84　一表法测量功率

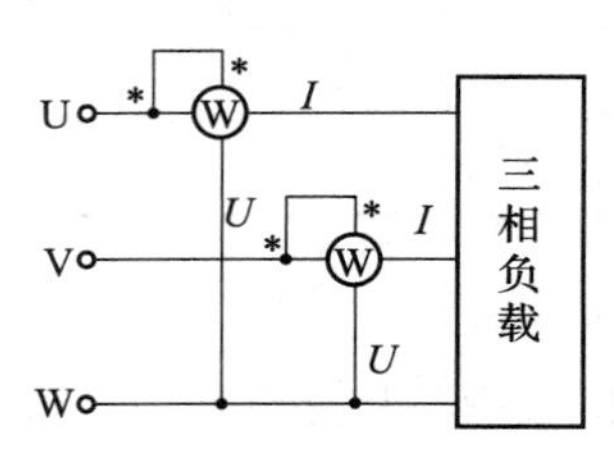

图2－85　测量线路

（3）对于三相三线制供电的三相对称负载，可用一表法测得三相负载的总无功功率Q，测量线路如图2－86所示，图示功率表读数的$\sqrt{3}$倍，即为对称三相电路总的无功功率。除了此图给出的一种连接法（I_U、U_{VW}）外，还有另外两种连接法，即接成（I_V、U_{WU}）或（I_W、U_{UV}）。

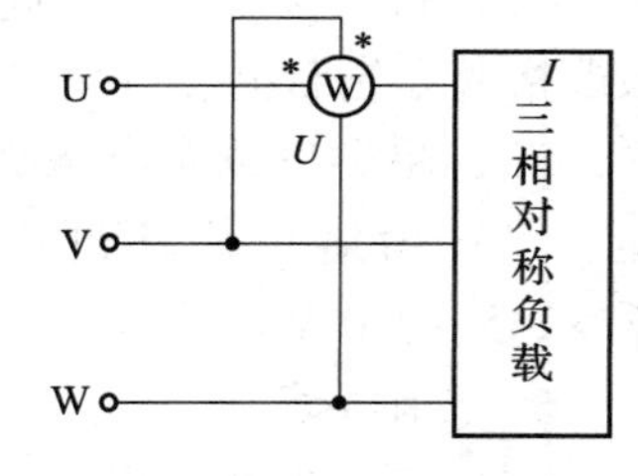

图2－86　测量线路

3. 设备与材料

材料清单如表2－11所示。

表2－11　材料清单

序号	名　称	型号与规格	数量	备注
1	可调三相交流电源	0～450 V	1	
2	交流数字电压表	0～500 V	2	
3	交流数字电流表	0～5 A	2	
4	单相功率表		2	HKDG－1B
5	三相灯组负载	220 V，15 W　白炽灯	9	HKDG－04
6	三相电容负载	1 μF，2.2 μF，4.7 μF/500 V	各3	HKDG－05

4. 项目内容

（1）用一表法测定三相对称Y_0接以及不对称Y_0接负载的总功率ΣP。项目按图2－87线路接线。线路中的电流表和电压表用以监视该相的电流和电压，不要超过功率表电压和电流的量程。

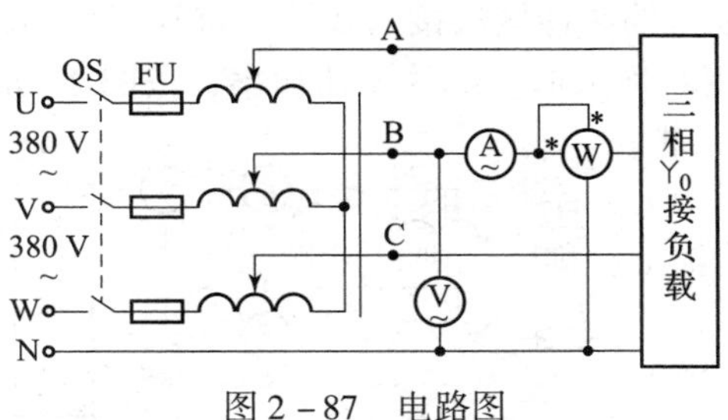

图2－87　电路图

经指导教师检查后接通三相电源，调节调压器输出使输出线电压为220 V，按表2－12的要求进行测量及计算。

表2－12　记录表

负载情况	开灯盏数			测量数据			计算值
	A相	B相	C相	P_A/W	P_B/W	P_C/W	ΣP/W
Y_0接对称负载	3	3	3				
Y_0接不对称负载	1	2	3				

首先将三只表按图2－87接入B相进行测量，然后分别将三只表换接到A相和C相，再进行测量。

（2）用二表法测定三相负载的总功率。

①按图2－88接线，将三相灯组负载接成Y接法。

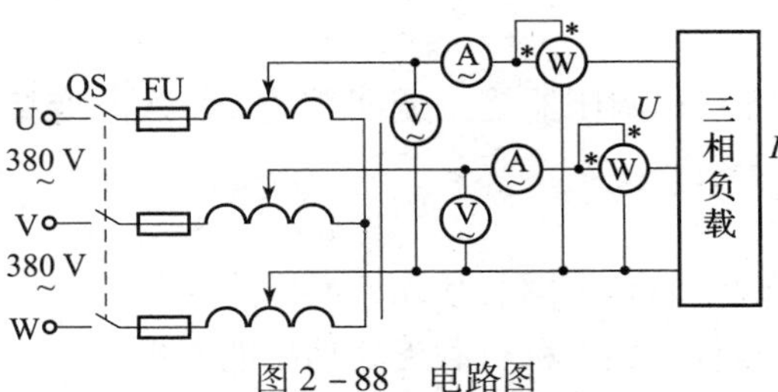

图2－88　电路图

经指导教师检查后接通三相电源，调节调压器的输出线电压为220 V，按表2－13的要求进行测量。

②将三相灯组负载改成△接法，重复（1）的测量步骤，记录于表2－13中。

表2－13　记录表

负载情况	开灯盏数			测量数据		计算值
	A相	B相	C相	P_1/W	P_2/W	ΣP/W
Y接对称负载	3	3	3			
Y接不对称负载	1	2	3			
△接不对称负载	1	2	3			
△接对称负载	3	3	3			

③将两只功率表依次按另外两种接法接入线路，重复（1）、(2) 的测量。(表格自拟。)

(3) 用一表法测定三相对称星形负载的无功功率，按图 2－89 所示的电路接线。

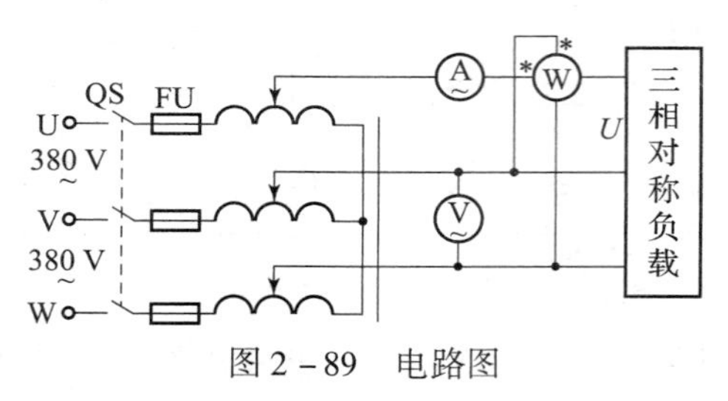

图 2－89　电路图

①每相负载由白炽灯和电容器并联而成，并由开关控制其接入。检查接线无误后接通三相电源，将调压器的输出线电压调到 220 V，读取三表的读数并计算无功功率 Q，记录于表 2－14 中。

②将功率表依次按另外两种接法接入电路，重复（1）的测量。(表格自拟)

表 2－14　记录表

接法	负载情况	测量值			计算值
		U/V	I/A	W/var	$Q=\sqrt{3}W$/var
I_U，U_{VW}	(1) 三相对称灯组（每相开 3 盏）				
	(2) 三相对称电容器（每相 4.7 μF）				
	(3) (1)、(2) 的并联负载				

5. 项目要求

每次项目完毕，均需将三相调压器旋柄调回零位。每次改变接线，均需断开三相电源，以确保人身安全。

6. 项目要求

(1) 复习二瓦特表法测量三相电路有功功率的原理。

(2) 复习一瓦特表法测量三相对称负载无功功率的原理。

(3) 测量功率时为什么在线路中通常都接有电流表和电压表？

7. 项目报告

(1) 完成数据表格中的各项测量和计算任务。比较一瓦特表和二瓦特表法的测量结果。

(2) 总结、分析三相电路功率测量的方法与结果。

思考与练习

一、判断题（下列判断正确的请打"√"，错误的打"×"）

1. 纯电阻电路的功率因数一定等于 1，如果某电路的功率因数为 1，则该电路一定是只含电阻的电路。（　　）

2. 三相电源的 U 相通常用红色表示。（　　）

3. 在同样条件下输送同样大的功率时，特别是在远距离输电时，三相输电线比单相输电线可节约 25% 左右的材料。（　　）

4. 所谓三相四线制就是三条相线（火线）一条零线的供电体制。　　（　　）

5. 一般在低压配电系统中，三相四线制电源的相电压为 220 V，线电压则为 380 V。　　（　　）

6. 三相负载做Y连接时，其线电压为相电压的$\sqrt{3}$倍。　　（　　）

7. 如果阻抗相等，则三相负载就是对称的，叫作对称三相负载。　　（　　）

8. 三相照明负载不能没有中线，必须采用三相四线制电源。　　（　　）

9. 电源的线电压为 380 V，而某三角形异步电动机的额定相电压也为 380 V，电动机的三相绕组就应接成星形。　　（　　）

二、填空题

1. 三相对称负载做Y连接时，线电压与相电压的相位关系是________。

2. 三相交流电按其到达正的（或负的）最大值的先后顺序称为________。

3. 三条相线具有________、________、________的正弦交流电压，称为三相对称电压。

4. 三相电源做三角形连接时，线电压就是相应的________。

5. 对称三相电源的三个相电压瞬时值之和为________。

6. 三相负载可有________和________两种接法，这两种接法应用都很普遍。

7. 为了可靠，中线（干线）必须牢固，不允许________，不允许________。

三、简答题

1. 某三相发电机绕组接成星形时的线电压是 6.3 kV，若将它接成三角形，则线电压为多少？

2. 星形连接的对称三相电源，已知 $\dot{U}_A = 220\angle 0°$V，试写出其他各相、线电压的三角函数表达式。

3. 当三相交流发电机三个绕组接成星形时，若线电压 $u_{AB} = 380\sqrt{2}\sin\omega t$V，试写出其他各相、线电压的三角函数表达式并画出相量图。

4. 三相四线制系统中，中线的作用是什么？为什么中线干线上不能接熔断器和开关？

5. 三相负载根据什么原则做星形或三角形连接？

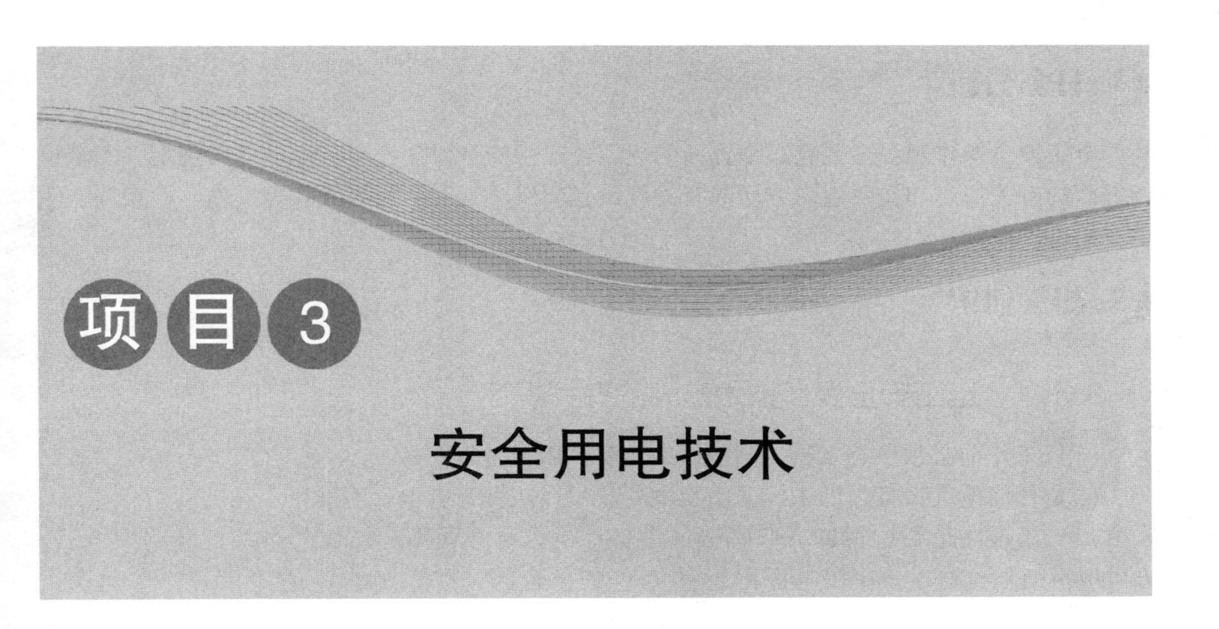

项目 3 安全用电技术

人身触电事故多发生在施工、检修、事故处理过程中和雷电天气情况下。究其原因是有人违章作业造成的，有设备绝缘情况不好造成的，也有作业工具不良造成的，等等。人触电以后，会出现神经麻痹、呼吸困难、血压升高、昏迷、痉挛，直至呼吸中断、心脏停跳等现象，呈现昏迷不醒的状态。如果未见明显的致命外伤，就不能轻率地认定触电者已经死亡，而应该看作是“假死”，应立即施行急救。有效的急救在于快而得法，即用最快的速度施以正确的方法进行现场救护，多数触电者是可以复活的。

任务 3.1 安全用电的相关规定

教学目标

（1）熟悉电工安全操作技术方面的有关规定。
（2）掌握预防触电及触电急救的措施。
（3）了解防雷的有关方法。
（4）理解节约用电的意义。

任务引入

安全用电技术措施电工安全操作的各项规定是每一名电工所必须遵守的规章制度，它规定了对电工的最基本的要求；电工生产岗位责任制规范了电工的工作范围，是确保电工工艺得以正确贯彻执行的重要条件。

任务分析

电工安全操作规程主要有三个方面的规定：电工安全操作技术方面的有关规定，安全检查方面的有关规定和文明生产方面的有关规定，所以电工安全操作规程是操作、检查和文明生产的总的原则。

相关知识

3.1.1 电工安全操作技术方面的有关规定

（1）工作前必须检查工具、测量仪表和防护用具是否完好。

（2）任何电气设备内部未经验明无电时，一律应视为有电，不准用手触及。

（3）不准在运行中拆卸、修理电气设备。检修时必须停车，切断电源并验明无电后，方可取下熔丝（体），并在电源附近挂上“禁止合闸，有人工作”的警示牌，直到检查完毕。

（4）在总配电盘及母线上进行工作时，在验明无电后应接临时接地线，装拆接地线都必须由值班电工进行。

（5）临时工作中断后或每班开始工作前，都必须重新检查电源确已断开，并验明无电。

（6）由专门检修人员修理电气设备时，值班电工要负责进行登记，完工后要做好交代，共同检查，然后才可送电。

（7）必须在低压配电设备上进行带电工作时，要经领导批准并要有专人监护，确保万无一失。

（8）工作时要戴安全帽，穿长袖衣服，戴绝缘手套，使用绝缘的工具，并站在绝缘物上进行操作。相邻带电部分和接地金属部分应用绝缘板隔开。带电工作时，严禁使用锉刀、钢尺等金属工具。

（9）禁止带负载操作动力配电箱中的刀开关，以防产生大的电弧。

（10）电气设备的金属外壳必须接地（接零），接地线要符合标准，不准断开带电设备的外壳接地线。

（11）拆除电气设备或线路后，对可能继续供电的线头必须立即用绝缘布包好。

（12）安装灯头时，开关必须接在相线上，灯头（座）螺纹端必须接在零线上。

（13）对临时装设的电气设备，必须将金属外壳接地。严禁将电动工具的外壳接地线和工作零线接在一起插入插座。必须使用两线带地或三线插座时，可以将外壳接地线单独接到干线的零线上，以防接触不良引起外壳带电。

（14）动力配电盘、配电箱、开关、变压器等各种电气设备附近，不准堆放各种易燃、易爆、潮湿和其他影响操作的物件。

（15）熔断器的容量要与设备和线路安装容量相适应。

（16）电气维修使用梯子时，梯子与地面之间的角度以60°左右为宜，在水泥地面上使用梯子时，要有防滑措施。

（17）使用喷灯时，油量不得超过容器容积的3/4，打气要适当，不得使用漏油、漏气的喷灯，不准在易燃、易爆物品的附近将喷灯点燃。

（18）使用一类电动工具时，要戴绝缘手套并站在绝缘垫上。

（19）用橡胶软电缆接移动设备时，专供保护接零的芯线中不许有工作电流通过。

（20）当电气设备发生火灾时，要立刻切断电源，然后使用“1211”灭火器或二氧化碳灭火器灭火，严禁用水或泡沫灭火器灭火。

3.1.2　安全检查的有关规定

（1）为了防止触电事故的发生，应定期检查电工工具及防护用品，如绝缘鞋、绝缘手套等绝缘性能是否良好，是否在有效期内，如有问题应立即更换，以消除各种隐患。

（2）在安装或维修电气设备前，要清扫工作场地和工作台，防止灰尘等杂物侵入而造成故障。

（3）在维修操作时，应及时悬挂安全牌，应严格遵守停电操作的规定，做好防止突然送电的各项安全措施。检查维修线路时，首先应拉下刀开关，然后再用验电笔测量刀开关下端头，确认无电后应立即悬挂“禁止合闸，线路有人工作”等类似的警示牌，然后才能进行操作检查。

（4）在高压电气设备或线路上工作时，必须要有保证电工安全工作的制度，如工作票制度，操作票制度，工作许可制度，工作监护制度，工作间断、转移和终结制度等。（更加重视制度建设，确保安全施工。）

3.1.3　文明生产方面的有关规定

文明生产对保障电气设备及人身的安全至关重要，因而每一位电工都应文明生产。文明生产主要包括以下内容：

（1）对工作要认真负责，对机器设备、工具、原材料等要极为珍惜，具有较高的道德风尚和高度的主人翁责任感。

（2）要熟练掌握电工基本操作技能，熟悉本岗位工作的规章制度和安全技术知识。

（3）具有较强的组织纪律观念，服从领导的统一指挥。（纪律是安全的保证。）

（4）工作现场应保持整齐清洁，环境布置合乎要求，工具摆放合理整齐。

（5）电工工具、电工仪表及电工器材的使用应符合规程的要求。

（6）工作要有计划、有节奏地进行，在对重要的电气设备进行维修工作或登高作业时，施工前后均应清点工具及零件，以免遗漏在设备内。

（7）通过学习，不断提高科学文化和业务水平，熟练地掌握本职工作技能外，熟悉本岗位生产过程中的各项规章制度和安全技术知识。

任务3.2　预防触电及触电急救

教学目标

（1）了解触电的原因。

(2) 了解触电的种类。

(3) 掌握触电急救的方法。

任务引入

减少触电事故的发生要以预防为主。为此，必须学习触电的相关知识，分析触电种类、触电方式各不同的触电原理，进而减小触电事故的发生。经过学习和预防，由于各种意外的原因，触电事故仍然不可避免，于是触电后的急救方法就是必须掌握的。

任务分析

触电的原因各种各样，有的是疏忽所致，有的是违规操作所致，有的是多方面不协调造成的。触电事故的发生有偶然因素也有必然因素。触电通常分为单相触电、两相触电和跨步电压触电，相应的预防措施有保护接地、保护接零等。而万一发生触电事故，需要立即进行人工呼吸等急救措施。

相关知识

带电的物体如果没有仪表测试，从外表上不能看出它是否带电。但如果不慎触及它，由于人体本身就是导体，则会有电流流经人体，造成触电事故。

防止触电事故，一是要严格地按电工操作规程进行操作，二是要对可能发生漏电的电气设备定期进行保护接地和保护接零。保护接地是将电气设备的金属外壳通过导线与接地体做良好的连接；保护接零是指将电气设备的金属外壳用导线与电网的零线连接起来。

3.2.1 触电的原因及其危害

1. 发生触电事故的主要原因

触电有许多原因，虽是偶然事件却有必然因素，诸如：电气设备的安装过于简陋，不符合安全要求；电气设备老化，有缺陷或破损严重，维修维护不及时；作业时没有严格遵守电工安全操作规程或粗心大意；缺乏安全用电常识。

2. 触电对人体的伤害主要有两类

电击和电伤。电击是触电者直接接触了设备的带电部分，电流通过人的身体，当电流达到一定数值后，就会将人击倒；电伤是指触电后皮肤的局部创伤，由于电流的热效应、化学效应、机械效应以及在电流的作用下，使熔化和蒸发的金属微粒侵袭人体皮肤而遭受灼伤。

一般当人体通过的交流电流（频率为 50 Hz）超过 10 mA，直流电流超过 50 mA 时，就可能危及生命。同时，人体接触的电压越高，通过人体的电流越大，时间越长，造成的伤害也就越严重。

3.2.2 触电的种类

触电类型根据不同的标准有不同的分类，常见的划分为：单相触电、两相触电和跨步电压触电。无论哪种触电，往往是人成了导电回路的一部分。

1. 单相触电

单相触电是指人体的一部分触及一根相线，或者接触到漏电的电气设备的外壳，而另一部分触及大地（或零线）时，电流从相线经人体流到大地（或零线）形成回路，此时人体承受的电压为相电压（220 V），如图 3－1 所示。单相触电常见于家庭用电，因为家用电器如电灯、电视机、电风扇、洗衣机等，使用的都是单相交流电。

2. 两相触电

两相触电是指人的两个部位，比如双手同时触及两根带电的不同相的相线，电流流经人体形成回路，称为两相触电。此时，加在人体上的电压是线电压（380 V），如图 3－2 所示。两相触电后果比单相触电更为严重，两相触电常见于电工电杆上带电作业时发生的触电事故。

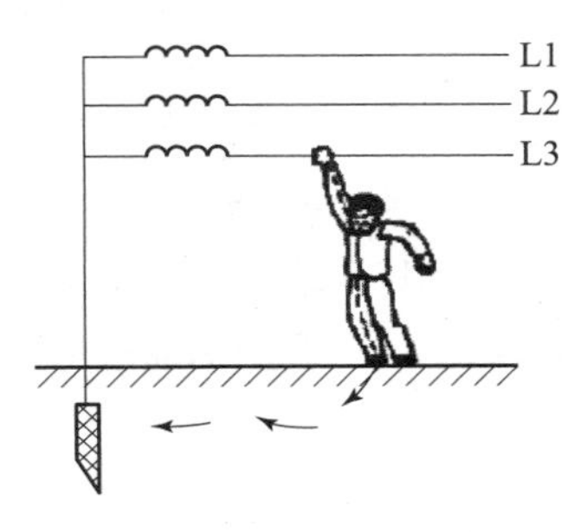

图 3－1　单相触电

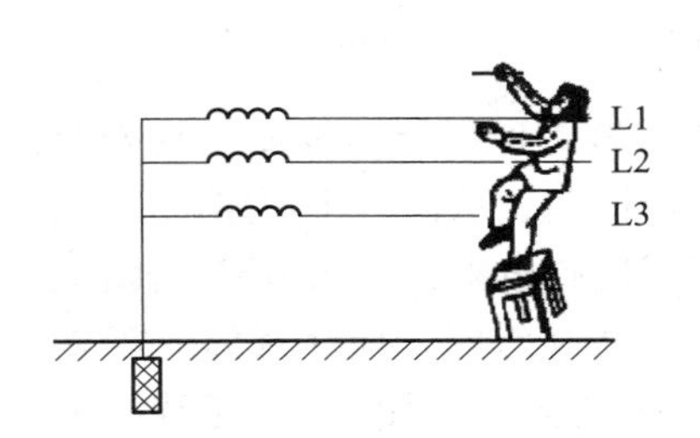

图 3－2　两相触电

3. 跨步电压触电

当架空电力线路的一根带电导线断落在地上时，电流就会经落地点流入地中，并向周围扩散。导线的落地点电位很高，距离落地点越远，电位越低，在落地点 20 m 以外，地面的电位近似等于 0。当人走近落地点附近时，两脚踩在不同的电位上，两脚之间就会有电位差，此电位差称为跨步电压。当人体受到跨步电压的作用时，电流就会从一脚经胯部流到另一脚下形成回路，造成跨步触电，如图 3－3 所示。为防止跨步电压触电，此时有效的方法是通过单足跳跳离高压区。

图 3－3　跨步电压触电

任务实施

3.2.3　触电处理措施

1. 保护接地

（1）让电气设备的任何部分与土壤间做良好的电气连接叫作保护接地。

（2）保护接地的接线方法如图 3－4 所示。将电气设备的外壳用导线与地面的接地装置连接起来。此时，当人体接触电气设备时，人体与接地装置是并联，由于人体的电阻很大，分去的电流很小，电流主要流经接地装置形成回路，从而减轻了人体触电。

（3）在正常情况下，电机、变压器以及移动式用电器具等较大功率的电气设备的外壳（或底座）都应保护接地。

2. 保护接零

（1）保护接零的接线方法如图 3－5 所示。

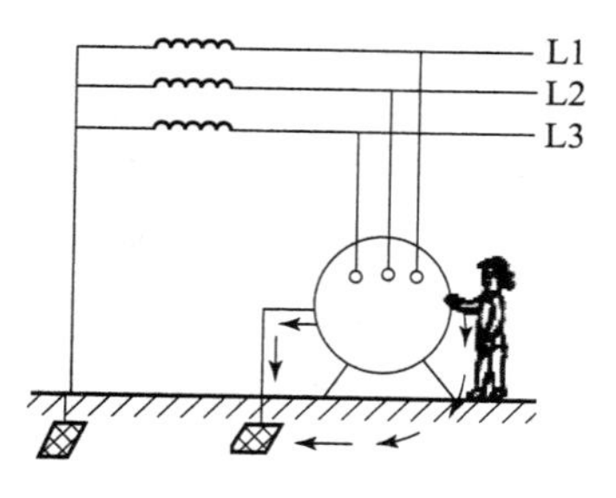

图 3－4　保护接地的接线方法

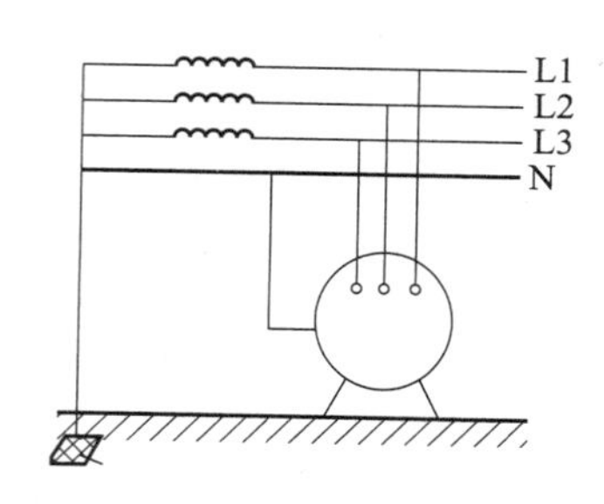

图 3－5　保护接零的接线方法

（2）保护接零之所以能够确保人身安全，是因为当电气设备发生漏电后，相电压经过机壳到零线形成回路，从而产生短路电流，使电路中保护电器动作切断电源；由于人体的电阻远远大于短路回路电阻，在未解除故障前，单相短路电流几乎全部通过接零电路。

（3）采用保护接零时，应注意如下环节：

① 在三相四线制供电系统中，零线必须有良好的接地。

② 零线线路中不能装熔丝和开关，以防止零线断开时造成人身和设备事故。

③ 在同一电源上，不允许将一部分电气设备保护接地，而另一部分电气设备保护接零，否则将造成检查的难度和电网的不平衡。

④ 在安装单相三孔插座时，正确的接法是将插座上接电源零线的孔和接地的孔分别用导线并联到零线上，如图 3－6 所示，如此保证零线接点和地线接点等电位，且与零线电位相同。

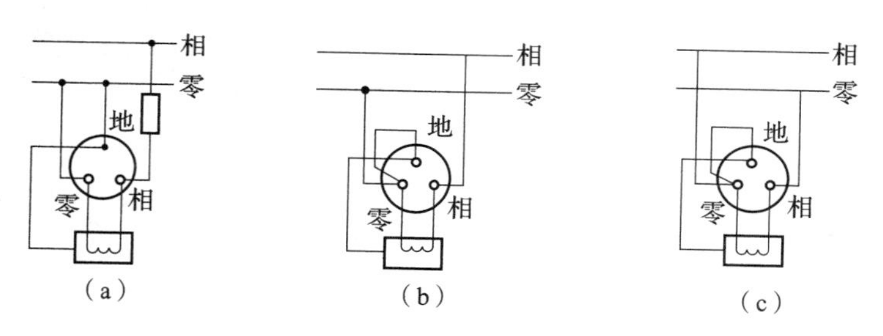

图 3－6　三孔插座的安装

（a）正确接法；（b）错误接法（中性线与接地线串接）；

（c）错误接法（串接时零线与相线接反）

⑤ 三孔插头中的接地端表现为更高于相线和零线接线端，如图 3－7 所示，这样可保证在插入和拔出时，接地端首先接触和最后离开插座。

当发现有人触电后，应立即拉断电源开关或拔掉电源插头。救护人员应及时根据现场条件，采取适当的方法和措施，使触电人员迅速脱离电源，进行积极抢救，抢救的方法主要有人工呼吸法和胸外心脏按压法。

3. 人工呼吸急救方法

人工呼吸的急救方法很多，其中，口对口呼吸法效果最好，且简单易学，容易掌握。

（1）将触电者仰卧，打开气道：救护者一只手捏紧触电者的鼻子，另一只手掰开触电者的嘴。救护者直接用嘴或隔一层薄布用力吹气，每次吹气要以触电者的胸部微微鼓起为宜，时间约为 2 s，如图 3－8 所示，即打开气道来吹气。

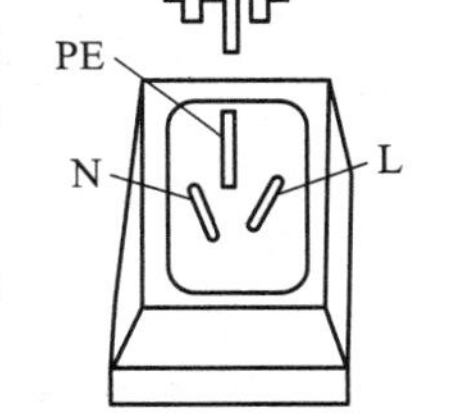

图 3－7　三孔插座

（2）吹气停止后，立即将嘴移开，放松捏鼻的手，让触电者自行呼吸，时间约为 3 s，即让开气道来呼气。

（3）每次吹气的速度要均匀，反复多次，直到触电者能够自行呼吸为止。

（4）如果触电者的嘴不易掰开，可捂紧嘴，向鼻孔吹气。总之，不让吹气漏掉。

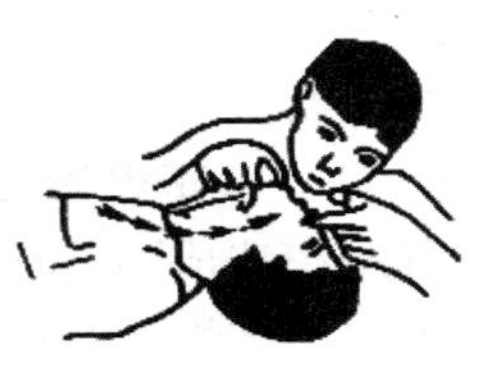

图 3－8　人工呼吸急救方法

4. 胸外心脏按压急救方法

（1）胸外心脏按压法适用于触电者心跳停止或不规则的情况，其目的是通过人工操作，有节律地使心脏收缩，从而达到恢复触电者心跳的目的。

（2）先让触电者仰卧在硬板或平地上，保持呼吸道畅通以保证按压的效果。

（3）救护者跪在触电者的一侧或骑在其腰部两侧，两手相叠，手掌根部放在心窝稍高一点的地方，掌根用力垂直向下按压，压出心脏里的血液。对成人压陷 3～4 cm，每分钟按压 60 次为宜；对于儿童，压胸仅用一只手，深度较成人浅，每分钟大约 90 次为宜，即压出心脏中血液。

（4）按压后，掌根迅速放松，让触电者胸部自动复原，让血液充满心脏，即让血液回心脏。

（5）心脏按压有效果时，会摸到颈动脉的搏动，如果按压时摸不到脉搏，应加大按压力量，减缓按压速度，再观察脉搏是否跳动。按压时要十分注意压胸的位置和用力的大小，以免发生肋骨骨折，如图 3－9 所示。

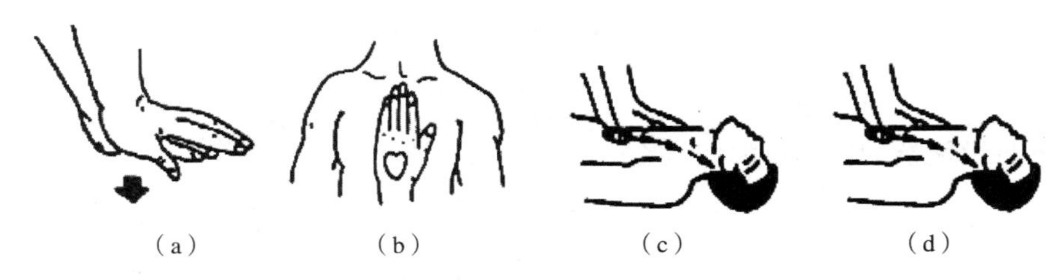

图 3－9　胸外按压急救方法

思考与练习

一、判断题（下列判断正确的请打“√”，错误的请打“×”）

1. 40 W 的白炽灯与 40 W 的日光灯的电耗是一样的。（　　）
2. 电流从带电体流经人体到大地形成回路，这种触电叫作单相触电。（　　）
3. 可在带电体上使用电工刀操作。（　　）
4. 发现有人触电应立即将其拉开。（　　）
5. 一般尖嘴钳、钢丝钳绝缘柄的耐压值是 500 V，可带电操作。（　　）
6. 无论是测直流电还是交流电，验电笔的发光强度是一样的。（　　）
7. 日光灯启动后，去掉启辉器，灯管不亮。（　　）
8. 灭火器不使用时应放在仓库统一保管。（　　）
9. 电流对人体的伤害程度与人体的质量无关。（　　）
10. 在选用熔丝时，应使额定电流等于或稍小于电路中的最大正常工作电流。（　　）

二、填空题

1. 当人体触及带电体时，电流通过人体这就叫________。电流通过人体时，会对人的身体和内部组织造成不同程度的损伤，这种损伤分为________和________两种。
2. 按照人体触及带电体的方式和电流通过人体的途径，触电方式大致有三种，即________、________和________。
3. 当发生电气火灾时，应立即________，然后进行扑救。
4. 预防直接触电的措施有________屏护措施和________。
5. 常用的低压验电笔有________、________两种。
6. 我国常用的电光源是________和________两大类。
7. 常用的电工材料包括________、________、________三类。

三、简答题

1. 如何预防触电事故的发生？

2. 插座安装有哪些安全要求和规定？

3. 日光灯镇流器的作用有哪些？

任务4.1 低压开关

学习目标

(1) 正确认识低压开关（刀开关、低压断路器和漏电保护开关）；
(2) 了解各种低压开关的功能、基本结构和工作原理；
(3) 学会选择使用各种低压开关；
(4) 会进行各种低压开关的检测、接线和故障维修等简单操作。

任务分析

了解各种低压开关在实际生产中的应用。熟悉各种低压开关的功能、基本结构和工作原理，会安装和检修各种低压开关。

知识链接

4.1.1 刀开关

刀开关也称闸刀开关，它的种类很多，是结构最简单且应用最广泛的一种低压电器。它由操作手柄、触刀、静插座和绝缘地板组成。为保证刀开关合闸时触刀与插座良好接触，触刀与插座之间应有一定的接触应力。

刀开关按极数可分为单极、双极和三极；按刀的转换方向可分为单掷和双掷；按灭弧情况可分为有灭弧罩和无灭弧罩等。常用的刀开关有胶盖刀开关和铁壳开关。

1. 胶盖刀开关

1）刀开关的结构和用途

胶盖刀开关又称开启式负荷开关，由瓷底座、静触头、触刀、瓷柄和胶盖等构成。其结构简单，价格低廉，常用作照明电路的电源开关，也可用来控制 5.5 kW 以下异步电动机的启动与停止。因其无专门的灭弧装置，故不宜频繁分、合电路。图 4－1 所示为 HK 系列刀开关的结构，图 4－2 所示为其图形符号。

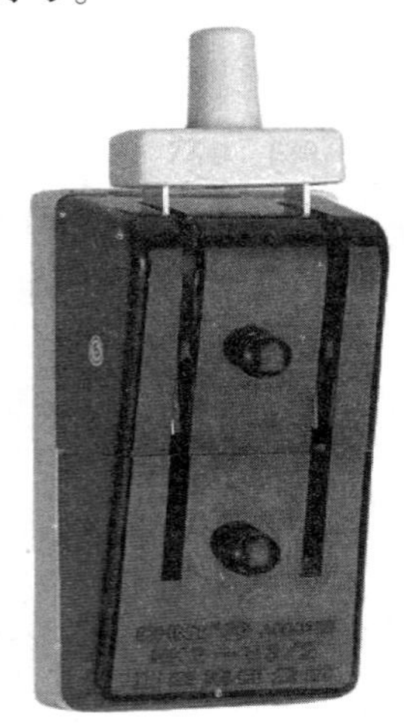

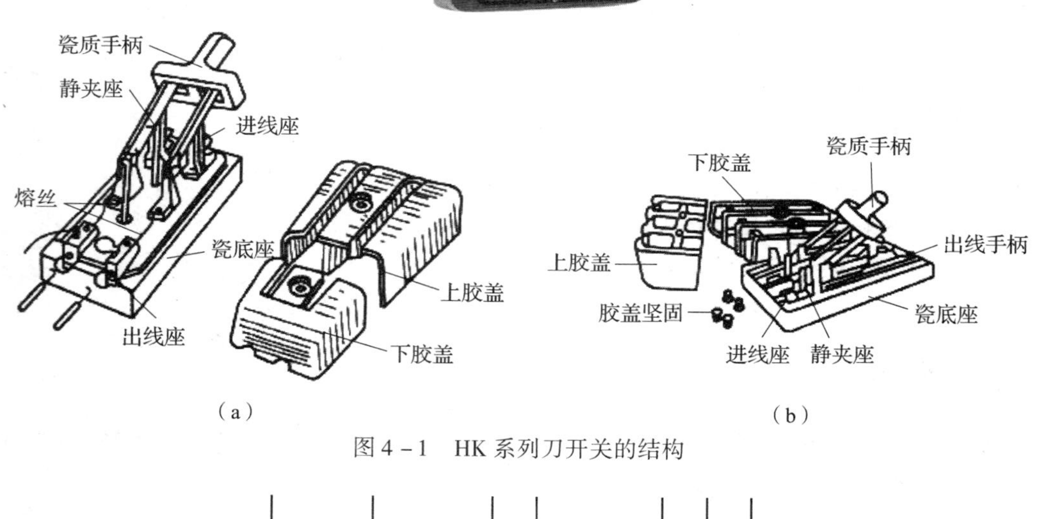

（a）　　（b）

图 4－1　HK 系列刀开关的结构

QS 或 QS　　QS　　QS

（a）　　（b）　　（c）

图 4－2　刀开关的图形符号

（a）单极；（b）双极；（c）三极

刀开关在安装时，手柄要向上不得倒装或平装，避免由于重力自动下落，引起误动合闸。接线时，应将电源线接在上端，负载线接在下端，这样断开后，刀开关的触刀与电源隔离，既便于更换熔丝，又可防止可能发生的意外事故。

2）刀开关的类型

刀开关的主要类型有：带灭弧装置的大容量刀开关，带熔断器的开启式负荷开关（胶盖开关），带灭弧装置和熔断器的封闭式负荷开关（铁壳开关）等。常用的产品有：HD11 ~ HD14 和 HS11 ~ HS13 系列刀开关，HK1、HK2 系列胶盖开关，HH3、HH4 系列铁壳开关。

刀开关按刀数的不同分为单极、双极、三极等几种。刀开关的型号标志组成及其含义如下：

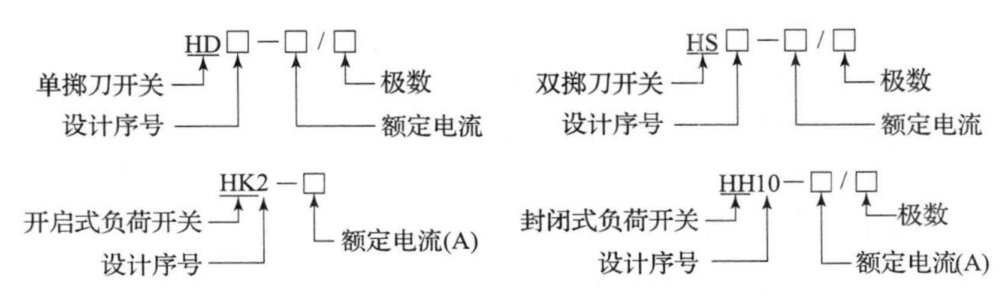

3）刀开关的主要技术参数

刀开关的主要技术参数有额定电压、额定电流、通断能力、动稳定电流、热稳定电流等。

（1）通断能力是指在规定条件下，能在额定电压下接通和分断的电流值。

（2）动稳定电流是指电路发生短路故障时，刀开关并不因短路电流产生的电动力作用而发生变形、损坏或触刀自动弹出之类的现象，这一短路电流（峰值）即称为刀开关的动稳定电流。

（3）热稳定电流是指电路发生短路故障时，刀开关在一定时间内（通常为 1 s）通过某一短路电流，并不会因温度急剧升高而发生熔焊现象，这一最大短路电流称为刀开关的热稳定电流。

表 4－1 所示为 HK1 系列胶盖开关的技术参数。近年来中国研制的新产品有 HD18、HD17、HSl7 等系列刀形隔离开关，HG1 系列熔断器式隔离开关等。

表 4－1　HK1 系列胶盖开关的技术参数

额定电流值/A	极数	额定电压值/V	可控制电动机最大容量值/kW		触刀极限分断能力 $(\cos\varphi=0.6)$/A	熔丝极限分断能力/A	配用熔丝规格			
			220 V	380 V			熔丝成分/%			熔丝直径/mm
							铅	锡	锑	
15	2	220	—	—	30	500	98	1	1	1.45 ~ 1.59
30	2	220	—	—	60	1 000				2.30 ~ 2.52
60	2	220	—	—	90	1 500				3.36 ~ 4.00
15	2	380	1.5	2.2	30	500	98	1	1	1.45 ~ 1.59
30	2	380	3.0	4.0	60	1 000				2.30 ~ 2.52
60	2	380	4.4	5.5	90	1 500				3.36 ~ 4.00

4）刀开关的选用

安装和使用胶盖刀开关时应注意下列事项：

(1) 电源进线应接在静触头一边的进线端（进线座应在上方），用电设备应接在动触头一边的出线端。这样，当开关断开时，闸刀和熔体均不带电，以保证更换熔体时的安全。

(2) 安装时，刀开关在合闸状态下手柄应该向上，不能倒装和平装，以防止闸刀松动落下时误合闸。

(3) 排除熔丝熔断故障后，应特别注意观察绝缘瓷底和胶盖内壁表面是否附有一层金属粉粒，这些金属粉粒会造成绝缘部分的绝缘性能下降，致使在重新合闸送电的瞬间，可能造成开关本体相间短路。因此，应将内壁的金属粉粒清除后再更换熔丝。

(4) 负荷较大时，为防止出现闸刀本体相间短路，可与熔断器配合使用。将熔断器装在闸刀负荷一侧，闸刀本体不再装熔丝，在应装熔丝的接点上装与线路导线截面相同的铜线。此时，开启式负荷开关只做开关使用，短路保护由熔断器完成。

5) 刀开关常见故障的处理方法

刀开关的常见故障及其处理方法如表 4－2 所示。

表 4－2　刀开关的常见故障及其处理方法

故障现象	产生原因	修理方法
合闸后一相或两相没电	1. 插座弹性消失或开口过大； 2. 熔丝熔断或接触不良； 3. 插座、触刀氧化或有污垢； 4. 电源进线或出线头氧化	1. 更换插座； 2. 更换熔丝； 3. 清洁插座或触刀； 4. 检查进出线头
触刀和插座过热或烧坏	1. 开关容量太小； 2. 分、合闸时动作太慢造成电弧过大，烧坏触点； 3. 夹座表面烧毛； 4. 触刀与插座压力不足； 5. 负载过大	1. 更换较大容量的开关； 2. 改进操作方法； 3. 用细锉刀修整； 4. 调整插座压力； 5. 减轻负载或调换较大容量的开关
封闭式负荷开关的操作手柄带电	1. 外壳接地线接触不良； 2. 电源线绝缘损坏碰壳	1. 检查接地线； 2. 更换导线

2. 铁壳开关

铁壳开关又称为封闭式负荷开关、负载开关。其早期产品都有一个铸铁的外壳，如今这种外壳已被结构轻巧、强度更高的薄钢板冲压外壳所取代。铁壳开关一般用在电力排灌、电热器、电气照明线路的配电设备中，作为非频繁接通和分断电路使用，其中容量较小者，还可用做异步电动非频繁全电压启动的控制开关。

铁壳开关由触刀、熔断器、操作机构和铁外壳构成。图 4－3 所示为 HH 系列封闭式负荷开关的结构。从图 4－3 中可以看到，三把触刀固定于一根绝缘的轴上，由手柄操作。为保证安全，铁壳与操作机构装有机械联锁，即盖子打开时开关不能闭合，开关闭合时盖子不能打开。操作机构中，在手柄转轴与底座之间装有速断弹簧，能使开关快速接通与断开，而开关的通断速度与手柄操作速度无关，这样有利于迅速灭弧。

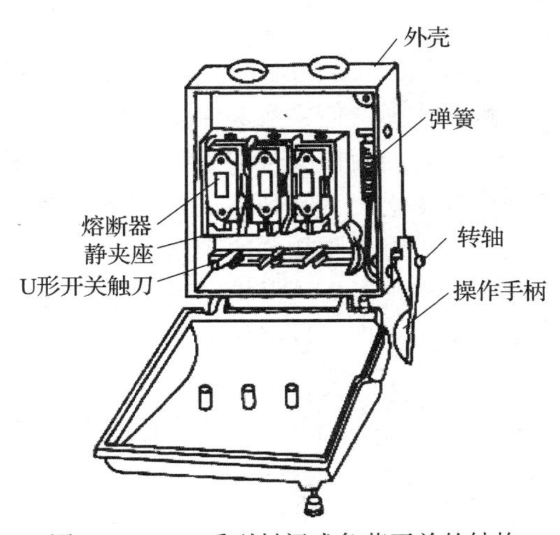

图 4-3 HH 系列封闭式负荷开关的结构

封闭式负荷开关的型号含义为

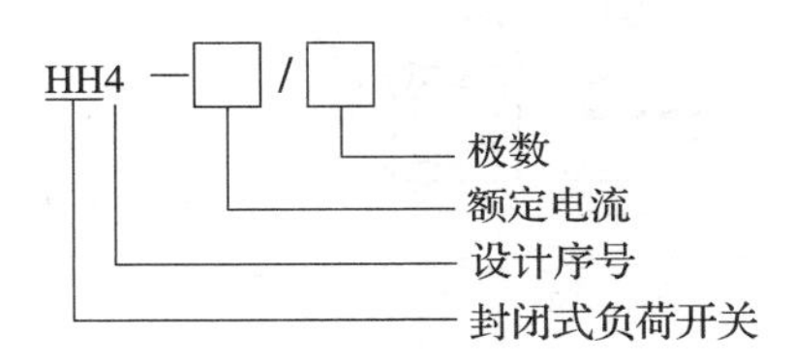

使用铁壳开关应注意下列事项：

（1）对于电热和照明电路，铁壳开关可以根据额定电流选择；对于电动机，开关额定电流可选为电动机额定电流的 1.5 倍。

（2）外壳应可靠接地，以防止意外漏电造成触电事故。

4.1.2 低压断路器

低压断路器又称为自动开关，可用来分配电能、不频繁启动电动机、对供电线路及电动机等进行保护。用于正常情况下的接通和分断操作以及严重过载、短路及欠压等故障时的自动切断电路，在分断故障电流后，一般不需要更换零件，且具有较大的接通和分断能力，因而获得了广泛应用。低压断路器按用途分有配电、限流、灭磁、漏电保护等几种；按动作时间分有一般型和快速型；按极数分有单极、双极、三极和四极断路器；按结构分有框架式和塑料外壳式，其实物图如图 4-4 所示。

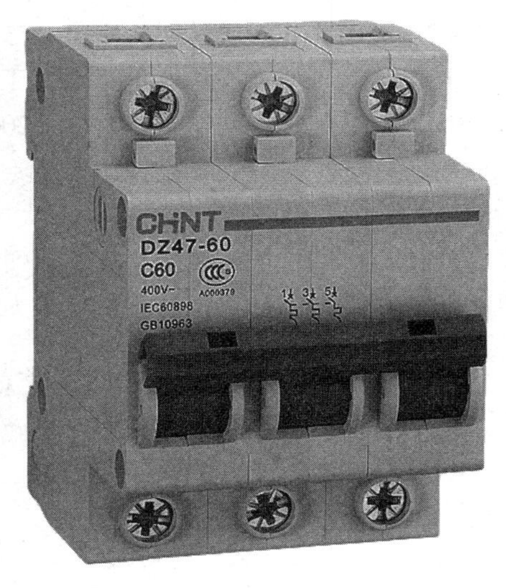

图 4-4 DZ 系列低压断路器外形

1. 结构

低压断路器主要由触头系统、灭弧装置、保护装置、操作机构等组成。

2. 工作原理

低压断路器的工作原理及符号如图 4－5 所示，图中低压断路器的 3 副主触头串联在被保护的三相主电路中，由于搭钩钩住弹簧使主触头保持闭合状态。当线路正常工作时，电磁脱扣器中线圈所产生的吸力不能将它的衔铁吸合。当线路发生短路时，电磁脱扣器的吸力增加，将衔铁吸合并撞击杠杆把搭钩顶上去，在弹簧的作用下切断主触点，实现了短路保护。当线路上电压下降或失去电压时，欠电压脱扣器的吸力减小或失去吸力，衔铁被弹簧拉开撞击杠杆把搭钩顶开，切断主触头，实现了失压保护。当线路过载时，热脱扣器的双金属片受热弯曲，也把搭钩顶开切断主触头，实现了过载保护。

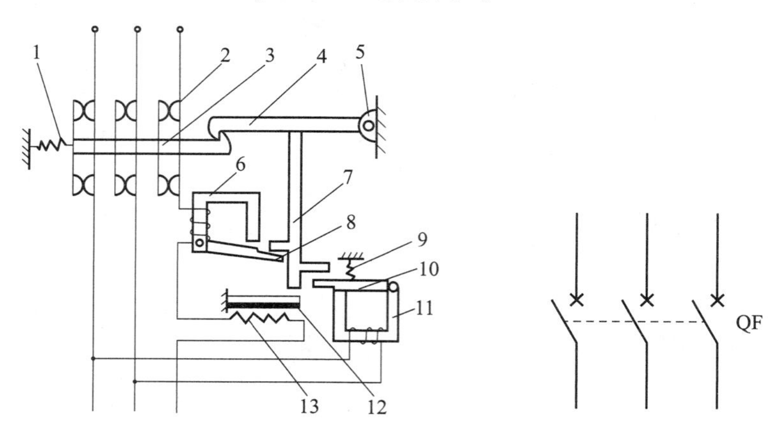

图 4－5　低压断路器的工作原理及符号

1—弹簧；2—主触点；3—传动杆；4—锁扣；5—轴；6—电磁脱扣器；7—杠杆；8，10—衔铁；9—弹簧；11—欠压脱扣器；12—双金属片；13—发热元件

3. 常用低压断路器

目前，常用的低压断路器有塑壳式断路器和框架式断路器。塑壳式断路器是低压配电线路及电动机控制和保护中的一种常用的开关电器，其常用型号有 DZ5 和 DZ10 系列。DZ5－20 表示额定电流为 20 A 的 DZ5 系列塑壳式低压断路器。框架式断路器常见型号有 DW10、DW4、DW7 等系列。目前在工厂、企业最常用的是 DW10 系列，它的额定电压为交流 380 V、直流 440 V，额定电流有 200 A、400 A、600 A、1 000 A、1 500 A、2 500 A 及 4 000 A 共 7 个等级。操作方式有直接手柄式杠杆操作、电磁铁操作和电动机操作等，其中 2 500 A 和 4 000 A 需要的操作力太大，所以只能用电动机来代替人工操作。DZ 系列低压断路器的动作时间低于 0. 02 s，DW 系列低压断路器的动作时间大于 0. 02 s。

低压断路器的标志组成及其含义如下：

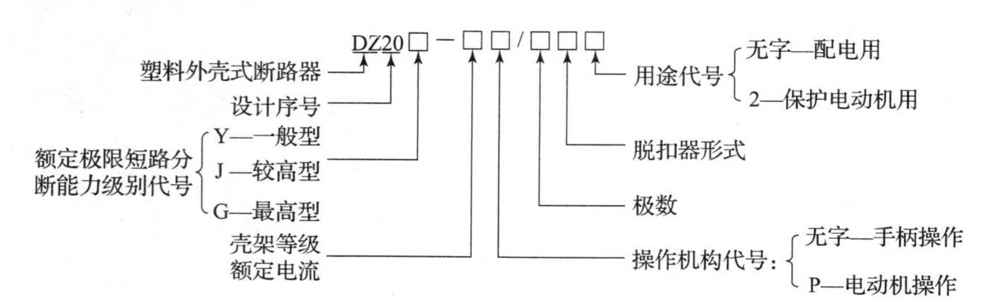

4. 主要技术数据

（1）额定电压：断路器在电路中长期工作时的允许电压值。

（2）断路器额定电流：指脱扣器允许长期通过的电流，即脱扣器额定电流。

（3）断路器壳架等级额定电流：指每一件框架或塑壳中能安装的最大脱扣器额定电流。

（4）断路器的通断能力：指在规定操作条件下，断路器能接通和分断短路电流的能力。

DZ20 系列低压断路器的主要技术参数如表 4－3 所示。

表 4－3　DZ20 系列低压断路器的主要技术参数

型　号	额定电流/A	机械寿命/次	电气寿命/次	过电流脱扣器范围/A	短路通断能力			
					交流		直流	
					电压/V	电流/kA	电压/V	电流/kA
DZ20Y－100	100	8 000	4 000	16、20、32、40、50、63、80、100	380	18	220	10
DZ20Y－200	200	8 000	2 000	100、125、160、180、200	380	25	220	25
DZ20Y－400	400	5 000	1 000	200、225、315、350、400	380	30	380	25
DZ20Y－630	630	5 000	1 000	500、630	380	30	380	25
DZ20Y－800	800	3 000	500	500、600、700、800	380	42	380	25
DZ20Y－1250	1 250	3 000	500	800、1 000、1 250	380	50	380	30

5. 低压断路器的选用

对于不频繁启动的笼型电动机，只要在电网允许范围内，都可首先考虑采用断路器直接启动，这样可以大大节约电能，还没有噪声。低压断路器的选型要求如下：

（1）断路器额定电压不小于安装地点电网的额定电压。

（2）断路器额定电流不小于线路或设备额定电流。

（3）断路器通断能力不小于线路中可能出现的最大短路电流。

（4）欠电压脱扣器额定电压等于线路额定电压。

（5）分励脱扣器额定电压等于控制电源电压。

（6）长延时电流整定值等于电动机额定电流。

（7）瞬时整定电流：对保护笼型异步电动机的断路器，瞬时整定电流为 8 ~ 15 倍电动机额定电流；对于保护绕线转子异步电动机的断路器，瞬时整定电流为 3 ~ 6 倍电动机额定电流。

（8）6 倍长延时电流整定值的可返回时间等于或大于电动机实际启动时间。

使用低压断路器来实现短路保护要比熔断器性能更加优越，因为当三相电路发生短路时，很可能只有一相的熔断器熔断，造成单相运行。对于低压断路器，只要造成短路都会使开关跳闸，将三相电源全部切断。何况低压断路器还有其他自动保护作用。但它结构复杂，操作频率低，价格较高，适用于要求较高场合。

6. 低压断路器常见故障及其处理方法

低压断路器常见故障及其处理方法如表 4－4 所示。

表 4－4　低压断路器常见故障及其处理方法

故障现象	产生原因	修理方法
手动操作断路器不能闭合	1. 电源电压太低； 2. 热脱扣的双金属片尚未冷却复原； 3. 欠电压脱扣器无电压或线圈损坏； 4. 储能弹簧变形，导致闭合力减小； 5. 反作用弹簧力过大	1. 检查线路并调高电源电压； 2. 待双金属片冷却后再合闸； 3. 检查线路，施加电压或调换线圈； 4. 调换储能弹簧； 5. 重新调整弹簧反力
电动操作断路器不能闭合	1. 电源电压不符； 2. 电源容量不够； 3. 电磁铁拉杆行程不够； 4. 电动机操作定位开关变位	1. 调换电源； 2. 增大操作电源容量； 3. 调整或调换拉杆； 4. 调整定位开关
电动机启动时断路器立即分断	1. 过电流脱扣器瞬时整定值太小； 2. 脱扣器某些零件损坏； 3. 脱扣器反力弹簧断裂或落下	1. 调整瞬间整定值； 2. 调换脱扣器或损坏的零部件； 3. 调换弹簧或重新装好弹簧
分励脱扣器不能使断路器分断	1. 线圈短路； 2. 电源电压太低	1. 调换线圈； 2. 检修线路调整电源电压
欠电压脱扣器噪声大	1. 反作用弹簧力太大； 2. 铁芯工作面有油污； 3. 短路环断裂	1. 调整反作用弹簧； 2. 清除铁芯油污； 3. 调换铁芯
欠电压脱扣器不能使断路器分断	1. 反力弹簧弹力变小； 2. 储能弹簧断裂或弹簧力变小； 3. 机构生锈卡死	1. 调整弹簧； 2. 调换或调整储能弹簧； 3. 清除锈污

4.1.3　漏电保护开关

漏电保护开关是一种最常用的漏电保护电器，其实物图如图 4－6 所示。它既能控制电路的通与断，又能保证其控制的线路或设备发生漏电或人身触电时迅速自动掉闸，切断电源，从而保证线路或设备的正常运行及人身安全。

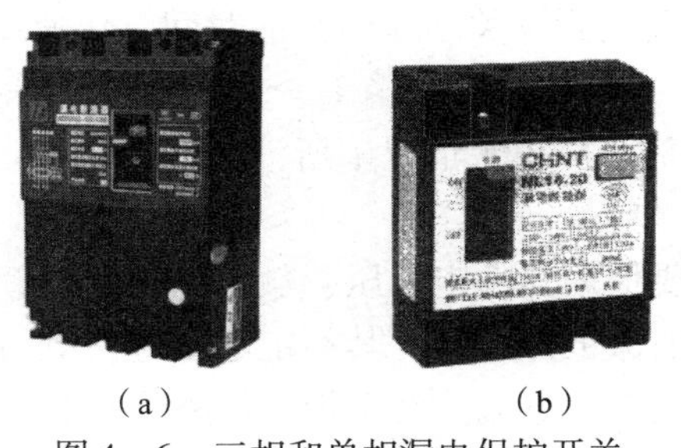

（a）　　　　　　　　（b）

图4－6　三相和单相漏电保护开关

（a）三相塑料外壳漏电保护开关；（b）单相漏电保护开关

1. 结构

漏电保护开关由零序电流互感器、漏电脱扣器、开关装置3部分组成。零序电流互感器用于检测漏电电流；漏电脱扣器将检测到的漏电电流与一个预定基准比较，从而判断漏电保护开关是否动作；开关装置通过漏电脱扣器的动作来控制被保护电路的闭合或分断。

2. 保护原理

漏电保护开关的原理如图4－7所示。正常情况下，漏电保护开关所控制的电路没有发生漏电和人身触电等接地故障时，$I_{相}=I_{零}$，故零序电流互感器的二次回路没有感应电流信号输出，也就是检测到的漏电电流为零，开关保持在闭合状态，线路正常供电。当电路中有人触电或设备发生漏电时，因为$I_{相}=I_{负}+I_{人}$，而$I_{零}=I_{负}$，所以，$I_{相}>I_{零}$，通过零序电流互感器铁芯的磁通$\Phi_{相}-\Phi_{零}\neq0$，故零序电流互感器的次级线圈感生漏电信号，漏电信号输入到电子开关输入端，促使电子开关导通，磁力线圈通电产生吸力断开电源，完成人身触电或漏电保护。

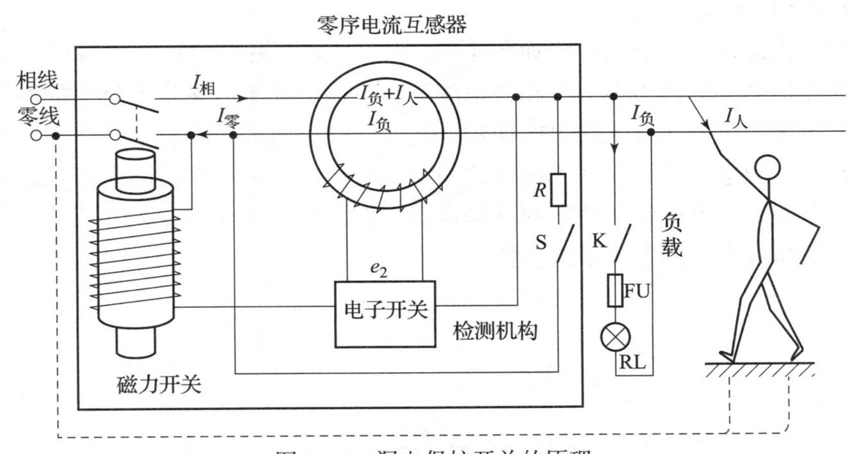

图4－7　漏电保护开关的原理

3. 技术参数

漏电保护开关的技术参数如下：

（1）额定电压。规定为220 V或380 V。

（2）额定电流。被保护电路允许通过的最大电流，即开关主接点允许通过的最大电流。

（3）额定动作电流。漏电保护开关必须动作跳开时的漏电电流。

（4）额定不动作电流。开关不应动作的漏电电流，一般为额定动作电流的一半。

（5）动作时间。从发生漏电到开关动作断开的时间，快速型在 0.2 s 以下，延时型一般为 0.2 ~2 s。

（6）消耗功率。开关内部元件正常情况下所消耗的功率。

4. 漏电保护开关的选用

漏电保护开关的选型主要根据其额定电压、额定电流以及额定动作电流和动作时间等几个主要参数来选择。选用漏电保护开关时，其额定电压应与电路工作电压相符。漏电保护开关额定电流必须大于电路最大工作电流。对于带有短路保护装置的漏电保护开关，其极限通断能力必须大于电路的短路电流。漏电动作电流及动作时间的选择可按线路泄漏电流大小选择，也可按分级保护方式选择，具体选择方法如下。

1）按线路泄漏电流大小选择

任何供电线路和电气设备都有一定的泄漏电流存在，选择漏电保护开关的漏电动作电流，首先应大于线路的正常泄漏电流。若漏电动作电流小于线路的正常泄漏电流，漏电保护开关就无法投入运行，或者由于经常动作而破坏了供电的可靠性。

实测泄漏电流的方法较复杂，在一般情况下可按经验公式来选择漏电动作电流。对照明电路和居民生活用电的单相线路，可按下式选择

$$I_{\Delta n} \geqslant \frac{I_H}{2\ 000}$$

对三相三线或三相四线动力或动力照明混合线路，可按下式选择

$$I_{\Delta n} \geqslant \frac{I_H}{1\ 000}$$

式中，$I_{\Delta n}$为漏电动作电流；I_H 为电路最大负荷电流。

2）按分级保护方式选择

漏电保护开关最好能分级装设，如图 4 – 8 所示。第一级保护是干线保护，主要用来排除用电设备外壳带电、导体落地等单相接地故障，是以消除事故隐患为目标的保护。第二级保护是线路末端用电设备或分支线路的保护，是以防止触电为主要目标的保护。两级漏电保护的装设能够减少触电事故，保证了设备的用电安全。两级保护在时间上互相匹配，使出现故障时缩小停电面积，方便排除故障和维修设备。漏电保护开关安装时必须保证接线正确，否则会引起误动作或发生漏电时拒绝动作。

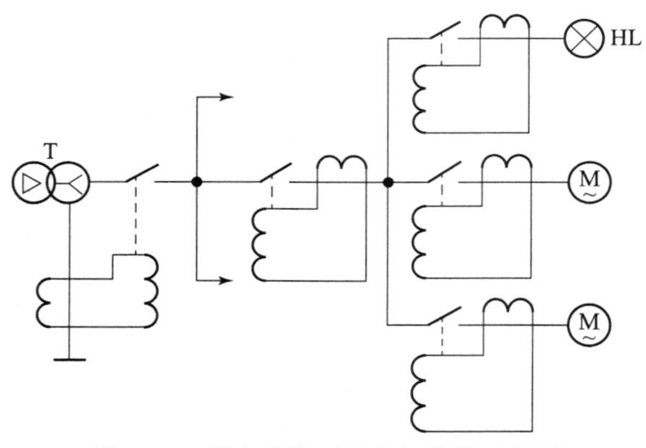

图 4 – 8　漏电保护开关分级装设示意图

第一级保护中，安装在干线上的漏电保护开关，其漏电动作电流应小于线路或用电设备的单相接地故障电流，同时还应大于被保护电路的三相不平衡泄漏电流。因此，漏电动作电流可选择 60～120 mA，动作时间选择 0.2 s 或更长些。若漏电保护开关安装在变压器总出线，则视变压器容量而定。对于 100 kV·A 以下的变压器，漏电动作电流可选择 100～300 mA。

第二级保护中，在正常条件下，家庭用户的线路、临时接线板、电钻、吸尘器、电锯等均可安装漏电动作电流为 30 mA、动作时间为 0.1 s 的漏电保护开关。在狭窄的危险场所使用 220 V 手持电动工具，或在发生人身触电后同时可能发生二次性伤害的地方使用电气工具，可安装漏电动作电流为 15 mA、动作时间在 0.1 s 以内的漏电保护开关。

技能训练

项目技能实训一　低压开关的拆装的维修

1. 任务目标

(1) 熟悉常用低压开关的外形和基本结构。

(2) 能正确拆卸、组装及排除常见故障。

2. 实训设备

(1) 工具：尖嘴钳、螺钉旋具、活络扳手、镊子等。

(2) 仪表：万用表、兆欧表。

(3) 器材：刀开关、转换开关和低压断路器。

3. 实训内容和步骤

(1) 卸下手柄紧固螺钉，取下手柄。

(2) 卸下支架上紧固螺母，取下顶盖、转轴弹簧和凸轮等操作机构。

(3) 抽出绝缘杆，取下绝缘垫板上盖。

(4) 拆卸三对动、静触点。

(5) 检查触点有无烧毛、损坏，视损坏程度的大小进行修理或更换。

(6) 检查转轴弹簧是否松脱和消弧垫是否有严重磨损，根据实际情况确定是否调换。

(7) 将任一相的动触点旋转 90°，然后按拆卸的逆序进行装配。

(8) 装配时，应注意动、静触点的相互位置是否符合改装要求及叠片连接是否紧密。

(9) 装配结束时，先用万用表测量各对触点的通断情况。

4. 注意事项

(1) 拆卸时，应备有盛放零件的容器，以防丢失零件。

(2) 拆卸过程中，不允许硬撬，以防损坏电器。

5. 技能训练考核评分标准

评分标准如表 4－5 所示。

表 4－5　评分标准

序号	考核内容	考核要求	配分	得分
1	元件识别	1. 写错或漏写名称，每只扣 4 分； 2. 写错或漏写型号，每只扣 2 分	20	
2	刀开关	1. 损坏电气元件或不能装配，扣 10 分； 2. 丢失或漏装零件，每只扣 5 分； 3. 拆装方法、步骤不正确，每次扣 3 分； 4. 装配后转动不灵活，扣 10 分； 5. 不能进行通电校验，扣 4 分； 6. 通电试验不成功，每次扣 5 分	20	
3	组合开关	1. 损坏电气元件或不能装配，扣 10 分； 2. 丢失或漏装零件，每只扣 5 分； 3. 拆装方法、步骤不正确，每次扣 3 分； 4. 装配后转动不灵活，扣 10 分； 5. 不能进行通电校验，扣 4 分； 6. 通电试验不成功，每次扣 5 分	30	
4	自动空气开关	1. 损坏电气元件或不能装配，扣 10 分； 2. 丢失或漏装零件，每只扣 5 分； 3. 拆装方法、步骤不正确，每次扣 3 分； 4. 装配后转动不灵活，扣 10 分； 5. 不能进行通电校验，扣 4 分； 6. 通电试验不成功，每次扣 5 分	30	
5	安全文明生产	违反安全文明生产规程，扣 5～10 分		
6	定额时间 2 h	按每超时 5 min 扣 5 分计算		
7	备注	除定额时间外，各项目的最高扣分不应超过配分		
8	否定项	发生重大责任事故、严重违反教学纪律者得 0 分		
开始时间		结束时间		实际时间

指导教师签名________　　　　　　　　　　　　日期________

任务 4.2　电磁式接触器

学习目标

(1) 了解电磁式交、直流接触器的内部结构；

(2) 熟悉交、直流接触器的工作原理；

(3) 学会选择使用交、直流接触器；

(4) 会进行交、直流接触器的检测、接线和故障维修的操作。

任务分析

通过学生自己操作交、直流接触器的拆装，观察交、直流接触器的吸合动作，了解交、直流接触器的结构与运用。学会安装和检修交、直流接触器。

知识链接

接触器属于控制类电器，是一种适用于远距离频繁接通和分断交、直流主电路和控制电路的自动控制电器。其主要控制对象是电动机，也可用于其他电力负载，如电热器、电焊机等。接触器具有欠压保护、零压保护、控制容量大、工作可靠、寿命长等优点，它是自动控制系统中应用最多的一种电器，其实物图如图 4－9 所示。

(a)

(b)

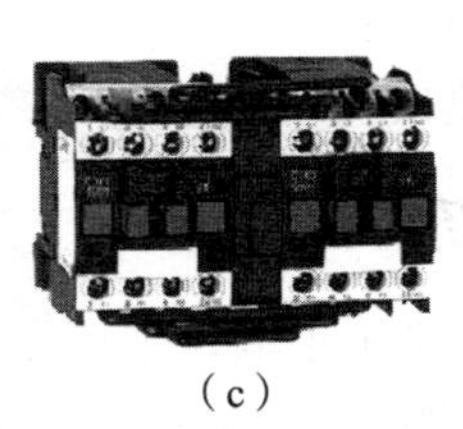
(c)

图 4－9　接触器实物图

(a) CZ0 直流接触器；(b) CJX1 系列交流接触器；(c) CJX2－N 系列可逆交流接触器

接触器按操作方式分，有电磁接触器、气动接触器和电磁气动接触器；按灭弧介质分，有空气电磁式接触器、油浸式接触器和真空接触器等；按主触头控制的电流性质分，有交流接触器、直流接触器。而按电磁机构的励磁方式可分为直流励磁操作与交流励磁操作两种。其中应用最广泛的是空气电磁式交流接触器和空气电磁式直流接触器，简称为交流接触器和直流接触器。

4.2.1　交流接触器

1. 交流接触器的结构

接触器由电磁系统、触头系统、灭弧系统、释放弹簧及底座等几部构成，如图 4－10 所示。

2. 接触器的工作原理

接触器的工作原理是利用电磁铁吸力及弹簧反作用力配合动作，使触头接通或断开。当吸引线圈通电时，铁芯被磁化吸引衔铁向下运动，使得常闭触头断开，常开触头闭合。当线圈断电时，磁力消失，在反力弹簧的作用下衔铁回到原来位置，也就使触头恢复到原来状态，如图 4－11 所示。

3. 交流接触器的常见故障

(1) 触头过热；

(2) 触头磨损；

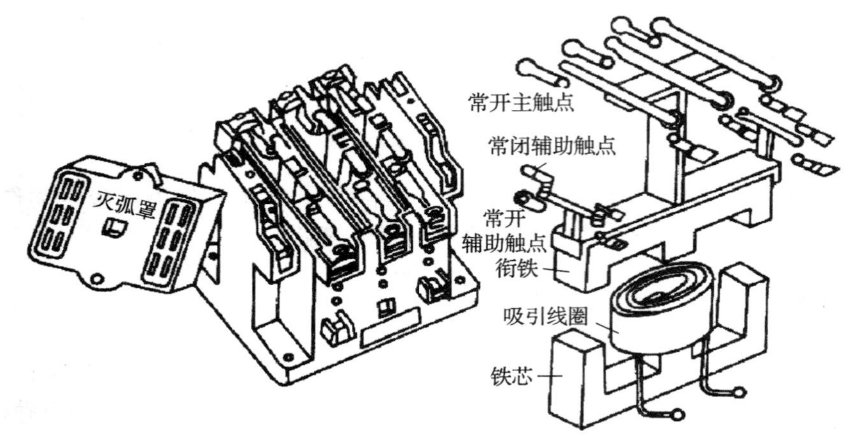

图 4－10　交流接触器结构示意图

（3）线圈失电后触头不能复位；

（4）铁芯噪声大；

（5）线圈过热或烧毁。

4.2.2　直流接触器

直流接触器主要用于额定电压至 440 V、额定电流至 600 A 的直流电力线路中，作为远距离接通和分断线路，以控制直流电动机的启动、停止和反向，多用在冶金、起重和运输等设备中。

直流接触器和交流接触器一样，也是由电磁系统、触头系统和灭弧装置等部分组成的。图 4－12 所示为直流接触器的结构原理图。

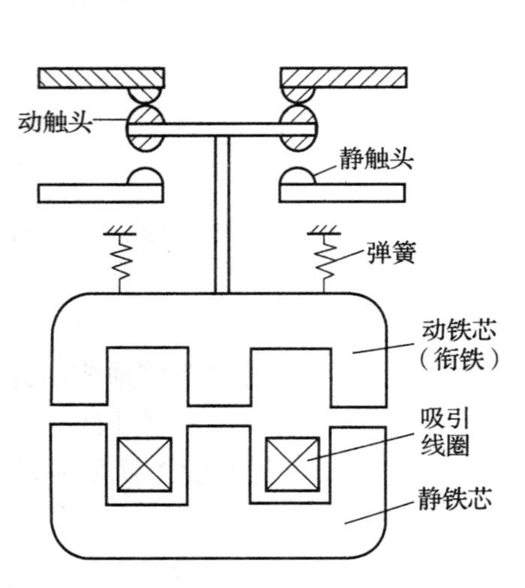

图 4－11　交流接触器的工作原理

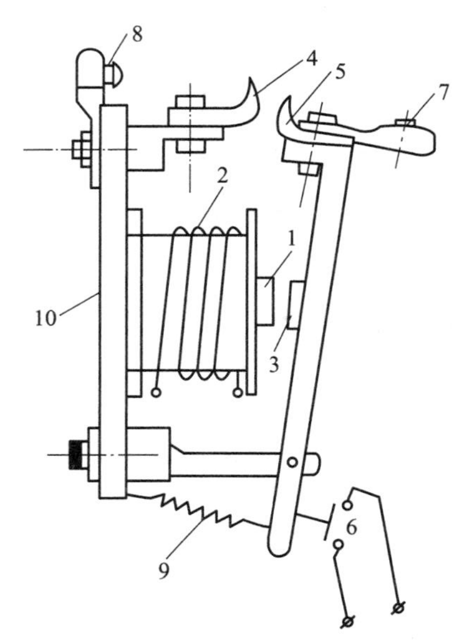

图 4－12　直流接触器的结构原理图

1—铁芯；2—线圈；3—衔铁；4—静触点；5—动触点；
6—辅助触点；7，8—接线柱；9—弹簧；10—底板

4.2.3　接触器的主要技术参数

接触器的主要技术参数有极数和电流种类、额定工作电压、额定工作电流、约定发热电流、额定通断能力、线圈额定工作电压、允许操作频率、机械寿命和电气寿命、接触器线圈的启动功率和吸持功率、使用类别等。

（1）接触器的极数和电流种类。按接触器接通与断开主电路电流种类不同，分为直流接触器和交流接触器，按接触器主触头的个数不同又分为两极、三极与四极接触器。

（2）额定电压。接触器额定工作电压是指主触头之间的正常工作电压值，也就是指主触头所在电路的电源电压。直流接触器额定电压有：110 V、220 V、440 V、660 V；交流接触器额定电压有：127 V、220 V、380 V、500 V、660 V。

（3）额定工作电流。接触器额定工作电流是指主触头正常工作时通过的电流值。直流接触器的额定工作电流有 40 A。

（4）约定发热电流。指在规定条件下试验时，电流在 8 h 工作制下，各部分温升不超过极限时接触器所承载的最大电流。对老产品只讲额定工作电流，对新产品则有约定发热电流和额定工作电流之分。

（5）额定通断能力。指接触器主触头在规定条件下能可靠地接通和分断的电流值。在此电流值下接通电路时主触头不应发生熔焊；在此电流下分断电路时，主触头不应发生长时间燃弧。电路中超出此电流值的分断任务，则由熔断器、断路器等承担。

（6）线圈额定工作电压。指接触器电磁吸引线圈正常工作电压值。常用接触器线圈额定电压等级为：对于交流线圈，有 220 V、380 V；对于直流线圈，一般与直流控制电路的电压一致。

（7）允许操作频率。指接触器在每小时内可实现的最高操作次数。交、直流接触器允许操作频率有 600 次/h、1 200 次/h。

（8）机械寿命和电气寿命。机械寿命是指接触器在需要修理或更换机构零件前所能承受的无载操作次数。电气寿命是在规定的正常工作条件下，接触器不需修理或更换的有载操作次数。

（9）接触器线圈的启动功率和吸持功率。直流接触器启动功率和吸持功率相等。交流接触器启动视在功率一般为吸持视在功率的 5～8 倍。而线圈的工作功率是指吸持有功功率。

（10）使用类别。接触器用于不同负载时，其对主触头的接通和分断能力要求不同，按不同使用条件来选用相应使用类别的接触器便能满足其要求。

部分 CJ20 系列交流接触器主要技术数据如表 4－6 所示。

接触器的标志组成及其含义如下：

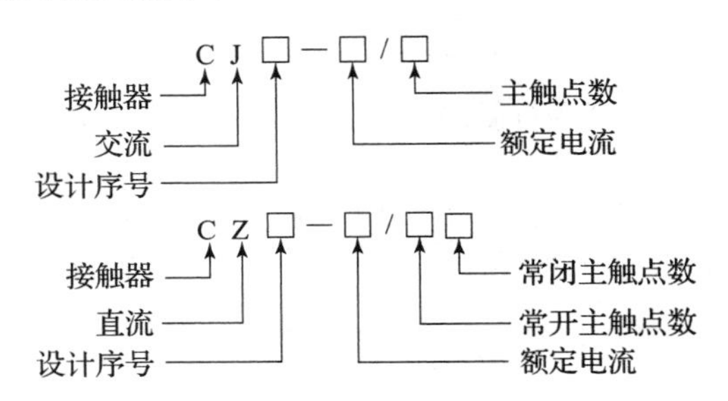

表 4－6　部分 CJ20 系列交流接触器主要技术数据

型号	约定发热电流 I/A	额定工作电压 U_N/V	额定工作电流 I_N/A	额定操作频率/（次·h^{-1}）	寿命		类工作制下控制电动机功率 P/kW	辅助触头组合
					机械	电气		
CJ20－10	10	220	10	1 200	1 000	100	2.2	1 开 3 闭 2 开 2 闭 3 开 1 闭
		380	10	1 200			4	
		660	5.2	600			7	
CJ20－16	16	220	16	1 200			4.5	2 开 2 闭
		380	16	1 200			7.5	
		660	13	600			11	
CJ20－25	32	220	25	1 200			5.5	
		380	25	1 200			11	
		660	14.5	600			13	
CJ20－40	55	220	40	1 200			11	
		380	40	1 200			22	
		660	25	600			22	

4.2.4　接触器的选用和常见故障的修理方法

（1）选择接触器时应注意以下几点：

①接触器主触头的额定电压大于等于负载额定电压。

②接触器主触头的额定电流大于等于 1.3 倍负载额定电流。

③接触器线圈额定电压。当线路简单、使用电器较少时，可选用 220 V 或 380 V；当线路复杂、使用电器较多或在不太安全的场所时，可选用 36 V、110 V 或 127 V。

④接触器的触头数量、种类应满足控制线路要求。

⑤操作频率。当通断电流较大且通断频率超过规定数值时，应选用额定电流大一级的接触器型号，否则会使触头严重发热，甚至熔焊在一起，造成电动机等负载缺相运行。

（2）接触器常见故障及其处理方法如表 4－7 所示。

表 4－7　接触器常见故障及其处理方法

故障现象	产生原因	修理方法
接触器不吸合或吸不牢	1. 电源电压过低； 2. 线圈断路； 3. 线圈技术参数与使用条件不符； 4. 铁芯机械卡阻	1. 调高电源电压； 2. 调换线圈； 3. 调换线圈； 4. 排除卡阻物

续表

故障现象	产生原因	修理方法
线圈断电，接触器不释放或释放缓慢	1. 触点熔焊； 2. 铁芯表面有油污； 3. 触点弹簧压力过小或复位弹簧损坏； 4. 机械卡阻	1. 排除熔焊故障，修理或更换触点； 2. 清理铁芯极面； 3. 调整触点弹簧力或更换复位弹簧； 4. 排除卡阻物
触点熔焊	1. 操作频率过高或过负载使用； 2. 负载侧短路； 3. 触点弹簧压力过小； 4. 触点表面有电弧灼伤； 5. 机械卡阻	1. 调换合适的接触器或减小负载； 2. 排除短路故障更换触点； 3. 调整触点弹簧压力； 4. 清理触点表面； 5. 排除卡阻物
铁芯噪声过大	1. 电源电压过低； 2. 短路环断裂； 3. 铁芯机械卡阻； 4. 铁芯极面有油垢或磨损不平； 5. 触点弹簧压力过大	1. 检查线路并提高电源电压； 2. 调换铁芯或短路环； 3. 排除卡阻物； 4. 用汽油清洗极面或更换铁芯； 5. 调整触点弹簧压力
线圈过热或烧毁	1. 线圈匝间短路； 2. 操作频率过高； 3. 线圈参数与实际使用条件不符； 4. 铁芯机械卡阻	1. 更换线圈并找出故障原因； 2. 调换合适的接触器； 3. 调换线圈或接触器； 4. 排除卡阻物

技能训练

项目技能实训二　交流接触器的拆装与检修

1. 任务目标

(1) 认识交流接触器，熟悉其工作原理。

(2) 熟悉交流接触器的组成和其中零件的作用。

(3) 学会交流接触器的安装方法。

(4) 学会交流接触器的检修与校验的方法。

2. 实训设备

(1) 工具：测试笔、螺钉旋具、斜口钳、尖嘴钳、剥线钳、电工刀等。

(2) 仪表：兆欧表、钳形电流表、5 A 电流表、600 V 电压表、万用表。

(3) 器材：控制板一块、调压变压器一台、交流接触器一个，指示灯（220 V 25 W）3个，待检交流接触器若干；截面为 1 mm^2 的铜芯导线（BV）若干。

3. 实训内容和步骤

接触器校验值检验电路图如图 4－13 所示。

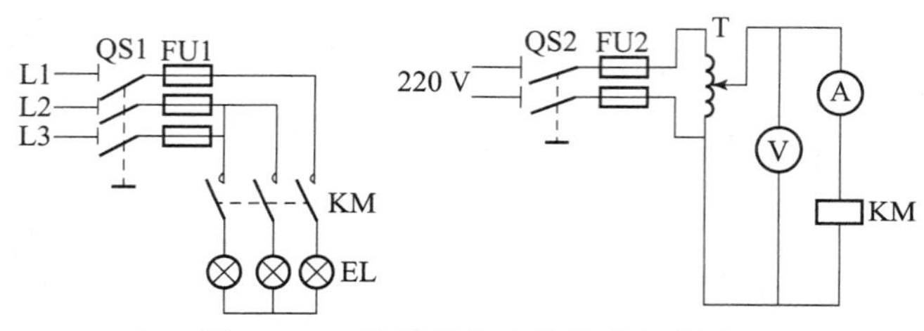

图 4－13　接触器校验值检验电路图

1）接触器的安装练习。

（1）安装前操作要求。

①接触器铭牌和线圈技术数据应符合使用要求。

②接触器外观检查应无损伤并且动作灵活，无卡阻现象。

③对新购或放置日久的接触器，在安装前要清理铁芯极面上的防锈油脂和污垢。

④测量线圈的绝缘电阻应不低于 15 MΩ，并测量线圈的直流电阻。

⑤用万用表检查线圈有无断线，并检查辅助触点是否良好。

⑥检查和调整触点的开距、超程、初始力、终压力，并要求各触点的动作同步，接触良好。

⑦接触器在 85% 额定电压时应能正常工作；在失电压或欠压时应能释放，噪声正常。

⑧接触器的灭弧罩不应破损或脱落。

（2）安装时操作要求。

①安装时，按规定留有适当的飞弧空间，防止飞弧烧坏相邻元件。

②接触器的安装多为垂直安装，其倾斜角不应超过 5°，否则会影响接触器的动作特性；安装有散热孔的接触器时，应将散热孔放在上下位置以降低线圈的温升。

③接线时，严禁将零件、杂物掉入电器内部。紧固螺钉应装有弹簧垫圈和平垫圈，将其紧固好，防止松脱。

（3）安装后的质量要求。

①灭弧室应完整无缺，并固定牢靠。

②接线要正确，应在主触点不带电的情况下试操作数次，动作正常后才能投入运行。

2）接触器的运行检查练习

（1）接触器通过电流应在额定电流值内。

（2）接触器的分、合信号指示，应与电路所处的状态一致。

（3）灭弧室内接触应良好，无放电，灭弧室无松动或损坏现象。

（4）电磁线圈无过热现象，电磁铁上的短路环无松动或损坏现象。

（5）导线各个连接点无过热现象。

（6）辅助触点无烧蚀现象。

（7）铁芯吸合良好，无异常噪声，返回位置正常。

（8）绝缘杆无损伤或断裂。

（9）周围环境没有不利于接触器正常运行的情况。

3）接触器的解体和调试

（1）松开灭弧罩的固定螺钉，取下灭弧罩，检查如有碳化层可用锉刀锉掉，并将内部清理干净。

（2）用尖嘴钳拔出主触点及主触点压力弹簧，查看触点的磨损情况。

（3）松开底盖的紧固螺钉，取下盖板。

（4）取出静铁芯、铁皮支架、缓冲弹簧、拔出线圈与接线柱之间的连接线。

（5）从静铁芯上取出线圈、反作用弹簧、动铁芯和支架。

（6）检查动静铁芯接触是否紧密，短路环是否良好。

（7）维护完成后，应将其擦拭干净。

（8）按拆卸的逆顺序进行装配。

（9）装配后检查接线，正确无误后在主触点不带电的情况下，通断数次，检查动作是否可靠，触点接触是否紧密。

（10）接触器吸合后，铁芯不应发出噪声，若铁芯接触不良，则应将铁芯找正，并检查短路环及弹簧松紧适应度。

（11）最后应进行数次通断试验，检查动作和接触情况。

4. 注意事项

（1）拆卸接触器时，应备有盛放零件的容器，以免丢失零件。

（2）拆装过程中不允许硬撬元件，以免损坏电器。装配辅助触点的静触点时，要防止卡住动触点。

（3）接触器通电校验时，应把接触器固定在控制板上。通电校验过程中，要均匀、缓慢地改变调压变压器的输出电压，以使测量结果尽量准确，并应有教师监护以确保安全。

（4）调整触点压力时，注意不要损坏接触器的主触点。

5. 技能训练考核评分标准（表4－8）

表4－8　技能训练考核评分标准

序号	考核内容	考核要求	配分	得分
1	识别接触器	（1）工具、仪表少选或错选扣5分； （2）电气元件选错型号和规格扣5分； （3）选错元件数量或型号规格没有写全扣5分	15	
2	装前检查	电气元件漏检或错检扣5分	5	
3	安装布线	（1）电器布置不合理扣4分； （2）元件安装不牢固扣2分； （3）元件安装不整齐、不匀称、不合理扣1分； （4）损害元件扣3分； （5）不按电路图接线扣4分； （6）布线不符合要求扣4分； （7）接点松动、露铜过长、反圈等扣3分； （8）损伤导线绝缘层或线芯扣2分； （9）编码套管套装不正确扣4分； （10）漏接接地线扣3分	30	

续表

序号	考核内容	考核要求	配分	得分
4	故障分析	（1）故障分析、排除故障的思路不正确扣 5 分； （2）标错电路故障扣 5 分	10	
5	排除故障	（1）停电不验电扣 4 分； （2）工具及仪表使用不当扣 4 分； （3）排除故障的顺序不对扣 2 分； （4）不能查出故障点扣 2 分； （5）查出故障点，但不能排除扣 2 分； （6）损坏电动机扣 4 分； （7）损害电气元件或排除故障方法不当扣 2 分	20	
6	通电试车	（1）热继电器未整定或整定错误扣 4 分； （2）熔体规格选用不当扣 3 分； （3）第一次试车不成功扣 1 分 第二次试车不成功扣 3 分 第三次试车不成功扣 5 分	20	
7	安全文明生产	违反安全文明生产规程扣 5 分	-5 ~ 40	
8	合计得分			
9	否定项	发生重大责任事故、严重违反教学纪律者得 0 分		
开始时间		结束时间		实际时间

指导教师签名________　　　　日期________

任务 4.3　电磁式继电器

学习目标

（1）认识各种电磁式继电器（电流继电器、电压继电器、中间继电器、热继电器、时间继电器、速度继电器）；

（2）了解各种电磁式继电器的内部结构和动作原理；

（3）学会选择使用各种电磁式继电器；

（4）会安装和检修各种电磁式继电器。

任务分析

了解电流继电器、电压继电器、中间继电器、热继电器、时间继电器和速度继电器在实际生产中的应用。会正确识别、选用和使用各种电磁式继电器的功能、基本结构、动作原理及型号意义。熟记它们的图形符号和文字符号，会安装和检修各种电磁式继电器。

知识链接

继电器是根据外界输入的信号来控制电路中电流的“通”与“断”的自动切换电器。它主要用来反映各种控制信号，以改变电路的工作状态，实现既定的控制程序，达到预定的控制目的，同时提供一定的保护。它一般不直接控制电流较大的主电路，而通过接触器来实现对主电路的控制。继电器具有结构简单、体积小、反应灵敏、工作可靠等特点，因而应用广泛。

继电器主要由感测机构、中间机构、执行机构三部分组成。感测机构把感测到的参量传递给中间机构，并和整定值相比较，当满足预定要求时，执行机构便动作，从而接通或断开电路。

继电器的种类很多，按用途分有控制继电器和保护继电器；按反映信号分有电压继电器、电流继电器、时间继电器、热继电器、温度继电器、速度继电器和压力继电器等；按动作原理分有电磁式、感应式、电动式和电子式等；按输出方式分有触头式和无触头式。图4－14所示为几种常用电磁式继电器的外形。

（a）

（b）

（c）

图4－14　几种常用电磁式继电器的外形

（a）电流继电器；（b）电压继电器；（c）中间继电器

4.3.1　电流继电器

根据线圈中电流大小而动作的继电器称为电流继电器。使用时电流继电器的线圈与被测电路串联，用来反映电路电流的变化。为了使接入继电器线圈后不影响电路的正常工作，其线圈匝数少，导线粗，阻抗小。

电流继电器可分为过电流继电器和欠电流继电器。继电器中的电流高于整定值而动作的继电器称为过电流继电器，常用于电动机的过载及短路保护；低于整定值而动作的继电器称为欠电流继电器，常用于直流电动机磁场控制及失磁保护。

JT4系列过电流继电器如图4－15所示，它由线圈、静铁芯、衔铁、触头系统和反作用弹簧等组成。

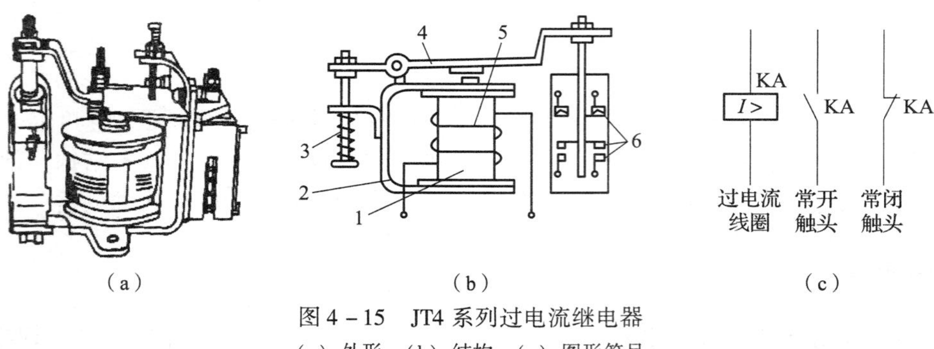

(a)　　　　(b)　　　　(c)

图 4-15　JT4 系列过电流继电器

(a) 外形；(b) 结构；(c) 图形符号

1—静铁芯；2—磁轭；3—反作用弹簧；4—衔铁；5—线圈；6—触头

1. 过电流继电器

过电流继电器分为感应电磁式和集成电路型，具有定时限、反时限的特性，应用于电机、变压器等主设备以及输配电系统的继电保护回路中。当主设备或输配电系统出现过负荷及短路故障时，该继电器能按预定的时限可靠动作或发出信号切除故障部分，保证主设备及输配电系统的安全。

2. 欠电流继电器

当通过继电器的电流减小到低于其整定值时就动作的继电器，称为欠电流继电器。当检测的电流大于欠电流设定值时，欠电流输出继电器吸合，否则输出继电器释放。欠电流设定值通过面板按键设置，设置范围为测量范围，控制精度高。面板有欠电流指示灯，内部有报警蜂鸣器。在电路正常工作时，欠电流继电器的衔铁与铁芯始终是吸合的。只有当电流降至低于整定值时，欠电流继电器释放，发出信号，从而改变电路的状态。欠电流继电器的吸引电流一般为线圈额定电流的 0.3 ~ 0.65 倍，释放电流为额定电流的 0.1 ~ 0.2 倍。

4.3.2　电压继电器

根据线圈两端电压大小而动作的继电器称为电压继电器。电磁式电压继电器线圈并接在电路电源上，用于反映电路电压大小。其触头的动作与线圈电压大小直接有关，在电力拖动控制系统中起电压保护和控制作用。按吸合电压相对其额定电压大小可分为过电压继电器和欠电压继电器。

1. 过电压继电器

过电压继电器的线圈与所要保护电路中电压检测点并联。正常电压时，继电器不动作，动断触点（常闭触点）闭合，动合触点（常开触点）断开。根据具体电路用途不同，继电器的触点使用也不同。常闭触点可以串接在作为跳闸保护的失电保护电器的线圈回路，一旦过电压，常闭触点断开，保护电器线圈失电，跳闸保护。常开触点则可接报警回路（串联），过电压时，常开触点闭合，报警回路接通，发出报警信号。

2. 欠电压继电器

欠电压继电器的电磁线圈与被保护或检测电路并联，辅助触点接在控制电路中，电路正常工作时常开触点闭合，而当电压低至其设定值时，由于电磁系统产生的电磁力会减小，在复位弹簧的作用下，常开触点断开，常闭触点吸合，从而使控制电路断电，进而控制主电路断电，保护用电器在低压下不被损坏。

4.3.3　中间继电器

中间继电器本质上是电压继电器，它是用来远距离传输或转换控制信号的中间元件。其输入的是线圈的通电或断电信号，输出的是多对触头的通断动作。因此，它不但可用于增加控制信号的数目，实现多路同时控制，而且因为触头的额定电流大于线圈的额定电流，所以还可用来放大信号。

按电磁式中间继电器线圈电压种类不同，又有直流中间继电器和交流中间继电器两种。有的电磁式直流继电器，更换不同电磁线圈时便可成为直流电压、直流电流及直流中间继电器；若在铁芯柱上套有阻尼套筒，又可成为电磁式时间继电器。因此，这类继电器具有“通用”性，又称为通用继电器。

图4－16（a）所示为JZ7系列中间继电器的结构，其结构和工作原理与接触器类似。该继电器由静铁芯、动铁芯、线圈、触头系统和复位弹簧等组成。其触头对数较多，没有主、辅触头之分，各对触头允许通过的额定电流是一样的，额定电流多数为5 A，有的为10 A。吸引线圈的额定电压有12 V、24 V、36 V、110 V、127 V、220 V、380 V等多种，可供选择。其图形符号如图4－16（b）所示。

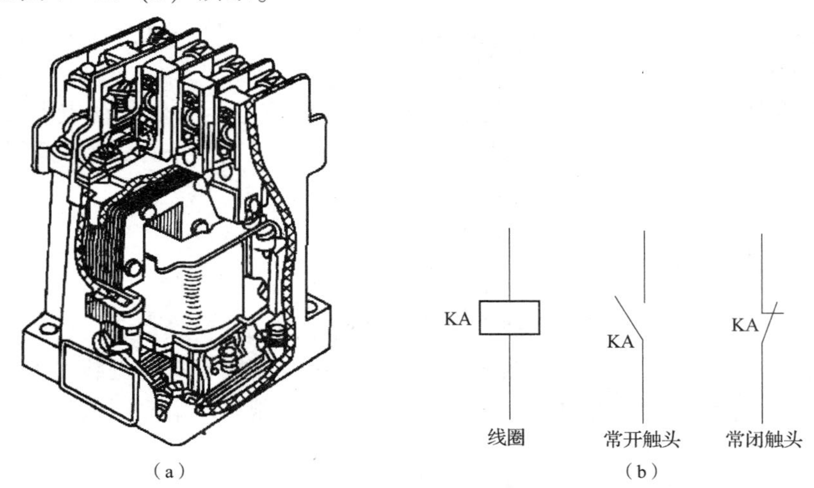

图4－16　JZ7系列中间继电器的结构和图形符号

（a）结构；（b）图形符号

电磁式中间继电器常用的有JZ7、JDZ2、JZ14等系列。引进产品有MA406N系列、3TH系列。JZ14系列中间继电器的型号、规格、技术数据如表4－9所示。

表4－9　JZ14系列中间继电器的型号、规格、技术数据

型号	电压种类	触头电压/V	触头额定电流/A	触头组合		额定操作频率/(次·h^{-1})	通电持续率/%	吸引线圈电压/V	吸引线圈消耗功率
				常开	常闭				
JZ14－□□J/□JZ14－□□Z/□	交流 直流	380 220	5	6 4 2	2 4 6	2 000	40	交流110、127、220、380 直流24、48、110、220	10 V·A 7 W

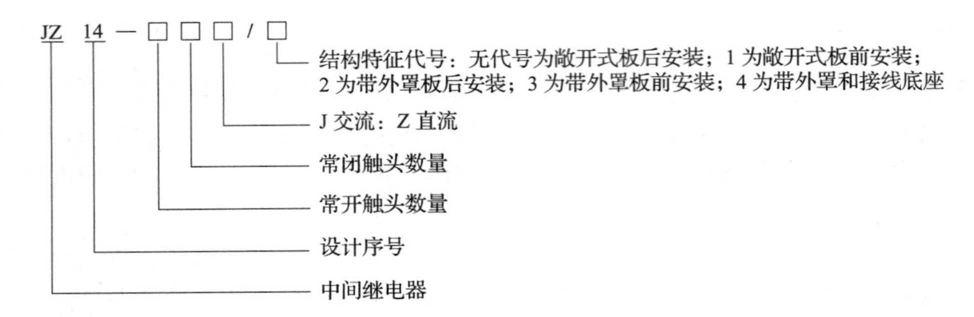

电磁式继电器的选用：

（1）使用类别的选用。继电器的典型用途是控制接触器的线圈，即控制交、直流电磁铁。按规定，继电器使用类别有：AC－11 控制交流电磁铁负载与 DC－11 控制直流电磁铁负载两种。

（2）额定工作电流与额定工作电压的选用。继电器在对应使用类别下，继电器最高工作电压为继电器的额定绝缘电压，继电器的最高工作电流应小于继电器的额定发热电流。

选用继电器电压线圈的电压种类与额定电压值时，应与系统电压种类与电压值一致。

（3）工作制的选用。继电器工作制应与其使用场合工作制一致，且实际操作频率应低于继电器额定操作频率。

（4）继电器返回系数的调节。应根据控制要求来调节电压和电流继电器返回系数。一般采用增加衔铁吸合后的气隙、减小衔铁打开后的气隙或适当放松释放弹簧等措施来达到增大返回系数的目的。

4.3.4 热继电器

热继电器是利用电流流过发热元件产生热量来使检测元件受热弯曲，进而推动机构动作的一种保护电器。由于发热元件具有热惯性，在电路中不能用于瞬时过载保护，更不能做短路保护，主要用作电动机的长期过载保护。在电力手动控制系统中应用最广的是双金属片式热继电器。

1. 电气控制对热继电器性能的要求

（1）应具有合理可靠的保护特性。

（2）具有一定的温度补偿。

（3）热继电器动作电流可以方便地调节。

（4）具有手动复位与自动复位功能。

2. 热继电器

1）结构

热继电器的种类很多，按极数分为单极、两极和三极，其中三极又分为带断相保护装置和不带断相保护装置；按复位方式分为自动复位式和手动复位式，其实物如图 4－17 所示。

热继电器由热元件、触头、动作机构、复位按钮和整定电流装置等五部分组成，其外形、结构及图形符号如图 4－18 所示。

（a）　　（b）　　（c）

图4－17　热继电器实物图

（a）JR16系列热继电器；（b）JRS5系列热继电器；（c）JRS1系列热继电器

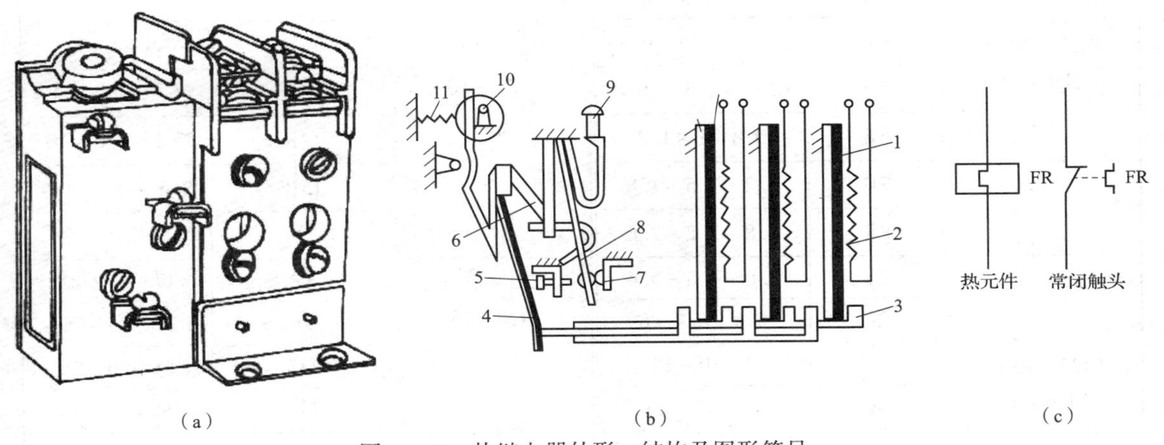

（a）　　（b）　　（c）

图4－18　热继电器外形、结构及图形符号

（a）外形；（b）结构；（c）图形符号

1—主双金属片；2—电阻丝；3—导板；4—补偿双金属片；5—螺钉；6—推杆；7—常闭静触头；8—动触头；9—复位按钮；10—调节凸轮；11—弹簧

2）工作原理

双金属片是热继电器的感测元件，它是将两种线胀系数不同的金属片以机械辗压的方式使其形成一体，线胀系数大的称为主动片，线胀系数小的称为被动片。使用时，将热继电器的三相热元件分别串接在电动机的三相主电路中，当电动机负载正常时，三个热元件的电流为额定值，主双金属片1发热正常，内外导板同时推动左移，但未超过临界位置，触头不动作，常闭静触头7仍闭合。当发生三相均继续移动，通过主双金属片1受热向左弯曲较大，推动外导板并带动内导板向左继续移动，通过补偿双金属片4和推杆6，使动触头8与常闭静触头7分开，以切断控制电路达到保护电动机的目的。当发生一相断路时，该双金属片逐渐冷却而向右移，并带动内导板右移，外导板仍在未断相的双金属片的推动下向左移，由于外、内导板一左一右移动，产生了差动作用，因此使热继电器迅速脱扣动作，切断控制电路，保护电动机。

3）典型产品及主要技术参数

常用的热继电器有JR20，JRS1，JR36，JR21，3UA5、6，LR1－D，T系列，后四种是引入国外技术生产的。

JR20系列具有断相保护、温度补偿、整定电流值可调、手动脱扣、自动复位、动作后的信号指示等作用。它与交流接触器的安装方式有分立结构，还有组合式结构，可通过导电杆与挂钩直接插接，并电气连接在 CJ20 接触器上。引进的系列热继电器常与 B 系列接触器组合成电磁启动器。

表 4 – 10 所示为 JR20 系列热继电器技术数据。

表 4 – 10　JR20 系列热继电器技术数据

型号	热元件号	整定电流范围/A	型号	热元件号	整定电流范围/A
JR20 – 10 配 CJ20 – 10	1R	0. 1 ~0. 13 ~0. 15	JR20 – 10 配 CJ20 – 10	9R	2. 6 ~3. 2 ~3. 8
	2R	0. 15 ~0. 19 ~0. 23		10R	3. 2 ~4 ~4. 8
	3R	0. 23 ~0. 29 ~0. 35		11R	4 ~5 ~6
	4R	0. 35 ~0. 44 ~0. 53		12R	5 ~6 ~7
	5R	0. 53 ~0. 67 ~0. 8		13R	6 ~7. 2 ~8. 4
	6R	0. 8 ~1 ~1. 2		14R	7. 2 ~8. 6 ~10
	7R	1. 2 ~1. 5 ~1. 8		15R	8. 6 ~10 ~11. 6
	8R	1. 8 ~2. 2 ~2. 6			
JR20 – 16 配 CJ20 – 16	1s	3. 6 ~4. 5 ~5. 4	JR20 – 25 配 CJ20 – 25	3T	17 ~21 ~25
	2s	5. 4 ~6. 7 ~8		4T	21 ~25 ~29
	3s	8 ~10 ~12	JR20 – 63 配 CJ20 – 63	1U	16 ~20 ~24
	4s	10 ~12 ~14		2U	24 ~30 ~36
	5s	12 ~14 ~16		3U	32 ~40 ~47
	6s	14 ~16 ~18		4U	40 ~47 ~55
JR20 – 25 配 CJ20 – 25	1T	7. 8 ~9. 7 ~11. 6		5U	47 ~55 ~62
	2T	11. 6 ~14. 3 ~17		6U	55 ~62 ~71

JR20 系列型号含义：

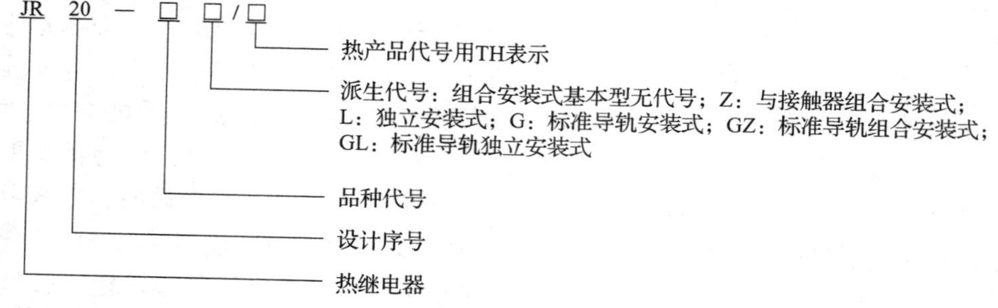

4）热继电器的选用

热继电器主要用于电动机的过载保护，选用热继电器时应根据使用条件、工作环境、电动机形式及其运行条件及要求，电动机启动情况及负荷情况综合考虑。

5）热继电器常见故障的修理方法

热继电器的常见故障及其处理方法如表 4 – 11 所示。

表4－11　热继电器的常见故障及其处理方法

故障现象	产生原因	修理方法
热继电器误动作或动作太快	1. 整定电流偏小； 2. 操作频率过高； 3. 连接导线太细	1. 调大整定电流； 2. 调换热继电器或限定操作频率； 3. 选用标准导线
热继电器不动作	1. 整定电流偏大； 2. 热元件烧断或脱焊； 3. 导板脱出	1. 调小整定电流； 2. 更换热元件或热继电器； 3. 重新放置导板并试验动作灵活性
热元件烧断	1. 负载侧电流过大； 2. 反复； 3. 短时工作； 4. 操作频率过高	1. 排除故障调换热继电器； 2. 限定操作频率或调换合适的热继电器
主电路不通	1. 热元件烧毁； 2. 接线螺钉未压紧	1. 更换热元件或热继电器； 2. 旋紧接线螺钉
控制电路不通	1. 热继电器常闭触点接触不良或弹性消失； 2. 手动复位的热继电器动作后，未手动复位	1. 检修常闭触点； 2. 手动复位

3. 具有断相保护的热继电器

三相感应电动机运行时，若发生一相断路，流过电动机各相绕组的电流将发生变化，其变化情况将与电动机三相绕组的接法有关。如果热继电器保护的三相电动机是星形接法，当发生一相断路时，另外两相线电流增加很多，由于此时线电流等于相电流，而使流过电动机绕组的电流就是流过热继电器热元件的电流，因此，采用普通的两相或三相热继电器就可对此做出保护。如果电动机是三角形连接，在正常情况下，线电流是相电流的$\sqrt{3}$倍，串接在电动机电源进线中的热元件按电动机额定电流即线电流来整定。当发生一相断路时，如图4－19所示电路，当电动机仅为0.58倍额定负载时，流过跨接于全电压下的一相绕组的相电流等于1.15倍额定相电流，而流过两相绕组串联的电流仅为0.58倍的额定相电流。此时未断相的那两相线电流正好为额定线电流，接在电动机进线中的热元件因流过额定线电流，热继电器不动作，但流过全压下的一相绕组已流过1.15倍额定相电流，时间一长便有过热烧毁的危险。所以三角形接法的电动机必须采用带断相保护的热继电器来对电动机进行长期过载保护。

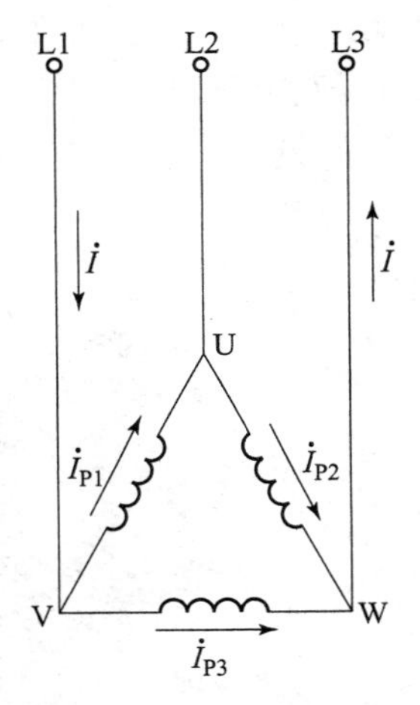

图4－19　电动机三角形连接时U相断线时的电流分析

带断相保护热继电器的保护特性如表4－12所示。

表 4－12　带断相保护热继电器的保护特性

项号	电流倍数		动作时间	试验条件
	任意两相	第三相		
1	1	0.9	2 h 不动作	冷态
2	1.15	0	<2 h	从项 1 电流加热到稳定后开始

差动式断相保护机构及工作原理如图 4－20 所示。

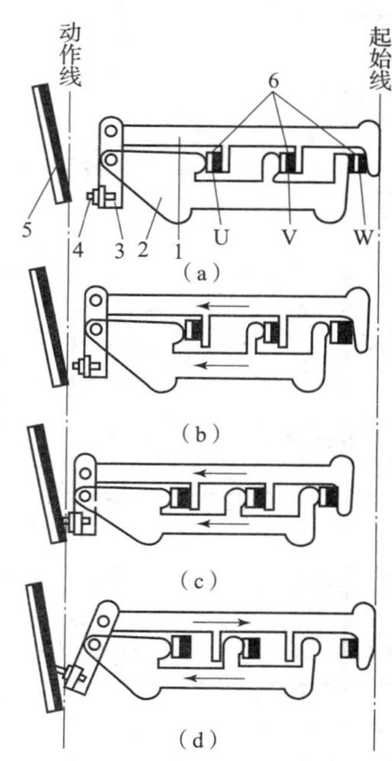

图 4－20　差动式断相保护机构及工作原理

(a) 结构图；(b) 动作 1；(c) 动作 2；(d) 动作 3

1—上导板；2—下导板；3—轴；4—连杆；5—杠杆；6—触点

4.3.5　时间继电器

在继电器的吸引线圈通电或断电以后，触头经这一定延时才能使执行部分动作的继电器，称为时间继电器。它广泛应用在需要按时间顺序进行控制的电气电路中。根据动作原理，时间继电器可分为空气阻尼式、电磁式、电动式和电子式等。按延时方式可分为通电延时型和断电延时型。通电延时型当接收输入信号后延迟一定时间，输出信号才发生变化；当输入信号消失后，输出瞬时复原。断电延时型当接收输入信号，瞬时产生相应的输出信号，当输入信号消失后，延迟一定时间，输出信号才复原。

1. 空气阻尼式时间继电器

空气阻尼式时间继电器是利用空气阻尼的原理制成的，它由电磁系统、延时机构和触头系统三部分组成。根据触头延时的特点，空气阻尼式时间继电器有通电延时型和断电延时型两种。其外观区别在于：当衔铁位于铁芯和延时机构之间时为通电延时型；当铁芯位于衔铁和延时机械之间时为断电延时型。图 4－21 所示为 JS7 系列时间继电器的外形及结构。

(a)

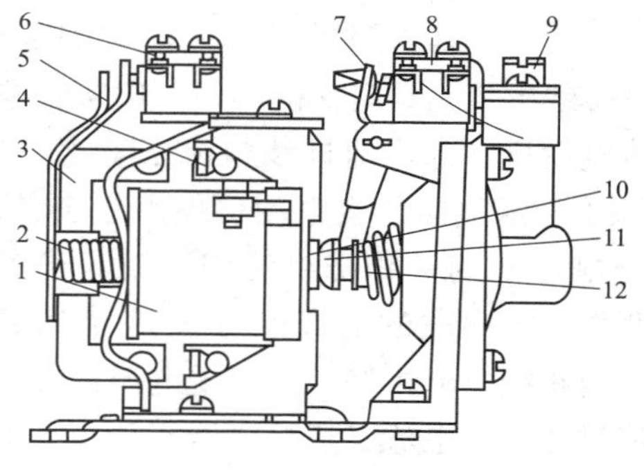

(b)

图 4－21　JS7 系列时间继电器的外形及结构

(a) 外形图；(b) 结构图

1—线圈；2—反作用力弹簧；3—衔铁；4—铁芯；5—弹簧片；6—瞬时触头；7—杠杆；8—延时触头；9—调节螺杆；10—推杆；11—活塞杆；12—宝塔形弹簧

图4－22所示为延时型时间继电器的延时原理。继电器断电时，衔铁处于释放状态，衔铁顶动活塞杆并压缩波纹状气室，压缩阀门弹簧打开阀门，排出气室内的空气；线圈通电后，衔铁被吸，推板5使微动开关立即动作，同时活塞杆6在塔形弹簧8的作用下，带动与活塞12相连的橡皮膜10向上运动，运动的速度受进气孔进气速度的限制。由于橡皮膜下方气室的空气稀薄，与橡皮膜上方的空气形成压力差，因此活塞杆6不能迅速上升。活塞杆6带动杠杆7只能慢慢地移动，经过一段时间后，杠杆7不能压动微动开关使其动作。从线圈通电起到延时触点完成动断为止的时间，称为延时时间。转动调节螺钉可调节进气孔的大小，以改变延时时间。

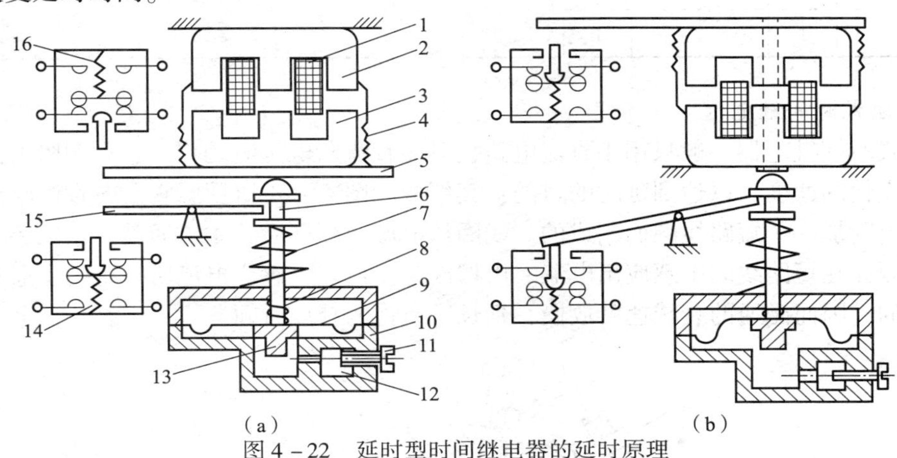

图4－22　延时型时间继电器的延时原理

(a) 通电延时；(b) 断电延时

1—线圈；2—铁芯；3—衔铁；4—反作用力弹簧；5—推板；6—活塞杆；7—杠杆；8—塔形弹簧；9—弹簧；10—橡皮膜；11—气室；12—活塞；13—调节螺钉；14—进气孔；15，16—微动开关

将通电延时型时间继电器的电磁机构翻转180°安装，即成为断电延时型时间继电器，它的工作原理与通电延时型相似，其延时原理如图4－22（b）所示。

空气阻尼式时间继电器具有结构简单、延时范围较大、价格较低的优点，但其延时精度较低，没有调节指示，适用于延时精度要求不高的场合。

时间继电器的图形、文字符号如图4－23所示。

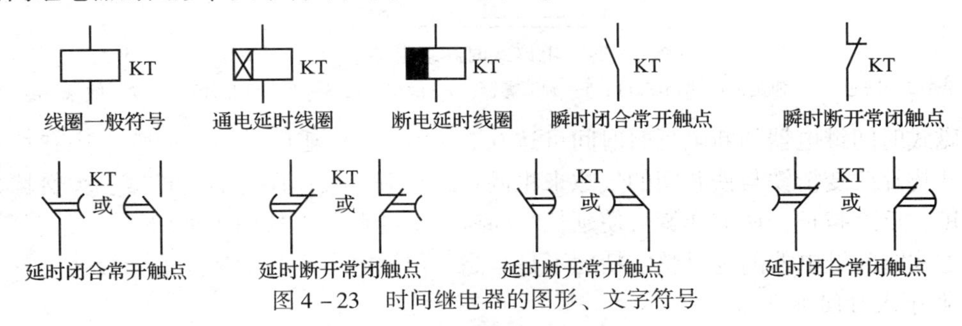

图4－23　时间继电器的图形、文字符号

JS7系列空气阻尼式时间继电器的主要技术数据如表4－13所示。

JS7系列型号含义：

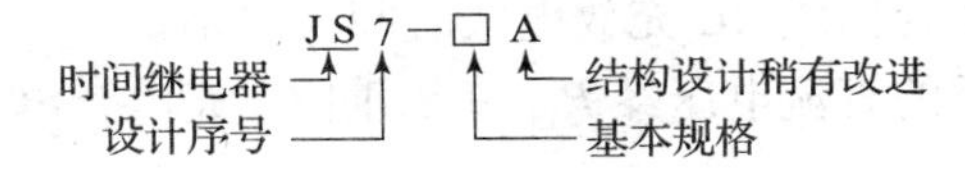

表 4－13　JS7 系列空气阻尼式时间继电器的主要技术数据

型号	瞬时动作触头数量		有延时的触头数量				触头额定电压/V	触头额定电流/A	线圈电压/V	延时范围/s	额定操作频率
			通电延时		断电延时						
	常开	常闭	常开	常闭	常开	常闭					
JS7－1A	—	—	1	1	—	—	380	5	24，36	0.4～60 0.4～180	600
JS7－2A	1	1	1	1	—	—			110，127		
JS7－3A	—	—	—	—	1	1			220，380		
JS7－4A	1	1	—	—	1	1			420		

2. 电磁式时间继电器

电磁式时间继电器一般只用于直流电路且只能直流断电延时动作。它利用阻尼的方法来延缓磁通变化的速度，以达到延时的目的，其结构如图 4－24 所示。它是在直流电磁式继电器的铁芯上附加一个短路线圈而制成的。线圈从电源上断开后，主磁通就逐渐减小，由于磁通变化，因此在短路线圈中感应出电流。由楞次定律可知，感应电流所产生的磁通是阻止主磁通变化的，因而磁通的衰减速度放慢，延长了衔铁的释放时间。

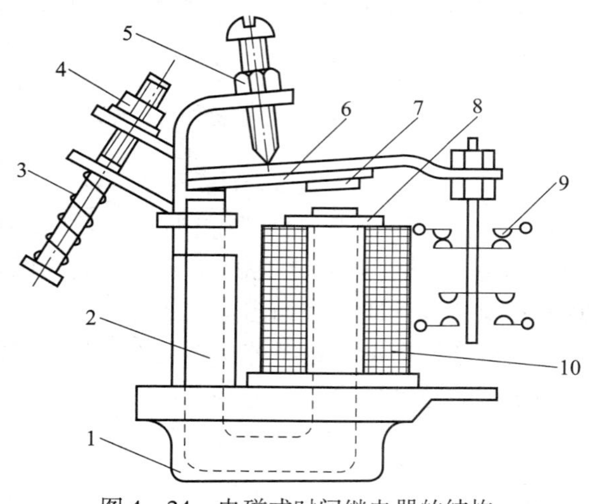

图 4－24　电磁式时间继电器的结构

1—外壳；2—铁芯；3—弹簧；4—调节螺母；5—调节螺钉；6—衔铁；7，8—非磁性垫片；9—动断触点；10—线圈

电磁式时间继电器的断电延时时间可达 0.2～10 s，其延长时间的调整方法有：一是利用非磁性垫片改变衔铁与铁芯间的气隙来粗调；二是调节反作用弹簧的松紧，弹簧越紧，则延时越短，反之越长，调节弹簧可使延长时间得到平滑调节，故用于细调。

电磁式时间继电器的延时整定精度不是很高，但继电器本身的适应能力较强。

3. 电子式时间继电器

电子式时间继电器按其结构可分为阻容式时间继电器和数字式时间继电器，按延时方式分为通电延时型和断电延时型。阻容式时间继电器利用 *RC* 电路充放电原理构成延时电路。图 4－25 所示为用单结晶体管构成 *RC* 充放电式时间继电器的原理。电源接通后，经二极管整流、滤波及稳压管稳压后的直流电压经 R_{P1} 和 R_2 向 C_3 充电，电容器两端电压按指数规律上升。此电压大于单结晶体管的峰点电压时，V 导通，输出脉冲使晶闸管 V_T 导通，继电器线圈得电，触点动作，接通或分断外电路。它主要适用于中等延时时间的场合。数字式时间继电器采用计算机延时电路，由脉冲频率决定延时长短。它不但延时长，而且精度更高，延时过程可数字显示，延时方法灵活，但线路复杂，价格较贵，主要用于长时间延时的场合。

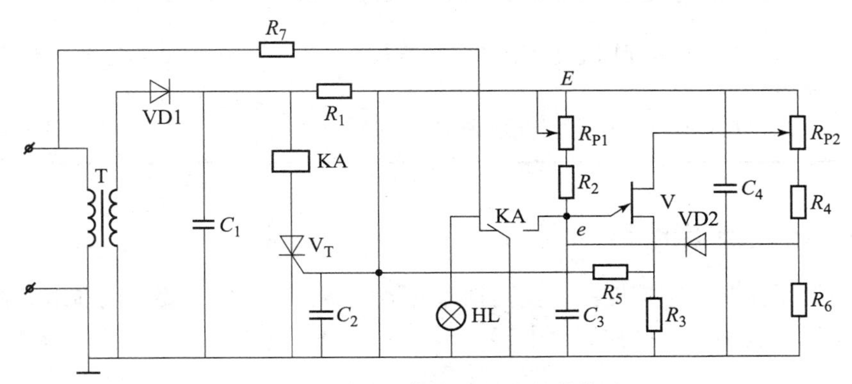

图 4－25 单结晶体管时间继电器的原理

电子式时间继电器具有体积小、精度较高、延时范围较广、调节方便、消耗功率小、寿命长等优点。

4. 时间继电器的选用

（1）根据控制电路的控制要求选择通电延时型还是断电延时型。

（2）根据对延时精度要求不同选择时间继电器类型。对延时精度要求不高的场合，一般选用电磁式或空气阻尼式时间继电器；对延时精度要求高的场合，应选用晶体管式或电动机式时间继电器。

（3）应注意电源参数变化的影响。对于电源电压波动大的场合，选用空气阻尼式比采用晶体管式好；而在电源频率波动大的场合，不宜采用电动机式时间继电器。

（4）应注意环境温度变化的影响。在环境温度变化较大场合，不宜采用晶体管式时间继电器。

（5）对操作频率也要加以注意，因为操作频率过高不仅会影响电气寿命，还可能导致延时误动作。

（6）考虑延时触头种类、数量和瞬动触头种类、数量是否满足控制要求。

5. 时间继电器常见故障的修理方法

空气阻尼式时间继电器常见故障及其处理方法如表 4－14 所示。

表 4－14 空气阻尼式时间继电器常见故障及其处理方法

故障现象	产生原因	修理方法
延时触点不动作	1. 电磁铁线圈断线； 2. 电源电压低于线圈额定电压很多； 3. 电动式时间继电器的同步电动机线圈断线； 4. 电动式时间继电器的棘爪无弹性，不能刹住棘齿； 5. 电动式时间继电器游丝断裂	1. 更换线圈； 2. 更换线圈或调高电源电压； 3. 调换同步电动机； 4. 调换棘爪； 5. 调换游丝

续表

故障现象	产生原因	修理方法
延时时间缩短	1. 空气阻尼式时间继电器的气室装配不严，漏气； 2. 空气阻尼式时间继电器的气室内橡皮薄膜损坏	1. 修理或调换气室； 2. 调换橡皮薄膜
延时时间变长	1. 空气阻尼式时间继电器的气室内有灰尘，使气道阻塞； 2. 电动式时间继电器的传动机构缺润滑油	1. 清除气室内灰尘，使气道畅通； 2. 加入适量的润滑油

4.3.6 速度继电器

速度继电器是按照预定速度的快慢而动作的继电器，因为它主要应用在电动机反接制动控制电路中，所以也称为反接控制继电器。

1. 结构

速度继电器是将电动机的转速信号经电磁感应原理来控制触头动作的电器，是当转速达到规定值时动作的继电器。其结构主要由定子、转子和触头系统三部分组成，定子是一个笼形空心圆环，由硅钢片叠成并嵌有笼形导条，转子是一个圆柱形永久磁铁，触头系统有正向运转时动作和反向运转时动作的触头各一组，每组又各有一对常闭触头和一对常开触头，如图 4-26 所示。

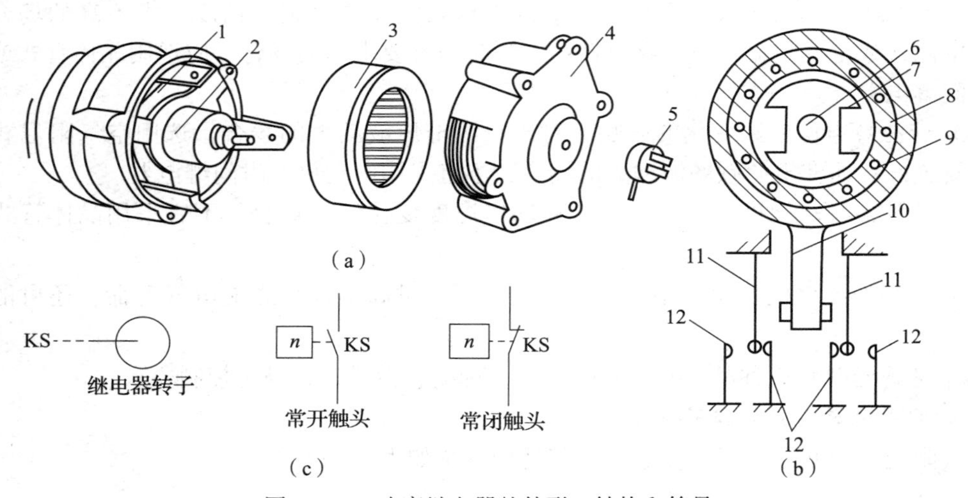

图 4-26　速度继电器的外形、结构和符号

(a) 外形；(b) 结构；(c) 符号

1—可动支架；2，7—转子；3，8—定子；4—端盖；5—连接头；6—电动机轴；

9—定子绕组；10—胶木摆杆；11—簧片（动触点）；12—静触点

2. 工作原理

使用时，继电器转子的轴与电动机轴相连接，定子空套在转子外围。当电动机启动旋转时，继电器的转子 2 随着转动，永久磁铁的静止磁场就成了旋转磁场。定子 8 内的绕组 9 因切割磁场而产生感应电动势形成感应电流，并在磁场作用下产生电磁转矩，使定子随转子旋转方向转动，但因有簧片 11 挡住，故定子只能随转子旋转方向做一偏转。当定子偏转到一定角度时，在簧片 11 的作用下使常闭触头断开而常开触头闭合。推动触头的同时也压缩相应的反力弹簧，其反作用力阻止定子偏转。当电动机转速下降时，继电器转子转速也随之下降，定子导条中的感应电动势、感应电流、电磁转矩均减小。当继电器转子转速下降到一定值时，电磁转矩小于反力弹簧的反作用力矩，定子返回原位，继电器触头恢复到原来状态。调节螺钉的松紧，可调节反力弹簧的反作用力大小，也就调节了触头动作所需的转子转速。一般速度继电器触头的动作速度为 140 r/min 左右，触头的复位转速为 100 r/min。

速度继电器型号含义：

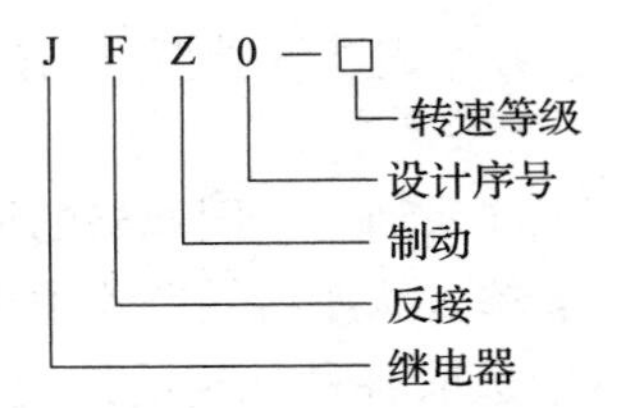

3. 技术参数

常用速度继电器的技术数据如表 4 – 15 所示。

表 4 – 15 JY1、JFZ0 系列速度继电器技术数据

型号	触头额定电压/V	触头额定电流/A	触头数量		额定工作转速/(r·min⁻¹)	允许操作频率/(次·h⁻¹)
			正转时动作	反转时动作		
JY1	380	2	1 组转换触头	1 组转换触头	100 ~ 3 600	<30
JFZ0					300 ~ 3 600	

速度继电器的选择主要根据电动机的额定转速、控制要求来选择。

4. 速度继电器的选用

速度继电器主要根据电动机的额定转速来选择。使用时，速度继电器的转轴应与电动机同轴连接；安装接线时，正反向的触点不能接错，否则不能起到反接制动时接通和断开反向电源的作用。

5. 速度继电器常见故障的处理方法

速度继电器的常见故障及其处理方法如表 4 – 16 所示。

表 4 – 16 速度继电器的常见故障及其处理方法

故障现象	产生原因	修理方法
制动时速度继电器失效，电动机不能制动	1. 速度继电器胶木摆杆断裂； 2. 速度继电器常开触点接触不良； 3. 弹性动触片断裂或失去弹性	1. 调换胶木摆杆； 2. 清洗触点表面油污； 3. 调换弹性动触片

技能训练

项目技能实训三　常用继电器的拆装和维修

1. 任务目标

（1）认识中间继电器、时间继电器、热继电器和速度继电器，熟悉其工作原理。

（2）熟悉中间继电器、时间继电器、热继电器和速度继电器的组成和其中零件的作用。

（3）学会中间继电器、时间继电器、热继电器、速度继电器的检修和安装方法。

2. 实训设备

尖嘴钳、螺丝刀、扳手、镊子、万用表、各种型号的热继电器。

3. 实训内容和步骤

（1）在教师指导下，仔细观察不同系列、不同规格的继电器的外形和结构特点。

（2）根据指导教师给出的元件清单，从所给继电器中正确选出清单中的继电器。

（3）由指导教师从所给继电器中选取各种规格的继电器，用胶布盖住铭牌。由学生写出其名称、型号及主要参数，填入表 4－17 中。

表 4－17　记录表

序号	1	2	3	4	5	6	7
名称							
型号规格							
主要参数							

4. 注意事项

（1）认真仔细连接电路并自检，确认无误后方可通电。

（2）直流他励电动机启动时，要按照“先总电源、再励磁电源、最后电枢电源”的顺序；直流他励电动机停止时，要按照“先电枢电源、再励磁电源、最后总电源”的顺序。

（3）测量前注意仪表的量程、极性及其接法，是否符合要求。

5. 技能训练考核评分标准（表 4－18）

表 4－18　技能训练考核评分标准

序号	考核内容	考核要求	配分	得分
1	根据清单选取实物	选错或漏选，每件扣 5 分	20	
2	根据实物写电器的名称、型号与参数	1. 名称漏写或错写，每件扣 3 分； 2. 型号漏写或错写，每件扣 5 分； 3. 规格漏写或错写，每件扣 3 分； 4. 主要参数错写，每件扣 5 分	40	
3	安全文明生产	违反安全、文明生产规格，扣 5～40 分	15	
4	定额时间 90 min	按每超时 5 min 扣 5 分计算	20	

续表

序号	考核内容	考核要求	配分	得分
5	备注	除定额时间外，各项目的最高扣分不应超过配分数	5	
6	合计得分			
7	否定项	发生重大责任事故、严重违反教学纪律者得 0 分		
开始时间		结束时间		实际时间

指导教师签名________ 日期________

任务 4.4 熔断器

学习目标

（1）认识各种型号的熔断器；

（2）了解熔断器的内部结构和动作原理；

（3）学会选择使用熔断器；

（4）会安装和检修熔断器。

任务分析

了解熔断器在实际生产中的应用。会正确识别、选用和使用熔断器的功能、基本结构、动作原理及型号意义。熟记它们的图形符号和文字符号，会安装和检修熔断器。

知识链接

熔断器是一种结构简单、使用维护方便、体积小、价格便宜的保护电器；是一种当电流超过规定值一定时间后，以它本身产生的热量使熔体熔化而分断电路的电器。其广泛用于照明电路中的过载和短路保护及电动机电路中的短路保护。其实物图如图 4－27 所示。

图 4－27 熔断器实物图

1. 熔断器结构及工作原理

熔断器按结构可分为开启式、半封闭式和封闭式。封闭式熔断器又分为有填料、无填料管式和有填料螺旋式等。按用途分为工业用熔断器、保护半导体器件熔断器、具有两段保护特性的快慢动作熔断器、自复式熔断器等。其图形、文字符号如图 4－28 所示。

图 4－28　熔断器图形、文字符号

2. 熔断器的特点及用途

常用熔断器的特点及用途如表 4－19 所示。

表 4－19　常用熔断器的特点及用途

名称	类别	特点、用途
瓷插式	RC1A	价格便宜，更换方便。广泛用于照明和小容量电动机短路保护
螺旋式	RL	熔丝周围的石英砂可熄灭电弧，熔断管上端红点随熔丝熔断而自动脱落。体积小，多用于机床电气设备中
无填料封闭管式	RM	在熔体中人为引入窄截面熔片，提高断流能力。用于低压电力网络和成套配电装置中的短路保护
有填料封闭管式	RTO	分断能力强，使用安全，特性稳定，有明显指示器。广泛用于短路电流较大的电力网或配电装置中
快速熔断器	RLS	用于小容量硅整流元件的短路保护和某些过载保护
	RSO	用于大容量硅整流元件的保护
	RS3	用于晶闸管元件短路保护和某些适当过载保护

3. 熔断器的主要技术参数及典型产品

1）熔断器的主要技术参数

（1）额定电压。

（2）熔体额定电流。

（3）熔断器额定电流。

（4）极限分断能力。

熔断器的型号及含义如下：

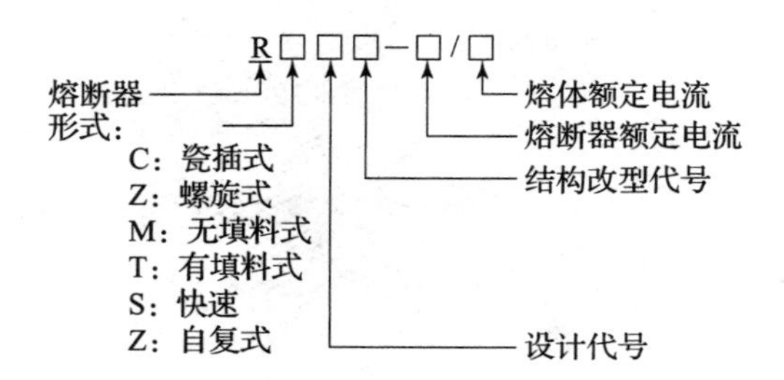

2）熔断器的典型产品

熔断器的种类很多，按结构来分有半封闭瓷插式、螺旋式、无填料密封管式和有填料密封管式。按用途分有一般工业用熔断器、半导体保护用快速熔断器和特殊熔断器。典型产品有 RL6、RL7、RL96、RLS2 系列螺旋式熔断器，RL1B 系列带断相保护螺旋式熔断器，RT18、RT18－Y 系列熔断器以及 RT14 系列有填料密封管式熔断器。此外，还有引进国外技术生产的 NT 系列有填料封闭式刀形触头熔断器与 NGT 系列半导体器件保护用熔断器等。

RL6、RLS2、RT12、RT14 系列熔断器的主要技术数据如表 4－20 所示。

表 4－20　RL6、RLS6、RT12、RT14 系列熔断器的主要技术参数

<table>
<tr><th rowspan="2">型　号</th><th rowspan="2">额定
电压/V</th><th colspan="2">额定电流/A</th><th rowspan="2">分断能力/kA</th></tr>
<tr><th>熔断器</th><th>熔体</th></tr>
<tr><td>RL6－25</td><td rowspan="4">~500</td><td>25</td><td>2，4，6，10，20，25</td><td rowspan="4">50</td></tr>
<tr><td>RL6－63</td><td>63</td><td>35，50，63</td></tr>
<tr><td>RL6－100</td><td>100</td><td>80，100</td></tr>
<tr><td>RL6－200</td><td>200</td><td>125，160，200</td></tr>
<tr><td>RLS2－30</td><td rowspan="3">~500</td><td>30</td><td>16，20，25，30</td><td>50</td></tr>
<tr><td>RLS2－63</td><td>63</td><td>32，40，50，63</td><td rowspan="2"></td></tr>
<tr><td>RLS2－100</td><td>100</td><td>63，80，100</td></tr>
<tr><td>RT12－20</td><td rowspan="4">~415</td><td>20</td><td>2，4，6，10，15，20</td><td rowspan="4">80</td></tr>
<tr><td>RT12－32</td><td>32</td><td>20，25，32</td></tr>
<tr><td>RT12－63</td><td>63</td><td>32，40，50，63</td></tr>
<tr><td>RT12－100</td><td>100</td><td>63，80，100</td></tr>
<tr><td>RT14－20</td><td rowspan="3">~380</td><td>20</td><td>2，4，6，10，16，20</td><td rowspan="3">100</td></tr>
<tr><td>RT14－32</td><td>32</td><td>2，4，6，10，16，20，25，32</td></tr>
<tr><td>RT14－63</td><td>63</td><td>10，16，20，25，32，40，50，63</td></tr>
</table>

4. 常用熔断器

1）瓷插式熔断器

常用的瓷插式熔断器 RC1A 系列，由瓷盖、瓷底座、静触头、动触头和熔体组成，其结构如图 4－29 所示。静触头在瓷底座两端，中间有一空腔，它与瓷盖的凸起部分共同形成灭弧室。额定电流在 60 A 以上，灭弧室中还有帮助灭弧的编织石棉带。动触头在瓷盖两端，熔体沿凸起部分跨接在两个动触头上。瓷插式熔断器一般用于交流 50 Hz、额定电压 380 V 及以下、额定电流 200 A 以下的电路末端，用于电气设备的短路保护和照明电路的保护。

2）有填料螺旋式熔断器

它由瓷帽、熔管、瓷套及瓷座等组成。熔管是一个瓷管，内装熔体和灭弧介质石英砂，熔体的两端焊在熔管两端的金属盖上，其一端标有不同颜色的熔断器指示器，当熔体熔断时指示器弹出，便于发现并更换同型号的熔管。有填料螺旋式熔断器的外形和结构如图 4 - 30 所示。

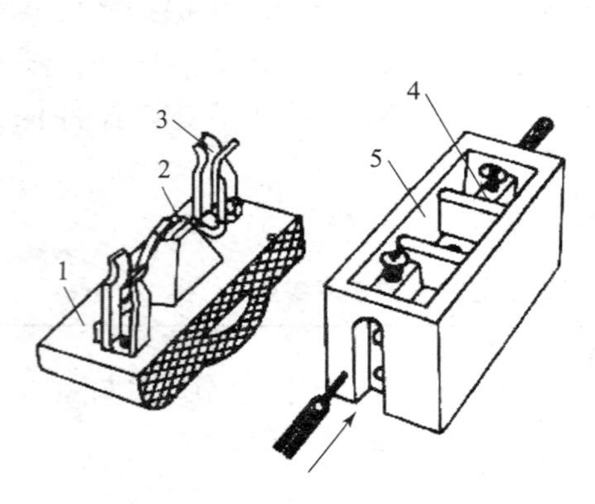

图 4 - 29　瓷插式熔断器的结构

1—瓷盖；2—熔体；3—动触头；4—静触头；5—瓷底座

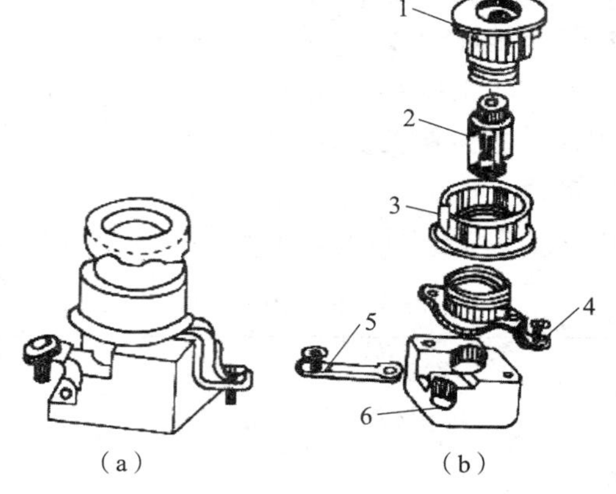

图 4 - 30　有填料螺旋式熔断器的外形和结构

（a）外形；（b）结构

1—瓷帽；2—熔管；3—瓷套；4—上接线端；5—下接线端；6—瓷座

3）无填料封闭管式熔断器

这种熔断器由熔管、熔体和插座组成，熔体被封闭在不充填料的熔管内，其结构如图 4 - 31 所示。15 A 以上熔断器的熔管由钢纸管、黄铜套管和黄铜帽等构成，新产品中熔管用耐电弧的玻璃钢制成。常用的无填料封闭管式熔断器有 RM7 和 RM10 系列。

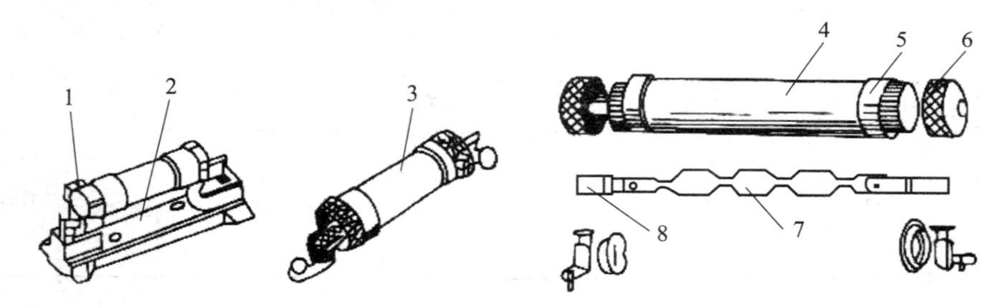

图 4 - 31　无填料封闭式熔断器

1—插座；2—底座；3—熔管；4—钢纸管；5—黄铜套管；6—黄铜帽；7—熔体；8—触刀

这种熔断器的优点是灭弧能力强，熔体更换方便，被广泛用于发电厂、变电所和电动机的保护。

4）自复式熔断器

常用的熔断器中，熔体一旦熔断，就需要更换新的熔体才能使电路重新接通。在某种意义上说，这样既不方便也不能及时恢复供电。自复式熔断器可以解决该问题，它是应用非线性电阻元件在高温下电阻特性突变的原理制成的。

自复式熔断器由金属钠制成熔丝，它在常温下具有高电导率，短路电流产生的高温能使钠汽化，气压增高，高温高压下气态钠的电阻迅速增大呈高电阻状态，从而限制了短路电流。短路电流消失后温度下降，气态钠又变为固态钠，恢复原来良好的导电性能，故自复式熔断器可重复使用。因其只能限流，不能分断电路，故常与断路器串联使用，以提高分断能力。目前，自复式熔断器有 RZ1 系列熔断器，适用于交流 380 V 的电路中与断路器配合使用。

5. 熔断器的选择

熔断器的选择主要包括选择熔断器的类型、额定电压、额定电流和熔体额定电流等。

1）熔断器的选择原则

（1）根据使用条件确定熔断器的类型。

（2）选择熔断器的规格时应先选定熔体的规格，然后再根据熔体去选择熔断器的规格。

（3）熔断器的保护特性应与被保护对象的过载特性有良好的配合。

（4）在配电系统中，各级熔断器应相互匹配，一般上一级熔体的额定电流要比下一级熔体的额定电流大 2～3 倍。

（5）对于保护电动机的熔断器，应注意电动机启动电流及启动时间的影响。熔断器一般只作为电动机的短路保护，过载保护应采用热继电器。

（6）熔断器的额定电流应不小于熔体的额定电流；额定分断能力应大于电路中可能出现的最大短路电流。

2）一般熔断器的选择

（1）熔断器类型的选择。

（2）熔断器额定电压的选择。

（3）熔体额定电流的选择。

（4）熔断器额定电流的选择。

6. 熔断器使用和维护的注意事项

（1）熔断器的插座和插片的接触应保持良好。

（2）熔体烧断后，应首先查明原因，排除故障。更换熔体时，应使新熔体的规格与换下来的一致。

（3）更换熔体或熔管时，必须将电源断开，以防触电。

（4）安装螺旋式熔断器时，电源线应接在瓷底座的下接线座上，负载线应接在螺纹壳的上接线座上。这样可保证更换熔管时螺纹壳体不带电，保证操作者的人身安全。

7. 熔断器常见故障及其处理方法

熔断器的常见故障及其处理方法如表 4－21 所示。

表 4－21 熔断器的常见故障及其处理方法

故障现象	产生原因	修理方法
电动机启动瞬间熔体即熔断	1. 熔体规格选择太小； 2. 负载侧短路或接地； 3. 熔体安装时损伤	1. 调换适当的熔体； 2. 检查短路或接地故障； 3. 调换熔体
熔丝未熔断但电路不通	1. 熔体两端或接线端接触不良； 2. 熔断器的螺帽盖未旋紧	1. 清扫并旋紧接线端； 2. 旋紧螺帽盖

技能训练

项目技能实训四　熔断器的识别与维修

1. 任务目标

(1) 熟悉常用熔断器的外形和基本结构。

(2) 掌握常用熔断器有故障处理方法。

2. 实训设备

(1) 工具：尖嘴钳、螺钉旋具。

(2) 仪表：万用表。

(3) 器材：选取不同规格的熔断器。

3. 实训内容和步骤

(1) 在教师指导下，仔细观察各种不同类型、规格的熔断器的外形和结构特点。

(2) 检查所给熔断器的熔体是否完好，对 RC1A 型可拔下瓷盖进行检查；对 RL1 型应首先查看其熔断器指示器。

(3) 若熔体已熔断，应按原规格选配熔体。

(4) 更换熔体。对 RC1A 系列熔断器，安装熔丝时熔丝缠绕方向要正确，安装过程中不得损伤熔丝。对 RL1 系列熔断器，熔断管不能倒装。

(5) 用万用表检查更换熔体后的熔断器各部分接触是否良好。

4. 注意事项

(1) 认真仔细连接电路并自检，确认无误后方可通电。

(2) 直流他励电动机启动时，要按照“先总电源、再励磁电源、最后电枢电源”的顺序；直流他励电动机停止时，要按照“先电枢电源、再励磁电源、最后总电源”的顺序。

(3) 测量前注意仪表的量程、极性及其接法是否符合要求。

5. 技能训练考核评分标准（表 4－22）

表 4－22　技能训练考核评分标准

序号	考核内容	考核要求	配分	得分
1	熔断器识别	1. 写错或漏写名称，每只扣 5 分； 2. 写错或漏写型号，每只扣 5 分； 3. 漏写每个主要部件，扣 4 分	50	
2	更换熔体	1. 检查方法不正确，扣 10 分； 2. 不能正确选配熔体，扣 10 分； 3. 更换熔体方法不正确，扣 10 分； 4. 损伤熔体，扣 20 分； 5. 更换熔体后熔断器断路，扣 4 分	50	
3	安全文明生产	违反安全文明生产规程，扣 5～40 分		

续表

<table>
<tr><th>序号</th><th colspan="2">考核内容</th><th colspan="2">考核要求</th><th>配分</th><th>得分</th></tr>
<tr><td>4</td><td colspan="2">定额时间 60 min</td><td colspan="3">除定额时间外，各项目的最高扣分不应超过配分</td><td></td></tr>
<tr><td>5</td><td colspan="5">合计得分</td><td></td></tr>
<tr><td>6</td><td colspan="2">否定项</td><td colspan="4">发生重大责任事故、严重违反教学纪律者得 0 分</td></tr>
<tr><td colspan="2">开始时间</td><td></td><td>结束时间</td><td></td><td>实际时间</td><td></td></tr>
</table>

指导教师签名________　　　　　　　　日期________

任务 4.5　主令电器

学习目标

(1) 正确认识控制按钮、行程开关、接近开关、万能转换开关等主令电器；

(2) 了解控制按钮、行程开关、接近开关、万能转换开关的功能、分类和工作原理；

(3) 学会选用控制按钮、行程开关、接近开关、万能转换开关等主令电器；

(4) 会安装和检修控制按钮、行程开关、接近开关、万能转换开关、凸轮控制器等。

任务分析

了解主令电器在实际生产中的应用。会正确识别、选用和使用主令电器的功能、基本结构、动作原理及型号意义。熟记它们的图形符号和文字符号，会安装和检修主令电器。

知识链接

主令电器是一种在电气自动控制系统中用于发送或转换控制指令的电器。它一般用于控制接触器、继电器或其他电器线路，使电路接通或分断，从而实现对电力传输系统或生产过程的自动控制。

主令电器应用广泛，种类繁多，常用的有控制按钮、行程开关、接近开关、万能转换开关和主令控制器等。

4.5.1　按钮

按钮是一种短时接通和断开小电流电路的手动电器，常用于控制电路中发出启动或停止等指令，以控制接触器、继电器等电器的线圈电流的接通或断开，再由它们去接通或断开主电路。

1. 结构和工作原理

按钮由按钮帽、复位弹簧、桥式动触头、静触头和外壳等组成，其外形、结构和图形符号如图4－32所示。每个按钮中的触头形式和数量可根据需要装配成一常开一常闭到六常开六常闭等形式。

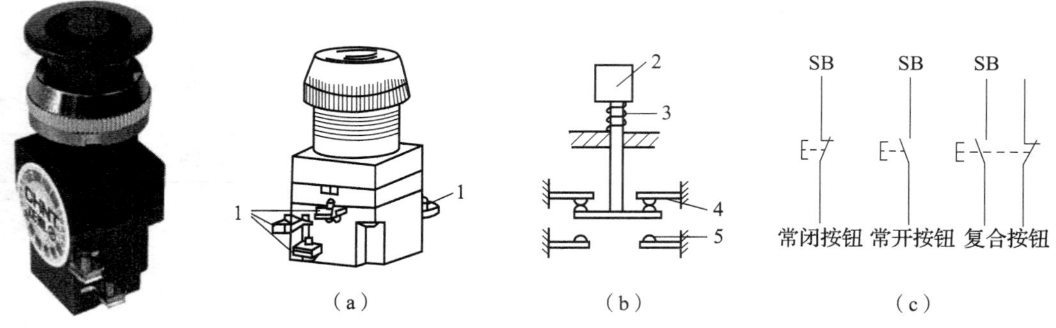

图4－32　LA19系列按钮的外形、结构和图形符号

（a）外形；（b）结构；（c）图形符号

1—接线柱；2—按钮；3—复位弹簧；4—常闭触头；5—常开触头

2. 主要技术参数

按钮的主要技术参数有额定电压、额定电流、结构形式、触头数及按钮颜色等。常用的控制按钮的额定电压为交流电压380 V，额定工作电流为5 A。

常用的控制按钮有LA18、LA19、LA20及LA25等系列。LA20系列控制按钮技术数据如表4－23所示。

表4－23　LA20系列控制按钮技术数据

型号	触头数量		结构形式	按钮		指示灯	
	常开	常闭		钮数	颜色	电压/V	功率/W
LA20－11	1	1	按钮式	1	红、绿、黄、蓝或白	—	—
LA20－11J	1	1	紧急式	1	红	—	—
LA20－11D	1	1	带灯按钮式	1	红、绿、黄、蓝或白	6	<1
LA20－11DJ	1	1	带灯紧急式	1	红	6	<1
LA20－22	2	2	按钮式	1	红、绿、黄、蓝或白	—	—
LA20－22J	2	2	紧急式	1	红	—	—
LA20－22D	2	2	带灯按钮式	1	红、绿、黄、蓝或白	6	<1
LA20－22DJ	2	2	带灯紧急式	1	红	6	<1
LA20－2k	2	2	开启式	2	白红或绿红	—	—
LA20－3k	3	3	开启式	3	白、绿、红	—	—
LA20－2h	2	2	保护式	2	白红或绿红	—	—
LA20－3h	3	3	保护式	3	白、绿、红	—	—

LA20系列控制按钮型号含义：

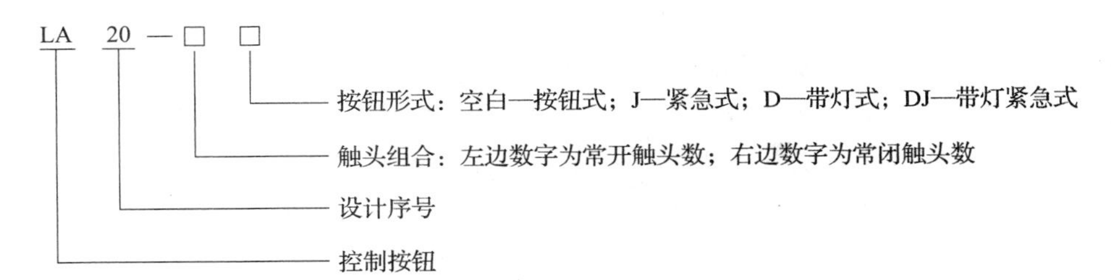

为便于识别各个按钮的作用，避免误操作，通常在按钮帽上做出不同标记或涂上不同颜色，如蘑菇形表示急停按钮，红色表示停止按钮，绿色表示启动按钮。

3. 控制按钮选用原则

（1）根据使用场合选择控制按钮的种类，如开启式、防水式、防腐式等；

（2）根据用途选择控制按钮的结构形式，如钥匙式、紧急式、带灯式等；

（3）根据控制回路的需求确定按钮数，如单钮、双钮、三钮、多钮等；

（4）根据工作状态指示和工作情况的要求，选择按钮及指示灯的颜色。

4. 常见故障的处理办法

按钮的常见故障及其处理方法如表4－24所示。

表4－24　按钮的常见故障及其处理方法

故障现象	产生原因	修理方法
按下启动按钮时有触电感觉	1. 按钮的防护金属外壳与连接导线接触； 2. 按钮帽的缝隙间充满铁屑，使其与导电部分形成通路	1. 检查按钮内连接导线； 2. 清理按钮及触点
按下启动按钮，不能接通电路，控制失灵	1. 接线头脱落； 2. 触点磨损松动，接触不良； 3. 动触点弹簧失效，使触点接触不良	1. 检查启动按钮连接线； 2. 检修触点或调换按钮； 3. 重绕弹簧或调换按钮
按下停止按钮，不能断开电路	1. 接线错误； 2. 尘埃或机油、乳化液等流入按钮形成短路； 3. 绝缘击穿短路	1. 更改接线； 2. 清扫按钮并相应采取密封措施； 3. 调换按钮

4.5.2　位置开关

位置开关又称行程开关或限位开关，可将机械信号转换为电信号，以实现对机械的控制。它是根据运动部件的位置而切换的电器，能实现运动部件极限位置的保护。它的作用原理与按钮类似，利用生产机械运动部件的碰压使其触头动作，从而将机械信号转变为电信号。

1. 结构和用途

各系列行程开关的结构基本相同，主要由触头系统、操作机构和外壳组成。行程开关按其结构可分为直动式、滚轮式和微动式三种。行程开关动作后，复位方式有自动复位和非自动复位两种。按钮式和单轮旋转式行程开关为自动复位式，如图 4－33 所示。双轮旋转式行程开关没有复位弹簧，在挡铁离开后不能自动复位，必须由挡铁从反方向碰撞后开关才能复位，如图 4－33 所示。

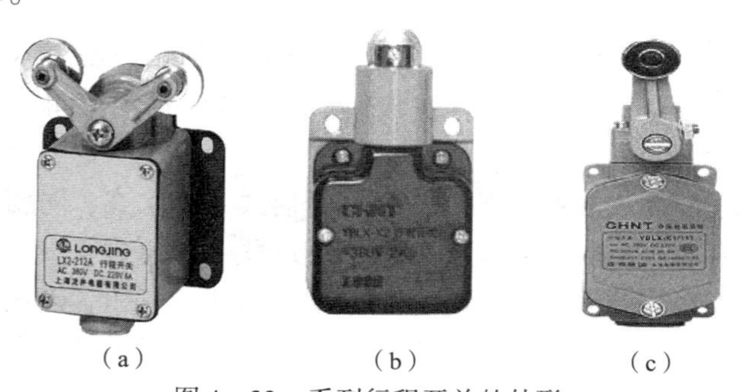

图 4－33　系列行程开关的外形

(a) 按钮式；(b) 单轮旋转式；(c) 双轮旋转式

2. 工作原理

行程开关的工作原理是：当运动机械的挡铁压到滚轮上时，杠杆连同转轴一起转动，并推动撞块；当撞块被压到一定位置时，推动微动开关动作，使常开触头分断，常闭触头闭合；在运动机械的挡铁离开后，复位弹簧使行程开关各部件恢复常态。行程开关的结构、动作原理和图形符号如图 4－34 所示。

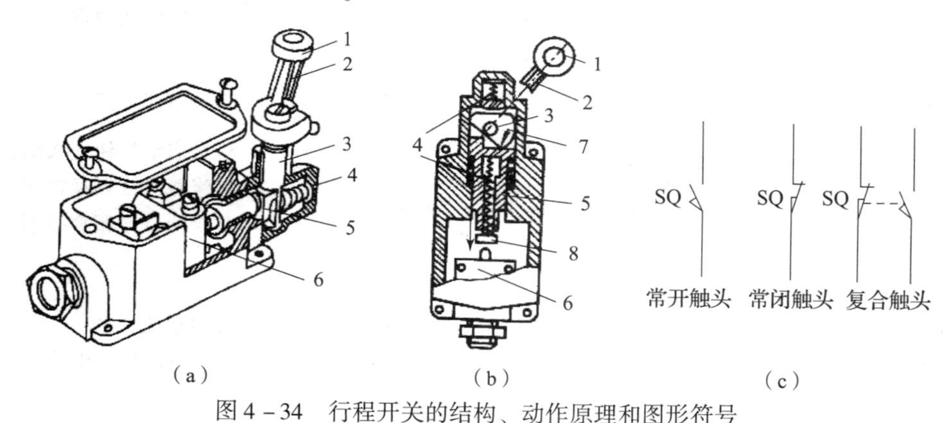

图 4－34　行程开关的结构、动作原理和图形符号

(a) 结构；(b) 动作原理；(c) 图形符号

1—滚轮；2—杠杆；3—转轴；4—复位弹簧；5—挡铁；6—微动开头；7—凸轮；8—调节螺钉

行程开关的触头动作方式有蠕动型和瞬动型两种。蠕动型触头的分合速度取决于挡铁的移动速度，当挡铁的移动速度低于 0.007 m/s 时，触头切换太慢，易受电弧烧灼从而减少触头的使用寿命，也影响动作的可靠性。为克服以上缺点，可采用具有快速换接动作机构瞬动型触头。

3. 主要技术数据

JLXK1 系列行程开关的主要技术数据如表 4－25 所示。

表 4－25　JLXK1 系列行程开关的主要技术数据

型号	额定电压/V	额定电流/mA	结构形式	触头对数		动作行程距离及角度	超行程
				常开	常闭		
JLXK1－111	AC 500	5	单轮防护式	1	1	12°～15°	≤30°
JLXK1－211			双轮防护式			～45°	≤45°
JLXK1－311			直动防护式			1～3 mm	2～4 mm
JLXK1－411			直动滚轮防护式			1～3 mm	2～4 mm

JLXK 系列行程开关型号含义：

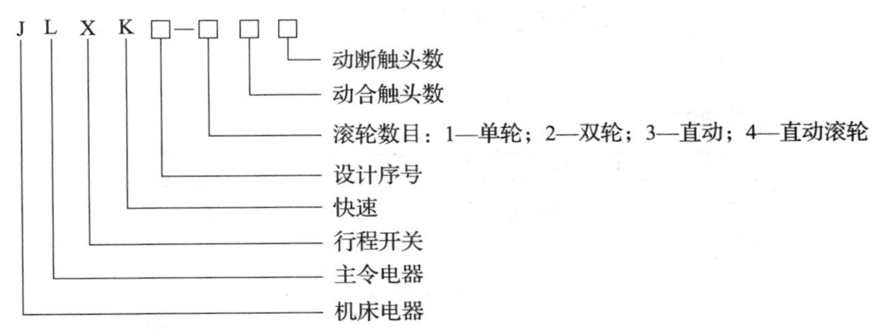

4. 行程开关的选用原则

根据应用场合及控制对象选择种类；

根据安装使用环境选择防护形式；

根据控制回路的电压和电流选择行程开关系列；

根据运动机械与行程开关的传力和位移关系选择行程开关的头部形式。

4.5.3　接近开关

1. 接近开关的作用

接近开关又称无触头行程开关，其实物如图 4－35 所示，是一种传感器型开关，它既有行程开关、微动开关的特点，同时也具有传感性能。当机械运动部件运动到接近开关一定距离时就发出动作信号。它能准确反映出运动部件的位置和行程，其定位精度、操作频率、使用寿命、安装调整的方便性和对恶劣环境的适用能力，是一般机械式行程开关所不能相比的。

图 4－35　接近开关

接近开关还可用于高速计数、检测金属体的存在、测速、液压控制、检测零件尺寸，以及用作无触头式按钮等。

2. 接近开关的结构和工作原理

接近开关由接近信号辨识机构、检波、鉴幅和输出电路等部分组成。接近开关按辨识机构工作原理不同分为高频振荡型、感应型、电容型、光电型、永磁及磁敏元件型、超声波型等，其中以高频振荡型最为常用。

晶体管停振型接近开关属于高频振荡型。高频振荡型接近信号的发生机械实际是一个 LC 振荡器，其中 L 是电感式感辨头。当金属检测体接近感辨头时，在金属检测体中将产生涡流，由于涡流的去磁作用使感辨头的等效参数发生变化，改变振荡回路的谐振阻抗和谐振频率，使振荡停止并以此发出接近信号。LC 振荡器由 LC 振荡回路、放大器和反馈电路构成。按反馈方式可分为电感分压反馈式、电容分压反馈式和变压器反馈式三种。图 4－36 所示为晶体管停振型接近开关的框图。

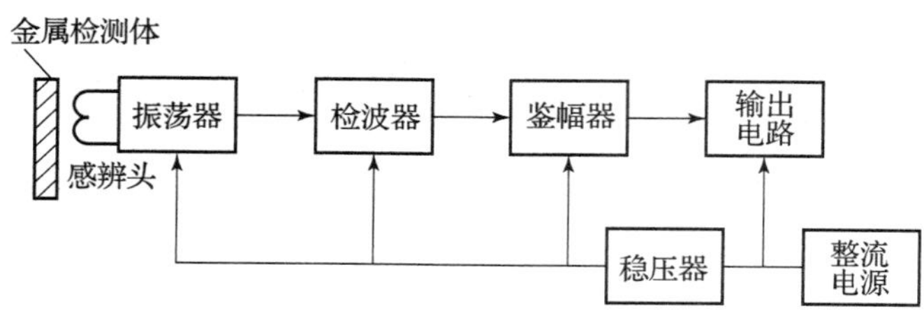

图 4－36　晶体管停振型接近开关的框图

晶体管停振型接近开关电路图与符号如图 4－37 所示。图 4－37 中采用了电容三点式振荡器，感辨头 L 仅有两根引出线，因此也可做成分离式结构。由取出的反馈电压经 R_2 和 R_3 加到晶体管的基极和发射极两端，取分压比等于 1，其目的是能够通过改变 R_P 来整定开关的动作距离。由组成的射极耦合触发器不仅用作鉴幅，同时也起电压和功率放大作用。VT_2 的基射结还兼作检波器。为了减轻振荡器的负担，选用较小的耦合电容和较大的耦合电阻。振荡器输出的正半周电压使 $C5$ 充电，负半周时经 $C5$ 放电，选择较大的 R_6 可减小放电电流，由于每周期内的充电量等于放电量，所以较大的 R_6 也会减小充电电流，使振荡器在正半周的负担减轻。但是也不应太大，以免基极信号过小而在正半周内不足以饱和导通。检波电容不接在基极而接在集电极上，其目的是减轻振荡器的负担。由于充电时间常数远大于放

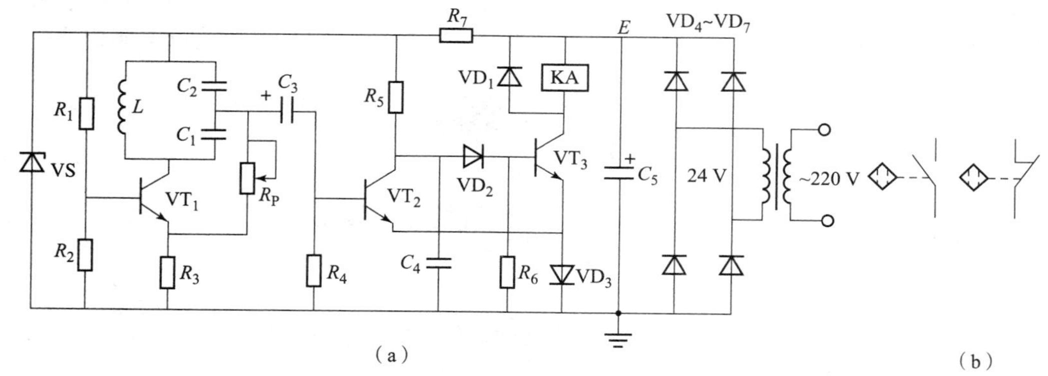

图 4－37　晶体管停振型接近开关电路图与符号

（a）电路图；（b）符号

电时间常数，因此当振荡器振荡时，VT_2 的集电极电位基本等于其发射极电位，并使 VT_3 可靠截止。当有金属检测体接近感辨头使振荡器停振时，VT_3 导通，继电器通电吸合发出接近信号，同时 VT_3 的导通充电约有数百微秒的延迟。VT_1 的另一作用是当电路接通电源时，振荡器虽不能立即起振，但由于 VT_2 上的电压不能突变，使不致有瞬间的误导通。

3. 接近开关的典型产品

常用的接近开关有 LJ、CWY、SQ 系列及引进国外技术生产的 3SG 系列。

接近开关型号含义：

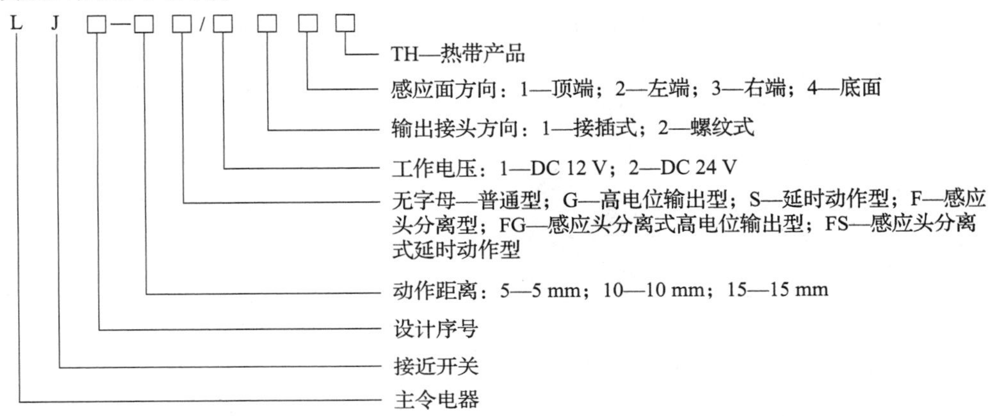

4. 接近开关主要技术参数

接近开关的主要技术参数除了工作电压、输出电流或控制功率外，还有其特有的技术参数，包括：动作距离、重复精度、操作频率和复位行程等。

LJ5 系列接近开关的主要技术参数如表 4－26 所示。

表 4－26 LJ5 系列接近开关的主要技术参数

接近开关类型		额定工作电压 U_N/V	输出电流/V	开关压降/V	截止状态电流/mA	操作频率/Hz	外螺纹直径/mm	外壳防护等级
直流	二线型	10～30	10～30	8	1.5	100～200	M18、M30	IP65
	三线型	6～30	10～30	3.5	0.5			
	四线型	10～30	10～30					
交流		30～220	10～30	10	2.5	5		

5. 接近开关的选用原则

（1）接近开关仅用于工作频率高、可靠性及精度要求均较高的场合；

（2）按应答距离要求选择型号、规格；

（3）按输出要求的触头形式及触头数量，选择合适的输出形式。

4.5.4 万能转换开关

万能转换开关是具有更多操作位置和触点，能换接多个电路的一种手控电器。因它能控制多个电路，适应复杂电路的要求，故称为万能转换开关。万能转换开关主要用于控制电路换接，也可用于小容量电动机的启动、换向、调速和制动控制。

万能转换开关的结构如图 4－38（a）所示，它由触点座、凸轮、转轴、定位结构、螺杆和手柄等组成，并由 1～20 层触点底座叠装，其中每层底座均装三对触点，并由触点底座中的凸轮来控制三对触点的接通和断开。由于凸轮可制成不同形状，因此转动手柄到不同位置时，通过凸轮作用可使各对触点按所需的变化规律接通或断开，以达到换接电路的目的。

万能转换开关在电路中的符号如图 4－38（b）所示，中间的竖线表示手柄的位置，当手柄处于某一位置时，处在接通状态的触头下方虚线上标有小黑点。触头的通断状态也可以用图 4－38 所示的触点分合表来表示，C_1X_1 号表示触点闭合，空白表示触点断开。

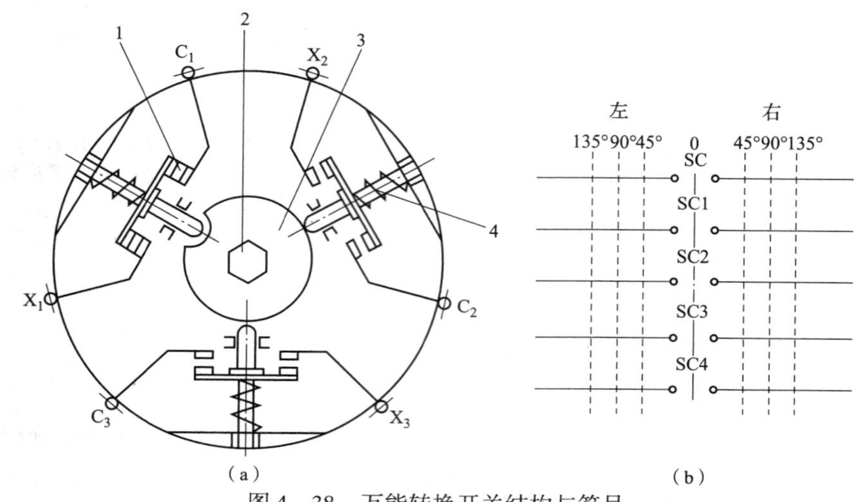

图 4－38 万能转换开关结构与符号

（a）结构；（b）符号

1—触点；2—转轴；3—凸轮；4—触点弹簧

万能转换开关型号含义：

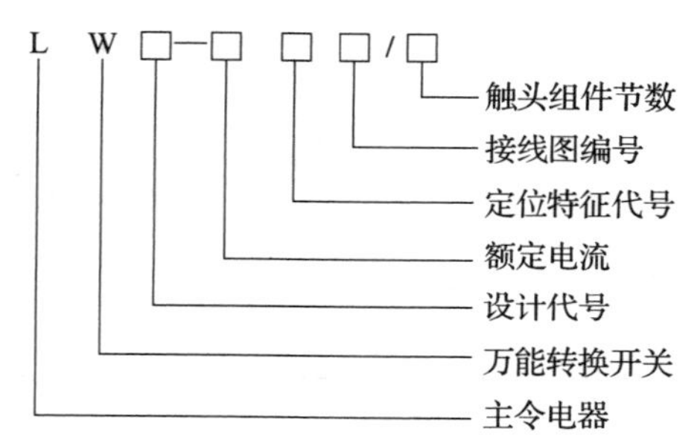

LW5 型 5.5 kW 手动转换开关用途如表 4－27 所示。

表 4－27 LW5 型 5.5 kW 手动转换开关用途

用途	型号	定位特性			接触装置挡数
直接启动开关	LW5－15/5.5Q		0°	45°	2
可逆转换开关	LW5－15/5.5N	45°	0°	45°	3
双速电机变速开关	LW5－15/5.5S	45°	0°	45°	5

万能转换开关的选用原则：

（1）按额定电压和工作电流选用相应的万能转换开关系列。

（2）按操作需要选定手柄形式和定位特征。

（3）按控制要求参照转换开关产品样本，确定触头数量和接线图编号。

（4）选择面板形式及标志。

4.5.5 主令控制器

主令控制器是一种频率切换复杂的多回路控制电路的主令电器，主要用于电力拖动系统中，按照预定的程序分合触点向控制系统发出指令，通过接触器达到对电动机启动、制动、调速和反转的控制。它操作方便，触点为双断点桥式结构，适用于按顺序操作的多个控制回路。主令控制器一般由外壳、触点、凸轮块、转动轴等组成，与万能转换开关相比，它的触点容量大一些，操作挡位较多。

主令控制器的外形、结构与符号如图 4－39 所示。图 4－39 中，7 是固定于方轴上的凸轮块；4 是接线柱，由它连向被操作的回路；静触头 3 由桥式动触头 2 来闭合与断开；动触头 2 固定于转动轴 9 上。当操作者用手柄转动凸轮块 7 的方轴时，使凸轮块的凸出部分推压小轮 8 带动支架 6 向外张开，在将被操作的回路断电，在其他情况下触点是闭合的。根据每块凸轮块的形状不同，可使触点按一定顺序闭合或断开。这样只要安装一层层不同形状的凸轮块即可实现控制回路顺序地接通与断开。

从结构上讲，主令控制器可分为两类：凸轮可调式和凸轮固定式。可调式的凸轮片上有孔和槽，凸轮片可根据给定的触点分合表进行调整；固定式的凸轮不可调整，只能按触点分合表做适当的排列组合。

目前常用的主令控制器有 LK1、LK4、LK5、LK14、LK16、LK17、LK18、LK22、LK23、LKT8 等系列。其中，LK4、LK14、LK16 系列属于调整式主令控制器，而 LK1、LK5、LK17、LK18 系列属于非调整式主令控制器。使用前，应操作手柄数次，以检查动作是否符合标准。不使用时，手柄应停在零位。

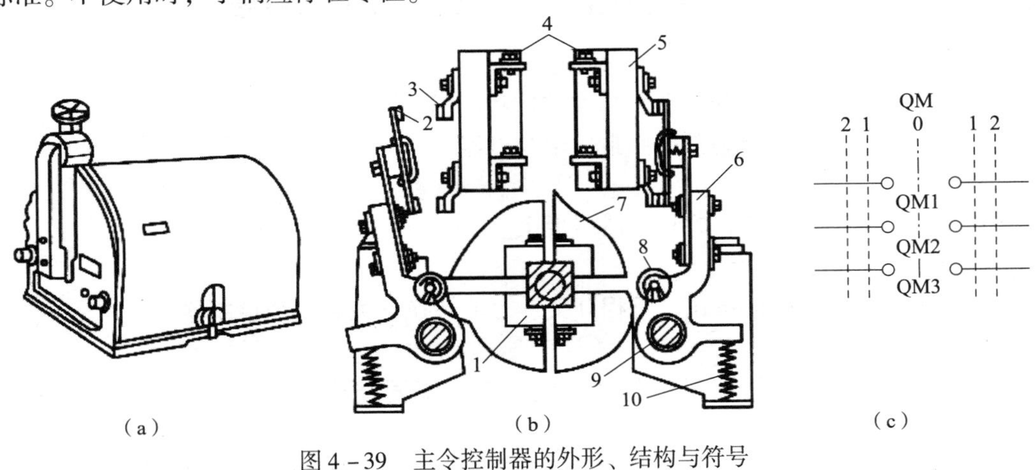

图 4－39 主令控制器的外形、结构与符号

（a）外形；（b）结构；（c）符号

1—方形转轴；2—动触头；3—静触头；4—接线柱；5—绝缘板；6—支架；7—凸轮块；8—小轮；9—转动轴；10—复位弹簧

主令控制器的型号含义如下：

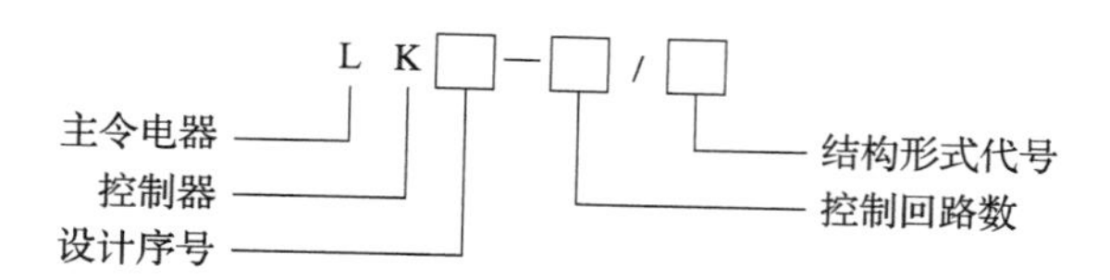

LK18 系列主令控制器主要技术数据如表 4-28 所示。

表 4-28　LK18 系列主令控制器主要技术数据

防护等级	电压种类	额定绝缘电压/V	额定发热电流/A	额定工作电流			控制容量	额定操作频率/(次·h^{-1})	机械寿命/万次	使用类别	通断次数/次	电器寿命/万次
				380 V	220 V	110 V						
IP30	AC	500	10	2.6	4.5	—	1 000 W	1 200	300	AC-11	50	100
	DC			—	0.4	0.8	90 W			DC-11	20	60

主令控制器的选用原则：

（1）使用环境：室内选用防护式、室外选用防水式。

（2）主要根据所需操作位置数、控制电路数、触头闭合顺序以及额定电压、额定电流来选择。

（3）控制电路数的选择：全系列主令控制器的电路数有 2、5、6、8、16、24 等规格，一般选择时应留有裕量以作备用。

（4）在起重机控制中，主令控制器应根据磁力控制盘型号来选择。

技能训练

项目技能实训五　主令电器的识别与检修

1. 任务目标

（1）熟悉常用主令电器的外形、基本结构和作用。

（2）能正确地拆卸、组装及检修常用主令电器。

2. 实训设备

（1）工具：尖嘴钳、螺钉旋具、活络扳手。

（2）仪表：万用表。

（3）器材：不同规格的按钮、行程开关、万能转换开关和主令控制器。

3. 实训内容和步骤

（1）在教师指导下，仔细观察各种不同种类、不同结构形式的主令电器外形和结构特点。

（2）由指导教师从所给主令电器中任选五种，用胶布盖住型号并加以编号，由学生根据实物写出其名称、型号及结构形式，填入表 4-29 中。

表4－29　记录表

序号	1	2	3	4	5
名称					
型号					
结构形式					

4. 注意事项

（1）认真仔细连接电路并自检，确认无误后方可通电。

（2）直流他励电动机启动时，要按照“先总电源、再励磁电源、最后电枢电源”的顺序；直流他励电动机停止时，要按照“先电枢电源、再励磁电源、最后总电源”的顺序。

（3）测量前注意仪表的量程、极性及其接法，是否符合要求。

5. 技能训练考核评分标准（表4－30）

表4－30　技能训练考核评分标准

序号	考核内容	考核要求		配分	得分
1	元件识别	1. 漏写名称，每只扣5分； 2. 漏写型号，每只扣5分； 3. 漏写主要部件，每个扣4分		40	
2	主令控制器的测量	1. 仪表使用方法错误，扣10分； 2. 测量结果错误，每次扣5分； 3. 作不出触点分合表，扣20分； 4. 触点分合表错误，每处扣10分		30	
3	主令控制器的动作原理	1. 检查方法不正确，扣10分； 2. 不能正确选配熔体，扣10分； 3. 更换熔体方法不正确，扣10分		30	
4	安全文明生产	违反安全、文明生产规程，扣5～40分		30	
5	定额时间90 min			30	
6	备注	除定额时间外，各项目的最高扣分不应超过配分数			
7	合计得分				
8	否定项	发生重大责任事故、严重违反教学纪律者得0分			
开始时间		结束时间		实际时间	

指导教师签名________　　　　日期________

任务 4.6　其他新型继电器

学习目标

（1）正确认识一些新型继电器；
（2）了解新型继电器元件的功能、分类和工作原理；
（3）学会选择使用新型继电器；
（4）会进行新型继电器的检测、接线和故障维修操作。

任务分析

了解一些新型继电器，如温度继电器、固态继电器、光电继电器和信号继电器等在实际生产中的应用。会正确识别、选用和使用这些新型继电器的功能、基本结构、动作原理及型号意义。熟记它们的图形符号和文字符号，会安装和检修这些新型继电器。

知识链接

4.6.1　温度继电器

在温度自动控制或报警装置中，常采用带电触点的汞温度计或热敏电阻、热电偶等制成的各种形式的温度继电器，其实物图如图 4－40 所示。

图 4－40　欧姆龙 E5C 温度继电器

晶体管组成射极耦合双稳态电路。晶体管之前串联接入稳压管，可提高反相器开始工作的输入电压值，使整个电路的开关特性更加良好。适当调整电位器的电阻，可减小双稳态电路的回差。采用负温度系数的热敏电阻器，当温度超过极限值时，使点电位上升到最大，触发双稳态电路翻转。

电子式温度继电器的工作原理（图 4－41）：当温度在极限值以下时呈现很大电阻值，使点电位在 0 V 以下，则 VT_1 截止，VT_2 导通，VT_2 的集电极电位约 0 V，远低于稳压管的稳定电压值，VT_3 截止，继电器不吸合。当温度上升到超过极限值时，阻值减小，使点电位上升到一定值，则 VT_1 立即导通，迫使 VT_2 截止，集电极电位上升，VT_3 导通，KA 导通吸合。该温度继电器可利用的常开或常闭触头对加热设备进行温度控制，以电动机能实现过热保护等，可通过调整电位器的阻值来实现对不同温度的控制。

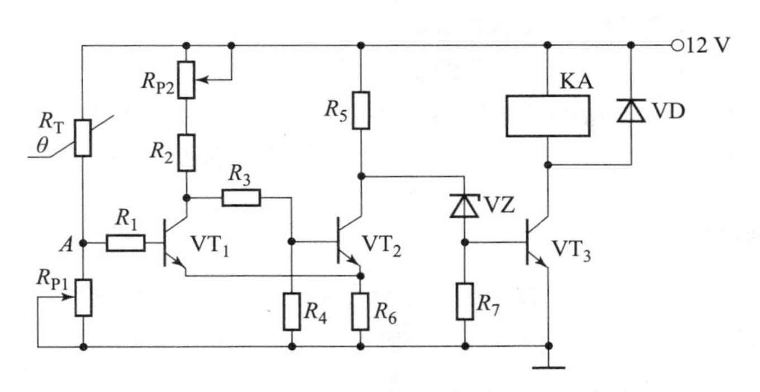

图4－41　电子式温度继电器的原理图

4.6.2　固态继电器

固态继电器SSR是近年发展起来的一种新型电子继电器，具有开关速度快、工作频率高、质量轻、使用寿命长、噪声低和动作可靠等一系列优点，不仅在许多自动化装置中代替了常规电磁式继电器，而且广泛应用于数字程控装置、调温装置、数据处理系统及计算机I/O接口电路，其实物图如图4－42所示。

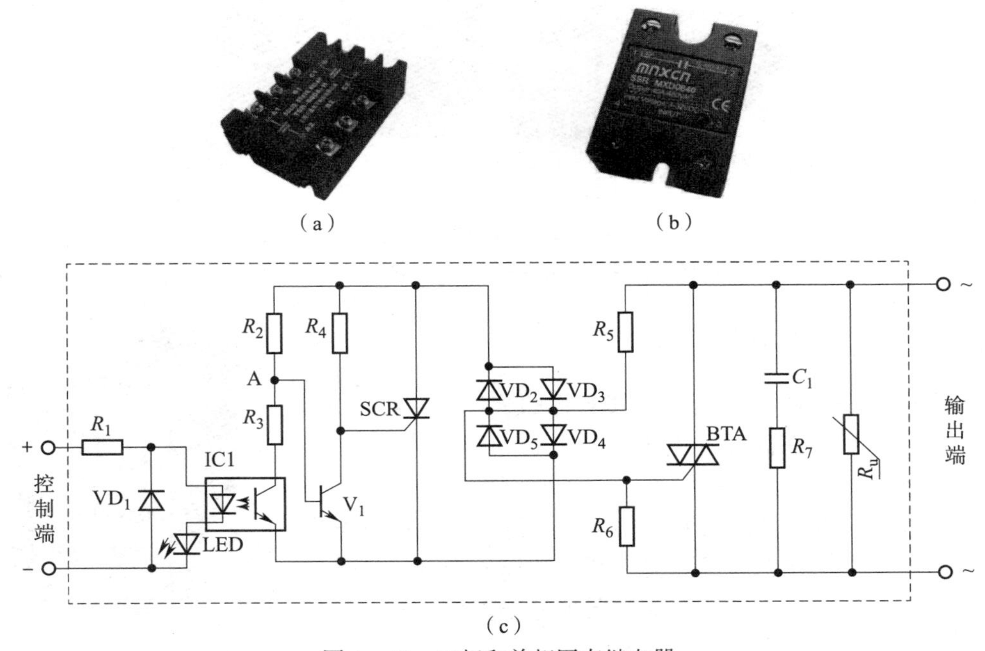

图4－42　三相和单相固态继电器

(a) 三相固态继电器；(b) 单相固态继电器；(c) 固态继电器原理图

固态继电器按其负载类型分类，可分为直流型和交流型。常用的系列多功能交流固态继电器工作原理如图4－42（c）所示。当无信号输入时，光耦合器中的光敏晶体管截止，晶体管V_1饱和导通，晶闸管SCR截止，晶体管V_1经桥式整流电路引入的电流很小，不足以使双向晶闸管BTA导通。

有信号输入时，光耦合器中的光敏晶体管导通，当交流负载电源电压接近零点时，电压值较低，经过整流 R_2 和 R_3 分压不足以使晶体管 V_1 导通。而整流电压却经过 R_4 为晶闸管 SCR 提供了触发电流，故 SCR 导通。这种状态相当于短路，电流很大，只要达到双向晶闸管的导通值，BTA 便导通。一旦 BTA 导通，不管输入信号存在与否，只有当电流过零才能恢复关断。电阻 R_7 和电容 C_1 组成浪涌抑制器。

4.6.3 光电继电器

光电继电器如图 4－43 所示，是利用光电元件把光信号转换成电信号的光电器材，广泛用于计数、测量和控制等方面。光电继电器分亮通和暗通两种电路，亮通是指光电元件受到光照射时，继电器触头吸合，暗通是指光电元件无光照射时，继电器触头吸合。

图 4－43　光电继电器

4.6.4 电动机保护器

电动机保护器是以金属电阻电压效应原理来实现电动机的各种保护的，区别于热继电器的金属电阻热效应原理，也区别于穿芯式电流互感器磁效应原理，其实物图如图 4－44 所示。

（a）　　　　（b）

图 4－44　电动机保护器

（a）电动机综合保护器；（b）数字式电动机保护器

4.6.5 信号继电器

信号继电器是一种保护电器，其实物图如图 4－45 所示。一般作监控保护用，在高压配电柜二次保护回路上应用较多。例如，变压器油温度过高，则温度继电器常开触点闭合，由于这个触点串在信号继电器的线圈回路上，导致信号继电器线圈吸合，信号继电器动作，高压开关断开，卸掉该台变压器的负载，从而保护变压器。不过信号继电器也分很多种，有的直接就是蜂鸣或者闪光作为报警信号输出。

图 4－45　信号继电器

4.6.6 其他电器

（1）计数器；

（2）交直流电流继电器；

（3）电脑时控开关；

（4）电流－时间转换器；

（5）断相与相序保护继电器；

（6）电子式液位继电器。

一、填空题

1. 常用的低压电器是指工作电压在交流________V以下、直流________V以下的电器。

2. 行程开关也称________开关，可将________信号转化为电信号，通过控制其他电器来控制运动部分的行程大小、运动方向或进行限位保护。

3. 按钮常用于控制电路，________色表示启动，________色表示停止。

4. 熔断器是由________和________两部分组成的。

5. 交流接触器共有________个触头，其中主触头为________个，辅助触头为________个。

6. 一般速度继电器的动作转速为________r/min，复位转速为________r/min。

7. 通常电压继电器________联在电路中，电流继电器________联在电路中。

8. 熔断器的类型有瓷插式、________和________三种。

9. 接触器的额定电压是指________上的额定电压。

10. 机械式行程开关常见的有________和________两种。

11. 万能转换开关是____________的主令电器。

12. 熔体为一次性使用元件，再次工作必须________________。

13. 热继电器是利用________________________来工作的电器。

14. 低压电器按操作方式分为________和________。

15. 触头的形式有________、________、________三种。

16. 电磁式中间继电器实质上是一种电磁式________继电器。

17. 热继电器主要保护作用是电机________保护；熔断器主要作________保护。

18. 通常漏电保护器与低压断路器组合构成________________。

19. 封闭式负荷开关俗称____________；开启式负荷开关俗称________________。

20. 接触器的电磁机构由________、________和________3部分组成。

二、选择题

1. 低压断路器的型号为DZ10－100，其额定电流是（　　）。

A. 10 A　　B. 100 A　　C. 10～100 A　　D. 大于100 A

2. 交流接触器的作用是（　　）。

A. 频繁通断主回路　　B. 频繁通断控制回路

C. 保护主回路　　D. 保护控制回路

3. 时间继电器的作用是（　　）。

A. 短路保护　　B. 过电流保护

C. 延时通断主回路　　D. 延时通断控制回路

4. 若将空气阻尼式时间继电器由通电延时型改为断电延时型需要将（　　）。

A. 延时触头反转180°　　B. 电磁系统反转180°

C. 电磁线圈两端反接　　D. 活塞反转180°

5. 通电延时时间继电器，它的延时触点动作情况是（　　）。

A. 线圈通电时触点延时动作，断电时触点瞬时动作

B. 线圈通电时触点瞬时动作，断电时触点延时动作

C. 线圈通电时触点不动作，断电时触点瞬时动作

D. 线圈通电时触点不动作，断电时触点延时动作

6. 热继电器的整定值为6.8 A，则动作范围应选用（　　）。

A. 0.4～0.64 A　　B. 0.64～1 A　　C. 4～6.4 A　　D. 6.4～10 A

7. 热继电器中双金属片的弯曲作用是由于双金属片（　　）。

A. 温度效应不同　　B. 强度不同

C. 膨胀系数不同　　D. 所受压力不同

8. 有型号相同，线圈额定电压均为380 V的两只接触器，若串联后接入380 V回路，则（　　）。

A. 都不吸合　　B. 有一只吸合　　C. 都吸合　　D. 不能确定

9. 交流接触器的衔铁被卡住不能吸合会造成（　　）。

A. 线圈端电压增大　　B. 线圈阻抗增大

C. 线圈电流增大　　D. 线圈电流减小

10. 欠电流继电器可用于（　　）保护。

A. 短路　　B. 过载　　C. 失压　　D. 失磁

11. 下列电器中不能实现短路保护的是（　　）。

A. 熔断器　　B. 热继电器　　C. 过电流继电器　　D. 空气开关

12. 在延时精度要求不高、电源电压波动较大的场合，应选用（　　）。

A. 空气阻尼式时间继电器　　B. 晶体管式时间继电器

C. 电动式时间继电器　　D. 电磁式时间继电器

13. 熔断器的额定电流应（　　）所装熔体的额定电流。

A. 大于　　B. 大于或等于　　C. 小于　　D. 小于或等于

14. 熔管是熔体的保护外壳，用耐热绝缘材料制成，在熔体熔断时兼有（　　）作用。

A. 绝缘　　B. 隔热　　C. 灭弧　　D. 防潮

15. （　　）是交流接触器发热的主要部件。

A. 触点　　B. 线圈　　C. 铁芯　　D. 衔铁

16. 按复合按钮时，（　　）。

A. 动合触点先闭合　　B. 动断触点先断开

C. 动合、动断触点同时动作　　D. 动断触点动作，动合触点不动作

17. 低压断路器具有（　　）保护。

A. 短路、过载、欠压　　B. 短路、过流、欠压

C. 短路、过流、失压　　D. 短路、过载、失压

18. 过电流继电器的整定值一般为电动机额定电流的（　　）倍。

A. 1.2～1.3　　B. 1.3～1.4　　C. 1.5～1.6　　D. 1.7～2

19. 接近开关属于（　　）。

A. 有触点开关　　B. 无触点开关　　C. 机械开关　　D. 继电器的一种

20. 万能转换开关是（　　）。

A. 主令电器　　B. 开关电器　　C. 继电器　　D. 保护电器

三、判断题

1. 刀开关安装时，手柄要向上装。接线时，电源线接在上端，下端接用电器。（　　）
2. 熔断器在电路中既可作短路保护，又可作过载保护。（　　）
3. 热继电器在电路中既可作短路保护，又可作过载保护。（　　）
4. 接触器按主触点通过电流的种类分为直流和交流两种。（　　）
5. 继电器在任何电路中均可代替接触器使用。（　　）
6. 一台线圈额定电压为220 V的交流接触器，在交流220 V和直流220 V的电源上均可使用。（　　）
7. 时间继电器之所以能够延时，是因为线圈可以通电晚一些。（　　）
8. 中间继电器实质上是电压继电器的一种，只是触点多少不同。（　　）
9. 交流接触器通电后，如果铁芯吸合受阻，会导致线圈烧毁。（　　）
10. 低压断路器是开关电器，不具备过载、短路、失压保护。（　　）
11. 电压线圈并联在电源两端，匝数多，阻抗小；电流线圈串联在电路中，导线细，电流大。（　　）
12. 固态继电器是一种无触点继电器。（　　）
13. 速度继电器速度很高时触点才动作。（　　）
14. 灭弧罩灭弧可应用于交直流灭弧装置中。（　　）
15. 双轮旋转式行程开关在挡铁离开滚轮后能自动复位。（　　）
16. 低压断路器中电磁脱扣器的作用是实现失压保护。（　　）
17. 为了消除衔铁振动，交流接触器和直流接触器都装有短路环。（　　）
18. 交流接触器多采用纵缝灭弧装置灭弧。（　　）
19. 继电器的触头一般都为桥型触头，有常开和常闭形式，没有灭弧装置。（　　）
20. 接近开关是一种非接触式检测装置。（　　）

四、简答题

1. 在电动机的电路中，熔断器和热继电器的作用是什么？能否相互替代？
2. 直流电磁机构有何特点？
3. 交流电磁机构有何特点？
4. 常用的触点有哪几种形式？
5. 从外部结构特征上如何区分直流电磁机构与交流电磁机构？如何区分电压线圈与电流线圈？
6. 交流电磁线圈误接入对应大小的直流电源，直流电磁线圈误接入对应数值的交流电源，将发生什么情况？为什么？
7. 常用灭弧装置有哪些？各应用于何种情况下？
8. 交流接触器与直流接触器有何不同？
9. 如何选用接触器？
10. 过电压、过电流继电器的作用是什么？
11. 能否用过电流继电器来做电动机的过载保护，为什么？

12. 欠电压、欠电流继电器的作用是什么？

13. 中间继电器和交流接触器有何异同处？在什么情况下，中间继电器可以代替交流接触器启动电动机？

14. 熔断器的额定电流、熔体的额定电流、熔体的极限分断电流三者有何区别？

15. 热继电器、熔断器的保护功能有何不同？

16. 如何选用电动机过载保护用的热继电器？

17. 如何选择熔体的额定电流？

18. 行程开关与接近开关工作原理有何不同？

19. 简述按钮的常见故障及检修方法。

20. 行程开关控制失灵的原因是什么？

任务5.1　电气控制线路图、接线图和布置图的识读

学习目标

（1）了解电气图形符号与文字符号的含义；
（2）了解电气原理图、接线图和布置图的概念；
（3）掌握电气原理图、接线图和布置图的绘制规则。

任务分析

由于各种生产机械的工作性质和加工工艺不同，使得它们对电动机的控制要求不同。要使电动机按照生产机械的要求正常安全地运转，必须配置一定的电器，组成一定的控制线路才能达到目的。在生产实践中，一台生产机械的控制线路可以比较简单，也可能相当复杂，但任何复杂的控制线路总是由一些基本控制线路有机地组合起来的。所以我们要了解电路图、连接图和布置图等，掌握电气原理图、接线图和布置图的绘制原则。

知识链接

1. 电气原理图

电气原理图是用来表示电路各电气元器件中导电部件的连接关系和工作原理的图。该图应根据简单、清晰的原则，采用电气元器件展开形式来绘制，它不按电气元器件的实际位置来画，也不反映电气元器件的大小、安装位置，只用电气元器件的导电部件及其接线端钮按国家标准规定的图形符号来表示电气元器件，再用导线将这些导电部件连接起来以反映其连接关系。所以电气原理图结构简单、层次分明、关系明确，适用于分析研究电路的工作原理，且为其他电路图的依据，在设计部门和生产现场获得广泛的应用。

现以图 5－1 CW6132 型普通车床电气原理图为例来阐明绘制电气原理图的原则和注意事项。

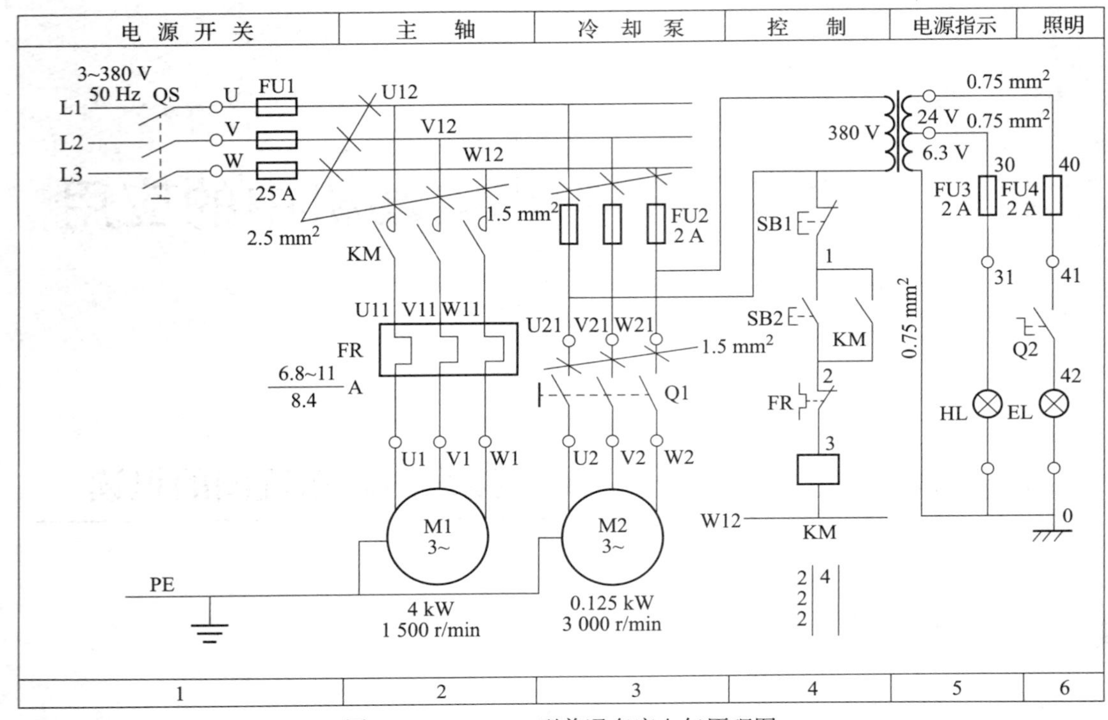

图 5－1　CW6132 型普通车床电气原理图

1）绘制电气原理图的原则

（1）电气原理图的绘制标准。图中所有的元器件都应采用国家统一规定的图形符号和文字符号。

（2）电气原理图的组成。电气原理图由电源电路、主电路和辅助电路三部分组成。

①电源电路一般画成水平线，三相交流电源相序 L1、L2、L3 自上而下依次画出，中线 N 和保护地线 PE 依次画在相线之下。

②主电路是从电源到电动机的电路，主要由刀开关、熔断器、接触器主触头、热继电器发热元件与电动机组成。主电路用粗线绘制在图面的左侧或上方。

③辅助电路包括控制电路、照明电路、信号电路及保护电路等。它们由继电器、接触器的电磁线圈，继电器、接触器辅助触头，控制按钮，其他控制元件触头、控制变压器、熔断器、照明灯、信号灯及控制开关等组成。画辅助电路图时，辅助电路要跨接在两相电源线之间，一般按照控制电路、指示电路和照明电路的顺序依次用细实线垂直画在主电路图的右侧，且电路中与下边电源线相连的耗能元件（如接触器和继电器的线圈、指示灯、照明灯等）要画在电路图的下方，而电器的触头要画在耗能元件与上边电源线之间。为读图方便，一般应按照自左至右、自上而下的排列来表示操作顺序。

（3）电气触头的画法。原理图中各元器件触头状态均按没有外力作用时或未通电时触头的自然状态画出。对于接触器、电磁式继电器，是按电磁线圈未通电时触头状态画出；对于控制按钮、行程开关的触头，是按不受外力作用时的状态画出；对于断路器和开关电器触头，是按断开状态画出。当电气触头的图形符号垂直放置时，以“左开右闭”原则绘制，即垂线左侧的触头为常开触头，垂线右侧的触头为常闭触头；当符号为水平放置时，以“上闭下开”原则绘制，即在水平线上方的触头为常闭触头，水平线下方的触头为常开触头。

（4）电气元器件的画法。原理图中的各电气元器件均不画实际的外形图，原理图中只画出其带电部件，同一电气元器件上的不同带电部件是按电路中的连接关系画出，但必须按国家标准规定的图形符号画出，并且用同一文字符号标明。对于几个同类电器，在表示名称的文字符号之后加上数字序号，以示区别。

（5）原理图的布局。电气原理图中，同一电器的各元器件不按实际位置画在一起，而是按功能布置，即同一功能的电气元器件集中在一起，尽可能按动作顺序从上到下或从左到右的原则绘制。

（6）线路连接点、交叉点的绘制。画电气原理图时，应尽可能减少线条和避免线条交叉。对有电联系的交叉导线连接点，用小黑圆点表示；无电联系的交叉导线则不画小黑圆点。

（7）电路编号法。电路图采用电路编号法，即对电路中各个接点用字母或数字编号。主电路在电源开关的出线端按相序依次编号为 U11、V11、W11。然后按从上至下、从左到右的顺序，每经过一个电气元件编号递增，如 U12、V12、W12；U13、V13、W13。一台三相交流电动机或设备的三根出线依次编号为 U、V、W。对于多台电动机引出线的编号，可在字母前用不同的数字区别，如 1U、1V、1W。辅助电路编号按“等电位”原则从上至下、从左至右的顺序用数字依次编号，每经过一个电气元件后编号要依次递增。控制电路编号的起始数字必须是 1，其他辅助电路编号的起始数字依次递增 100，如照明电路编号从 101 开始；指示电路编号从 201 开始等。

2）电气原理图图面区域的划分

为了便于确定原理图的内容和组成部分在图中的位置，有利于读者检索电气线路，常在各种幅面的图纸上分区。每个分区内竖边方面用大写的拉丁字母编号，横边用阿拉伯数字编号。编号的顺序应从与标题栏相对应的图幅的左上角开始，分区代号用该区的拉丁字母或阿拉伯数字表示，有时为了分析方便，也把数字区放在图的下面。为了方便读图，利于理解电路工作原理，还常在图面区域对应的原理图上方标明该区域的元件或电路的功能，以方便阅读分析电路。

3）继电器、接触器触头位置的索引

电气原理图中，在继电器、接触器线圈的下方注有该继电器、接触器相应触头所在图位置的索引代号，索引代号用图面区域号表示。其中左栏为常开触头所在图区号，右栏为常闭触头所在图区号。

4）电气图中技术数据的标注

电气图中各电气元件的相关数据和型号，常在电气原理图中电气元件文字符号下方标注出来。如图 5－1 中热继电路器文字符号 FR 下方标有 6.8～11 A，该数据为该热继电器的动作电流值范围，而8.4 A为该继电器的整定电流值。

2. 电气元件布置图

电气元件布置图是用来表明电气原理图中各元器件在控制板上的实际安装位置，采用简化的外形符号而绘制的一种简图。它不表达电器的具体结构、作用、接线情况以及工作原理，主要用于电气元件的布置和安装。图中各电器的文字符号必须与电路图和接线图的标注相一致。电气元件布置图是控制设备生产及维护的技术文件，电气元件的布置应注意以下几方面：

（1）体积大和较重的电气元件应安装在电器安装板的下方，而发热元件应安装在电器安装板的上方。

（2）强电、弱电应分开，弱电应屏蔽，防止外界干扰。

（3）需要经常维护、检修、调整的电气元件安装位置不宜过高或过低。

（4）电气元件的布置应考虑整齐、美观、对称。外形尺寸与结构类似的电器安装在一起，以利安装和配线。

（5）电气元件布置不宜过密，应留有一定间距，如用走线槽，应加大各排电器间距，以利布线和维修。

电器布置图根据电气元件的外形尺寸绘出，并标明各元器件间距尺寸。控制盘内电气元件与盘外电气元件的连接应经接线端子进行，在电器布置图中应画出接线端子板并按一定顺序标出接线号。图5-2所示为CW6132型车床控制盘电器布置图。

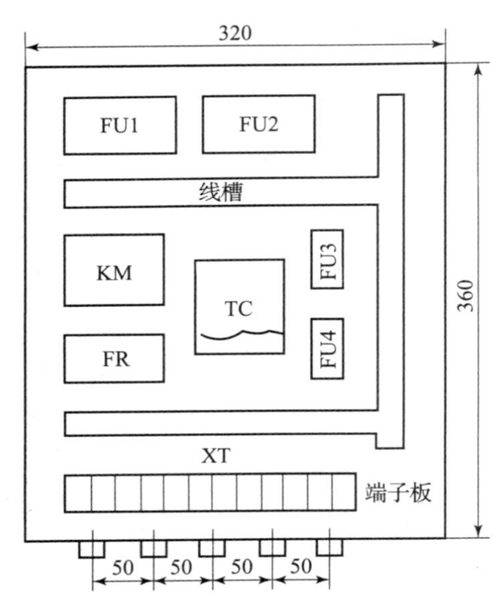

图5-2　CW6132型车床控制盘电器布置图

3. 安装接线图

安装接线图是根据电气设备和电气元件的实际位置和安装情况绘制的，用来表示电气设备电气元件的位置、配线方式和接线方式的图形。安装接线图主要用于安装接线、线路的检查、维修故障处理。通常接线图与电气原理图和元器件布置图一起使用。接线图表示出项目的相对位置、项目代号、端子号、导线号、导线型号、导线截面等内容。接线图中的各个项目采用简化外形表示，简化外形旁应标注项目代号，并应与电气原理图中的标注一致。

电气接线图的绘制原则是：

（1）各电气元件均按实际安装位置绘出，元器件所占图面按实际尺寸以统一比例绘制。

（2）一个元器件中所有的带电部件均画在一起并用点画线框起来，即采用集中表示法。

（3）各电气元件的图形符号和文字符号必须与电气原理图一致，并符合国家标准。

（4）各电气元件上凡是需接线的部件端子都应绘出，并予以编号，各接线端子的编号必须与电气原理图上的导线编号相一致。

（5）绘制安装接线图时，走向相同的相邻导线可以绘成一股线。

图5－3是根据上述原则绘制的，与图5－1对应的电器箱外连部分电气安装接线图。

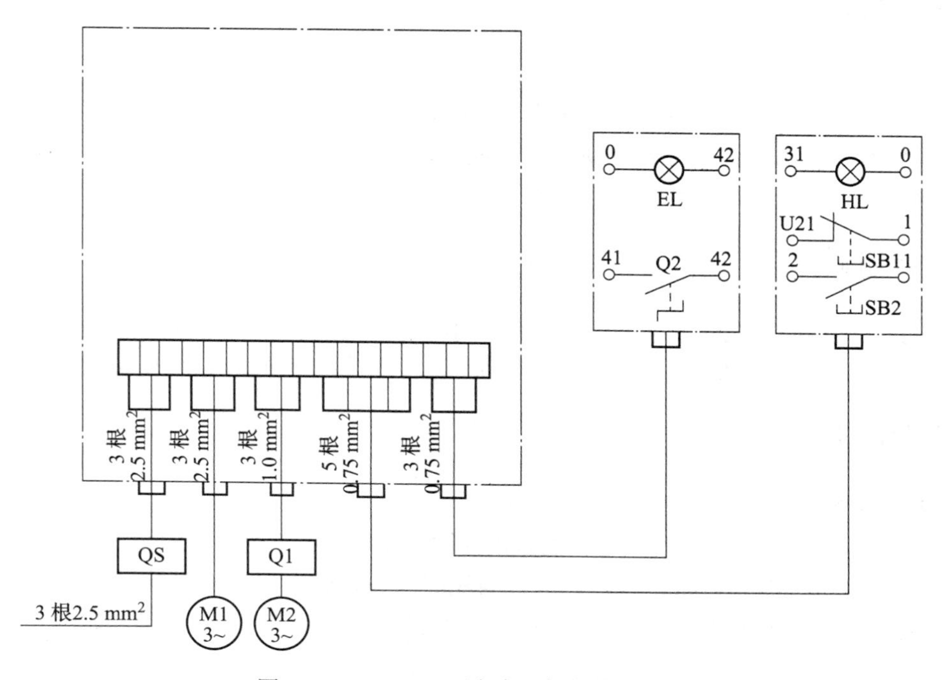

图5－3　CW6132型车床电气安装接线图

电动机基本控制线路的安装步骤：

（1）识读电路图，明确线路所用电气元件及其作用，熟悉线路的工作原理。

（2）根据电路图或元件明细表配齐电气元件并进行检验。

（3）根据电气元件选配安装工具和控制板。

（4）根据电路图绘制布置图和接线图，然后按要求在控制板上固装电气元件。

（5）根据电动机容量选配主电路导线的截面。控制电路导线一般采用截面为1 mm² 的铜芯线，按钮线一般采用截面为0.75 mm² 的铜芯线，接地线一般采用截面不小于1.5 mm² 的铜芯线。

（6）根据接线图布线，同时将剥去绝缘层的两端线头套上标有与电路图相一致编号的编码套管。

（7）安装电动机。

（8）连接电动机和所有电气元件金属外壳的保护接地线。

（9）连接电源、电动机等控制板外部的导线。

（10）自检。

（11）交验。

（12）通电试车。

任务 5.2　电动机正、反转控制线路

学习目标

（1）会正确识别、选用、安装、使用常用低压电器，熟悉它们的功能、基本结构、工作原理及型号意义，熟记它们的图形符号和文字符号。

（2）熟悉电动机正、反转控制线路的构成和工作原理。

（3）会安装与检修电动机正反转控制线路。

任务分析

了解正、反转控制线路在实际生产中的应用，以及如何使电动机正、反转的原理。熟悉电动机正、反转各种控制线路的构成和工作原理；会安装和检修各正、反转的控制线路。

知识链接

1. 点动与连续运转的控制

自锁与互锁的控制系统统称为电气的联锁控制，在电气控制电路中应用十分广泛，是最基本的控制。生产机械的运转状态有连续运转与短时间段运转，所以对其拖动电动机的控制也有点动与连续运转两种控制方式，对应的有点动控制与连续运转控制电路，如图 5－4 所示。

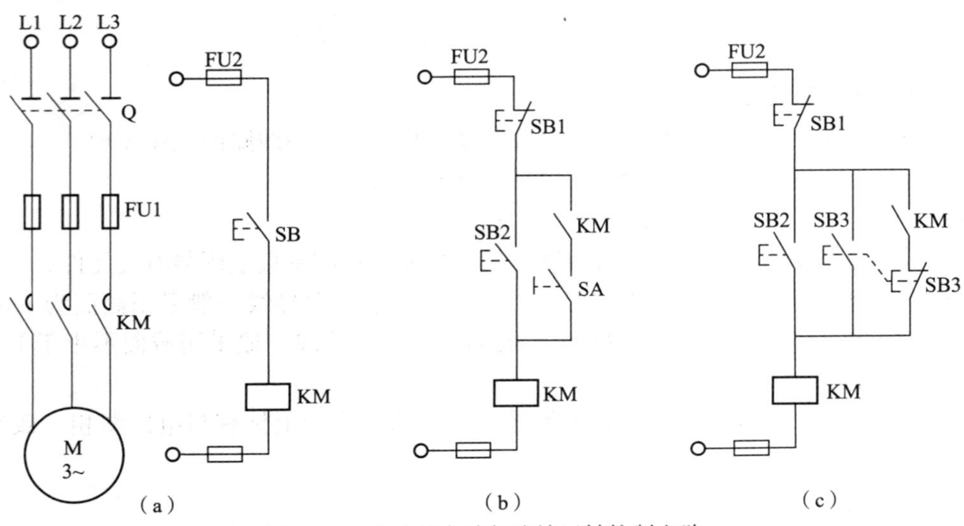

图 5－4　电动机点动与连续运转控制电路

（a）基本点动控制电路；（b）开关选择运行状态的电路；（c）两个按钮控制的电路

图5－4（a）所示为基本点动控制电路。按下点动按钮SB，KM线圈通电，电动机启动旋转；松开SB按钮，KM线圈断电释放，电动机停转，所以该电路为单纯的点动控制电路。图5－4（b）所示为用开关SA断开或接通自锁电路，可实现点动也可实现连续运转的电路。合上开关SA时，可实现连续运转；SA断开时，可实现点动控制。图5－4（c）所示为用复合SB3实现点动控制，按钮SB2实现连续运转控制的电路。

1）点动正转控制电路

点动正转控制电路是用按钮、接触器来控制电动机运转的最简单的正转控制电路，如图5－4（a）所示。

电路的工作原理如下：先合上电源开关Q。

启动：按下SB→KM线圈得电→KM主触点闭合→电动机M启动运转。

停止：松开SB→KM线圈失电→KM主触点分断→电动机M失电停转。

停止使用时，断开电源开关Q。

2）开关选择运行状态电路

电路如图5－4（b）所示，松开转换开关SA，该电路为点动正转控制电路，工作原理和点动正转控制电路相同。闭合转换开关SA，电路为自锁正转控制电路。此电路是用按钮、接触器来控制电动机运转的正转控制电路。三相异步电动机的自锁控制电路的主电路和点动控制的主电路大致相同，但在控制电路中又串联了一个停止按钮SB1，在启动按钮SB2两端并联了接触器KM的一对辅助触点。接触器自锁正转控制电路不但能使电动机连续运转，而且还有一个重要的特点，就是具有欠压和失压（或零压）保护作用。它主要由按钮开关SB（启/停电动机使用）、交流接触器KM（用作接通和切断电动机的电源及失压保护和欠压保护等）、热继电器（用作电动机的过载保护）等组成。

（1）欠压保护。“欠压”是指电路电压低于电动机应加的额定电压。“欠压保护”是指当电路电压下降到某一数值时，电动机能自动脱离电源电压停转，避免电动机在欠压下运行的一种保护。因为当电路电压下降时，电动机的转矩随之减小，电动机的转速也随之降低，从而使电动机的工作电流增大，影响电动机的正常运行，电压下降严重时还会引起“堵转”现象，以致损坏电动机。采用接触器自锁正转控制电路就可避免电动机欠压运行，这是因为当电路电压下降到一定值，从而使接触器线圈磁通减弱，产生的电磁吸力减小。当电磁吸力减小到小于反作用弹簧的拉力时，动铁芯被迫释放，带动主触点、自锁触点同时断开，自动切断主电路和控制电路，电动机失电停转达到欠压保护的目的。

（2）失压保护。失压保护是指电动机在正常运行中，由于外界某种原因引起突然断电时，能自动切断电动机电源。当重新供电时，保证电动机不能自行启动，避免造成设备和人身伤亡事故。采用接触器自锁控制电路，由于接触器自锁触点和主触点在电源断电时已经断开，使控制电路和主电路都不能接通。所以在电源恢复供电时，电动机就不能自行启动运转，保证了人身和设备的安全。

电路的工作原理如下：先合上电源开关Q。

启动：按下SB1→KM线圈得电→KM主触点闭合→电动机M启动连续运转
→KM自锁触点闭合自锁

停止：按下SB2→KM线圈失电→KM主触点分断→电动机M失电停转
→KM自锁触点分断

3）连续与点动混合正转控制电路

机床设备在正常运行时，一般电动机都处于连续运行状态。但在试车或调整刀具与工件的相对位置时，又需要电动机能点动控制，实现这种控制要求的电路是连续与点动混合控制的正转控制电路，如图 5－4（c）所示。

电路的工作原理如下：先合上电源开关 Q。

（1）连续控制

启动：按下 SB2→KM 线圈得电→KM 线圈触点闭合→电动机 M 启动连续运转
→KM 自锁触点闭合自锁

停止：按下 SB3→KM 线圈失电→KM 主触点分断→电动机 M 失电停转
→KM 自锁触点分断

（2）点动控制

启动：按下 SB3 →SB3 常闭触点先分断切断自锁电路
→SB3 常开触点后闭合→KM 线圈得电→KM 自锁触点闭合
→电动机 M 启动连续运转→KM 主触点闭合

停止：松开 SB3 →SB3 常闭触点后恢复闭合
→SB3 常开触点先恢复分断→KM 线圈失电→KM 自锁触点分断
→KM 主触点分断→电动机 M 失电停转

2. 正反转控制线路

单向转动的控制线路比较简单但是只能使电动机朝一个方向旋转，带动生产机械的运动部件朝一个方向运动。但很多生产机械往往要求运动部件能向正、反两个方向运动，如机床工作台的前进和后退、万能铣床主轴的正反转、起重机的上升和下降等。

当改变通入电动机定子绕组的三相电源相序，即把接入电动机三相电源进线中的任意两相对调接线时，电动机就可以反转。下面介绍几种常用的正反转控制线路。

1）转换开关控制电动机正反转电路

转换开关控制电动机正反转电路如图 5－5 所示，图中 SC 是转换开关，SC 有四对触头，三个工作位置。当 SC 置于上、下方不同位置时，通过其触头来改变电动机定子接入三相交流电源的相序，进而改变电动机的旋转方向。在这里，接触器 KM 作为线路接触器使用。转换开关 SC 为电动机旋转方向预选开关，由按钮来控制接触器，再由接触器主触头来接通或断开电动机三相电源，实现电动机的启动和停止。

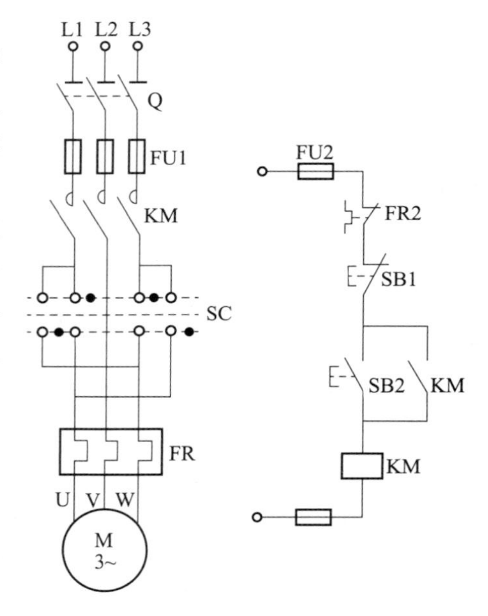

图 5－5　转换开关控制电动机正反转电路

2）无互锁的正反转控制电路

图 5－6（a）所示为将两个单向旋转控制电路组合而成。主电路由正、反转接触器 KM1、KM2 的主触头来实现电动机三相电源任意两相的换相，从而实现电动机正反转。当需要正转启动时，按下正转启动按钮 SB2，KM1 线圈通电吸合并自锁，电动

机正向启动并运转；当需要反转启动时，按下反转启动按钮 SB3，KM2 线圈通电吸合并自锁，电动机便反向启动并运转。但若在按下正转启动按钮 SB2，电动机已进入正转运行后，发生又按下反转启动按钮 SB3 的误操作时，由于正反转接触器 KM1、KM2 线圈均通电吸合，其主触头均闭合，于是发生电源两相短路，致使熔断器 FU1 熔体熔断，电动机无法工作。因此，该电路在任何时候只能允许一个接触器通电工作。为此，通常在控制电路中将 KM1、KM2 正反转接触器常闭辅助触头串联在对方线圈电路中，形成相互制约的控制，这种相互制约的控制关系称为互锁，这两对起互锁作用的常闭触头称为互锁触头。

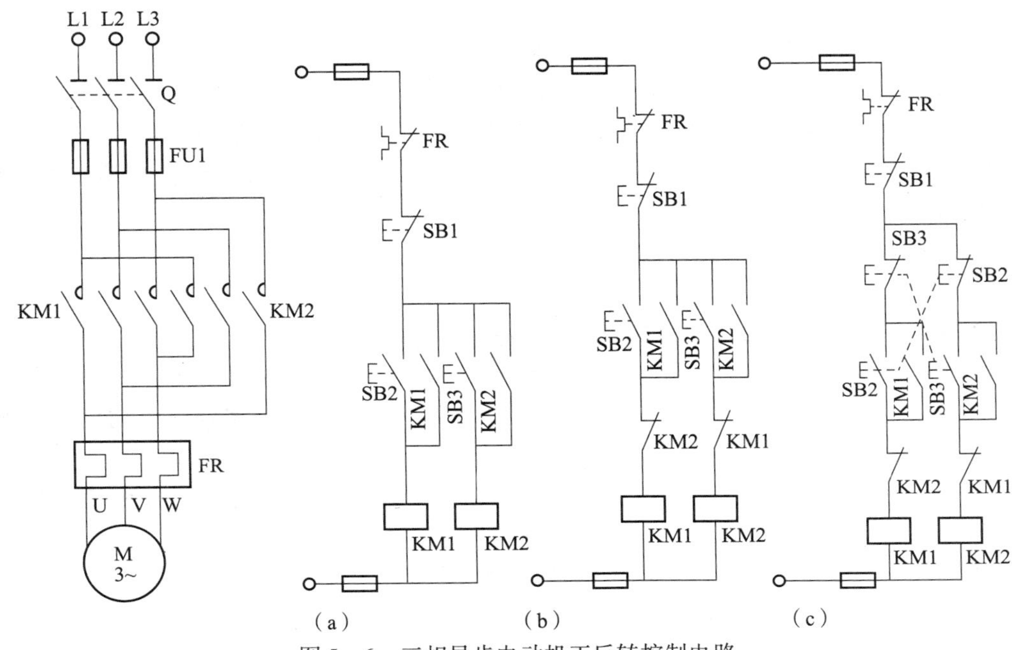

图 5-6 三相异步电动机正反转控制电路

(a) 无互锁电路；(b) 具有电气互锁电路；(c) 具有双重互锁电路

3）接触器联锁的正反转控制电路

接触器联锁的正反转控制电路如图 5-6（b）所示。线路中采用了两个接触器，即正转用接触器 KM1 和反转用的接触器 KM2，它们分别用正转按钮 SB1 和反转按钮 SB2 控制。从主电路中可以看出，这两个接触器的主触点所接通的电源相序不同，KM1 按 L1－L2－L3 相序接线，KM2 则按 L3－L2－L1 相序接线。

由主电路看出接触器 KM1 和 KM2 的主触点决不允许同时闭合，否则将造成两相电源短路事故。为了避免两个接触器同时得电动作，就在正反转控制电路中分别串接了对方接触器的一对常闭辅助触头，这种互锁称为电气互锁，这样，当一个接触器得电动作时，通过其常闭触点使另一个接触器不得电动作，接触器间这种相互制约的作用叫接触器联锁。

电路工作原理：先合上电源开关 Q。

正转控制：

按下 SB2→KM1 线圈得电→KM1 自锁触点闭合自锁

→KM1 主触点闭合→电动机 M 正转启动连续运转

反转控制：

按下 SB3→KM2 线圈得电→KM2 自锁触点闭合自锁

→KM2 主触点闭合→电动机 M 反转启动连续运转

停止：按下 SB1，整个控制电路失电，主触点分断，电动机 M 失电停转。

从以上分析可见，该线路的优点是工作可靠，但缺点是操作不便，正、反转变换时需要按下停止按钮。

为了克服接触器联锁的正反转控制线路操作不便的缺点，可以采用按钮联锁的正反转控制线路，这种正反转控制线路的工作原理与接触器联锁的正反转控制线路的工作原理基本相同。

4）按钮、接触器双重联锁的正反转控制电路

为了克服接触器的正反转控制线路和按钮联锁的正反转控制线路的不足，在接触器联锁的基础上又增加了一对按钮联锁，这对互锁是将正、反转启动按钮的常闭辅助触头串接在对方接触器线圈电路中，这种互锁称为按钮互锁，又称机械互锁。图 5－6（c）所示为具有双重互锁的控制电路。

电路工作原理：先合上电源开关 Q。

正转控制：

按下 SB3 →SB3 常闭触点先分断对 KM2 联锁

→SB3 常开触点后闭合→KM1 线圈得电→KM1 自锁触点闭合自锁

→KM1 主触点闭合→电动机 M 正转启动连续运转

→KM1 联锁触点分断对 KM2 联锁

反转控制：

按下 SB2 →SB2 常闭触点先分断→KM1 线圈失电→KM1 自锁触点分断

→KM1 主触点分断→电动机 M 正转失电

→KM 联锁触点恢复闭合→KM2 线圈得电→

→SB2 常开触点后闭合

→KM2 自锁触点闭合自锁

→KM2 主触点闭合→电动机 M 启动连续反转

→KM2 联锁触点分断对 KM1 联锁

停止：按下 SB1，整个控制电路失电，主触点分断，电动机 M 失电停转。

该电路可以实现不按停止按钮，由正转直接变反转或由反转直接变正转。这是因为按钮互锁触头可实现先断开正在运行的电路，再接通反向运转电路，称为正－反－停电路。

项目技能实训一　三相异步电动机的点动与连续运转控制

1. 实训目的

（1）了解按钮、交流接触器和热继电器的基本结构和动作原理。

（2）掌握三相异步电动机直接启动的工作原理、接线及操作方法。

（3）了解电动机运行时的保护方法。

（4）比较常用点动、长动控制电路的特点。

（5）学会实验电路接线及故障排除。

2. 实训设备

三相异步电动机一台，三相转换开关一个，交流接触器一个，热继电器一个，三联按钮开关一个，导线若干。

3. 实训原理及依据

1）点动控制环节

点动控制电路主要由按钮、接触器组成，如图 5－7 所示。闭合电源开关 QS，按下启动按钮 SB，接触器 KM 线圈得电，接触器常开主触头闭合，电动机得电运转；松开启动按钮 SB，由于复位弹簧的作用按钮复位，接触器 KM 线圈失电，接触器常开主触头断开，电动机停转，从而实现点动控制。

2）长动控制环节（自锁控制环节）

点动控制只能在按下按钮时使电动机转动，松开按钮就停止运行。为了实现电动机长期连续运行，需要加入自锁触头。当按下启动按钮 SB2 时，接触器 KM 线圈得电，常开主触头吸合，同时自锁触头闭合，这样即使松开启动按钮 SB2，接触器的线圈仍然有电流通过，因此，电动机可连续运行。为了使自锁后的电动机可以停止运转，在控制电路中再串入一个停止按钮 SB1 即可。带自锁环节的控制电路如图 5－8 所示。

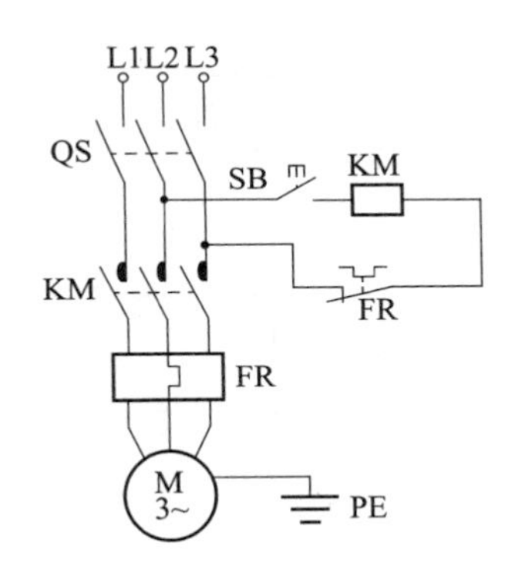

图 5－7　点动控制电路

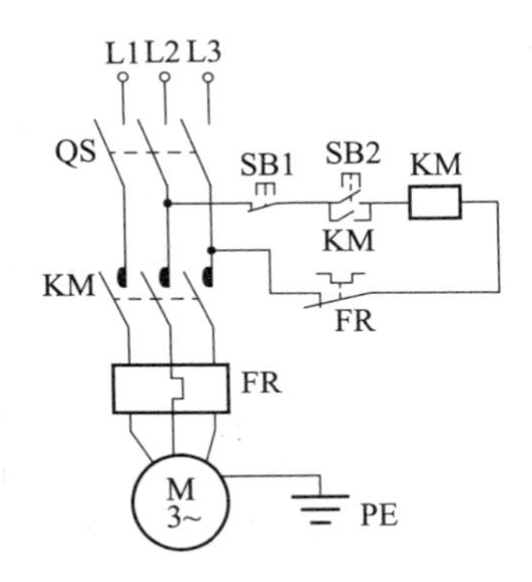

图 5－8　带自锁环节的控制电路

3）保护环节

为确保电动机正常运行，防止由于短路、过载、失压和欠压等事故造成的危害，在电动机的主电路和控制电路中必须具备各种保护装置。一般有短路保护、过载保护、失压保护和欠压保护等。

短路保护利用熔断器来实现，过载保护利用热继电器来实现。本实验台带有短路保护，故电路中没有接入熔断器。注意，由于熔断器和热继电器在电路中所起作用不同，所以，两者不能互相代替使用。失压保护是为了在电动机运行时由于外界原因突然断电又重新供电，在未加防范的情况下容易出现事故，为了确保断电后，在工作人员没有重新操作的情况下，电动机不能得电转动，因此，在控制电路中应有保护环节。在三相异步电动机控制电路中常用接触器实现失压和欠压保护。

4. 实训内容和步骤

（1）三相异步电动机的单方向点动控制。按图 5－7 接线，其中电动机采用星形接法。合上开关，按下按钮 SB，观察电动机和交流接触器的动作情况，松开 SB，电动机停止运转。

（2）电动机连续运转。主电路不变，控制电路如图 5－8 接线，按下启动按钮 SB2，电动机连续运转，按下停止按钮 SB1，电动机停转。

5. 实训要求

（1）认真仔细连接电路并自检，确认无误后方可通电。

（2）连接电路时，要按照“先主后控、先串后并、上入下出、左进右出”的原则接线，做到心中有数。

（3）主、控制电路的导线要区分开颜色，以便于检查。

（4）实验所用电压为 380 V 或 220 V 的三相交流电，严禁带电操作，不可触及导电部件，尽可能单手操作，保证人身和设备的安全。

6. 思考题

（1）实验电路中的过载和失压保护是如何实现的？

（2）实验过程中出现的问题及产生问题的原因。

（3）电动机的正反转能否同时接通，为什么？

7. 技能训练考核评分标准（表 5－1）

表 5－1　技能训练考核评分标准

项目内容	评分标准	配分	扣分	得分
装前检查	1. 电动机质量检查，每漏一处扣 3 分； 2. 电气元件漏检或错检，每处扣 2 分	15		
安装元件	1. 不按布置图安装，扣 10 分； 2. 元件安装不牢固，每只扣 2 分； 3. 安装元件时漏装螺钉，每只扣 0.5 分； 4. 元件安装不整齐、不匀称、不合理，每只扣 3 分； 5. 损坏元件，扣 10 分	15		
布线	1. 不按电路图接线，扣 15 分； 2. 布线不符合要求：主电路，每根扣 2 分；控制电路，每根扣 1 分； 3. 接点松动、接点露铜过长、压绝缘层、反圈等，每处扣 0.5 分； 4. 损伤导线绝缘或线芯，每根扣 0.5 分； 5. 漏记线号不清楚、遗漏或误标，每处扣 0.5 分； 6. 标记线号不清楚、遗漏或误标，每处扣 0.5 分	30		
通电试车	1. 第一次试车不成功，扣 10 分； 2. 第二次试车不成功，扣 20 分； 3. 第三次试车不成功，扣 30 分	40		
安全文明生产	违反安全、文明生产规程，扣 5～40 分			

续表

项目内容	评分标准	配分	扣分	得分
定额时间 90 min	按每超时 5 min 扣 5 分计算			
备注	除定额时间外，各项目的最高扣分不应超过配分数			
开始时间	结束时间	实际时间		

指导教师签名________　　　　　　　　　　　　　　　　日期________

任务 5.3　电动机的位置、自动往返、顺序和多地控制线路

学习目标

（1）会正确识别、选用、安装、使用行程开关、时间继电器，熟悉它们的功能、基本结构、工作原理及型号意义，熟记它们的图形符号和文字符号。

（2）熟悉电动机位置控制、自动往返控制、顺序控制和多地控制线路的构成和工作原理。

（3）会安装与检修电动机位置控制、自动往返控制、顺序控制和多地控制线路。

任务分析

在生产过程中，一些生产机械运动部件的行程或位置要受到限制，或者需要其运动部件在一定范围内自动往返循环等，如摇臂钻床、万能铣床、镗床等。此外在装有多台电动机的生产机械上，各电动机所起的作用不同，有时需要按一定的顺序启动或停止，才能保证操作过程的合理和工作的安全可靠。例如：万能铣床要求主轴启动后进给电动机才能启动；平面磨床的冷却泵要求砂轮电动机启动后才能启动。还有一些机械由于体积比较大，为了便于操作方便可以采用多地控制的方法。这些就要让我们会正确识别、选用、安装、使用行程开关，熟悉电动机位置控制、自动往返控制、顺序控制和多地控制线路的构成和工作原理。会安装与检修电动机位置控制、自动往返控制、顺序控制和多地控制线路。

知识链接

1. 顺序控制

在生产实际中，有些设备往往要求其上的多台电动机的启动与停止必须按一定的先后顺序进行，这种控制方式称为电动机的顺序控制。顺序控制可在主电路中实现，也可在控制电路中实现。

主电路中实现两台电动机顺序启动的电路如图 5－9 所示。图 5－9 中电动机 M1、M2 分别由接触器 KM1 和 KM2 控制，但电动机 M2 的主电路接在接触器主触头的下方，这样就保

证了启动时必须先启动 M1 电动机，只有当接触器主触头闭合，启动后才可启动电动机，实现了 M1 先启动 M2 后启动的控制。

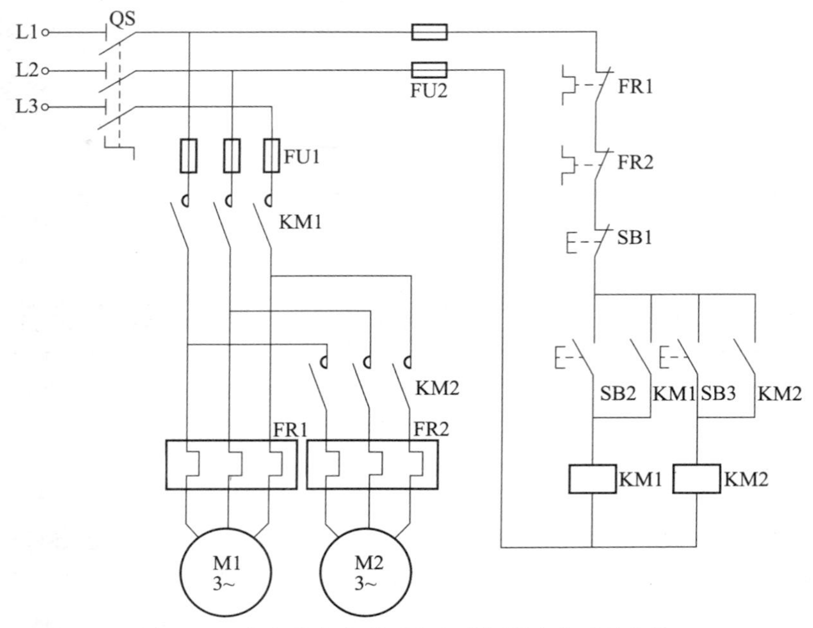

图 5－9　主电路中实现两台电动机顺序启动的电路

顺序控制也可在控制电路中实现，图 5－10 所示为两台电动机顺序控制电路。图 5－10（b）是顺序启动、两台电机同时停止电路。

电路工作原理如下：先合上电源开关 Q。

按下SB2 → KM1线圈通电并自锁 → 电动机M1启动旋转

按下SB2 → KM1常开辅助触头闭合 → 按下SB4 → KM2线圈通电并自锁 → 电动机M2启动旋转

如果先按下 SB4 按钮，因 KM1 常开辅助触头断开，电动机 M2 不可能先启动，达到按顺序启动 M1、M2 的目的。

生产机械除按要求按顺序启动外，有时还要按一定顺序停止，如带式输送机，前面的第一台运输机先启动，再启动后面的第二台；停车时应先停第二台，再停第一台，这样才不会造成物料在传送带上的堆积和滞留。如图 5－10（c）所示顺序启动、逆序停止电路，为此在图 5－10（c）基础上，将接触器 KM2 的常开辅助触头并联在停止按钮 SB1 的两端，这样，即使先按下 SB1，由于 KM2 线圈仍通电，电动机 M1 不会停转，只有按下 SB3，电动机 M2 先停后，再按下 SB1 才能使 M1 停转，达到先停 M2、后停 M1 的要求。

在许多顺序控制中，要求有一定的时间间隔，此时往往用时间继电器来实现。图 5－11 所示为时间继电器控制的顺序启动电路，接通主电路与控制电路电源，按下启动按钮 SB2、KM1、KT 同时通电并自锁，电动机 M1 启动运转，当通电延时型时间继电器 KT 延时时间到，其延时闭合的常开触头闭合，接通 KM2 线圈电路并自锁，电动机 M2 启动旋转，同时 KM2 常闭辅助触头断开将时间继电器 KT 线圈电路切断，KT 不再工作，使 KT 仅在启动时起作用，尽量减少运行时电路使用数量。

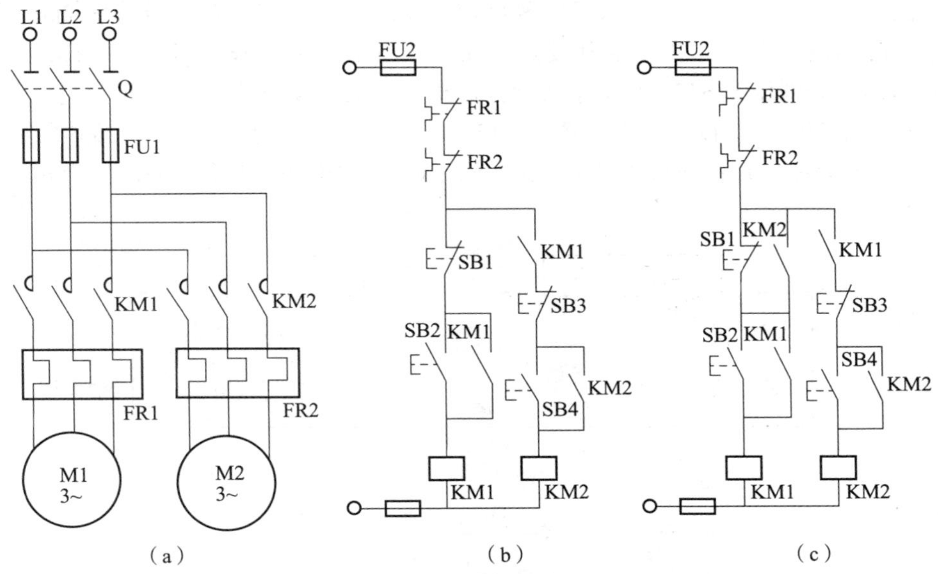

（a）　　（b）　　（c）

图 5－10　两台电动机顺序控制电路

2. 多地控制

在一些大型生产机械和设备上，要求操作人员能在两地或多地对同一台电动机进行操作和控制，以达到操作方便的目的。多地控制是用多组启动按钮、停止按钮来进行的，这些按钮连接的原则是：启动按钮常开触头要并联，即逻辑或的关系；停止按钮常闭触头要串联，即逻辑与的关系。图 5－12 所示为三地联锁控制电路。

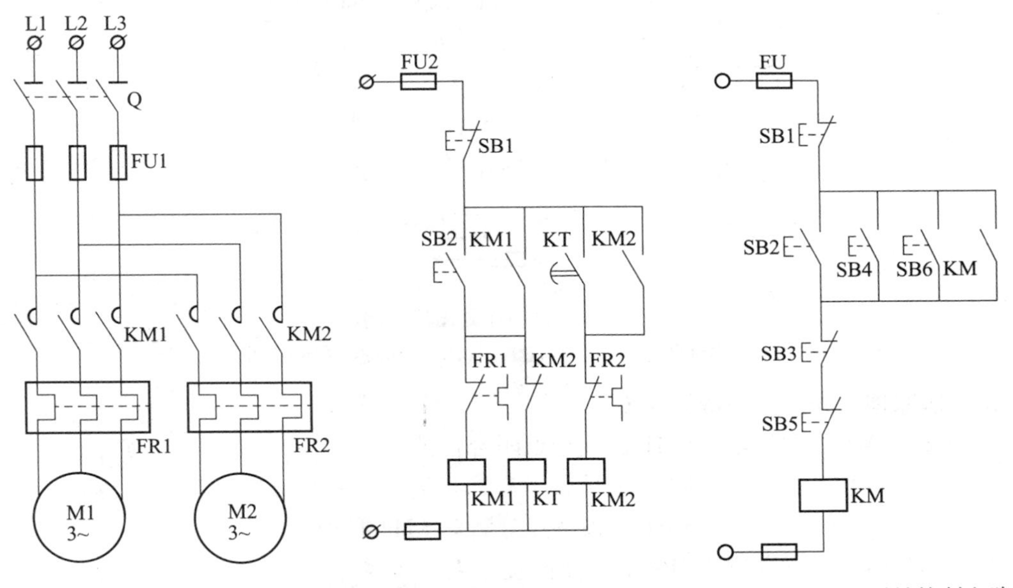

图 5－11　时间继电器控制的顺序启动电路　　图 5－12　三地联锁控制电路

3. 自动往复循环控制

在生产中，某些机床的工作台需要进行自动往复运行，通常是利用行程开关来控制自动往复运动的行程，并由此来控制电动机的正反转或电磁阀的通断电，从而实现生产机械的自动往复。图 5－13（a）所示为机床工作台自动往复运动示意图，在床身两端固定有行程开关 ST1、ST2，用来表明加工的起点和终点。在工作台上安有撞块 A 和 B，其随运动部件工作台一起移动，分别压下 ST2、ST1 来改变控制电路状态，实现电动机的正反向运转，拖动工作台实现工作台的自动往复运动。图 5－13（b）所示为自动往复循环控制电路，图 5－13（b）中 ST1 为反向转正向行程开关，ST2 为正向转反向行程开关，SQ1 为正向限位开关，SQ2 为反向限位开关。

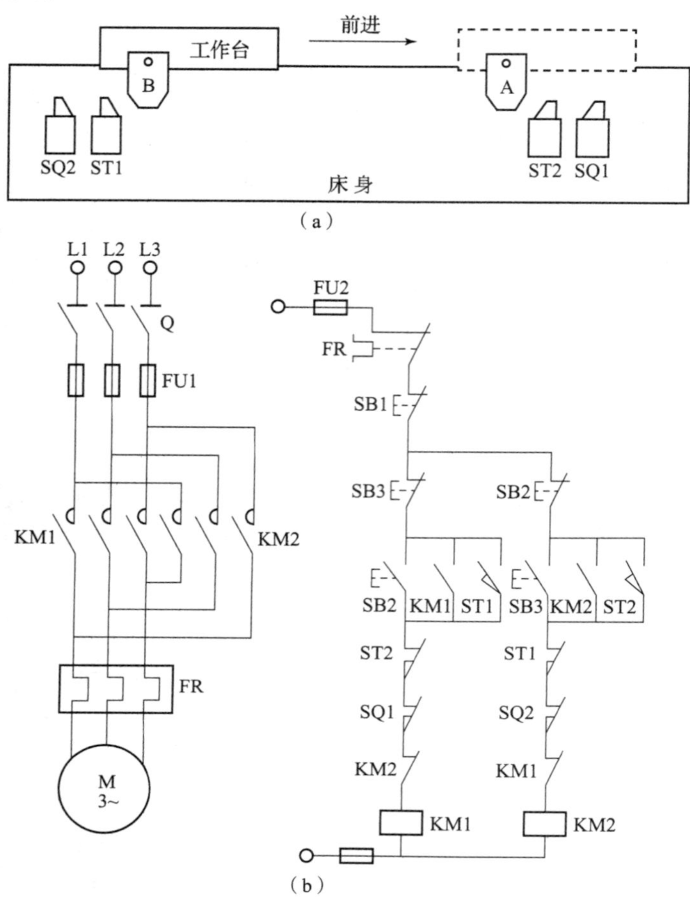

图 5－13　工作台自动往复循环控制电路

（a）机床工作台自动往复运动示意图；（b）自动往复循环控制电路

电路工作原理：先合上电源开关 Q。

按下 SB2→KM1 线圈得电→KM1 自锁触点闭合自锁

→KM1 主触点闭合　　→电动机 M 启动正转→

→KM1 联锁触点分断对 KM2 联锁

→工作台左移→至限定位置挡铁 1 碰撞位置开关 SQ1→

→ST2 先分断→KM1 线圈失电→KM1 自锁触点分断解除自锁→电动机 M 停止正转

→KM1 主触点分断

→KM1 联锁触点恢复闭合→工作台停止左移

→ST2 后闭合

→KM2 线圈得电→KM2 自锁触点闭合自锁
→KM2 主触点闭合　→电动机 M 反转→
→KM2 联锁触点分断对 KM1 联锁
→工作台右移→至限定位置挡铁 2 碰撞位置开关 SQ2→
→ST1 先分断→KM2 线圈失电→KM2 自锁触点分断解除自锁→电动机 M 停止又反转
→KM2 主触点分断
→KM2 联锁触点恢复闭合→工作台停止左移
→ST1 后闭合
→KM1 线圈得电→KM1 自锁触点闭合自锁
→KM1 主触点闭合→电动机 M 又正转→
→KM1 联锁触点分断对 KM2 联锁
→工作台左移→……，以后重复上述过程，工作台就在限定的行程内自动往返运动。

停止时：

按下停止按钮 SB3→控制电路失电→KM1（或 KM2）主触点分断→电动机 M 失电停转→工作台停止运动。

项目技能实训二　三相异步电动机的正反转控制

生产机械往往要求运动部件可以正反两个方向运动，如机械工作台的前进与后退、主轴的正反转、起重机吊钩的上升与下降、自动送料机等，这就要求拖动生产机械的电动机正、反向运行，满足生产工艺要求，从电机学我们学到，若将接至电动机的三相电源进线中任意两相对调接线，即可达到电机反向运行的目的。

1. 实训目的

（1）掌握三相异步电动机正反转控制电路的工作原理。

（2）熟悉三相异步电动机正反转控制电路的接线及操作方法。

（3）电气互锁和按钮互锁的特点及应用。

2. 实训设备

三相异步电动机一台，三相转换开关一个，交流接触器两个，热继电器一个，三联按钮开关一个，导线若干。

3. 实训原理及依据

改变三相异步电动机的旋转方向，只需改变引入三相异步电动机的相序即可，这可通过两个接触器来实现。两个接触器的常开触头按照相反的相序分别与电动机的绕组相接，如图 5-14（a）所示。当 KM1 主触头闭合时，电动机正转，当 KM2 主触头闭合时，电动机反转，限制条件是 KM1、KM2 主触头不能同时闭合，否则两相电源会发生短路事故，因此，在控制电路中利用两个接触器的联锁触头互相制约，如图 5-14（b）所示，实现电动机的自动控制和保护。电动机正、反转之间的切换都要先按停止按钮，再按下反方向运转的启动按钮，对于功率较大的电动机是必要的，但对于一些功率较小的允许直接正、反转的电动机而言就有些烦琐，为此可采用复合按钮互锁的控制电路，如图 5-14（c）所示。这种方法是用复合按钮来实现两个接触器的互相制约。为了保证电路更可靠的工作，控制电路可采用既有接触器互锁又有按钮互锁的双重互锁方式，如图 5-14（d）所示。

4. 实训内容及步骤

1）实验内容

（1）接触器互锁的正反转控制电路，如图 5 – 14（b）所示。

（2）按钮互锁的正反转控制电路，如图 5 – 14（c）所示。

（3）接触器和按钮双重互锁的正反转控制电路，如图 5 – 14（d）所示。

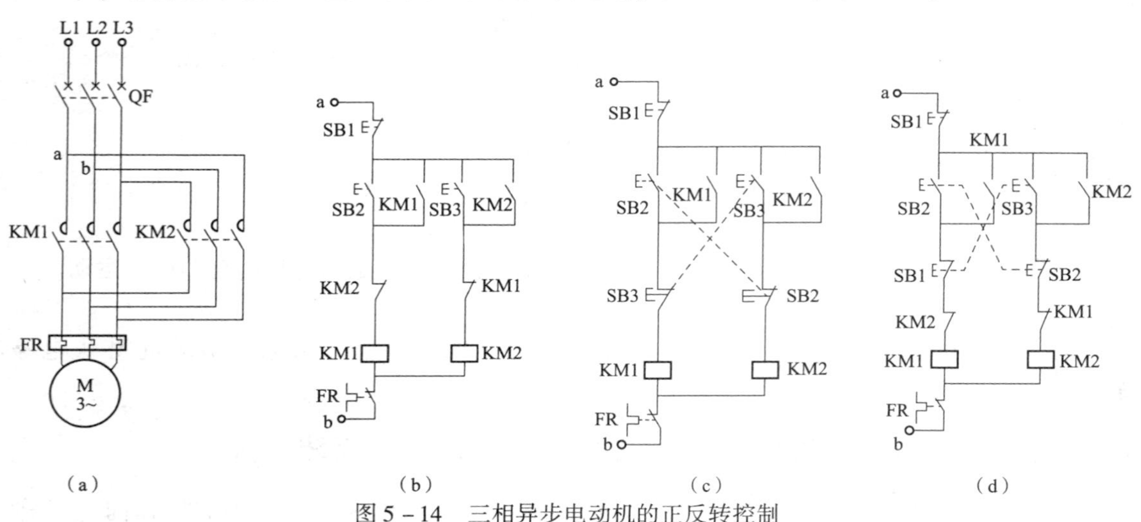

图 5 – 14　三相异步电动机的正反转控制

2）实验步骤

（1）首先把电动机按星形接法接线，先接主电路［图 5 – 14（a）］，控制电路按图 5 – 14（b）接线，检查无误后，接通电源，按下正转启动按钮 SB2，观察接触器的动作情况和电动机的转向，按下停止按钮 SB1，再按下反转启动按钮 SB3，观察接触器的动作情况和电动机的转向。

（2）主电路不变，控制电路按图 5 – 14（c）接线，检查无误后接通电源，先按下正转启动按钮 SB2，观察接触器的动作情况和电动机的转向，再按下反转启动按钮 SB3，观察接触器和电动机的动作情况，体会联锁触头的作用，按下停止按钮 SB1，电动机停转。

（3）主电路不变，控制电路按图 5 – 14（d）接线，检查无误后接通电源，先按下正转启动按钮 SB2，观察接触器的动作情况和电动机的转向，再按下反转启动按钮 SB3，观察接触器和电动机的动作情况，体会联锁触头的作用，按下停止按钮 SB1，电动机停转。

5. 实训要求

（1）认真仔细连接电路并自检，确认无误后方可通电。

（2）连接电路时，要按照“先主后辅、先串后并、上入下出、左进右出”的原则接线，做到心中有数。

（3）主、控制电路的导线要区分开颜色，以便于检查。

（4）实验所用电压为 380 V 或 220 V 的三相交流电，严禁带电操作，不可触及导电部件，尽可能单手操作，保证人身和设备的安全。

6. 思考题

（1）电路中具有哪些保护环节？

（2）接触器互锁的作用是什么？

（3）实验电路中，有了电气（接触器）互锁为什么还要机械（按钮）互锁？

7. 技能训练考核评分标准（表5-2）

表5-2　技能训练考核评分标准

项目内容	评分标准			配分	扣分	得分
装前检查	1. 电动机质量检查，每漏一处扣3分； 2. 电气元件漏检或错检，每处扣2分			15		
安装元件	1. 不按布置图安装，扣10分； 2. 元件安装不牢固，每只扣2分； 3. 安装元件时漏装螺钉，每只扣0.5分； 4. 元件安装不整齐、不匀称、不合理，每只扣3分； 5. 损坏元件，扣10分			15		
布线	1. 不按电路图接线，扣15分； 2. 布线不符合要求：主电路，每根扣2分；控制电路，每根扣1分； 3. 接点松动、接点露铜过长、压绝缘层、反圈等，每处扣0.5分； 4. 损伤导线绝缘或线芯，每根扣0.5分； 5. 漏记线号不清楚、遗漏或误标，每处扣0.5分； 6. 标记线号不清楚、遗漏或误标，每处扣0.5分			30		
通电试车	1. 第一次试车不成功，扣10分； 2. 第二次试车不成功，扣20分； 3. 第三次试车不成功，扣30分			40		
安全文明生产	违反安全、文明生产规程，扣5～40分					
定额时间90 min	按每超时5 min扣5分计算					
备注	除定额时间外，各项目的最高扣分不应超过配分数					
开始时间		结束时间		实际时间		

指导教师签名________　　　　　　　　　　　　　　　　日期________

任务5.4　三相异步电动机的降压启动控制线路

学习目标

（1）会正确识别、选用、安装、使用时间和中间继电器，熟悉它们的功能、基本结构、工作原理及型号意义，熟记它们的图形符号和文字符号。

（2）会正确安装定子绕组串接电阻降压启动控制线路。

（3）会正确安装与检修星形—三角形降压启动控制线路。

任务分析

前面介绍的各种控制电路启动时，加在电动机定子绕组上的电压为电动机的额定电压，属于全压启动，也称直接启动。直接启动优点是电气设备少，线路简单，维修量较小。但是异步电动机直接启动时，启动电流一般为额定电流的 4 ~7 倍，电源变压器容量不够，电动机功率较大的情况下会使变压器输出电压下降，影响本身的启动转矩，也会影响同一供电线路中其他电气设备的正常工作。所以要掌握异步电动机的降压启动的各种方法和线路的安装。

知识链接

交流电动机从接入电源开始，转速由零上升到某一稳定转速为止的过程称为启动过程或启动。10 kW 及其以下容量的三相异步电动机，通常采用全压启动，即启动时电动机的定子绕组直接接在额定电压的交流电源上。但当电动机容量超过 10 kW 时，因启动电流较大，线路压降大，负载端电压降低，影响启动电动机附近电气设备的正常运行，所以一般采用减压启动。所谓减压启动，是指启动时降低加在电动机定子绕组上的电压，待电动机启动起来后再将电压恢复到额定值，使之运行在额定电压下。减压启动可以减少启动时对线路的影响。但电动机的电磁转矩与定子端电压平方成正比，所以使得电动机的启动转矩相应减小，故减压启动方式有星形—三角形减压启动、自耦变压器减压启动、软启动、延边三角形减压启动、定子串电阻减压启动等。常用的有星形—三角形减压启动与自耦变压器减压启动，软启动是一种当代电动机控制技术，正在一些场合推广使用，后两种已很少采用。

1. 定子电路串电阻启动

定子电路串电阻启动是指在电动机启动时，把电阻串接在电动机定子绕组与电源之间，通过电阻的分压作用来降低定子绕组上的启动电压。待电动机启动后，再将电阻短接，使电动机在额定电压下正常运行。常见的控制电路有手动控制、时间继电器自动控制和手动自动混合控制等，下面以自动控制为例进行介绍。

定子电路串电阻启动自动控制电路如图 5 – 15 所示。

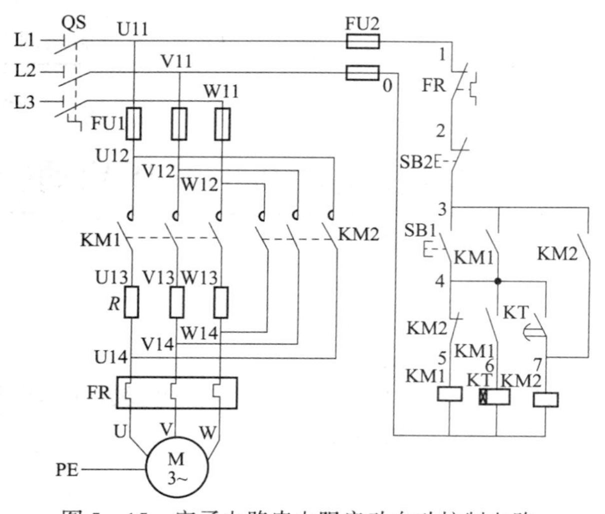

图 5 – 15　定子电路串电阻启动自动控制电路

电路工作原理：先合上电源开关 QS。

按下 SB1→KM1 线圈得电→KM1 自锁触点闭合自锁

→KM1 主触点闭合　　　　→电动机 M 串电阻 *R* 降压启动

→KM1 常开触点闭合→KT 线圈得电→

→KT 常开触点延时闭合→KM2 线圈得电→KM2 自锁触点闭合自锁

→KM2 主触点闭合，*R* 短接

→KM2 联锁触点先分断→KM1 线圈失电→KM1 的触点全部复位分断→

→KT 线圈失电→KT 常开触点瞬时分断。

停止时：

按下停止按钮 SB3→控制电路失电→KM1（或 KM2）主触点分断→电动机 M 失电停转。

2. 星形—三角形减压启动控制

如果电动机在正常运转时做三角形连接，启动时先把它改接成星形，使加在绕组上的电压降低到额定值的 1/3，启动电流为星形接法。待电动机的转速升高后，再通过开关把它改接成三角形，使它在额定电压下运转。利用这种方法启动时，其启动转矩只有直接启动的 1/3。所以用这种启动方法，只适用于轻载或空载下启动。常见的启动线路有以下几种：

1）按钮、接触器控制星形—三角形降压手动启动电路

按钮、接触器控制星形—三角形降压手动启动电路如图 5－16 所示。

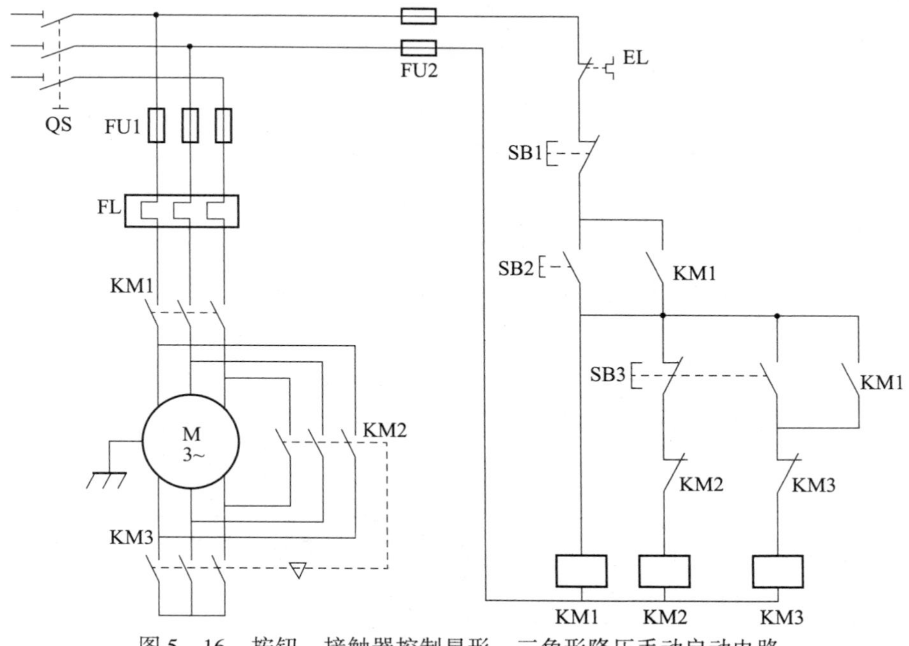

图 5－16　按钮、接触器控制星形—三角形降压手动启动电路

电路工作原理：先合上电源开关 QS。

电动机星形接法降压启动。

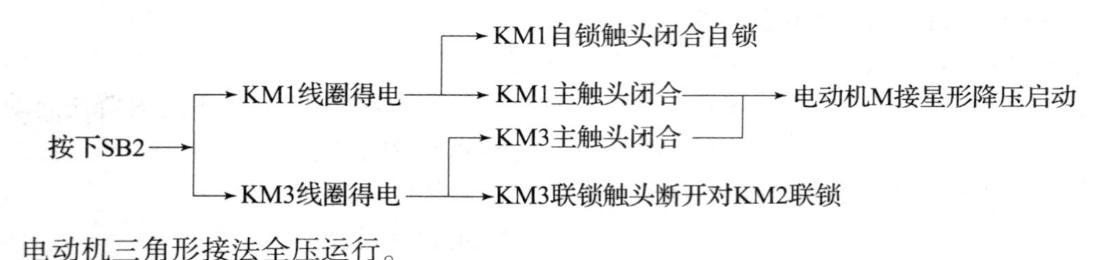

电动机三角形接法全压运行。

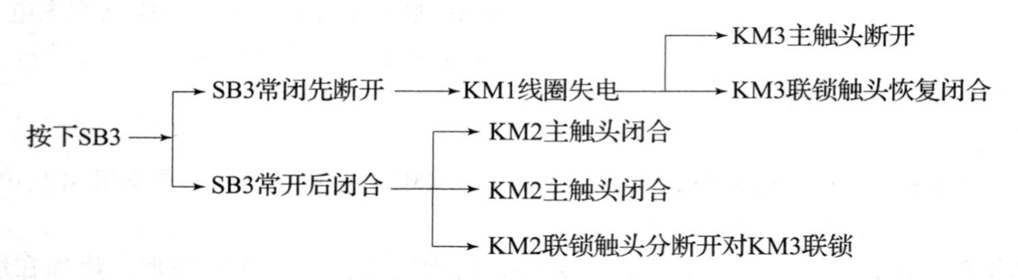

停止按下 SB1 即可实现。

星形—三角形启动的优点是启动设备的费用小，在启动过程中没有电能损失。

2）时间继电器自动控制星形—三角形降压启动电路

图 5－17 所示为 QX4 系列自动星形—三角形启动器电路，适用于 125 kW 及以下的三相笼型异步电动机做星形—三角形减压启动和停止的控制。该电路由接触器 KM1、KM2、KM3，热继电器 FR，时间继电器 KT，按钮 SB1、SB2 等元件组成，具有短路保护、过载保护和失压保护等功能。

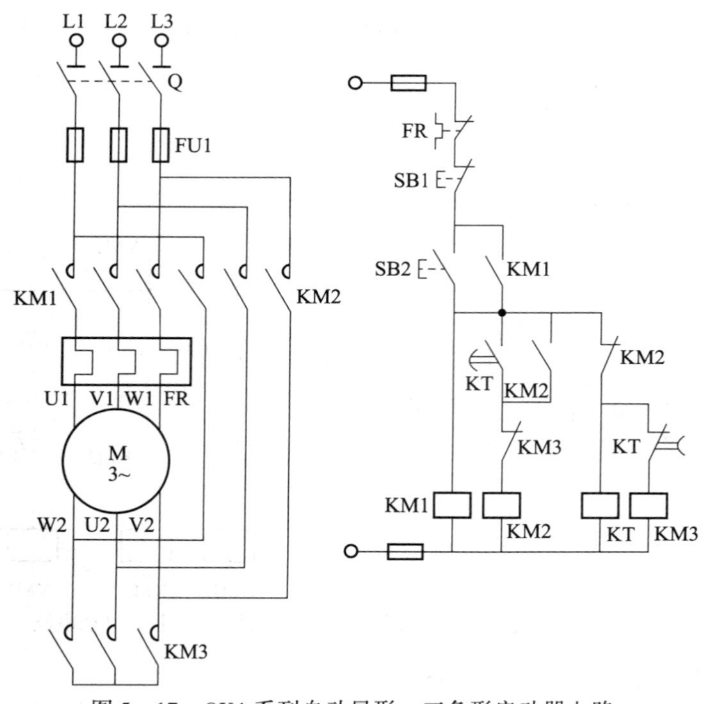

图 5－17　QX4 系列自动星形—三角形启动器电路

电路工作原理：先合上电源开关 Q，按下启动按钮 SB2，KM1、KT、KM3 线圈同时通电并实现 KM1 的自锁，电动机三相定子绕组接成星形接入三相交流电源进行减压启动，当电动机转速接近额定转速时，通电延时型时间继电器动作，KT 常闭触头断开，KM3 线圈断电释放；同时 KT 常开触头闭合，KM2 线圈通电吸合并自锁，电动机绕组接成三角形全压运行。当 KM2 通电吸合后，KM2 常闭触头断开，使 KT 线圈断电，避免时间继电器长期工作。KM2、KM3 常闭触头为互锁触头，以防同时接成星形和三角形造成电源短路。

3. 自耦变压器减压启动控制

电动机自耦变压器减压启动是将自耦变压器一次侧接在电网上，启动时定子绕组接在自耦变压器二次侧上。这样，启动时电动机获得的电压为自耦变压器的二次电压。待电动机转速接近电动机额定转速时，再将电动机定子绕组接在电网上即电动机额定电压上进入正常运转。这种减压启动适用于较大容量电动机的空载或轻载启动，自耦变压器二次绕组一般有三个抽头，用户可根据电网允许的启动电流和机械负载所需的启动转矩来选择。

图 5－18 所示为 XJ01 系列自耦减压启动电路图，图中 KM1 为减压启动接触器，KM2 为全压运行接触器，KA 为中间继电器，KT 为减压启动时间继电器，HL1 为电源指示灯，HL2 为减压启动指示灯，HL3 为正常运行指示灯。

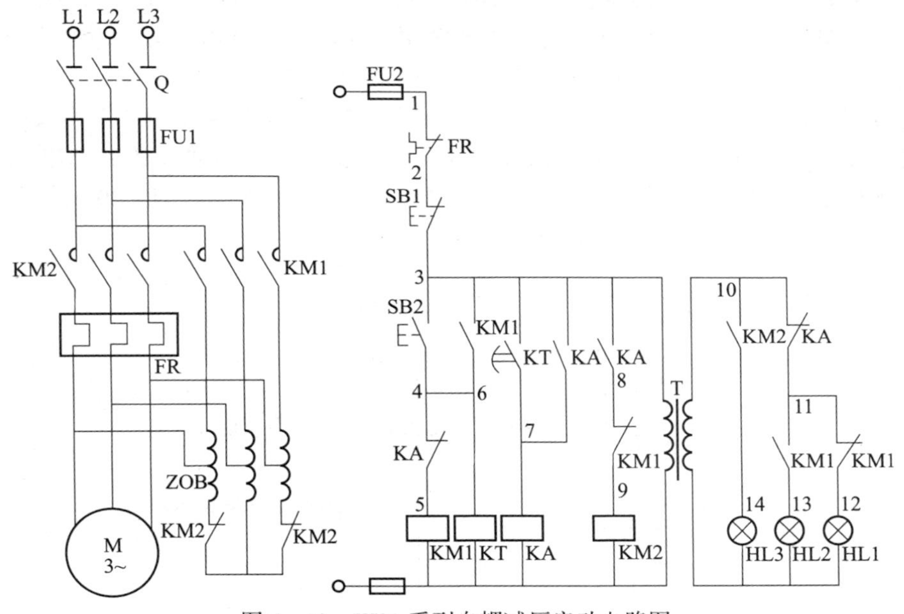

图 5－18　XJ01 系列自耦减压启动电路图

电路工作原理：合上主电路与控制电路电源开关，HL1 灯亮，表明电源电压正常。按下启动按钮 SB2，KM1、KT 线圈同时通电并自锁，将自耦变压器接入，电动机由自耦变压器二次电压供电做减压启动，同时指示灯 HL1 灭，HL2 亮，显示电动机正进行减压启动。当电动机转速接近额定转速时，时间继电器 KT 通电延时闭合、触头闭合，使 KA 线圈通电并自锁，其常闭触头断开 KM1 线圈电路，KM1 线圈断电释放，将自耦变压器从电路切除；KA 的另一对常闭触头断开，HL2 指示灯灭；KA 的常开触头闭合，使 KM2 线圈通电吸合，电源电压全部加在电动机定子上，电动机在额定电压下进入正常运转，同时 HL3 指示灯亮，表明电动机减压启动结束。由于自耦变压器星形连接部分的电流为自耦变压器一、二次电流之差，故用 KM2 辅助触头来连接。

4. 延边三角形降压启动

延边三角形降压启动时，把定子绕组的一部分接成“三角形”，另一部分接成“星形”，使整个绕组接成延边三角形，如图 5－19 所示。

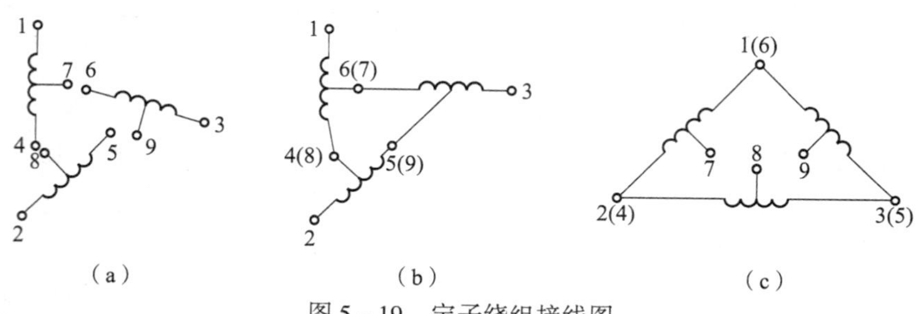

图 5－19 定子绕组接线图

（a）未连接；（b）延边三角形连接；（c）三角形连接

延边三角形降压启动是在星形—三角形降压的基础上加以改进而形成的一种启动方式，它把星形和三角形两种接法结合起来，使电动机每相定子绕组承受的电压小于三角形接法时的相电压，而大于星形接法时的相电压，并且每相绕组电压的大小可随电动机绕组的抽头位置的改变而调节，从而克服了星形—三角形降压启动时的启动电压偏低、启动转矩偏小的缺点。

由连接图和特性表可以看出，采用延边三角形启动的电动机需要有 9 个出线端，这样不用自耦变压器，通过调节定子绕组的抽头比 *K*，就可以得到不同数值的启动电流和启动转矩，从而满足了不同的使用要求。延边三角形降压启动控制电路如图 5－20 所示。

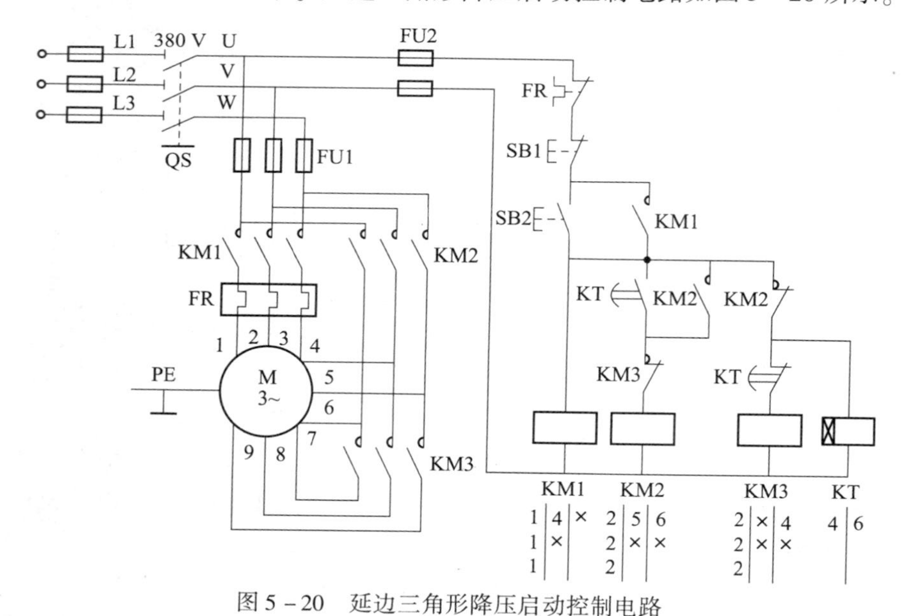

图 5－20 延边三角形降压启动控制电路

项目技能实训三　三相异步电动机星形—三角形启动控制

1. 实训目的

（1）熟悉空气阻尼式时间继电器的结构、原理及使用方法。

（2）掌握异步电动机星形—三角形启动控制电路的工作原理及接线方法。

（3）进一步熟悉电路的接线方法、故障分析及排除方法。

2. 实训仪器和设备

（1）交流接触器3个；

（2）热继电器1个；

（3）二联按钮1个；

（4）时间继电器1个；

（5）三相转换开关1个；

（6）三相电动机（三角形接法）1台；

（7）电工工具1套。

3. 实训原理及线路

图5－21所示为异步电动机星形—三角形启动的控制电路。

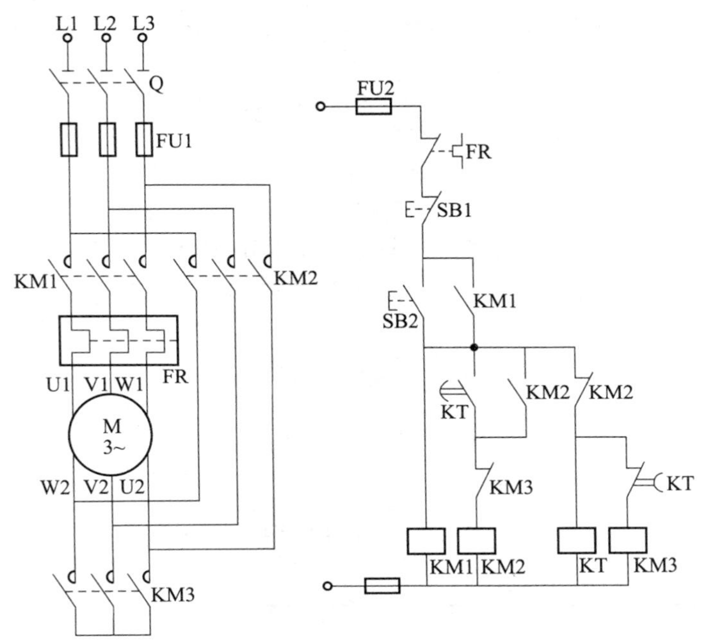

图5－21　异步电动机星形—三角形启动的控制电路

4. 实训内容和步骤

（1）检查电气元件是否良好，要弄清时间继电器的类型。

（2）用粗线接好主回路，用细线接好控制电路，经老师检查后进行下列操作。

（3）合上Q，按下SB2，观察各电气元件的动作。

（4）调节KT的延时，观察其动作时间和电动机的启动情况。

5. 思考题

（1）异步电动机星形—三角形启动控制电路有何优点、缺点？适用于什么情况。

（2）时间继电器KT的延时太短有何影响？

（3）若延时常开、常闭触点接反会发生什么现象？为什么？

6. 技能训练考核评分标准（表 5－3）

表 5－3　技能训练考核评分标准

项目内容	评分标准	配分	扣分	得分
装前检查	1. 电动机质量检查，每漏一处扣 3 分； 2. 电气元件漏检或错检，每处扣 2 分	15		
安装元件	1. 不按布置图安装，扣 10 分； 2. 元件安装不牢固，每只扣 2 分； 3. 安装元件时漏装螺钉，每只扣 0.5 分； 4. 元件安装不整齐、不匀称、不合理，每只扣 3 分； 5. 损坏元件，扣 10 分	15		
布线	1. 不按电路图接线，扣 15 分； 2. 布线不符合要求：主电路，每根扣 2 分；控制电路，每根扣 1 分； 3. 接点松动、接点露铜过长、压绝缘层、反圈等，每处扣 0.5 分； 4. 损伤导线绝缘或线芯，每根扣 0.5 分； 5. 漏记线号不清楚、遗漏或误标，每处扣 0.5 分； 6. 标记线号不清楚、遗漏或误标，每处扣 0.5 分	30		
通电试车	1. 第一次试车不成功，扣 10 分； 2. 第二次试车不成功，扣 20 分； 3. 第三次试车不成功，扣 30 分	40		
安全文明生产	违反安全、文明生产规程，扣 5～40 分			
定额时间 90 min	按每超时 5 min 扣 5 分计算			
备注	除定额时间外，各项目的最高扣分不应超过配分数			
开始时间		结束时间		实际时间

指导教师签名________　　　　　　　　　　　　　　日期________

任务 5.5　三相异步电动机的制动控制线路

学习目标

（1）熟悉电磁抱闸制动器的结构和工作原理，会正确安装电磁抱闸制动器通、断电制动控制线路。

（2）熟悉他励直流电动机制动的目的和制动的概念。

（3）掌握他励直流电动机制动的操作方法。

任务分析

交流电动机断开电源以后，由于惯性作用不会马上停止转动，而是需要转动一段时间才能全停下来。这种电动机会对某些生产机械不适宜，例如：起重机的吊钩、万能铣床的立即停转等，要满足生产机械的这种要求，就需要对电动机进行制动。

知识链接

所谓制动就是给电动机一个与转动方向相反的转矩使它迅速停转。制动的方法一般有两类：机械制动和电气制动。所谓的机械制动是用机械装置产生机械力来强迫电动机迅速停车。电气制动是使电动机的电磁转矩方向与电动机旋转方向相反，起制动作用。电气制动有反接制动、能耗制动、再生制动以及派生的电容制动等。这些制动方法各有特点，适用不同场合，本任务介绍几种典型的制动控制电路。

1. 电动机单向反接制动控制

反接制动是利用改变电动机电源的相序，使定子绕组产生相反方向的旋转磁场，因而产生制动转矩的一种制动方法。电源反接制动时，转子与定子旋转磁场的相对转速接近两倍的电动机同步转速，所以定子绕组中流过的反接制动电流相当于全压启动时启动电流的两倍，因此反接制动制动转矩大，制动迅速，冲击大，通常适用于10 kW及以下的小容量电动机。为了减小冲击电流，通常在笼型异步电动机定子电路中串入反接制动电阻。定子反接制动电阻接法有三相电阻对称接法和在两相中接入电阻的不对称接法两种。显然，采用三种电阻对称接法既限制了反接制动电流又限制了制动转矩，而采用不对称电阻接法只限制了制动转矩，但对未串制动电阻的那一相仍具有较大的电流。另外，当电动机转速接近零时，要及时切断反相序电源，以防电动机反向再启动，通常用速度继电器来检测电动机转速并控制电动机反相序电源的断开。

图5－22所示为电动机单向反接制动控制电路。图5－22中KM1为电动机单向运行接触器，KM2为反接制动接触器，KS为速度继电器，*R*为反接制动电阻。启动电动机时，合上电源开关，按下SB2，线圈通电并自锁，主触头闭合，电动机全压启动，当与电动机有机械连接的速度继电器转速超过其动作值时，其相应触头闭合，为反接制动做准备。停止时，按下停止按钮，常闭触头断开，使线圈断电释放，主触头断开，切断电动机原相序三相交流电源，电动机仍以惯性高速旋转。当将停止按钮按到底时，其常开触头闭合，使线圈通电并自锁，电动机定子串入三相对称电阻*R*接入反相序三相交流电源进行反接制动，电动机转速迅速下降。当转速下降到释放转速时，释放KS，常开触头复位，断开线圈KM1电路，主触头断开电动机反相序交流电源，反接制动结束，电动机自然停车至零。

2. 电动机可逆运行反接制动控制

图5－23所示为电动可逆运行反接制动控制电路。图5－23中KM1、KM2、KM3为电动机正、反转接触器，KA3为短接制动电阻接触器，KA1、KA2、KA4为中间继电器，KS为速度继电器，KM3为正转闭合触头，KM1为反转闭合触头。电阻*R*启动时起定子串电阻减压启动作用，停车时，电阻又作为反接制动电阻。

电路工作原理：合上电源开关，按下正转启动按钮，正转中间继电器线圈通电并自锁，

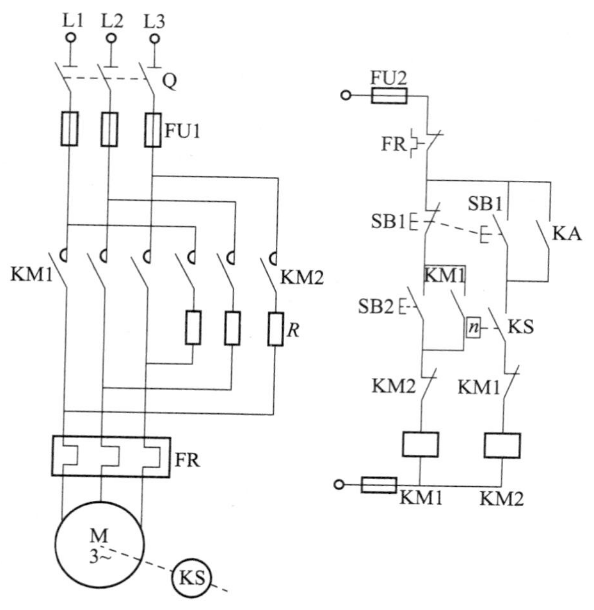

图 5－22　电动机单向反接制动控制电路

其常闭触头断开，互锁了反转中间继电器线圈电路，常开触头闭合，使接触器线圈通电，主触头闭合使电动机定子绕组经电阻接通正相序三相交流电源，电动机开始正转减压启动。当电动机转速上升到一定值时，速度继电器正转常开触头闭合，中间继电器通电并自锁。这时由于 KM1 的常开触头闭合，接触器线圈通电，于是电阻被短接，定子绕组直接加以额定电压，电动机转速上升到稳定工作转速。所以，电动机转速从零上升到速度继电器常开触头闭合这一区间是定子串电阻减压启动。

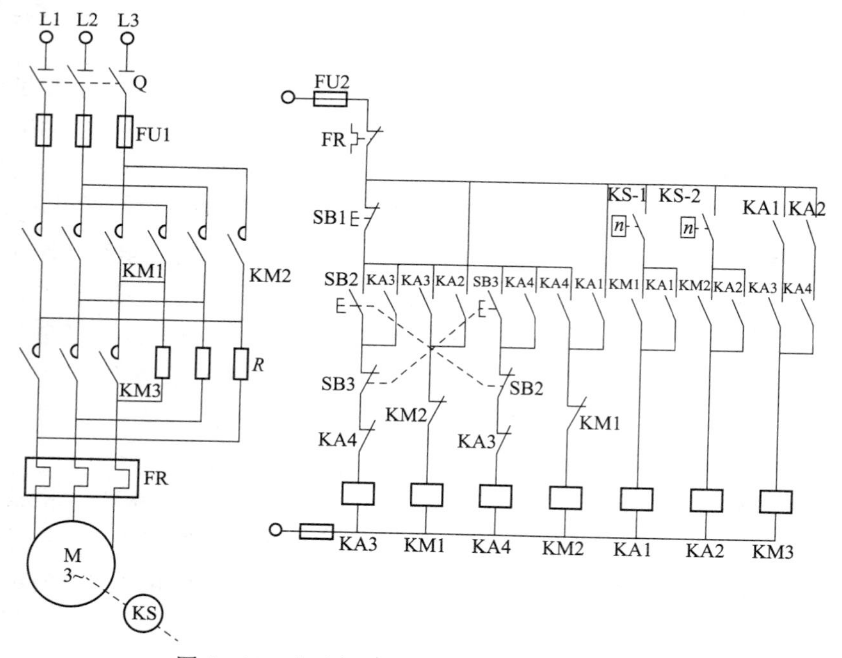

图 5－23　电动机可逆运行反接制动控制电路

在电动机正转运行状态须停车时，可按下停止按钮，则线圈相继断电释放，但此时电动机转子仍以惯性高速旋转，使速度继电器仍维持闭合状态，中间继电器仍处于吸合状态，所以在接触器常闭触头复位后，接触器线圈便通电吸合，其常开主触头闭合，使电动机定子绕组经电阻获得反相序三相交流电源，对电动机进行反接制动，电动机转速迅速下降，当电动机转速低于速度继电器释放值时，速度继电器常开触头复位，线圈断电，接触器线圈断电释放，反接制动过程结束。

电动机反向启动和反接制动停车控制电路工作情况与上述相似，不同的是速度继电器起作用的是反向触头，中间继电器替代了速度继电器，其余情况相同，在此不再复述。

3. 电动机单向运行能耗制动控制

能耗制动是在电动机脱离三相交流电源后，向定子绕组内通入直流电源，建立静止磁场，转子以惯性旋转，转子导体切割定子恒定磁场产生转子感应电动势，从而产生转子感应电流，利用转子感应电流与静止磁场的作用产生制动的电磁转矩达到制动的目的。在制动过程中，电流、转速和时间三个参量都在变化，可任取一个作为控制信号。按时间作为变化参量，控制电路简单，实际应用较多，图5－24所示为电动机单向运行时间原则控制能耗制动控制电路。

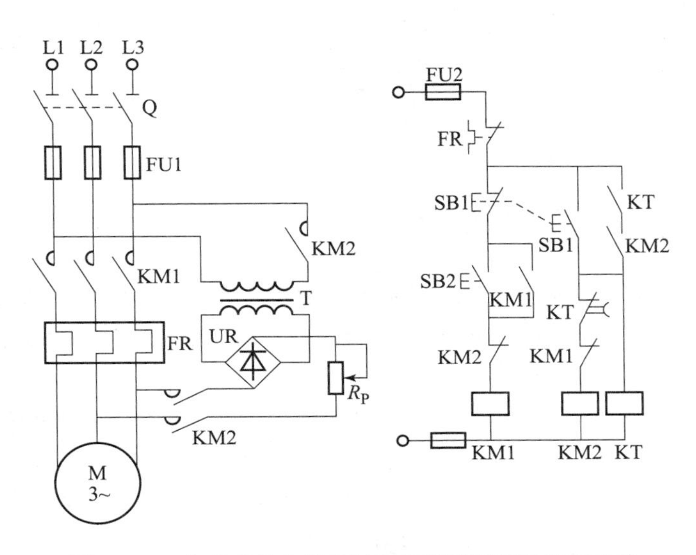

图5－24　电动机单向运行时间原则能耗制动控制电路

电路工作原理：电动机现已处于单向运行状态，所以通电并自锁。若要使电动机停转，只要按下停止按钮，线圈断电释放，其主触头断开，电动机断开三相交流电源。线圈同时通电并自锁，主触头将电动机定子绕组接入直流电源进行能耗制动，电动机转速迅速降低，当转速接近零时，通电延时时间继电器延时时间到，常闭延时断开触头动作，使线圈相继断电释放，能耗制动结束。

图5－24中的瞬动常开触头与自锁触头串接，其作用是：当发生线圈断线或机械卡住故障，致使常闭通电延时断开触头断不开，常开瞬动触头也合不上时，只要按下停止按钮，即可成为点动能耗制动。若接触器的常开瞬动触头串接常开触头，在发生上述故障时，按下停止按钮后，将使线圈长期通电吸合，使电动机两相定子绕组长期接入直流电源。

4. 电动机可逆运行能耗制动控制

图 5－25 所示为速度原则控制电动机可逆运行能耗制动电路。图 5－25 中 KM1 和 KM2 为电动机正、反转接触器，KM3 为能耗制动接触器，KS 为速度继电器。

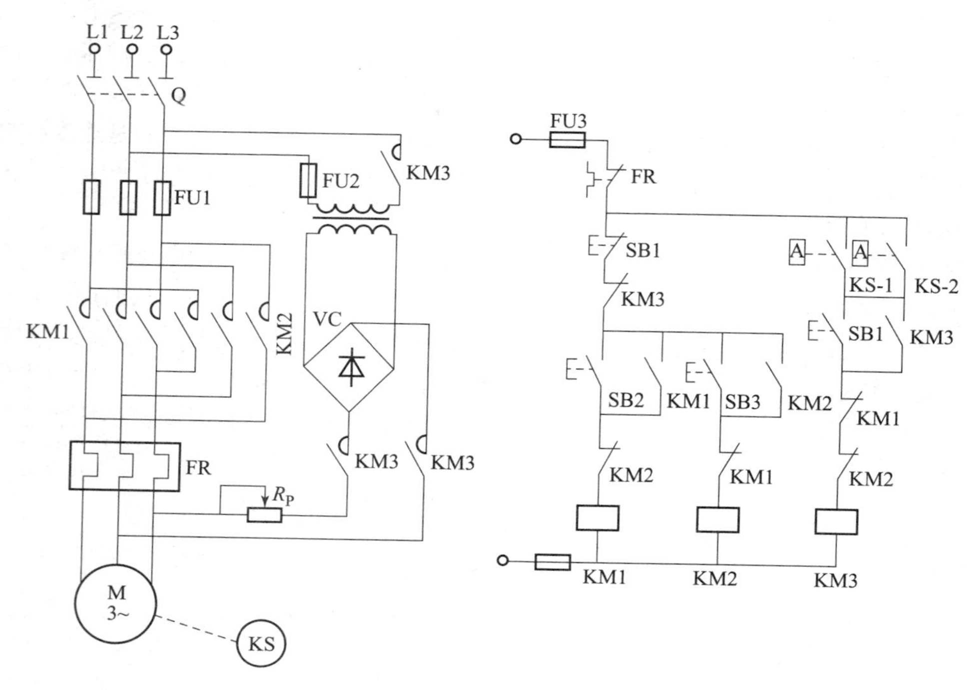

图 5－25　速度原则控制电动机可逆运行能耗制动控制电路

电路工作原理：合上电源开关，根据需要按下正转或反转启动按钮 SB2 或 SB3，相应接触器或线圈通电吸合并自锁，电动机启动旋转。此时速度继电器相应的正向或反向触头闭合，为停车接通实现能耗制动做准备。

停车时，按下停止按钮，电动机定子三相交流电源切除。当按到底时，线圈通电并自锁，电动机定子接入直流电源进行能耗制动，电动机转速迅速降低，当转速下降到低于设定值时，速度继电器释放，其触头在反力弹簧作用下复位断开，使线圈断电释放，切除直流电源，能耗制动结束，以后电动机依惯性自然停车至零。

对于负载转矩较为稳定的电动机，能耗制动时采用时间原则控制为宜，因为此时对时间继电器的延时整定较为固定。而对于能够通过传动机构来反映电动机转速时，采用速度原则控制较为合适，视具体情况而定。

5. 无变压器单管能耗制动控制

对于以下电动机，在制动要求不高时，可采用无变压器单管能耗制动。图 5－26 所示为无变压器单管能耗制动电路。图 5－26 中 KM1 为线路接触器，KM2 为制动接触器，KT 为能耗制动时间继电器。该电路整流电源电压为 380 V，由主触头接至电动机定子绕组，经整流二极管接至电源中性线构成闭合电路。制动时电动机 W 相由主触头短接，因此只有单方向制动转矩。

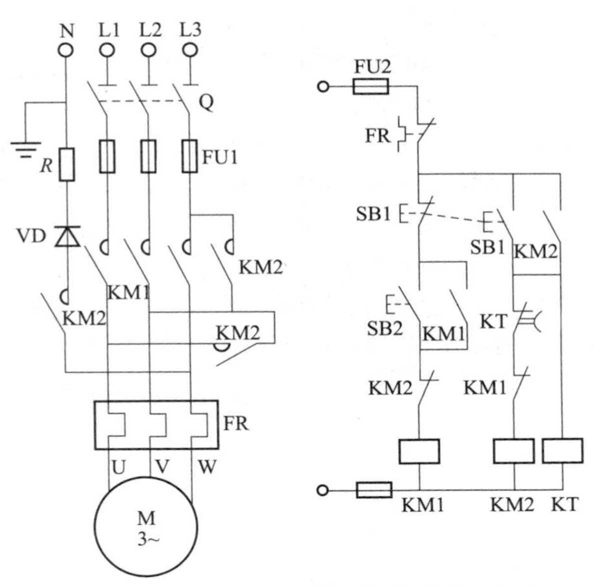

图 5-26　电动机无变压器单管能耗制动电路

电路工作原理：先合上电源开关 Q。

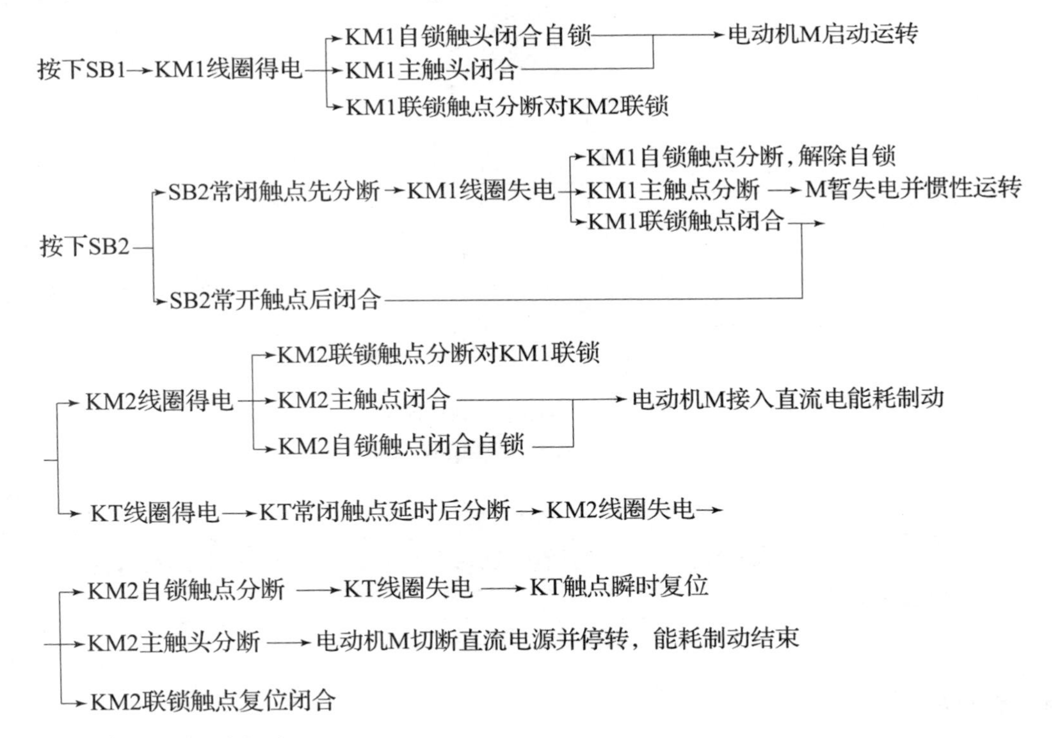

6. 机械制动控制电路

机械制动是利用机械装置使电动机迅速停转。常用的机械制动装置有电磁抱闸和电磁离合器。下面仅介绍电磁抱闸制动控制。

电磁抱闸由电磁铁和闸瓦制动器两部分组成。图 5-27（a）所示为电磁抱闸制动原理图。在电动机启动旋转时，电磁铁线圈同时通电，在电磁吸力作用下，克服弹簧力将制动轮上的制动闸瓦张开，脱离与电动机同轴的制动轮，实现电动机的自由旋转。当电动机要停转时，在断开电动机三相交流电源的同时也断开电磁铁线圈电源，电磁吸力消失，在弹簧力作用下将制动闸瓦紧紧压在制动轮上，使电动机迅速停转。

图 5－27（b）所示为电磁抱闸断电制动控制电路。电路工作原理：合上电源开关，接通控制电路电源，启动电动机时，按下启动按钮，接触器线圈通电，其常开主触头闭合，使电磁铁线圈通电，制动闸松开制动轮。与此同时，接触器线圈通电并自锁，电动机启动运行。停车时，按下停止按钮，接触器线圈同时断电释放，接着线圈断电，电动机脱离三相交流电源，同时电磁抱闸在弹簧作用下，制动闸瓦将制动轮紧紧抱住，电动机迅速停转。

电磁抱闸制动比较安全可靠，能实现准确停车，被广泛应用在起重设备上。

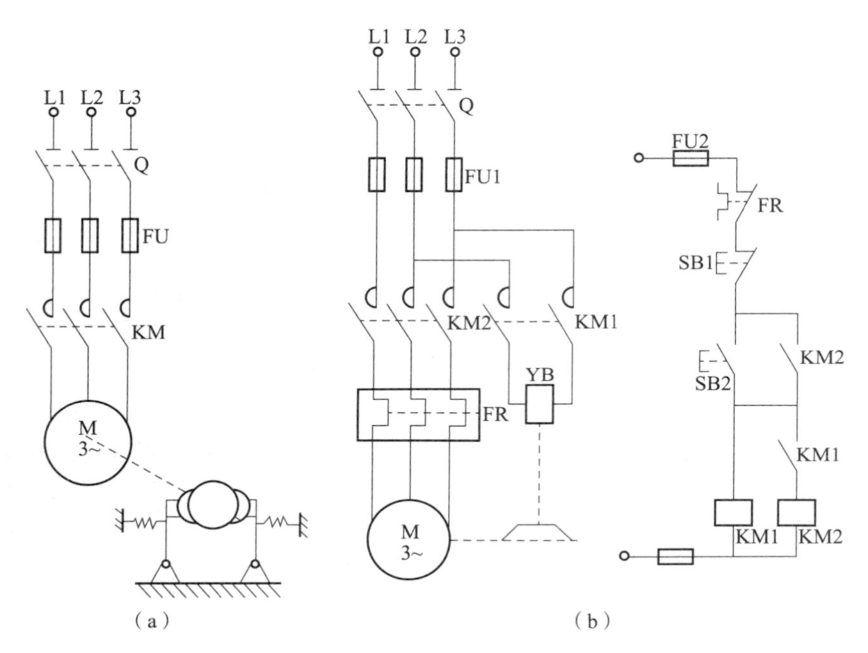

图 5－27　电磁抱闸制动控制

（a）电磁抱闸制动原理；（b）电磁抱闸断电制动控制电路

任务 5.6　绕线转子异步电动机的基本控制线路

学习目标

（1）熟悉电流继电器、凸轮控制器及频敏变阻器的结构和工作原理，熟记它们的作用和符号，并会正确选用、安装、使用和检测维修；

（2）熟悉绕线转子异步电动机基本控制线路的构成，会分析其工作原理；

（3）会安装、调试与检修三相绕线转子异步电动机的基本控制线路。

任务分析

在实际生产中对启动转矩大，而且能平滑调速的场合，异步电动机就往往力不从心，不能很好的适用，所以常常采用三相绕组转子异步电动机。它可以通过滑环在转子绕组中串联电阻来改善电动机的机械特性，从而达到减小启动电流、增大启动转矩以及平滑调速的目的。

知识链接

三相绕线转子异步电动机转子绕组可通过铜环和电刷与外电路电阻相接，以减小启动电流，提高转子电路功率因数和启动转矩，适用于重载启动的场合。

按绕线转子异步电动机转子在启动过程串接装置不同，启动方式可分为串接电阻启动和串接频敏变阻器启动。

1. 转子绕组串接电阻启动控制

三相绕组转子异步电动机启动时，在转子回路中接入作星形连接、分级切换的三相启动电阻器，并把可变电阻放到最大位置，以减小启动电流、获得较大的启动转矩。随着电动机转速的升高，可变电阻逐级减小。启动完毕后，可变电阻减小到零，转子绕组被直接短接，电动机便在额定状态下运行。

电动机转子绕组中串联的外加电阻在每段切除前和切除后，三相电阻始终是对称的称为三相对称电阻器，如图 5－28 所示。启动过程依次切除 R_1、R_2、R_3，最后全部被切除。与上述相反，启动时串入的全部三相电阻是不对称的，而每段切除后三相仍不对称，称为三相不对称电阻器，如图 5－28 所示。启动过程依次切除 R_1、R_2、R_3、R_4，最后全部电阻被切除。

如果电动机要调速，则将可变电阻调到相应的位置即可，这时可变电阻便成为调速电阻。

1）按钮操作控制电路

按钮操作转子绕组串接电阻启动控制电路如图 5－28 所示。

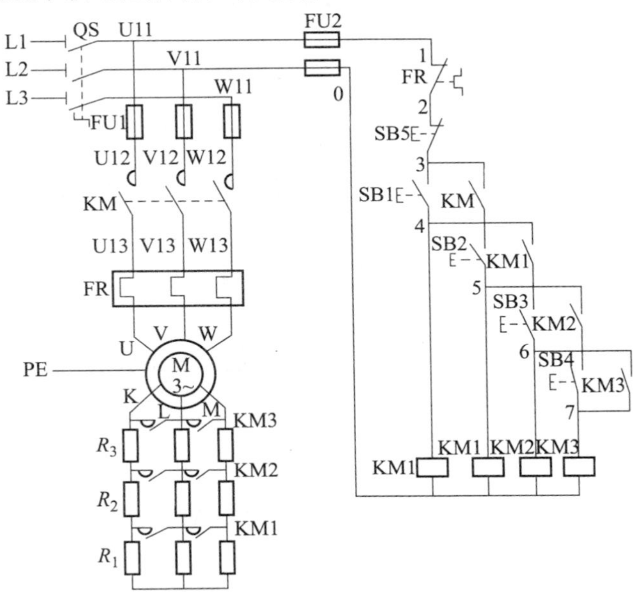

图 5－28　按钮操作转子绕组串接电阻启动控制电路

电路工作原理：先合上电源开关 QS。

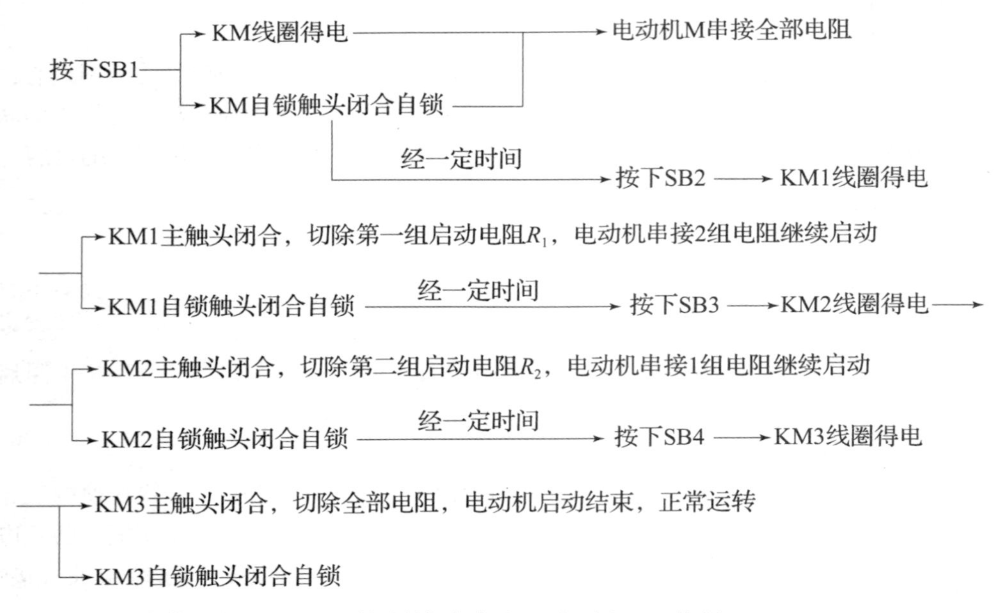

停止时，按下停止按钮 SB5，控制线路失电，电动机 M 停转。

2）时间继电器自动控制电路

按钮操作控制电路的缺点是操作不便，工作也不安全可靠，所以在实际中采用时间继电器自动控制短接启动电阻控制电路，如图 5－29 所示。

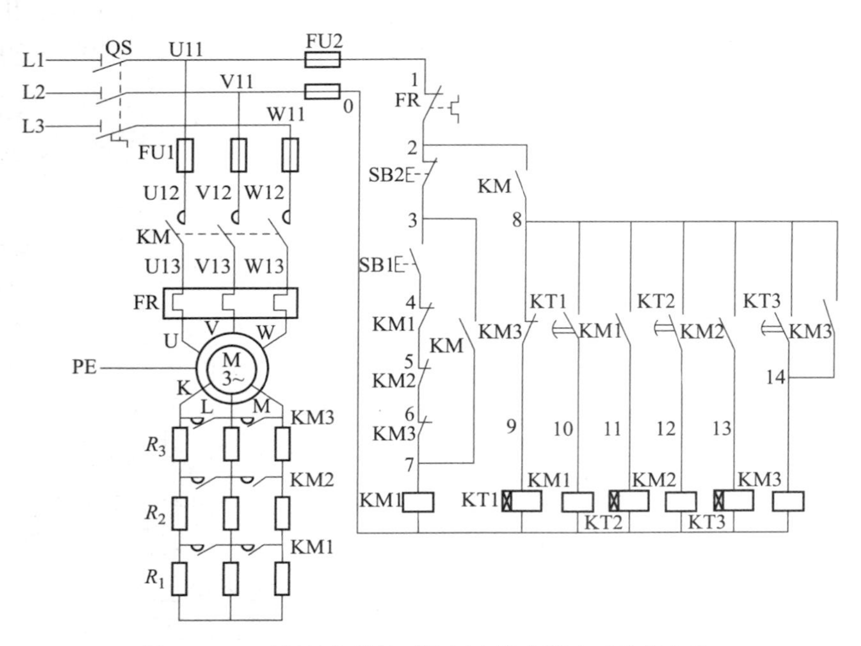

图 5－29　时间继电器转子绕组串接电阻启动控制电路

电路工作原理：先合上电源开关 QS。

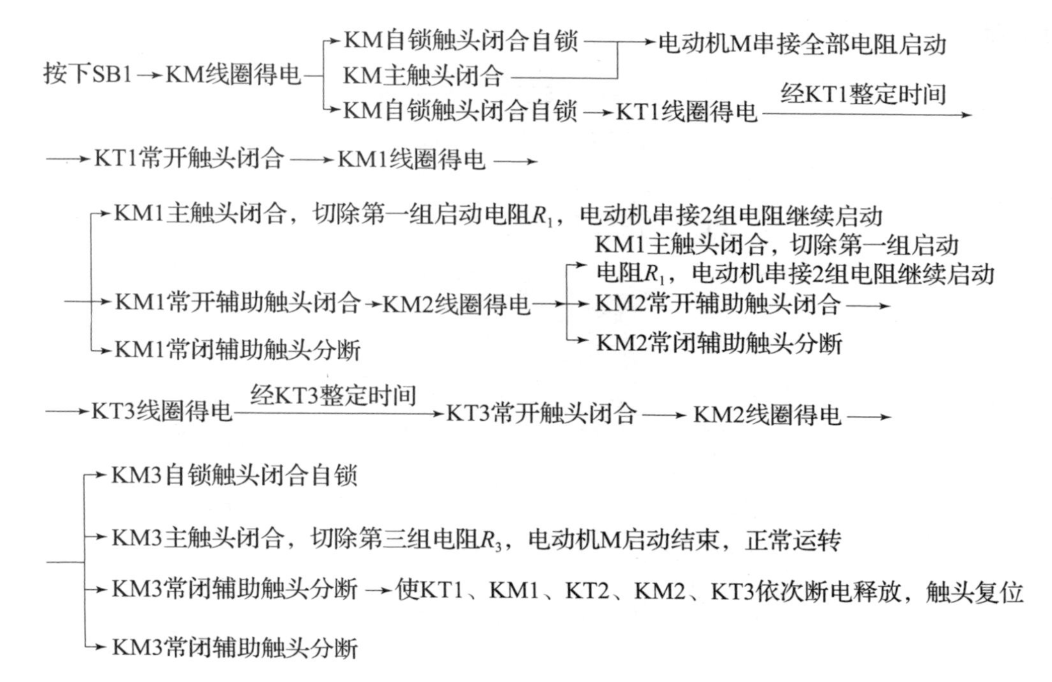

值得注意的是：电动机启动后进入正常运行时，只有两个接触器处于长期通电状态，而与线圈的通电时间均压缩到最低限度。一方面从电路工作要求出发，没必要让这些电器都处于通电状态，另一方面也为节省电能，延长电器使用寿命，更为重要的是减少电路故障，保证电路安全可靠地工作。但电路也存在下列问题：一旦时间继电器损坏，电路将无法实现电动机的正常启动和运行；在电动机的启动过程中，由于逐级短接转子电阻，将使电动机电流与电磁转矩突然增大，产生机械冲击。

2. 转子绕组串接频敏变阻器启动控制电路

绕线转子异步电动机采用转子绕组串接电阻的启动方法，要获得良好的启动特性，一般需要较多的启动级数，所用电器较多，控制线路复杂，设备投资大，维修不便，同时由于逐级切除电阻，会产生一定的机械冲击。因此，在工矿企业中对于不频繁启动设备，广泛采用频敏变阻器代替启动电阻来控制绕线转子异步电动机的启动。

频敏变阻器是一种阻抗随频率明显变化、静止的无触点电磁元件。它实质上是一个铁芯损耗非常大的三相电抗器。在电动机启动时，将频敏变阻器 R_F 串接在转子绕组中，由于频敏变阻器的等值阻抗随转子电流频率的减小而减小，从而达到自动变阻的目的。因此，只需要用一级频敏变阻器就可以平稳地把电动机启动起来。启动完毕短接切除频敏变阻器。

频敏启动控制箱是由断路器、接触器、频敏变阻器、电流互感器、时间继电器、电流继电器与中间继电器等元器件组合而成。常用的有 XQP 系列频敏启动控制箱、CTT6121 系列频敏启动控制柜、TG1 系列控制柜等。其中 TG1 系列控制柜广泛应用于冶金、矿山、轧钢、造纸、纺织等厂矿企业。图 5－30 所示为 TG1－K21 型频敏启动控制柜电路图，可用来控制低压、45～280 kW 绕线转子型三相异步电动机的启动。图 5－30 中 R_F 为频敏变阻器，KM1 为线路接触器，KM2 为短接频敏变阻器接触器，KT 为启动时间继电器，KT 为防止在启动时误动作的时间继电器，KA 为启动中间继电器，KA 为短接线圈的中间继电器，FR 为过电流继电器，QS 为断路器。

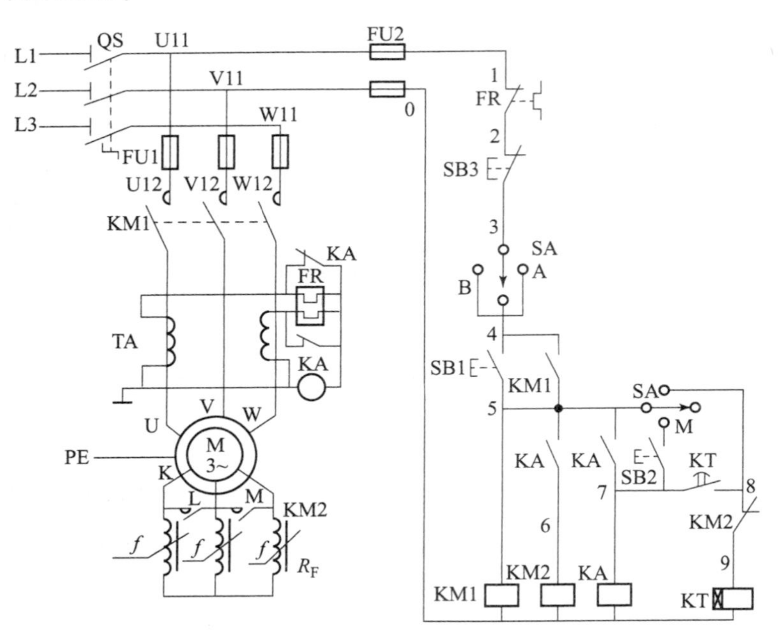

图 5－30　TG1－K21 型频敏启动控制柜电路图

电路工作原理：先合上电源开关 QS。

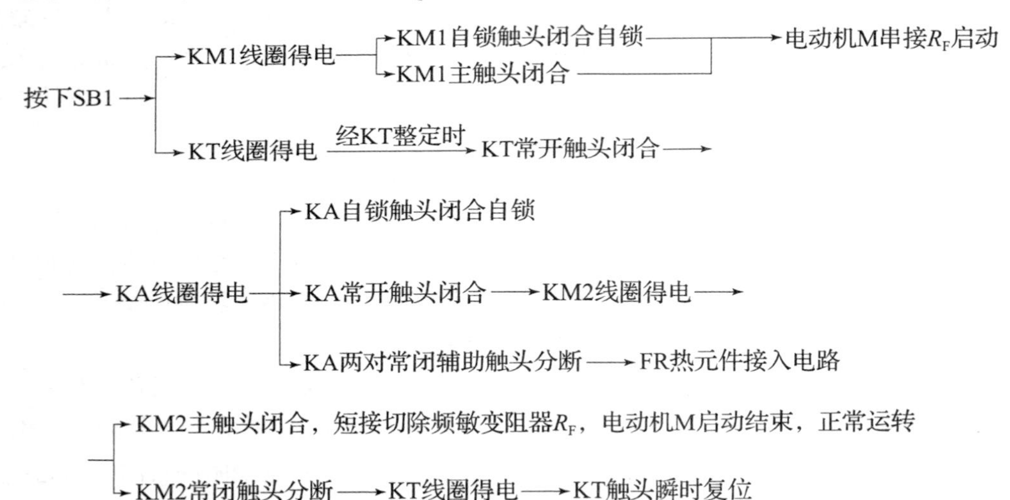

停止时，按下 SB3 即可。

时间继电器延时时间要略大于电动机实际启动时间，一般大于电动机启动时间为最佳。过电流继电器出厂时按线路接触器的额定电流来整定，在使用时应根据电动机实际负载大小来调整，以便起到过电流速断保护的作用。

3. 电气控制系统常用的保护环节

电气控制系统必须在安全可靠的前提下来满足生产工艺要求，为此，在电气控制系统的设计与运行中，必须考虑系统发生各种故障和不正常工作情况的可能性，在控制系统中设置有各种保护装置以实现各种保护。所以，保护环节是所有电气控制系统不可缺少的组成部分。常用的保护环节有过电流、过载、短路、过电压、失电压、断相、弱磁与超速保护等。本节主要介绍低压电动机常用的保护环节。

1）短路保护

当电器或线路绝缘遭到损坏，负载短路、接线错误时将产生短路现象。短路时产生的瞬时故障电流可达到额定电流的十几倍到几十倍，使电气设备或配电线路因过电流而产生电动力损坏，甚至因电弧放电引起火灾。短路保护要求具有瞬动特性，即要求在很短时间内切断电源。短路保护的常用方法有熔断器保护和低压断路器保护。熔断器熔体的选择见第一章有关内容。低压断路器动作电流按电动机启动电流的1.2倍来整定，相应低压断路器切断短路电流的触头容量应加大。

2）过电流保护

过电流保护是区别于短路保护的一种电流型保护。所谓过电流是指电动机或电气元件超过其额定电流的运行状态，其一般比短路电流小，不超过6倍额定电流。在过电流情况下，电气元件没有损坏，只要在达到最大允许温升之前，电流值能恢复正常，还是允许的。但过大的冲击负载，使电动机流过过大的冲击电流以致损坏电动机。同时，过大的电动机电磁转矩也会使机械的传动部件受到损坏，因此要瞬时切断电流。电动机在运行中产生过电流的可能性要比发生短路的可能性大，特别是在频繁启动和正反转、重复短时工作电动机中更是如此。

过电流保护常用过电流继电器来实现，通常过电流继电器与接触器配合使用，即将过电流继电器线圈串接在被保护电路中，当电路电流达到其整定值时，过电流继电路动作，而过电流继电器常闭触头串接在接触器线圈电路中，使接触器线圈断电释放，接触器主触头断开来切断电动机来源。这种过电流保护环节常用于直流电动机和三相绕线转子电动机的控制电路中。若过电流继电器动作电流为1.2倍电动机启动电流，则过流继电器亦可实现短路保护作用。

3）过载保护

过载保护是过电流保护中的一种。过载是指电动机的运行电流大于其额定电流，但在1.5倍额定电流以内。引起电动机过载的原因很多，如负载的突然增加，缺相运行或电源电压降低等。若电动机长期过载运行，其绕组的温升将超过允许值而使绝缘老化、损坏。过载保护装置要求具有反时限特性，且不会受电动机短时过载冲击电流或短路电流的影响而瞬时动作，所以通常用热继电器做过载保护。当有6倍以上额定电流通过热继电器时，需经5 s后才动作，这样在热继电器未动作前，可能使热继电器发热元件先烧坏，所以在使用热继电器做过载保护时，还必须装有熔断器或低压断路器等短路保护装置。由于过载保护特性与过电流保护不同，故不能用过电流保护方法来进行过载保护。

对于电动机进行缺相保护，可选用带断相保护的热继电器来实现过载保护。

4）失压保护

电动机应在一定的额定电压下才能正常工作，电压过高、过低或者工作过程中非人为因素的突然断电，都可能造成生产机械损坏或人身事故，因此在电气控制电路中，应根据要求设置失压保护、过电压保护和欠电压保护。

电动机正常工作时，如果因为电源电压消失而停转，一旦电源电压恢复时，有可能自行启动，电动机的自行启动将造成人身事故或机械设备损坏。为防止电压恢复时电动机自行启动或电气元件自行投入工作而设置的保护称为失电压保护。采用接触器和按钮控制的启动、停止，就具有失压保护作用。这是因为当电源电压消失时，接触器就会自动释放而切断电动机电源，当电源电压恢复时，由于接触器自锁触头已断开，不会自行启动。如果不是采用按钮而是用不能自动复位的手动开关、行程开关来控制接触器，必须采用专门的零电压继电器。工作过程中一旦失电，零压继电器释放，其自锁电路断开，电源电压恢复时，不会自行启动。

5）欠电压保护

电动机运转时，电源电压过分降低引起电磁转矩下降，在负载转矩不变情况下，转速下降，电动机电流增大。此外，由于电压降低引起控制电器释放，造成电路不正常工作。因此，当电源电压降到60% ~80% 额定电压时，将电动机电源切除而停止工作，这种保护称欠电压保护。

除上述采用接触器及按钮控制方式，利用接触器本身的欠电压保护作用下，还可采用欠电压继电器来进行欠电压保护，吸合电压通常整定为 $0.8\sim0.85U_N$，释放电压通常整定为 U_N。其方法是将电压继电器线圈跨接在电源上，其常开触头串接在接触器线圈电路中，当电源电压低于释放值时，电压继电器动作使接触器释放，接触器主触头断开电动机电源实现欠电压保护。

6）过电压保护

电磁铁、电磁吸盘等大电感负载及直流电磁机构、直流继电器等，在通断时会产生较高的感应电动势，将使电磁线圈绝缘击穿而损坏。因此，必须采用过电压保护措施。通常过电压保护是在线圈两端并联一个电阻，电阻串电容或二极管电阻以形成一个放电回路，实现过电压的保护。

7）直流电动机的弱磁保护

直流电动机磁场的过度减少会引起电动机超速，需设置弱磁保护，这种保护是通过在电动机励磁线圈回路中串入欠电流继电器来实现的。在电动机运行时，若励磁电流过小，欠电流继电器释放，其触头切断主回路接触线圈电路，接触器线圈断电释放，接触器主触头断开电动机电枢回路，电动机断开电源，实现保护电动机之目的。

8）其他保护

除上述保护外，还有超速保护、行程保护、油压保护等，这些都是在控制电路中串接一个受这些参量控制的常开触头或常闭触头来实现对控制电路的电源控制的。这些装置有离心开关、测速发电机、行程开关、压力继电器等。

一、选择题

1. 采用星形—三角形降压启动的电动机，正常工作时定子绕组接成（　　）。

A. 三角形　　B. 星形

C. 星形或三角形　　D. 定子绕组中间带抽头

2. 欲使接触器 KM1 动作后接触器 KM2 才能动作，需要（　　）。

A. 在 KM1 的线圈回路中串入 KM2 的常开触点

B. 在 KM1 的线圈回路中串入 KM2 的常闭触点

C. 在 KM2 的线圈回路中串入 KM1 的常开触点

D. 在 KM2 的线圈回路中串入 KM1 的常闭触点

3. 频敏变阻器启动控制的优点是（　　）。

A. 启动转矩平稳，电流冲击大　　B. 启动转矩大，电流冲击大

C. 启动转矩平稳，电流冲击小　　D. 启动转矩小，电流冲击大

4. 三相异步电动机Y－△降压启动时，其启动转矩是全压启动转矩的（　　）倍。

A. $\frac{1}{3}$　　B. $\frac{1}{\sqrt{3}}$　　C. $\frac{1}{2}$　　D. 不能确定

5. 下列哪个控制电路能正常工作（　　）。

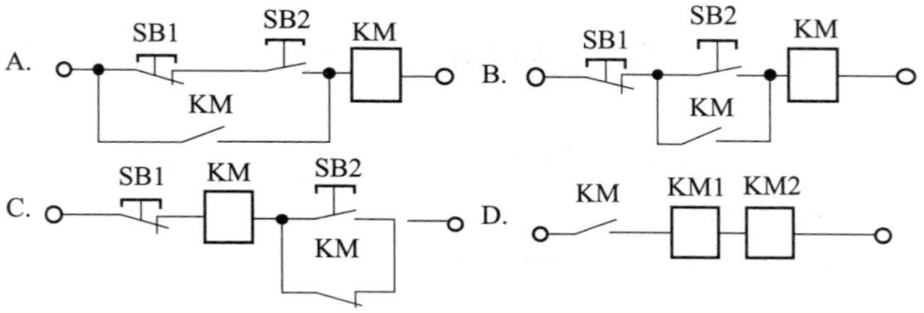

6. 适用于电动机容量较大且不允许频繁启动的降压启动方法是（　　）。

A. 星形－三角形　　B. 自耦变压器

C. 定子串电阻　　D. 延边三角形

7. 用来表明电动机、电器实际位置的图是（　　）。

A. 电气原理图　　B. 电器布置图

C. 功能图　　D. 电气系统图

8. 转子绕组串电阻启动适用于（　　）。

A. 鼠笼式异步电动机　　B. 绕线式异步电动机

C. 串励直流电动机　　D. 并励直流电动机

9. Y—△启动，启动时先把它改接成星形，使加在绕组上的电压降低到额定值的（　　）。

A. 1/2　　B. 1/3

C. $1/\sqrt{3}$　　D. 以上都不是

10. 在控制电路中，如果两个常开触点串联，则它们是（　　）。

A. 与逻辑关系　　B. 或逻辑关系

C. 非逻辑关系　　D. 与非逻辑关系

11. 电动机正反转运行中的两接触器必须实现相互间（　　）。

A. 联锁　　B. 自锁　　C. 禁止　　D. 记忆

12. 欠电流继电器可用于（　　）保护。

A. 短路　　B. 过载　　C. 失压　　D. 失磁

13. 下列电动机中，（　　）可以不设置过电流保护。

A. 直流电动机　　B. 三相笼型异步电动机

C. 绕线式异步电动机　　D. 以上三种电动机

14. 若接触器用按钮启动，且启动按钮两端并联接触器的常开触点，则电路具有（　　）。

A. 零压保护功能　　B. 短路保护功能

C. 过载保护功能　　D. 弱磁保护功能

二、判断题

1. 电路图中，不画电气元件的实际外形图，而采用国家统一规定的电气图形符号。（　　）

2. 电气原理图设计中，应尽量减少电源的种类。（　　）

3. 电气原理图设计中，应尽量减少通电电器的数量。（　　）

4. 电气接线图中，同一电气元件的各部分不必画在一起。（　　）

5. 电气原理图中所有电器的触点都按没有通电或没有外力作用时的开闭状态画出。（　　）

6. QJ10 和 XJ01 系列自耦变压器减压启动器，在进入正常运行时，自耦变压器仍然带电。（　　）

7. 当改变通入电动机定子绕组的三相电源相序，即把接入电动机三相电源进线中的三根线对调接线时，电动机就可以反转。（　　）

8. 启动电阻和调速电阻可以相互替代。（　　）

9. 弱磁保护就是磁场越弱越好。（　　）

10. 两台功率相同的异步电动机，甲电动机的转速是乙电机的二倍，则甲电机的转矩是乙电动机的一半。（　　）

11. 电动机正反转控制电路为了保证启动和运行的安全性，要采取电气上的互锁控制。（　　）

12. 制动就是给电动机一个与转动电压相反的电压使它迅速停转。（　　）

13. 能耗制动比反接制动所消耗的能量小，制动平稳。（　　）

14. 延边三角形降压启动时，把定子绕组的一部分接成“△”，另一部分接成“Y”，使整个绕组接成延边三角形。（　　）

三、简答题

1. 常用的电气控制系统有哪三种？

2. 何为电气原理图？绘制电气原理图的原则是什么？

3. 何为电器布置图？电气元件的布置应注意哪些问题？

4. 何为电气接线图？电气接线图的绘制原则是什么？

5. 何为互锁控制？实现电动机正反转互锁控制的方法有哪两种？它们有何不同？

6. 分析图 5－31 两种顺序联锁控制电路工作原理，试总结其控制规律？

7. 试画出两台电动机 M1、M2 启动时，M2 先启动，M1 后启动，停止时 M1 先停止，M2 后停止的电气控制电路。

8. 电动机正反转电路中，要实现直接由正转变反转，反转直接变正转，其控制要点在何处？

9. 电动机“正—反—停”控制线路中，复合按钮已经起到了互锁作用，为什么还要用接触器的常闭触点进行联锁？

10. 试找出图 5－32 各控制电路的错误，这些错误会出现何现象？应如何改正？

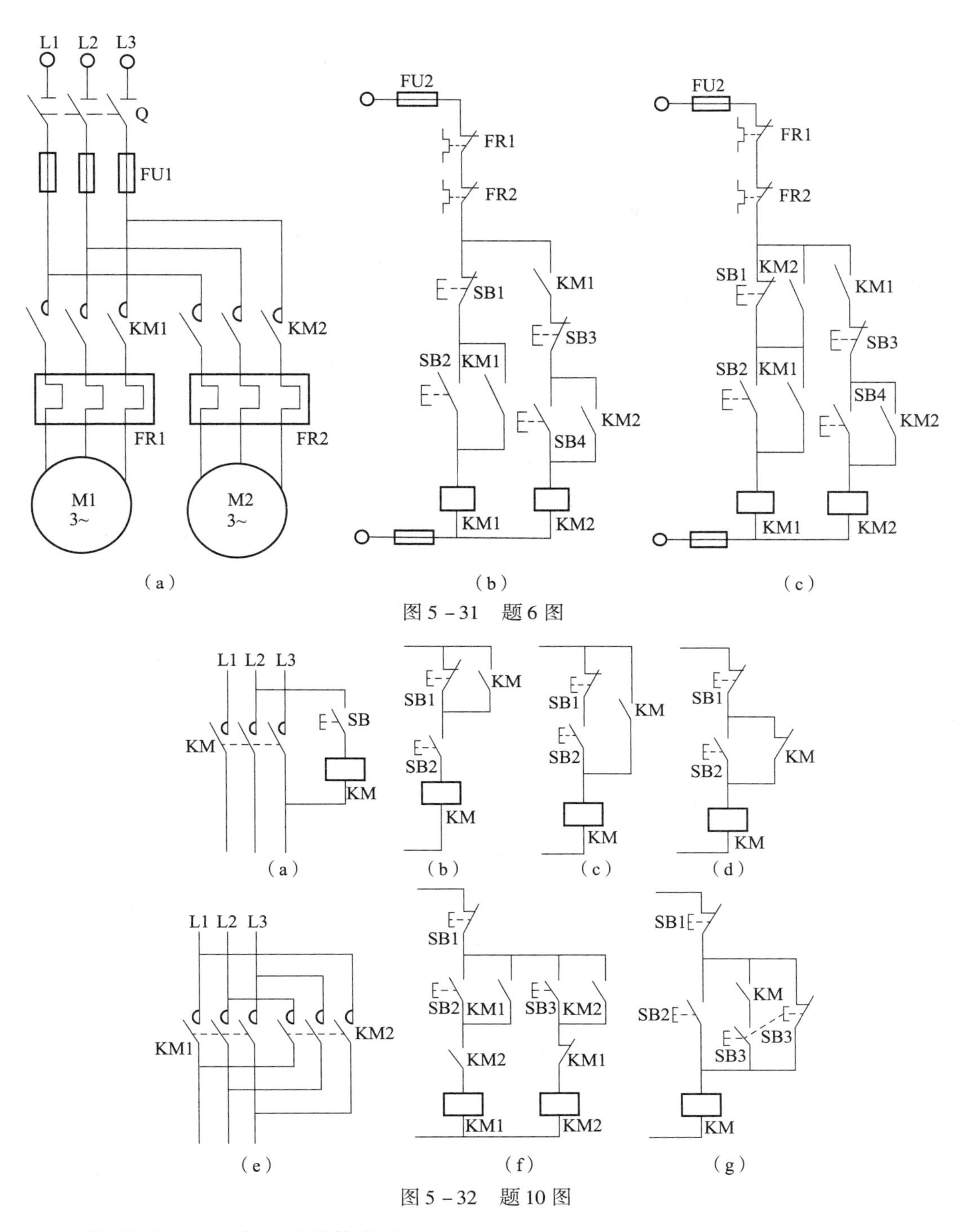

（a）　（b）　（c）

图 5－31　题 6 图

（a）　（b）　（c）　（d）

（e）　（f）　（g）

图 5－32　题 10 图

11. 说明下面两个索引的具体意义。

KM		
4	6	×
4	×	×
5		

KA	
9	×
13	×
×	×
×	×

12. 电动机常用的保护环节有哪些？它们各由哪些电器来实现保护？

13. 电动机的短路保护、过载保护、过流保护各有何相同和不同之处？

14. 失电压保护与欠电压保护有何不同？

四、设计题

1. 设计一个三相异步电动机两地启动的主电路和控制电路，并具有短路、过载保护。

2. 设计一个三相异步电动机正—反—停的主电路和控制电路，并具有短路、过载保护。

3. 设计两台三相异步电动机 M1、M2 的主电路和控制电路，要求 M1、M2 可分别启动和停止，也可实现同时启动和停止，并具有短路、过载保护。

4. 一台三相异步电动机运行要求为：按下启动按钮，电动机正转，5 s 后，电动机自行反转，再过 10 s，电动机停止，并具有短路、过载保护，设计主电路和控制电路。

5. 某机床有两台三相异步电动机，要求第一台电动机启动运行 5 s 后，第二台电动机自行启动，第二台电动机运行 10 s 后，两台电动机停止；两台电动机都具有短路、过载保护，设计主电路和控制电路。

6. 一台小车由一台三相异步电动机拖动，动作顺序如下：（1）小车由原位开始前进，到终点后自动停止；（2）在终点停留 20 s 后自动返回原位并停止。要求在前进或后退途中任意位置都能停止或启动，并具有短路、过载保护，设计主电路和控制电路。

参考答案

任务1.2　思考与练习

一、判断题（下列判断正确的请打“√”，错误的打“×”）

×　√　√　√　×　×　√　√　×

二、填空题

4R、正电荷定向移动的方向、4、0.45 A

三、简答题

1. 答：不对，相当于电源并联，由于电流表内阻很小，所以这种测量相当于短路。

$I=\frac{U}{r}=\frac{10}{0.5}=20$（A）电流表上将会流过20 A的电流，电流表将烧坏。

2. 答：根据公式$P=\frac{U^2}{R}$可知

$$R_1=\frac{U^2}{P}=\frac{220^2}{100}=484\ (\Omega)\qquad R_2=\frac{U^2}{P}=\frac{220^2}{25}=1\ 936\ (\Omega)$$

所以220 V、100 W的灯泡的电阻小，220 V、25 W的灯泡的电阻大。

根据公式$R=\rho\frac{L}{S}$可知

电阻大的灯丝截面小，电阻小的灯丝截面大。

3. 答：根据公式$P=\frac{U^2}{R}$可知

额定值为0.5 W、200 Ω的碳膜电阻的耐压值为10 V，所以其两端能加9 V的电压，不能加15 V电压。

四、计算题

2. 20 V，0.2 A

4. $I=1.6$ A；$U_{ab}=17.4$ V；$U_{cb}=13.4$ V。

5. $\frac{2}{9}$、$\frac{4}{7}$

6. $\frac{R_3}{R_2+R_3}$、0

7. 1

任务1.3　思考与练习

一、判断题（下列判断正确的请打“√”，错误的打“×”）

√　√　×

二、填空题

1. KCL、节点电流定律

2. KVL、回路电压定律
3. 电压源、电流源
4. 串联、+
5. 高电位
6. 大些
7. 线性、电源、代数和

三、简答题

1. 答：支路电流法的解题步骤概括如下：

（1）分析电路的结构，看有几条支路、几个网孔，选取并标出各支路电流的参考方向，网孔或回路电压的绕行方向。

（2）根据 KCL 列出（$n-1$）个独立节点的电流方程。（n 为节点的数目）

（3）根据 KVL 列出个网孔的电压方程。（m 为网孔的数目）

（4）代入已知的电阻和电动势的数值，联立求解以上方程得出各支路电流值。

（5）由各支路电流可求出相应的电压和功率。

2. 答：应用戴维南定理求某一支路电流和电压的步骤如下：

（1）把复杂电路分成待求支路和有源二端网络两部分。

（2）把待求支路移开，求出有源二端网络两端点间的开路电压 U_o。

（3）把网络内各电压源短路，切断电流源，求出无源二端网络两端点间的等效电阻 R_o。

（4）画出等效电压源图，该电压源的电动势 $E=U_o$，内阻 $r_o=R_o$，并将其与待求支路接通，形成与原电路等效的简化电路，用欧姆定律或基尔霍夫定律求支路的电流或电压。

四、计算题

2. $I_1=-9$ A；$I_2=4$ A；$I_3=5$ A；$I_4=6$ A；$I_5=-11$ A；$I_6=-2$ A
3. $I=1$ A；$U_{ab}=40$ V。
4. $R=2\ \Omega$

任务 2.1　思考与练习

一、判断题

×　√　×　√　×

二、填空题

1. 方向
2. 正弦
3. 一个周期
4. $20\sqrt{2}$ A　0 A
5. 函数表达式、向量表达式
6. 有效值（或最大值）　初相位
7. 有效值（或最大值）　初相位
8. 相量　电流
9. 同相

三、简答题

1. 什么是正弦交流电的三要素?

答：正弦交流电的三要素为幅值、角频率和初相。

2. 已知 $u=60\sqrt{2}\sin(\omega t+30°)$ V，$i=2\sqrt{2}\sin(\omega t+60°)$ A，试画出它们的相量图，并写出它们相量复数形式和极坐标形式。

答：相量图（略）

复数形式（略）

极坐标形式 $\dot{U}=60\angle 30°$ V　$\dot{I}=2\angle 60°$ A

四、计算题

1. 在某电路中，$i=220\sqrt{2}\sin(314t-60°)$ A

（1）指出它的幅值、有效值、周期、频率、角频率及初相位，并画出波形图。

（2）如果 i 的参考方向选的相反，写出它的三角函数式，画出波形图，并问（1）中各项有无改变?

解：（1）幅值

$$I_m 220\sqrt{2}\ \text{A}$$

有效值

$$I=220\ \text{A}$$

频率

$$f=\frac{\omega}{2\pi}=\frac{314}{2\pi}=50\ (\text{Hz})$$

周期

$$T=\frac{1}{f}=0.02\ \text{s}$$

角频率

$$\omega=314\ \text{rad/s}$$

初相位

$$\psi=-\frac{\pi}{3}\ \text{rad/s}$$

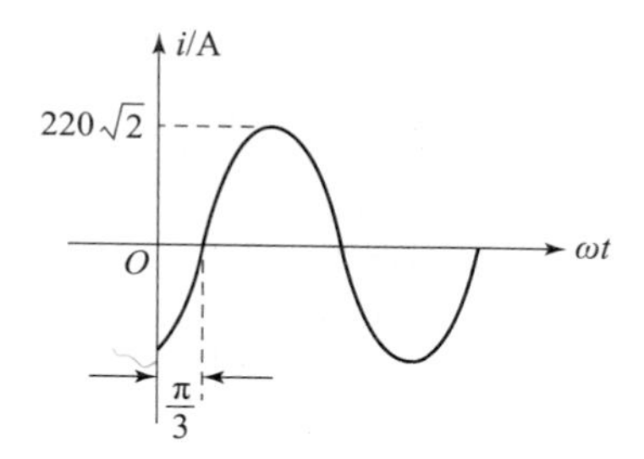

（2）如果 i 的参考方向选的相反，则 $i=220\sqrt{2}\sin\left(314t+\frac{2\pi}{3}\right)$A，初相位改变了，$\psi=\frac{2\pi}{3}$rad/s 其他项不变。

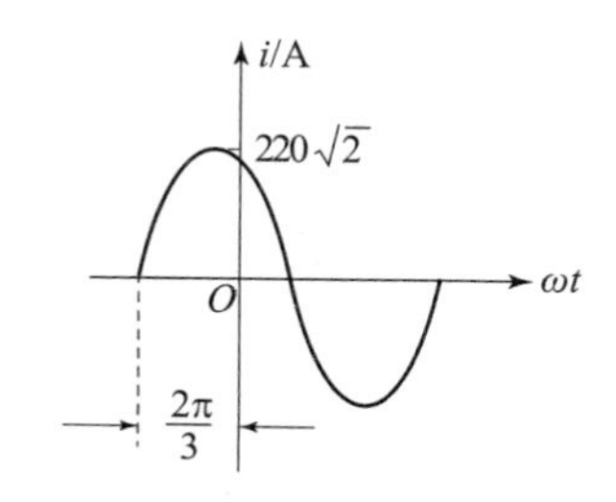

2. 已知 $i_1=10\sin(314t-120°)$ A，$i_2=20\sin(314t+30°)$ A

（1）它们的相位差等于多少？

（2）画出 i_1 和 i_2 的波形，并在相位上比较 i_1 和 i_2 谁超前，谁滞后。

解：（1）二者频率相同，它们的相位差 $\varphi=\psi_{i1}-\psi_{i2}=-120°-30°=-150°$

（2）在相位上 i_2 超前，i_1 滞后。

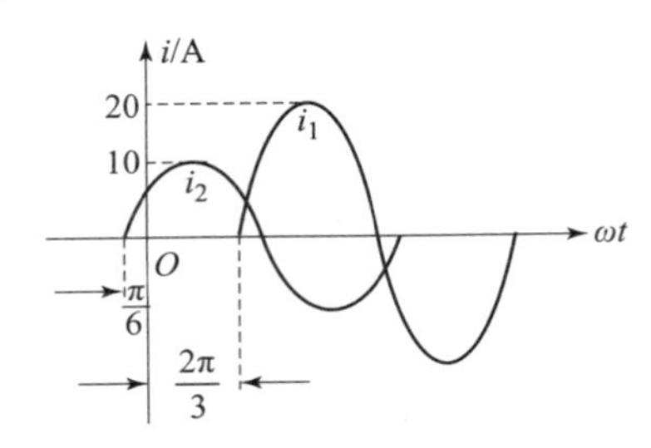

3. 写出下列正弦电压的相量

$u_1=220\sin(\omega t-45°)$ V，$u_2=100\sin(314t+45°)$ V

解：$\dot{U}_1=110\sqrt{2}\angle-45°\text{V}$　　$\dot{U}_2=50\sqrt{2}\angle45°\text{V}$

4. 已知正弦电流 $i_1=8\sin(\omega t+60°)$ A 和 $i_2=6\sin(\omega t-30°)$ A，试用复数计算电流 $i=i_1+i_2$，并画出相量图。

解：由题目得到

$$
\begin{aligned}
\dot{I}_m &= \dot{I}_{m1}+\dot{I}_{m2}=8\angle60°+6\angle-30° \\
&=(8\cos60°+\text{j}8\sin60°)+(6\cos30°-6\sin30°) \\
&=(4+\text{j}6.93)+(5.2-\text{j}3)=9.2+\text{j}3.93 \\
&=10\angle23.1°\text{A}
\end{aligned}
$$

所以正弦电流为

$$i_1=10\sin(\omega t+23.1°)\ \text{A}$$

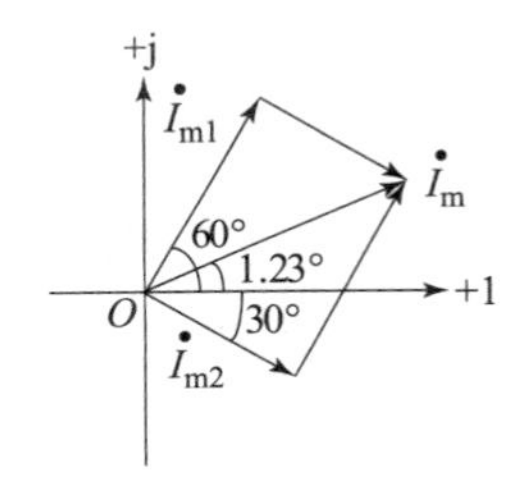

任务 2.2　思考与练习

一、判断题

×　√　√　√　√　√　×

二、填空题

1. 超前；$2\pi fL$；Ω

2. 为原来的一半

3. 4　　0.012 7 H

4. 滞后　$\frac{1}{\omega C}$　Ω

5. 2 Ω　0. 001 59 F

6. 增大

三、简答题

1. 简述电阻、电感和电容元件上的电流与电压数值及相位关系，并作出它们的电压与电流相量图。

答：对于纯电阻电路

$$\frac{U_{\mathrm{m}}}{I_{\mathrm{m}}}=\frac{U}{I}=R \quad 或 \quad \dot{U}=\dot{I}R$$

电流和电压是同相的（相位差 $\varphi=0°$）。

对于纯电感电路

$$\frac{U_{\mathrm{m}}}{I_{\mathrm{m}}}=\frac{U}{I}=\omega L \quad 或 \quad \dot{U}=\mathrm{j}\omega L\cdot\dot{I}$$

相位上电压超前电流 90°。

对于纯电容电路

$$\frac{U_{\mathrm{m}}}{I_{\mathrm{m}}}=\frac{U}{I}=\frac{1}{\omega C} \quad 或 \quad \dot{U}=-\mathrm{j}\dot{I}X_C=-\mathrm{j}\frac{1}{\omega C}\dot{I}$$

相位上电压滞后于电流 90°。

相量图（略）。

2. *RLC* 串联交流电路的电压与电流的大小关系和相位关系如何?

答：对于 *RLC* 串联交流电路电压与电流的大小关系为

$$\dot{U}=\dot{U}_R+\dot{U}_L+\dot{U}_C=\dot{I}R+\mathrm{j}X_L\dot{I}+(-\mathrm{j}X_L)\dot{I}$$

当 $X=X_L-X_C$，$Z=R+\mathrm{j}(X_L-X_C)=R+\mathrm{j}X$ 时

$$\dot{U}=\dot{I}\cdot Z \quad 或 \quad \frac{\dot{U}}{\dot{I}}=Z$$

相位关系如图所示。

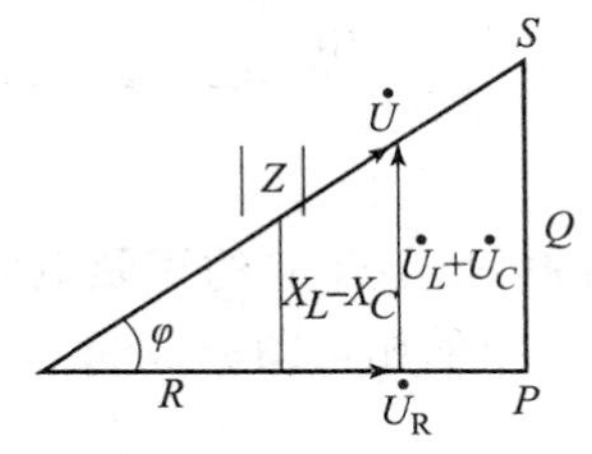

3. 如何计算 *RLC* 串联交流电路的各种功率? 什么是功率因数? 提高功率因数有何意义?

答：*RLC* 串联交流电路的各种功率有功功率 *P*、无功功率 *Q*、视在功率 *S* 之间存在如下关系：

$$P=UI\cos\varphi=S\cos\varphi \qquad Q=UI\sin\varphi=S\sin\varphi$$

$$S=\sqrt{P^2+Q^2}=UI$$

$$\varphi = \arctan \frac{Q}{P}$$

R、L、C 混合电路中负载取用的功率不仅与发电机的输出电压及输出电流的有效值的乘积有关，而且还与电路（负载）的参数有关。电路所具有的参数不同，电压与电流之间的相位差 φ 也就不同，在同样的电压 U 和电流 I 下，电路的有功功率和无功功率也就不同。

因此，电工学中将 $P = U_R I = I^2 R = UI\cos\varphi$ 中的 $\cos\varphi$ 称为功率因数。

功率因数的提高意味着电网内的发电设备得到了充分利用，提高了发电机输出的有功功率和输电线上有功电能的输送量。与此同时，输电系统的功率损失也大大降低，可以节约大量电力。

4. 三个正弦量 i_1、i_2 和 i_3 的最大值分别为 1 A、2 A 和 3 A。若 i_3 的初相角为 60°，i_1 较 i_2 超前 30°，较 i_3 滞后 150°，试分别写出这三个电流的解析式（设正弦量的角频率为 ω）。

答：$i_1 = 1\sin(\omega t - 90°)$ A

$i_2 = 2\sin(\omega t - 60°)$ A　　$i_3 = 3\sin(\omega t + 60°)$ A

5. 试说明当频率低于或高于谐振频率时，RLC 串联电路是电容性还是电感性的？

解：当 $f < f_0$ 时，$X_L < X_C$，电路呈容性；

当 $f = f_0$ 时，$X_L < X_C$，电路发生谐振；

当 $f > f_0$ 时，$X_L > X_C$，电路呈感性。

四、计算题

1. 已知电阻 $R = 10\ \Omega$，在关联参考方向下，通过电阻的电流 $i = 1.41\sin(\omega t + 60)$ A。求

（1）u_R 及 U_R。

（2）电阻接收的功率 P。

解：（1）$u_R = 14.1\sin(\omega t + 60°)$ V

$U_R = 10$ V

（2）$P = IU = 1 \times 10 = 10$（W）

2. 已知 $u_L = 220\sqrt{2}\sin(1\ 000t + 30°)$ V，$L = 0.1$ H。试求 X_L 和 $\dot{I}_L$ 并绘出电压、电流向量图。

解：
$$X_L = \omega L = 1\ 000 \times 0.1 = 100\ \Omega$$

$$\dot{I}_L = \frac{\dot{U}_L}{\mathrm{j}X_L} = \frac{220\angle 30°}{100\mathrm{j}} = 2.2\angle -60°\ (\mathrm{A})$$

向量图（略）。

3. 已知 $L = 1$ H 的电感接在 400 Hz/100 V 的正弦电源上，u 的初相位为 200，求电流并画出电流、电压的相量图。

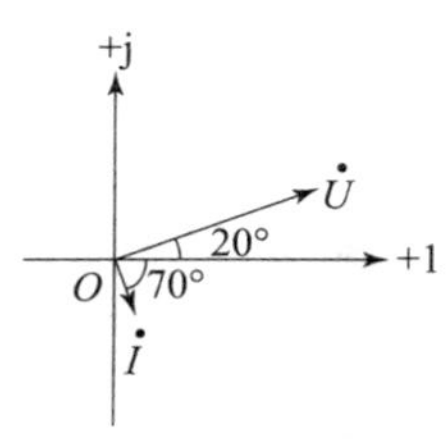

解：已知 $\dot{U} = 100\angle 20°$V

$$\dot{I} = \frac{\dot{U}}{\mathrm{j}X_L} = \frac{100\angle 20°}{\mathrm{j}2\pi \times 400 \times 1} = 0.04\angle -70°\ (\mathrm{A})$$

4. 灯管与镇流器串联接到交流电压上，可看作为 RL 串联电路。如果已知某灯管的等效电阻 $R_1 = 260\ \Omega$，镇流器的电阻和电感分别为 $R_2 = 40\ \Omega$ 和 $L = 1.65$ H，电源电压 $U = 220$ V，试求电路中的电流和灯管两端与镇流器上的电压。这两个电压加起来是否等于 220 V？已知

电源频率为 50 Hz。

解：灯管与镇流器串联电路的总阻抗：

$$Z=(R_1+R_2)+\mathrm{j}\omega L=(260+40)+\mathrm{j}314\times1.65=300+\mathrm{j}518=599\angle59.92^\circ\Omega$$

电路中的电流 $I=\dfrac{U}{|Z|}=\dfrac{220}{599}=0.367\ (\mathrm{A})$

灯管两端电压 $U_1=IR_1=0.367\times260=95.42\ (\mathrm{V})$

整流器两端电压 $U_2=I\sqrt{R_2^2+(\omega L)^2}=190.3\ (\mathrm{V})$

注意：$\dot{U}=\dot{U}_1+\dot{U}_2$，但是 $U\neq U_1+U_2$

任务 2.3　思考与练习

一、简答题

1. 感性负载，能否采取串联电容器的方式提高功率因数？

解：电容电感串联能够提高电路总的功率因数，但是会改变感性负载的工作状态。

2. 提高功率因数时，如将电容器并联在电源端（输电线始端），是否能取得预期效果？

解：电容并联在输电线始端，只能减少电源的无功电流，提高了电源的功率因数，但是连接负载的输电线路（可能很长）电流并无改变，仍然存在原来的功率损耗，因此达不到提高功率因数的预期效果。

3. 功率因数提高后，线路电流减小了，瓦时计会走得慢些（省电）吗？

解：不会。因为瓦时计测量的是有功功率，提高功率因数后，电路的有功功率不变。

4. 提高功率因数时，如将电容器并联在电源端（输电线始端），是否能取得预期效果？

解：电容并联在输电线始端，只能减少电源的无功电流，提高了电源的功率因数，但是连接负载的输电线路（可能很长）电流并无改变，仍然存在原来的功率损耗，因此达不到提高功率因数的预期效果。

二、计算题

1. 一电感 $L=0.127\ \mathrm{H}$，接在 $u_L=220\sqrt{2}\sin(314t+30^\circ)\ \mathrm{V}$ 的交流电路上，求：

（1）电流 I_L。

（2）有功功率 P_L。

（3）无功功率 Q_L。

解：（1）$X_L=\omega L=314\times0.127=40\ (\Omega)$

$$I_L=\frac{U_L}{X_L}=\frac{220}{40}=5.5\ (\mathrm{A})$$

（2）有功功率 $P_L=0$

（3）无功功率 $Q_L=UI=220\times5.5=1\ 210\ (\mathrm{Var})$

2. 如图的电路中，已知 $\dot{U}=220\angle0^\circ\mathrm{V}$，试求：

（1）各元件上的功率；

（2）电路的总功率因数、有功功率、无功功率及视在功率。

解：题解图所示

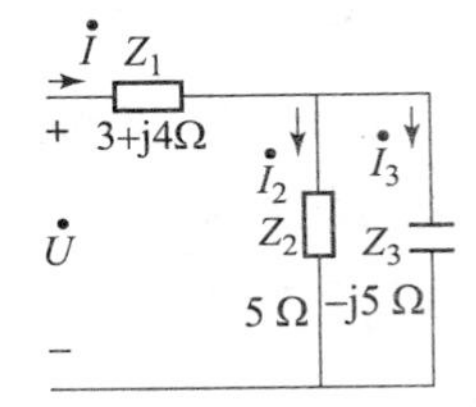

电路总阻抗 $Z=\frac{-j5\times5}{5-j5}+3+j4=5.5+j1.5$ (Ω)

(1) $\dot{I}=\frac{\dot{U}}{Z}=\frac{220\angle0°}{5.5+j1.5}=\frac{220\angle0°}{5.7\angle15.3°}=38.6\angle-15.3°$ (A)

$\dot{I}_2=\dot{I}\times\frac{-j5}{5-j5}=27.3\angle120°$ (A)

$\dot{I}_3=\dot{I}\times\frac{5}{5-j5}=27.3\angle60°$ (A)

$P_{Z_1}=I^2\times3=38.6^2\times3=4\ 470$ (W)　　$Q_{Z_1}=I^2\times4=38.6^2\times4=5\ 960$ Var

$P_{Z_2}=I_2^2\times5=27.3^2\times5=3\ 726$ (W)　　$Q_{Z_2}=0$ Var

$P_{Z_3}=0$ W　$Q_{Z_3}=-I_3^2\times5=-3\ 276$ (Var)

(2) 电路的总功率因数 $\cos\varphi=\cos15.3°=0.96$

有功功率　$P=P_{Z_1}+P_{Z_2}+P_{Z_3}=4\ 470+3\ 726+0=8\ 196$ (W)

无功功率　$Q=Q_{Z_1}+Q_{Z_2}+Q_{Z_3}=5\ 960+0-3\ 276=2\ 684$ (Var)

视在功率　$S=UI=220\times38.6=8\ 492$ (V·A)

任务 2.4　思考与练习

一、判断题（下列判断正确的请打“√”，错误的打“×”）

×　×　√　√　√　√　×　√　×

二、填空题

1. 线电压超前相电压 30°
2. 相序
3. 频率相同、幅值相等、相位互差 120°
4. 相电压
5. 零
6. 星形、三角形
7. 装开关、接熔断器

三、简答题

1. 某三相发电机绕组接成星形时的线电压是 6.3 kV，若将它接成三角形，则线电压为多少？

答：若接成三角形，则线电压为 3.64 kV。

2. 星形连接的对称三相电源，已知 $\dot{U}_A=220\angle0°$V，试写出其他各相、线电压的三角函数表达式。

答：$u_A=220\sqrt{2}\sin\omega t$V　　$u_B=220\sqrt{2}\sin(\omega t-120°)$ V

$u_C=220\sqrt{2}\sin(\omega t+120°)$ V　　$u_{AB}=380\sqrt{2}\sin(\omega t+30°)$ V

$u_{BC}=380\sqrt{2}\sin(\omega t-90°)$ V　　$u_{CA}=380\sqrt{2}\sin(\omega t+150°)$ V

3. 当三相交流发电机三个绕组接成星形时，若线电压 $u_{AB}=380\sqrt{2}\sin\omega t$V，试写出其他各相、线电压的三角函数表达式并画出相量图。

答：$u_A = 220\sqrt{2}\sin(\omega t - 30°)$ V　　$u_B = 220\sqrt{2}\sin(\omega t - 150°)$ V

$u_C = 220\sqrt{2}\sin(\omega t + 90°)$ V　　$u_{AB} = 380\sqrt{2}\sin\omega t$ V

$u_{BC} = 380\sqrt{2}\sin(\omega t - 120°)$ V　　$u_{CA} = 380\sqrt{2}\sin(\omega t + 120°)$ V

相量图（略）。

4. 三相四线制系统中，中线的作用是什么？为什么中线干线上不能接熔断器和开关？

答：中线的作用是：将负载的中点与电源的中点相联，保证照明负载的三相电压对称。为了可靠，中线（干线）必须牢固，不允许装开关，不允许接熔断器。

5. 三相负载根据什么原则做星形或三角形连接？

答：三相负载接成星形，还是接成三角形，决定于以下两个方面：

（1）电源电压。

（2）负载的额定电压。

即电源提供的电压应与负载两端承受的额定电压值相当。

项目3　思考与练习

一、判断题（下列判断正确的请打“√”，错误的请打“×”）

×　√　×　×　√　×　×　×　√　×

二、填空题

1. 触电、电伤、电击
2. 单相触电、两相触电、跨步电压触电
3. 切断电源
4. 绝缘措施、间距措施
5. 钢笔式、螺丝刀式
6. 白炽体发光、紫外线激励发光物质发光
7. 导电材料、绝缘材料、磁性材料

三、简答题

1. 如何预防触电事故的发生？

答：总结安全用电经验和事故教训，应采取以下的预防措施：

（1）加强安全管理，建立和健全安全工作规程和制度，并严格执行。

（2）保证电气设备制造质量和安装质量，做好保护接地或保护接零，在电气设备的带电部分安装防护罩、防护网。

（3）使用、维护、检修电气设备，严格遵守有关安全规程和操作规程。

（4）尽量不进行带电工作，特别在危险场所（如高温、潮湿地点）严禁带电工作；必须带电作业时，应该用各种安全防护用具、安全工具，如使用绝缘棒、绝缘夹钳和必要的仪表，带绝缘手套、穿绝缘靴等，并设专人监护。

（5）对各种电气设备按照规定进行定期试验、检查和检修，发现故障应及时处理；对不能修复的设备，不可使其带“病”运行，应立即更换。

（6）根据规定，在不宜使用220 V/380 V电压的场所，应使用12～36 V的安全电压。

（7）禁止非电工人员乱装乱拆电气设备，更不得乱接导线。

（8）加强技术培训和安全培训，提高安全生产和安全用电水平。

2. 插座安装有哪些安全要求和规定？

答：照明电路中用双孔插座；公共场所、地面上有导电性物质或电气设备有金属壳体时，应选用三孔插座。用于动力系统中的插座，应是三相四孔。

双孔插座在双孔水平安装时，相线接右孔，中性线接左孔；双排竖直排列时，相线接上孔，中性线接下孔。三孔插座下边两孔是接电源线的，上边大孔接保护接地线；三相四孔插座，下边3个较小的孔接三相电源相线，上边大孔接保护地线。

3. 日光灯镇流器的作用有哪些？

答：（1）启动时与启辉器配合，产生瞬时高压点燃灯管。

（2）工作时利用串联于电路中的高电抗限制灯管电流，延长灯管使用寿命。

项目4　思考与练习

一、填空

1. 1 200、1 500
2. 限位、机械位移
3. 绿、红
4. 熔体、熔断管
5. 14、6、8
6. 120、100
7. 并、串
8. 螺旋式、密封管式
9. 主触头
10. 按钮式、滑轮式
11. 多挡式控制多回路
12. 更换新的熔体
13. 电流的热效应
14. 手动、自动
15. 点接触、线接触、面接触
16. 电压
17. 过载、短路
18. 漏电断路器
19. 铁壳开关、闸刀开关
20. 铁芯、线圈、弹簧

二、选择题

1～5. BADBA

6～10. DCACD

11～15. BAACB

16～20. BABBA

三、判断题

1～5. √××√×

6～10. √×√√×

11～15. ×√×√×

16～20. ××√√√

四、简答题

1. 在电动机的电路中，熔断器和热继电器的作用是什么？能否相互替代？

答： 在电动机的控制电路中，使用熔断器是为了实现短路保护，使用热继电器是为了实现过载保护。两者的作用不能互代。如果用熔断器取代热继电器的作用会造成电路在高于额定电流不太多的过载电流时，长时间不熔断，这就达不到过载保护的要求。如果用热继电器代替熔断器，会由于热元件的热惯性不能及时切断短路电流。

2. 直流电磁机构有何特点？

（1）直流电磁机构衔铁吸合前后吸引线圈励磁电流不变，但衔铁吸合前后吸力变化很大，气隙越小，吸力越大。

（2）直流电磁机构吸引线圈断电时，由于电磁感应，在吸引线圈中产生很大的感应电动势，其值可达线圈额定电压的十多倍，将使线圈过电压而损坏，应设置放电电阻。

3. 交流电磁机构有何特点？

（1）交流电磁机构电磁吸力瞬时值是脉动的，在工频下，1 s内有100次过零点，会引起衔铁的振动，产生噪音与机械损坏应加以克服。

（2）交流电磁机构电磁吸力平均值基本不变，即平均吸力与气隙无关。

（3）交流电磁机构在衔铁尚未动作时的线圈电流是衔铁吸合后线圈电流（额定电流）的十倍左右。所以交流电磁机构线圈通电后，若衔铁卡住无法吸合将因电流过大而烧坏线圈，或由于交流电磁机构频繁工作，即衔铁频繁吸合、打开再吸合，也将使线圈电流过大，线圈发热而烧坏线圈。

4. 常用的触点有哪几种形式？

常开型、常闭型、转换型

5. 从外部结构特征上如何区分直流电磁机构与交流电磁机构？如何区分电压线圈与电流线圈？

从外部结构特征上，直流电磁机构铁芯与衔铁由整块钢或钢片叠制而成，铁芯端面无短路环，直流电磁线圈为无骨架、高而薄的瘦高型。交流电磁机构铁芯与衔铁用硅钢片叠制而成，铁芯端面上必有短路环，交流电磁线圈设有骨架，做成短而厚的矮胖型。

电压线圈匝数多，线径较细，电流线圈导线粗，匝数少。

6. 交流电磁线圈误接入对应大小的直流电源，直流电磁线圈误接入对应数值的交流电源，将发生什么情况？为什么？

答： 交流电磁线圈误接入对应直流电源，此时线圈不存在感抗，只存在电阻，相当于短路状态，产生大的短路电流，立即将线圈烧毁。

直流电磁线圈误接入对应交流电源，由于阻抗存在，使线圈电流过小，电磁吸力过小；衔铁吸合不上，时间一长，铁芯因磁滞、涡流损耗而发热，致使线圈烧毁。

7. 常用灭弧装置有哪些？各应用于何种情况下？

答：常用灭弧装置有：

（1）桥式结构双断口触头灭弧。常用于小容量交流接触器中。

（2）磁吹灭弧装置。广泛用于直流灭弧中。

（3）栅片灭弧装置。常用于交流电器中。

8. 交流接触器与直流接触器有何不同？

（1）直流接触器额定电压有：110 V、220 V、440 V、660 V，交流接触器额定电压有：127 V、220 V、380 V、500 V、660 V。

（2）直流接触器额定电流有 40 A、80 A、100 A、150 A、250 A、400 A 及 600 A；交流接触器额定电流有 10 A、20 A、40 A、60 A、100 A、150 A、250 A、400 A 及 600 A。

（3）常用接触器线圈额定电压等级为：交流线圈有 127 V、220 V、380 V；直流线圈有 110 V、220 V、440 V。

（4）直流接触器启动功率和吸持功率相等。交流接触器启动视在功率一般为吸持视在功率的 5 ~ 8 倍。

9. 如何选用接触器？

（1）接触器极数和电流种类的确定 根据主触头接通或分断电路的性质来选择直流接触器还是交流接触器。三相交流系统中一般选用三极接触器，当需要同时控制中性线时，

则选用四极交流接触器。单相交流和直流系统中则常用两极或三极并联。一般场合选用电磁式接触器；易爆易燃场合应选用防爆型及真空接触器。

（2）根据接触器所控制负载的工作任务来选择相应使用类别的接触器。如负载是一般任务则选用 AC3 使用类别；负载为重任务则应选用 AC4 类别；如果负载为一般任务与重任务混合时，则可根据实际情况选用 AC3 或 AC4 类接触器，如选用 AC3 类时，应降级使用。

（3）根据负载功率和操作情况来确定接触器主触头的电流等级。当接触器使用类别与所控制负载的工作任务相对应时，一般按控制负载电流值来决定接触器主触头的额定电流值；若不对应时，应降低接触器主触头电流等级使用。

（4）根据接触器主触头接通与分断主电路电压等级来决定接触器的额定电压。

（5）接触器吸引线圈的额定电压应由所接控制电路电压确定。

（6）接触器触头数和种类应满足主电路和控制电路的要求。

10. 过电压、过电流继电器的作用是什么？

过电压继电器在电路中用于过电压保护，过电流继电器在电路中起过电流保护。

11. 能否用过电流继电器来做电动机的过载保护，为什么？

不能用过电流继电器来作电动机的过载保护。这是因为三相异步电动机在设计时是允许短时过载的，若用过电流继电器作为过载保护时，只要电动机一出现过载，过电流继电器立即动作，电动机停转，这不符合电动机的使用要求，也使电动机因启动电流过大致使过电流继电器动作而无法正常工作。

12. 欠电压、欠电流继电器的作用是什么？

欠电压继电器用于电路中作欠电压保护。

欠电流继电器起欠电流保护作用。

13. 中间继电器和交流接触器有何异同处？在什么情况下，中间继电器可以代替交流接

触器启动电动机？

（1）首先作用不同：接触器是一种容量较大的自动开关电器，中间继电器是在电路中起增加触头数量和中间放大作用的控制电器，容量小。

（2）第二结构不同：接触器有主触头、辅助触头之分，中间继电器触头容量相同且触头对数多。另外，接触器有灭弧装置，中间继电器无灭弧装置。

14. 熔断器的额定电流、熔体的额定电流、熔体的极限分断电流三者有何区别？

熔断器的额定电流也就是熔管额定电流，指长期工作熔管温升不超过允许温升的最大工作电流。

熔体的额定电流是熔体长期工作，熔体不会熔断的最大电流。

熔体的极限分断电流是指熔断器可靠分断的是最大短路电流。

熔管额定电流等级较少，熔体额定电流等级较多，且一种电流规格的熔管内可安装等于或小于熔管额定电流的多种规格的熔体。

15. 热继电器、熔断器的保护功能有何不同？

热继电器主要用作电动机的断相保护与长期过载保护。

熔断器广泛应用于低压配电系统和控制系统及用电设备中作短路和过电流保护。

16. 如何选用电动机过载保护用的热继电器？

一般来说按电动机的额定电流来选择热继电器的额定电流，但对于过载能力较差的电动机，则按电动机额定电流的0.6～0.8倍来选择热继电器的额定电流。

17. 如何选择熔体的额定电流？

熔体额定电流对于负载平稳无冲击电流的照明电路、电热电路等按负载电流大小来确定熔体的额定电流。

18. 行程开关与接近开关工作原理有何不同？

行程开关分为机械结构的接触式有触点行程开关与电气结构下的非接触式接近开关。前者工作原理是依靠移动机械上的撞块碰撞行程开关的可动部件使触头动作发出信号的。后者是一种开关型传感器，既有开关作用又具有传感性能，它是当机械运动部件运动到接近开关一定距离时就能发出动作信号的开关元件。常用的高频振荡型接近开关其工作原理是当装在移动机械上的金属检测体接近感辨头时，由于感应作用，是高频振荡器线圈磁场中的物体内部产生涡流与磁滞损耗，使振荡回路振荡减弱，甚至停振，将此信号发出起到控制作用。

19. 简述按钮的常见故障及检修方法。

（1）触头接触不良；处理方法，修正触头，清洁触头表面。

（2）触头间断路；处理方法，更换产品，并查明发热原因，清洁按钮。

20. 行程开关控制失灵的原因是什么？

一般机械式行程开关里面有常开触点和常闭触点，失灵的原因是触点坏掉。

项目5　思考与练习

一、选择题

1～5、ACCAB

6～10、BBBCA

11～14、ADBA

二、判断题

1～5、√√√√√

6～10、√××××

11～14、√×√√

三、简答题

1. 常用的电气控制系统有哪三种？

常用的电气控制系统有电气控制原理图、电器布置图和电气安装接线图等。

2. 何为电气原理图？绘制电气原理图的原则是什么？

电气原理图是用来表示电路各电气元器件中导电部件的连接关系和工作原理的图。

绘制电气原理图的原则是：

（1）电气原理图一般分主电路和辅助电路两部分。主电路是指从电源到电动机大电流通过的电路。辅助电路包括控制电路、照明电路、信号电路及保护电路等，它们由接触器和继电器的线圈、接触器的辅助触点、继电器触点、按钮、控制变压器、熔断器、照明灯、信号灯及控制开关等电器元件组成。

（2）控制系统内的全部电机、电器和其他器械的带电部件，都应在原理图中表示出来。

（3）原理图中各电气元件不画实际的外形图，而采用国家规定的统一标准图形符号，文字符号也要符合国家标准规定。

（4）原理图中各电气元件和部件在控制线路中的位置，应根据便于阅读的原则安排。同一电器元件的各个部件可以不画在一起，但必须采用相同的文字符号标明。

（5）图中各元器件和设备的可动部分，都按没有通电和没受外力作用时的自然状态画出。例如接触器、继电器的触点，按吸引线圈不通电状态画；控制器按手柄处于零位时的状态画；按钮、行程开关触点按不受外力作用时的状态画。

（6）原理图的绘制应布局合理、排列均匀，便于阅读，原理图可以水平布置，也可以垂直布置。

（7）电气元件应按功能布置，具有同一功能的电器元件应集中在一起，并按动作顺序从上到下，从左到右依次排列。

（8）原理图中有直接电联系的导线连接点，用黑圆点表示；无直接电联系的导线交叉点不画黑圆点，但应尽量避免线条的交叉。

3. 何为电器布置图？电气元件的布置应注意哪些问题？

电器布置图是根据电器元件在控制板上的实际安装位置，采用简化的外形符号而绘制的一种简图。电气元件的布置应注意：

（1）体积大和较重的电气元件应安装在电器安装板的下方，而发热元件应安装在电器安装板的上方。

（2）强电、弱电应分开，弱电应屏蔽，防止外界干扰。

（3）需要经常维护、检修、调整的电器元件安装位置不宜过高或过低。

（4）电器元件的布置应考虑整齐、美观、对称。外形尺寸与结构类似的电器安装在一起，以利安装和配线。

（5）电气元件布置不宜过密，应留有一定间距。如用走线槽，应加大各排电器间距，以利布线和维修。

4. 何为电气接线图？电气接线图的绘制原则是什么？

安装接线图是根据电气设备和电气元件的实际位置和安装情况绘制的，用来表示电气设备电气元件的位置、配线方式和接线方式的图，主要用于安装接线、线路的检查维修、故障处理。电气接线图的绘制原则是：

（1）各电气元器件均按实际安装位置绘出，元器件所占图面按实际尺寸以统一比例绘制。

（2）一个元器件中所有的带电部件均画在一起，并用点画线框起来，即采用集中表示法。

（3）各电气元器件的图形符号和文字符号必须与电气原理图一致，并符合国家标准。

（4）各电气元器件上凡是需接线的部件端子都应绘出，并予以编号，各接线端子的编号必须与电气原理图上的导线编号相一致。

（5）绘制安装接线图时，走向相同的相邻导线可以绘成一股线。

5. 何为互锁控制？实现电动机正反转互锁控制的方法有哪两种？它们有何不同？

（1）互锁控制：利用正反转接触器常闭辅助触头作为相互制约的控制关系。（2）实现电动机正反转互锁控制的方法有电气互锁和机械互锁两种，电气互锁是靠接触器的常闭辅助触点的断开来实现的，需要接触器线圈通电后才能实现；而机械互锁是靠按钮的常闭触点来实现的，不需要电源。

6. 分析下图两种顺序联锁控制电路工作原理，试总结其控制规律？

（b）图为顺序启动的控制电路。实现了 M1 先启动，M2 再启动，达到顺序启动，同时停止的目的。（c）图为按顺序启动与停止的控制电路。不仅能实现 M1、M2 顺序启动，还达到 M2 先停，M1 后停的要求。

7. 试画出两台电动机 M1、M2 启动时，M2 先启动，M1 后启动，停止时 M1 先停止，M2 后停止的电气控制电路。

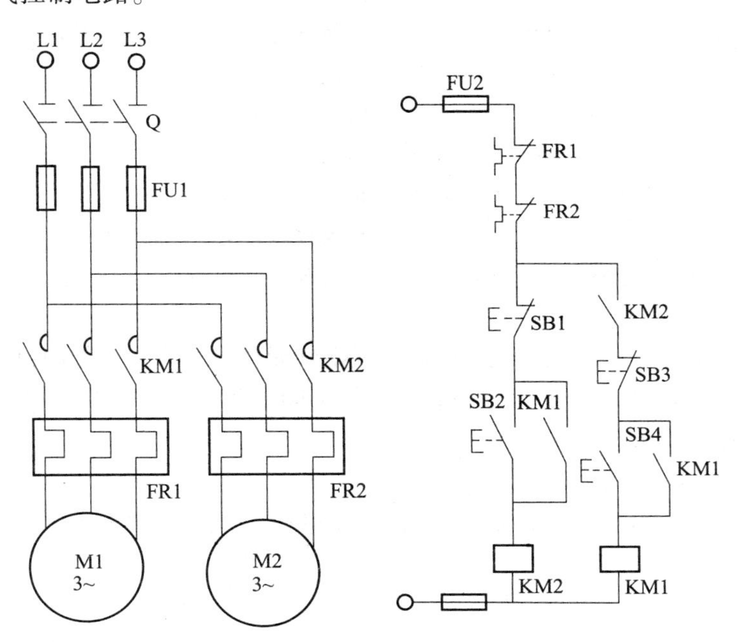

8. 电动机正反转电路中，要实现直接由正转变反转，反转直接变正转，其控制要点在何处?

答：电动机正反转电路中，要实现直接由正转变反转，反转直接变正转，是因为电路具有双重互锁控制。按钮互锁触头可实现先断开正在运行的电路，再接通反向运转电路。使两个接触器不能同时工作。

9. 电动机“正—反—停”控制线路中，复合按钮已经起到了互锁作用，为什么还要用接触器的常闭触点进行联锁?

答：复合按钮互锁只是在按下按钮时控制（允许）其中一个接触器工作，另一个接触器则须失电复位；但当其中一个接触器因故（触点熔焊粘连）不能复位而按下另一按钮时，就会引起2个接触器同时工作导致电路短路，所以，2个接触器也必须互锁，提高互锁的可靠性，防止因按钮故障造成设备事故。

10. 试找出图中各控制电路的错误，这些错误会出现何现象?应如何改正?

答：（a）接触器线圈不能得电工作；（b）不能自锁；（c）不能自锁；（d）SB2不起控制作用；（e）不能换向；（f）不能实现互锁、SB2不起作用；（g）SB2不起作用、不按下SB3时KM一直工作。

11. 电动机常用的保护环节有哪些?它们各由哪些电器来实现保护?

答：电动机常用的保护环节有：短路保护、欠压保护、失压/零压保护、过流保护、弱磁保护和断相保护。它们分别用熔断器、热继电器、接触器和电磁式电压继电器、接触器和中间继电器、电磁式过流继电器、弱磁继电器（即欠电流继电器）和断相保护器。

12. 电动机的短路保护、过载保护、过流保护各有何相同和不同之处?

答：所谓过载保护，也称过流保护。

所谓过流，即流过电器设备及线路的电流，不仅超过了其额定电流值，而且还超过了其允许承受的时间。

过流分允许过电流和故障过电流两种，象鼠笼式电动机启动时，其启动电流远大于额定电流，但没超过其允许承受的时间，所以是允许过电流。

过负荷保护都是对故障过电流而言的。短路也是过负荷，是一种严重的过负荷现象。对电器设备和线路都会造成极大的损害，甚至引发火灾等。

过负荷保护一般用反时限过流保护装置，即流过保护装置的电流越大，动作的时限就越短。熔丝也具备一定的反时限特性。另外有双金属片式的热继电器等。

短路保护一般都采用瞬动。有电磁式，电子式等形式。

13. 失电压保护与欠电压保护有何不同?

答：为了防止电压恢复时电动机自行启动或电气元件自行投入工作而设置的保护称为失电压保护。电动机运转时，当电源电压降到60%～80%额定电压时，将电动机电源切除而停止工作，这种保护称欠电压保护。

四、设计题

1. 设计一个三相异步电动机两地启动的主电路和控制电路，并具有短路、过载保护。

解：

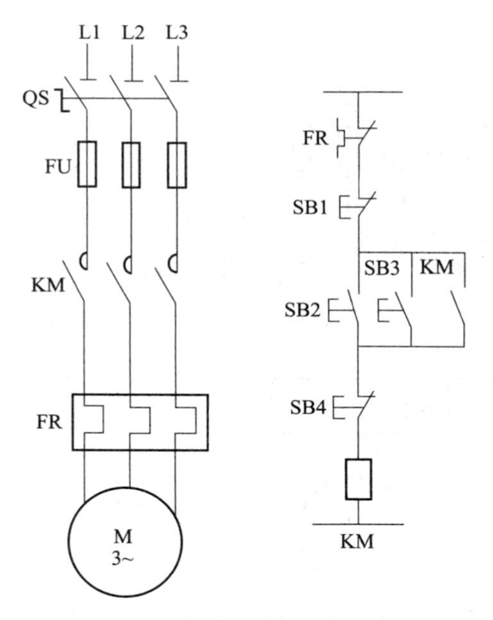

2. 设计一个三相异步电动机正—反—停的主电路和控制电路，并具有短路、过载保护。

解：

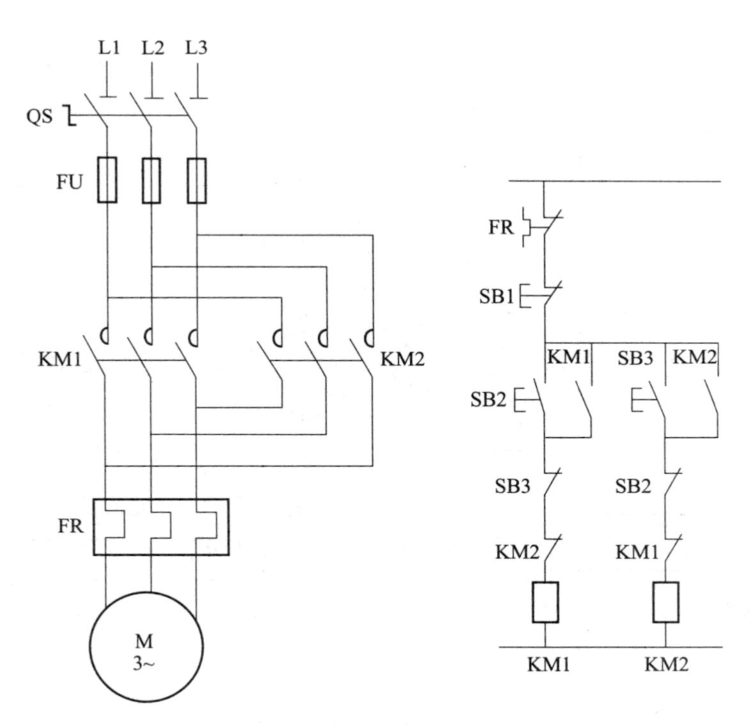

3. 设计两台三相异步电动机 M1、M2 的主电路和控制电路，要求 M1、M2 可分别启动和停止，也可实现同时启动和停止，并具有短路、过载保护。

解：

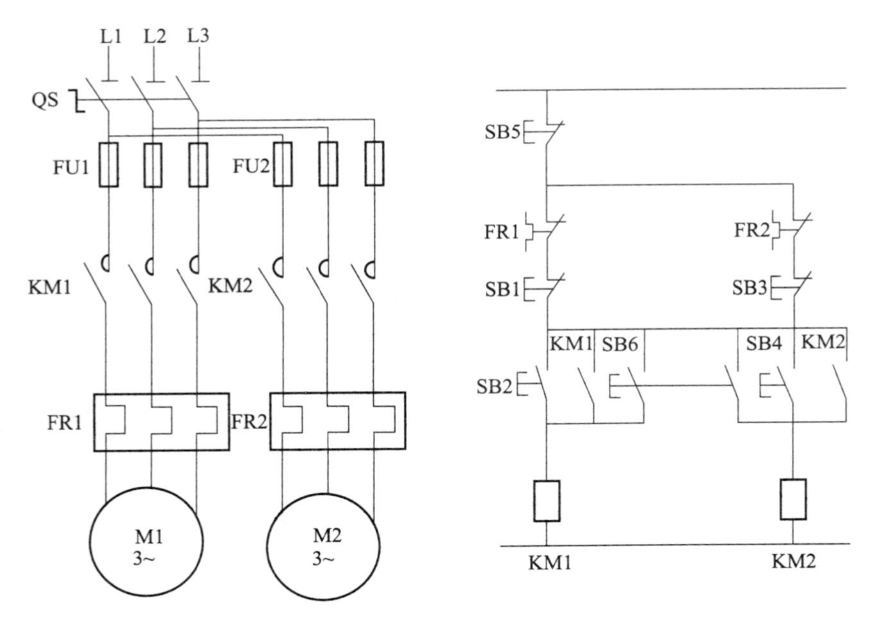

4. 一台三相异步电动机运行要求为：按下启动按钮，电机正转，5 s 后，电动机自行反转，再过 10 s，电动机停止，并具有短路、过载保护，设计主电路和控制电路。

解：

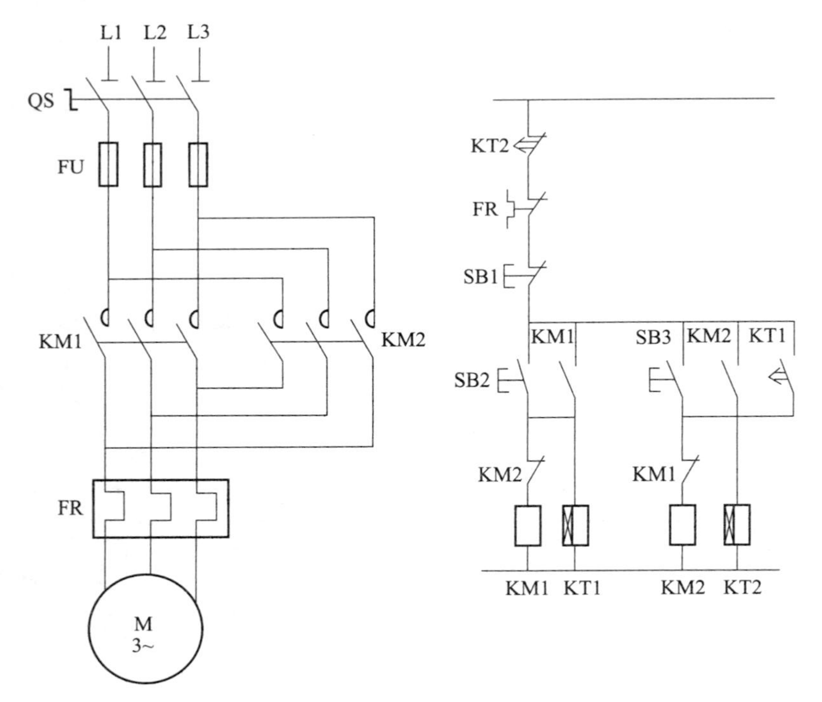

5. 某机床有两台三相异步电动机，要求第一台电动机启动运行 5 s 后，第二台电动机自行启动，第二台电动机运行 10 s 后，两台电动机停止；两台电动机都具有短路、过载保护，设计主电路和控制电路。

解：

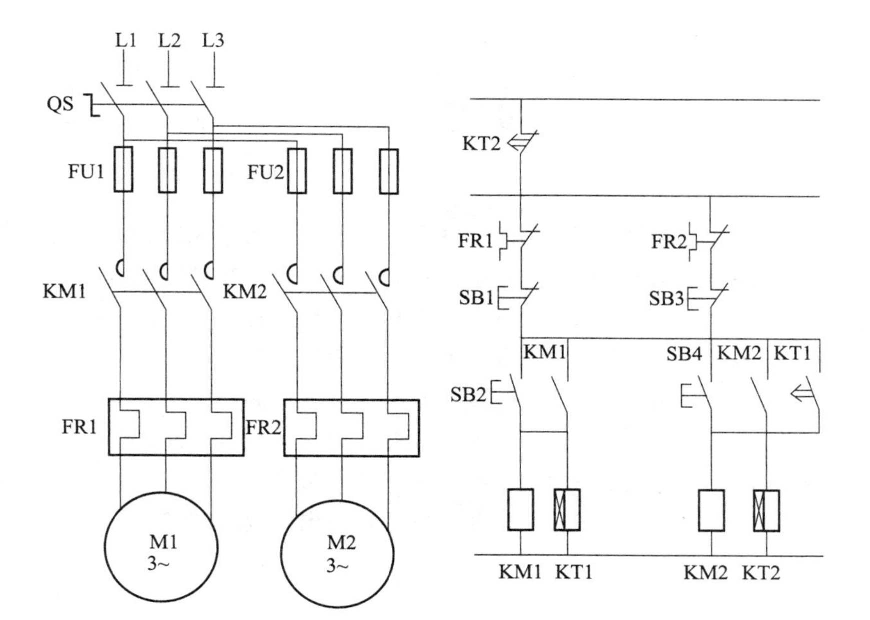
L1 L2 L3
QS
FU1
FU2
KM1
KM2
FR1
FR2
M1
3~
M2
3~
KT2
FR1
FR2
SB1
SB3
KM1
SB4
KM2
KT1
SB2
KM1 KT1
KM2 KT2

参考文献

[1] 沈姝君. 电路与电机控制技术 [M]. 青岛：中国海洋大学出版社，2011.
[2] 楼晓春. 电工基础 [M]. 北京：北京理工大学出版社，2017.
[3] 薛继霜. 电路基础与实践 [M]. 长春：吉林大学出版社，2016.
[4] 程勇. 电工技术 [M]. 北京：北京邮电大学出版社，2016.
[5] 戴日梅. 电工基础 [M]. 北京：机械工业出版社，2009.
[6] 潘丽萍. 电工电子工程训练 [M]. 杭州：浙江大学出版社，2010.
[7] 董昌春. 电工电子技术 [M]. 北京：高等教育出版社，2017.
[8] 汪路明. 电路分析与应用 [M]. 北京：高等教育出版社，2015.